白桦基因工程育种

刘桂丰　李慧玉　黄海娇　著

杨传平　主审

科学出版社

北京

内 容 简 介

本书汇集了著者近十年来在白桦基因工程育种方面的研究成果，共分三篇，介绍了白桦转基因株系的生长、生殖、生理和材性特征，以及目标基因的表达特性，选择了白桦转基因优良株系。第一篇白桦抗旱耐盐基因工程育种共4章，包括：第1章转*BpTCP7*基因白桦抗旱耐盐性研究，第2章转*BpSPL9*基因白桦抗旱耐盐性研究，第3章转*BpCHS3*基因白桦耐盐性研究，第4章转*ThDHN*基因白桦抗旱耐盐性分析。第二篇白桦材性改良基因工程育种，包括：第5章白桦*BpCCR1*基因的功能分析。第三篇白桦生长发育相关基因工程育种共7章，包括：第6章白桦*BpIAA10*基因的功能研究，第7章白桦*BpGH3.5*基因的功能研究，第8章白桦*BpPIN*基因的功能研究，第9章白桦*BpCUC2*基因的功能研究，第10章白桦*BpCUC2a*基因的功能研究，第11章白桦*BpTOPP1*基因的功能研究，第12章白桦*BpAP1*基因的功能研究。

本书可以作为农学、林学专业本科生及研究生的辅助教材，也可以作为农学、林学等领域教学人员、科研和管理人员的参考书。

图书在版编目 (CIP) 数据

白桦基因工程育种/刘桂丰，李慧玉，黄海娇著. —北京：科学出版社，2019.6

ISBN 978-7-03-060033-2

Ⅰ. ①白… Ⅱ. ①刘… ②李… ③黄… Ⅲ. ①白桦–遗传育种–文集 Ⅳ. ①S792.153.04-53

中国版本图书馆 CIP 数据核字(2018)第 280976 号

责任编辑：张会格 刘 晶 / 责任校对：郑金红
责任印制：吴兆东 / 封面设计：刘新新

科 学 出 版 社 出版
北京东黄城根北街 16 号
邮政编码：100717
http://www.sciencep.com

北京建宏印刷有限公司 印刷

科学出版社发行 各地新华书店经销

*

2019 年 6 月第 一 版 开本：B5 (720×1000)
2019 年 6 月第一次印刷 印张：20 1/4
字数：400 000

定价：198.00 元

(如有印装质量问题，我社负责调换)

前　言

白桦（*Betula platyphylla* Suk.）是桦木属（*Betula* Linn.）的一种。白桦是重要的珍贵阔叶树种之一，在我国东北地区，白桦分布面积最广，占全国桦木类的87%。白桦适应性强，天然更新快，为采伐迹地或火烧迹地更新的先锋树种。白桦地理分布范围很广，在我国东北阔叶树中的蓄积量最大，另外在华北、西北、西南地区的高海拔山地也有连续分布。

白桦是落叶乔木，材质具有纹理细致、颜色洁白、表面光滑度高等独有特点。大径级白桦是单板、胶合板生产加工原料的首选材料，同时又可做工艺材、家具材、纸浆材，特别是航空胶合板不可代替的树种。统计资料表明，我国胶合板产量为 260.62 万 m^3，每年消耗大量的大径级原木。然而目前传统的胶合板原料树种如椴树、水曲柳资源已近枯竭，其他符合单板加工原料要求的原木也为数甚少，难以满足要求。过去我国对白桦的价值认识不够，因此一直认为其是林分改造的伐除对象。如今，随着森林资源的枯竭，白桦的利用价值和经济价值已被人们广泛认同，对白桦的木材需要量逐年增加，价格一涨再涨，现在市场价格已与柞木相同。

1990 年以前，在“大林业”思想的影响下，白桦的地位和作用在我国并不被人们所重视，这直接导致了原有白桦资源的巨大浪费和种质资源的严重退化。自 1990 年起，白桦的地位和作用逐渐被人们所重视，我国相继开展了白桦各方面的研究工作。在白桦种质资源保护及区划的基础上，开展了白桦的种源试验、优树选择、强化育种、杂交育种、倍性育种，以及生殖生物学、分子生物学、生理生化和分子育种等方面的研究工作，目的是选择或培育生长快、材质好、抗性强的优良群体或优良类型（优良品种）。

基因工程是现代生物技术的核心内容，在植物育种中将发挥越来越大的作用。林木常规育种受树木生长周期长的限制，性状的基因背景分析非常复杂，增加了育种工作的难度。基因工程育种具有目的性强、时间短的特点，并可以打破种间杂交不亲和的界限，加速林木新品种的培育，已成为高新技术育种的核心技术。

2009 年至今，著者所在团队在白桦抗逆、材性及生长发育相关基因工程育种方面做了大量的工作：克隆了 13 条基因，构建了过表达及抑制表达载体 18 个，获得 170 余个转基因株系，对转基因株系的表型、生理及基因调控机制进行分析，鉴定出了优质、抗逆、早花及叶形变化的转基因株系。相关成果已发表论文 10 篇，其中 SCI 论文 5 篇。基于此，本专著以 5 篇博士论文、14 篇硕士论文为基础，对白桦基因工程育种进行了总结。

本书共分为三篇。第一篇白桦抗旱耐盐基因工程育种共 4 章，包括：第 1 章转 *BpTCP7* 基因白桦的抗旱耐盐性研究，第 2 章转 *BpSPL9* 基因白桦的抗旱耐盐性研究，第 3 章转 *BpCHS3* 基因白桦的耐盐性研究，第 4 章转 *ThDHN* 基因白桦的抗旱耐盐性分析。第二篇白桦材性改良基因工程育种，包括：第 5 章白桦 *BpCCR1* 基因的功能分析。第三篇白桦生长发育相关基因工程育种共 7 章，包括：第 6 章白桦 *BpIAA10* 基因的功能研究，第 7 章白桦 *BpGH3.5* 基因的功能研究，第 8 章白桦 *BpPIN* 基因的功能研究，第 9 章白桦 *BpCUC2* 基因的功能研究，第 10 章白桦 *BpCUC2a* 基因的功能研究，第 11 章白桦 *BpTOPP1* 基因的功能研究，第 12 章白桦 *BpAP1* 基因的功能研究。本书重点研究了白桦转基因株系的生长、生殖、生理和材性特征，以及目标基因的表达特性。本书可以作为农学、林学专业本科生及研究生的辅助教材，也可以作为农学、林学等领域教学人员、科研和管理人员的参考书。

本书研究受“国家林业公益性行业科研专项项目（200904039）”“国家高技术研究发展计划课题（2013AA102704）”“国家自然基金项目（31370660）”“国家科技支撑计划课题（2012BAD21B00）”等的资助，特此致谢。在本书的编写过程中，杨传平教授审阅了全书并提出了宝贵意见，杨洋、宁坤、姜晶、王芳、张瑞萍、韦睿、张闻博、徐文娣、杨光、渠畅、徐焕文、刘超逸、邢宝月、陈晨、陈继英、王珊、黄海娇、王朔等进行了相关实验研究，在此一并致谢。

作　者

2018 年 6 月 30 日

目　　录

第二篇　白桦材性改良基因工程育种

第三篇　白桦生长发育相关基因工程育种

第一篇
白桦抗旱耐盐基因工程育种

第1章　转*BpTCP7*基因白桦的抗旱耐盐性研究

TCP转录因子参与叶片和花器官的发育、维管束后生木质部导管分子的分化和形成、下胚轴形成、顶端优势等生物过程，且参与细胞分裂素、茉莉酸甲酯、生长素和油菜素内酯等激素的合成途径及应答，在植物的生长发育过程中发挥着重要作用，非常有研究价值。本研究克隆了白桦的*BpTCP*基因，并对其进行生物信息学分析和表达模式分析，采用$-\Delta\Delta Ct$法来确定白桦*BpTCP*家族15条基因在不同时间点、不同组织部位的相对表达量，分析该基因启动子的顺式作用元件，构建此启动子的植物表达载体并将其转化入拟南芥，研究该基因的组织部位表达情况，同时构建了*BpTCP7*的超表达植物表达载体并进行白桦的遗传转化，对超表达株系进行了盐、旱胁迫；酵母双杂交筛选出互作蛋白，为揭示*BpTCP*基因及其参与的调控路径提供理论依据，为转基因白桦的育种工作提供实践基础。

1.1　*BpTCP*家族基因的生物信息学分析

根据白桦转录组测序结果进行数据分析，并结合NCBI上已有物种的*TCP*基因的比对结果，最终从转录组测序结果中找到15条白桦的*TCP*基因，依次命名为*BpTCP1*~*BpTCP15*，其中*BpTCP5*为3′端缺失序列，其余14条基因为全长序列。

1.1.1　*BpTCP*基因的特性分析

白桦*BpTCP*基因的ORF长度范围为804~1545bp，编码的氨基酸数目为267~514，相对分子质量为27.89~56.54kDa，理论等电点为6.18~9.79。根据以上特性可知，各基因之间的特性存在差异，但变化范围不大，基因序列长度多集中在800~1200bp（表1-1）。

1.1.2　蛋白质基本结构域的预测

通过NCBI的CDS（conserved domainsearch service）工具预测15条白桦*BpTCP*基因的保守区，发现这15条白桦*BpTCP*基因均含有典型的TCP结构域。

表 1-1　白桦 ***BpTCP*** 基因特性分析

基因	5'UTR/bp	3'UTR/bp	ORF 长度/bp	氨基酸数目	相对分子质量/kDa	理论等电点(pI)
BpTCP1	52	610	1182	393	41.62	7.88
BpTCP2	231	353	804	267	28.41	8.71
BpTCP3	20	179	885	294	33.29	9.38
BpTCP4	285	151	1161	386	40.84	6.87
BpTCP5	387		873	291	31.10	9.27
BpTCP6	152	117	1092	363	38.46	6.24
BpTCP7	350	272	1044	347	38.73	6.85
BpTCP8	350	56	882	293	33.30	6.73
BpTCP9	238	104	1053	350	36.54	6.18
BpTCP10	580	943	813	270	27.89	9.51
BpTCP11	204	555	1014	337	36.13	9.79
BpTCP12	210	41	1200	399	44.13	7.65
BpTCP13	310	56	885	294	33.56	6.45
BpTCP14	1072	411	1545	514	56.54	6.93
BpTCP15	652	340	1263	420	45.29	6.50

1.1.3　*BpTCP* 基因氨基酸序列的同源性分析

对白桦 15 条 *BpTCP* 基因编码的氨基酸进行多序列比对分析，结果显示，15 条 *BpTCP* 基因的氨基酸序列都含有 TCP 保守结构域并编码结构相似的蛋白质，其中由 59 个氨基酸组成的 bHLH 结构是结合 DNA 和蛋白互作所必需的。如图 1-1 所示，在 110~170 这一区段的氨基酸序列是 TCP 保守结构域（bHLH 结构域），bHLH 结构域由 50~60 个氨基酸组成，包括：长度为 10~15 个氨基酸的碱性氨基酸区和 40 个氨基酸左右的 α 螺旋-环-α 螺旋区（HLH 区）。

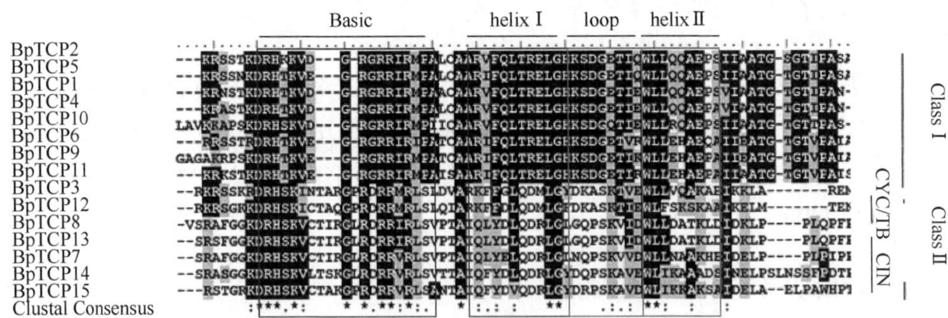

图 1-1　白桦 BpTCP 蛋白保守域的序列比对（彩图请扫封底二维码）

图中用红色标出的区域为碱性氨基酸区（Basic），橘色和蓝色区域均为 α 螺旋区（helix），绿色区域为环区（loop），蓝色、绿色、橘色区组成 α 螺旋-环-α 螺旋区（HLH 区）

1.1.4　*BpTCP* 基因系统进化树

根据结构域的异同，TCP 家族被划分为 class Ⅰ 和 class Ⅱ 两大类，class Ⅱ 又进一步分为 CYC/TB1 和 CIN 亚类。我们进一步通过对拟南芥、杨树、桉树和白桦的 *BpTCP* 的 ORF 编码的蛋白质序列进行聚类分析发现，15 条 *BpTCP* 基因主要分布于 3 个亚家族，分别是 PCF 亚类、CYC/TB1 亚类和 CIN 亚类。结果显示，*BpTCP1*、*BpTCP2*、*BpTCP4*、*BpTCP5*、*BpTCP6*、*BpTCP9*、*BpTCP10*、*BpTCP11* 属于 PCF 亚家族，*BpTCP3* 和 *BpTCP12* 属于 CYC/TB1 亚类，*BpTCP7*、*BpTCP8*、*BpTCP13*、*BpTCP14*、*BpTCP15* 属于 CIN 亚类（图 1-2）。

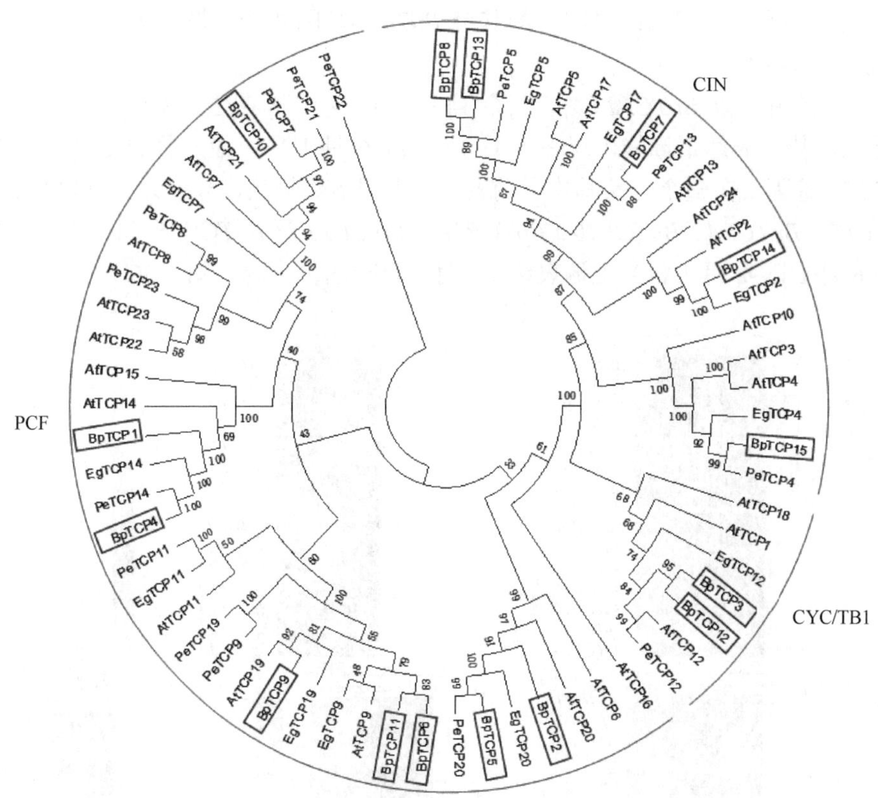

图 1-2　*BpTCP* 基因的聚类分析

1.2　*BpTCP* 基因在白桦不同组织器官表达特性

利用 qRT-PCR 方法研究白桦 *BpTCP* 基因在不同组织部位、不同时期的表达情况，通过对 15 条白桦 *BpTCP* 基因的表达情况进行聚类分析，从叶、顶芽、嫩茎、雌花、雄花的聚类结果中可以得出以下结论。

在叶中，15 条 *TCP* 基因表达均在 8 月 15 日达到最高峰，上调了 22~28 倍。*BpTCP7* 和 *BpTCP13* 在进入生长季（7 月 1 日~9 月 1 日）后均上调表达；其他 13 条基因生长季初期（6 月 1 日~7 月 15 日）表达量未发生变化（<2 倍）或下调表达。8 月 15 日均大幅度上调表达，随后表达量下调（图 1-3A）。

在茎中，可以将 15 个 *BpTCP* 的表达模式主要分为 4 类：第一类的 *BpTCP3* 和 *BpTCP12* 基因在生长季主要呈现稳定（<2 倍）或上调表达的趋势，尤其是 *BpTCP3* 基因最为明显，该基因随着生长季节表达量呈现上升的趋势；第二类的 *BpTCP11* 和 *BpTCP15* 基因在生长初期上调表达，7 月 15 日后表达量下降；第三类的 *BpTCP2*、*BpTCP5*、*BpTCP7* 及 *BpTCP9* 基因下调表达或在生长末期表达量略有回升（<2 倍）；第四类的其余 *BpTCP* 基因随着白桦的生长，其表达量降低（图 1-3B）。

在顶芽中，除 *BpTCP14* 外，其余 14 条 *BpTCP* 基因在生长季内主要呈现上调表达的趋势。表达最高峰出现在 5 月 15 日或 6 月 1 日。最显著的为 *BpTCP2* 和 *BpTCP8* 基因，在整个生长季均上调表达，上调倍数最高，分别为 24 倍和 26 倍。*BpTCP3*、*BpTCP4*、*BpTCP10*、*BpTCP11*、*BpTCP12* 及 *BpTCP15* 基因在生长季中期（6 月 1 日~8 月 1 日）上调表达，9 月 1 日表达量下降（图 1-3C）。

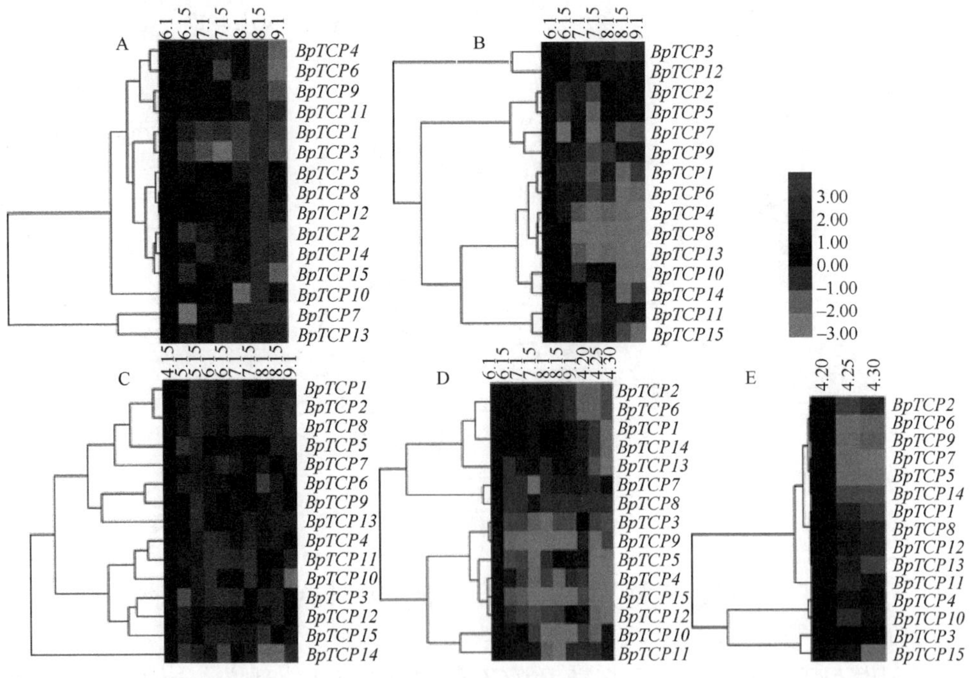

图 1-3 白桦 *BpTCP* 基因在同一组织部位中不同时间点的表达情况聚类分析（彩图请扫封底二维码）

A. 叶片；B. 嫩茎；C. 顶芽；D. 雄花；E. 雌花

在雄花中，*BpTCP1*、*BpTCP2*、*BpTCP6*、*BpTCP13* 和 *BpTCP14* 基因，除 7 月 15 日外，在雄花发育前、中期上调表达，9 月 1 日表达量最高，越冬后花粉成熟阶段下调表达。*BpTCP7* 和 *BpTCP8* 基因在雄花发育的整个过程中大都上调表达，表达最高峰分别出现在 7 月 1 日和 7 月 15 日，分别上调 23 倍和 25 倍，说明这两个基因在雄花发育过程中起正调控作用。*BpTCP11* 和 *BpTCP15* 基因在部分生长阶段呈现上调表达，其他 6 个基因表达模式相似，在整个生长季中主要呈现下调表达的趋势，即使是在开春花粉成熟阶段（图 1-3D）。

在雌花中，15 条 *BpTCP* 基因的表达模式主要分为 3 类，其中 *BpTCP4* 和 *BpTCP10* 基因在越冬后的雌花发育中上调表达，尤其是在 4 月 25 日，表达丰度分别上调 2 倍和 23 倍，说明其在雌花发育中起促进作用。*BpTCP15* 基因出现先上调后下调的趋势。*BpTCP3* 基因表达没有变化，说明该基因不参与雌花发育。其他 12 个基因均下调表达（图 1-3E）。

1.3　*BpTCP7* 基因启动子的表达特性

1.3.1　*BpTCP7* 基因启动子的克隆

根据白桦基因组信息设计引物克隆 *BpTCP7* 基因 ORF 区上游 1791bp 序列。以白桦总 DNA 为模板，采用 PCR 技术得到的扩增产物长度大约在 1800bp 处（图 1-4）。测序结果显示该 PCR 产物为 *BpTCP7* 基因启动子区。

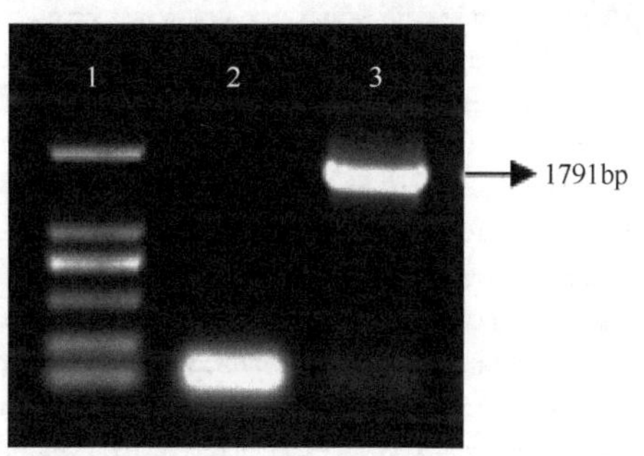

图 1-4　PCR 产物电泳图谱

1. Marker DL 2000；2. 水对照；3. PCR 产物

1.3.2　*BpTCP7* 基因启动子顺式作用元件预测

通过 PlantCARE 及 PLACE 数据库对白桦基因组 DNA 为模板克隆的 1791bp *BpTCP7* 基因启动子序列进行分析（图 1-5 和表 1-2），该序列中除了含有启动子的基本转录元件 TATA-box、CAAT-box，还含有多个激素响应元件、胁迫响应元件、各组织部位表达相关元件、花期相关元件、细胞周期相关元件及光响应元件等。各组织部位表达相关元件包括：茎部特异表达相关元件（NODCON1GM），莲座叶、根表达相关元件（RAV1AAT），分生组织表达相关元件（CAT-box），胚乳表达顺式调控元件（Skn-1_motif、GCN4_motif）。激素响应元件包括：赤霉素响应相关元件（GARE1OSREP1、P-box、WRKY71OS），生长素响应元件（CATATGGMSAUR、WTBBF1ARROLB），细胞分裂素响应元件（CPBCSPOR），类黄酮生物合成基因调控相关的 MYB 结合位点元件（MBS），水杨酸响应元件（ELRECOREPCRP1、GT1CONSENSUS、WBOXATNPR1），茉莉酸甲酯响应元件（T/GBOXATPIN2），脱落酸响应元件（ABRE、DPBFCOREDCDC3、DRE2COREZMRAB17、MYB1AT、MYB2CONSENSUSAT）。胁迫相关元件包括：低温响应元件（LTRECOREATCOR15），干旱响应元件（MARTBOX、MBS），防御和胁迫应答元件（TC-rich repeat），诱导物应答元件（W box），伤害响应元件（WBOXATNPR1、WBOXWTERF3）。由此可以推测该基因可能参与了白桦的激素应答、胁迫响应、各组织部位的发育、花期调控、细胞周期调控及光响应等生物学过程。

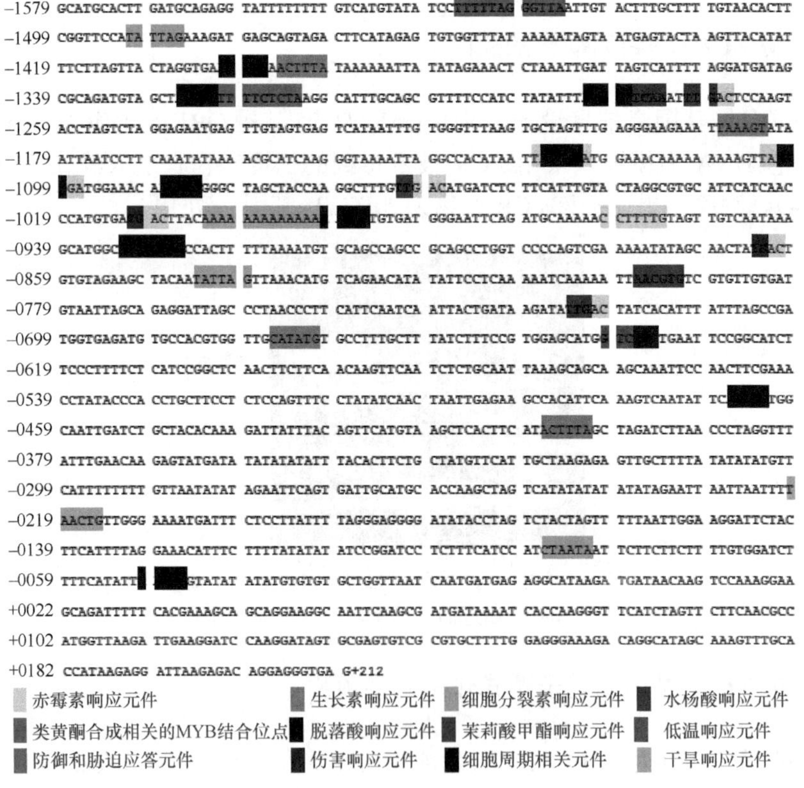

图 1-5 *BpTCP7* 基因启动子序列分析（彩图请扫封底二维码）

表 1-2　*BpTCP7*基因启动子序列顺式作用元件预测结果

元件名	元件序列	拷贝数/个	功能
TATA-box	TATA	71	启动子核心元件
CAAT-box	CAAT	29	启动子增强区保守元件
5′UTR Py-rich stretch	TTTCTTCTCT	1	高转录水平的顺式作用元件
GARE1OSREP1	TAACAGA	2	赤霉素应答元件
P-box	CCTTTTG	1	赤霉素应答元件
WRKY71OS	TGAC	13	赤霉素信号通路中的转录阻碍物
CATATGGMSAUR	CATATG	2	生长素应答元件
WTBBF1ARROLB	ACTTTA	3	生长素应答元件
CPBCSPOR	TATTAG	3	细胞分裂素应答元件
MBSI	TTTTTACGGTTA	1	类黄酮生物合成基因调控相关的 MYB 结合位点
ELRECOREPCRP1	TTGACC	1	水杨酸应答元件
GT1CONSENSUS	GRWAAW	7	水杨酸应答元件
WBOXATNPR1	TTGAC	6	水杨酸应答元件
T/GBOXATPIN2	AACGTG	1	茉莉酸甲酯应答元件
ABRE	ACGTG	1	脱落酸响应元件
DPBFCOREDCDC3	ACACNNG	1	脱落酸应答元件，胚特异元件
DRE2COREZMRAB17	ACCGAC	1	脱落酸和干旱应答元件
MYB1AT	WAACCA	6	脱水和 ABA 诱导元件
MYB2CONSENSUSAT	YAACKG	2	脱水、ABA 诱导，低温胁迫元件
LTRECOREATCOR15	CCGAC	1	低温响应元件
MARTBOX	TTWTWTTWTT	6	干旱响应元件
MBS	CGGTCA/TAACTG	2	干旱诱导相关的 MYB 结合区
TC-rich repeats	ATTTTCTCCA	1	防御和胁迫应答元件
W box	TTGACC	1	诱导物应答元件
WBOXATNPR1	TTGAC	6	伤害响应元件
WBOXWTERF3	TGACY	9	伤害响应元件
ABRELATERD1	ACGTG	3	黄化相关响应元件
ACGTATERD1	ACGT	4	黄化相关响应元件
NODCON1GM	AAAGAT	8	茎部特异表达相关元件
RAV1AAT	CAACA	5	莲座叶、根表达相关元件
CAT-box	GCCACT	1	分生组织表达相关元件
Skn-1_motif	GTCAT	4	胚乳表达顺式调控元件
GCN4_motif	TGAGTCA	1	胚乳表达相关顺式调控元件

续表

元件名	元件序列	拷贝数/个	功能
CARGATCONSENSUS	CCWWWWWWGG	1	花期相关元件
POLLEN1LELAT52	AGAAA	8	花粉相关元件
Box III	CATTTACACT	1	蛋白结合区
HD-Zip 3	GTAAT（G/C）ATTAC	1	蛋白质结合位点
MYBCOREATCYCB1	AACGG	1	细胞周期相关元件
Box 4	ATTAAT	4	光响应元件
Box II	CCACGTGGC	1	光响应元件
CATT-motif	GCATTC	1	光响应元件
G-Box	CACGT	10	光响应顺式调控元件
GAG-motif	AGAGAGT	1	光响应元件的一部分
GT1-motif	GGTTAA	5	光响应元件
Gap-box	CAAATGAA（A/G）A	1	光响应元件的一部分
I-box	GATAAGATA	2	光响应元件的一部分
Sp1	CC（G/A）CCC	1	光响应元件
box II	TCCACGTGGC	1	光响应元件的一部分

1.3.3 *BpTCP7*基因组织部位表达特性

将纯合的转 *BpTCP7* 基因启动子拟南芥种子播种，并根据种子春化后不同发育阶段 GUS 染色分析该基因的表达模式。结果显示，*BpTCP7* 基因在拟南芥子叶、幼嫩和成熟的叶片、顶芽、茎生叶、花瓣、花蕊、柱头及果荚中均有表达（图 1-6）。

图 1-6 *BpTCP7* 基因表达模式（彩图请扫封底二维码）
A~F. 营养生长阶段（1d、3d、5d、7d、14d、28d）；G~J. 生殖生长阶段（茎生叶、花序、花蕊、果荚）

1.3.4 *BpTCP7*基因干旱及盐应答特性

对长出两片子叶的转基因拟南芥进行 200mmol/L 的 NaCl 处理和 10% PEG 处理，并对其进行 GUS 染色，结果见图 1-7。结果显示，与未胁迫（0h）拟南芥相比，盐、旱胁迫后（2h 和 4h）的拟南芥中 *BpTCP7* 基因的表达量更高，说明该基因在胁迫应答过程中起着 定的作用。

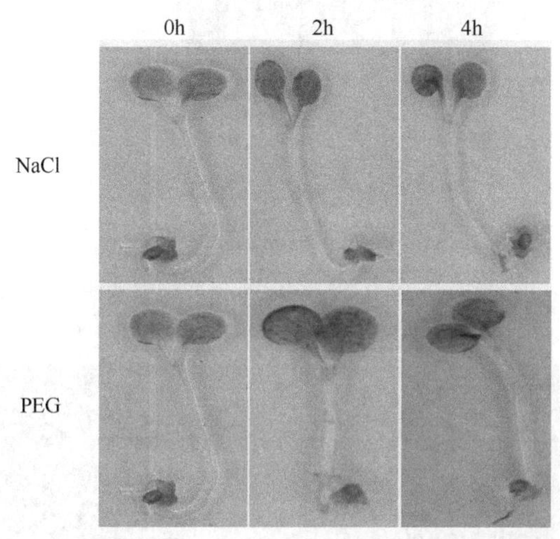

图 1-7　转 *BpTCP7* 基因启动子拟南芥盐、旱胁迫后染色情况（彩图请扫封底二维码）

1.4 *BpTCP7* 基因的白桦遗传转化研究

1.4.1 *BpTCP7*基因植物过表达载体的构建

1.4.1.1 *BpTCP7* 基因的克隆

以多年生白桦的叶片 cDNA 为模板，根据白桦转录组数据获得的 *BpTCP7* 序列设计特异引物，进行 PCR 扩增，扩增产物于 1% 琼脂糖凝胶中进行电泳检测，结果显示在 1044bp 处获得特异条带，并与目标条带大小一致。电泳结果如图 1-8 所示。

1.4.1.2 TOPO 反应后重组质粒的检测

TOPO 反应结束后，将反应液加入大肠杆菌感受态细胞中进行热激转化，涂布在加有卡那霉素的选择培养平板中，37℃倒置培养过夜，挑取长出来的单克隆进行液体培养基摇菌。以裂解后的菌液为模板，通过 PCR 扩增的方式，进行阳性单克隆的检测，1%琼脂糖凝胶中进行电泳检测。结果显示，所挑取的 10 个单克隆中 3 个检测为阳性，说明目的基因 *BpTCP7* 已经成功整合到了 TOPO 载体上（图 1-9）。

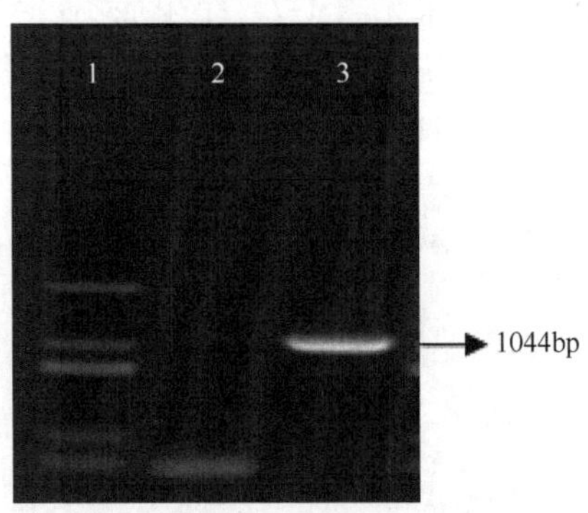

图 1-8 *BpTCP7* 基因 PCR 产物电泳图谱

1. Marker DL2000；2. 水对照；3. *BpTCP7* 基因

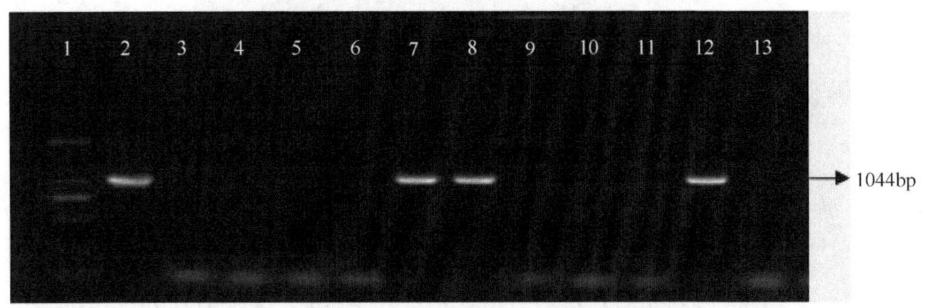

图 1-9 *BpTCP7* 基因 TOPO 反应后菌液 PCR 检测电泳图谱

1. Marker DL2000；2. 阳性对照；3. 水对照；4~13. 重组子

1.4.1.3 LR 反应后重组质粒的检测

提取上述 TOPO 反应后阳性单克隆的质粒，进行 LR 反应，将 TOPO 重组质粒与 pGWB5 载体进行连接反应，将其反应液转化到大肠杆菌 DH5α 感受态细胞中，37℃摇菌 2~3h，将菌液涂布在含有卡那霉素和潮霉素的 LB 固体选择培养基中，37℃倒置培养过夜，挑取单克隆摇菌，以裂解后的菌液作为模板，进行 PCR 检测，在浓度为 1%的琼脂糖凝胶中进行电泳检测。结果表明，所挑取的 4 个单克隆均检测为阳性，说明目的基因 *BpTCP7* 已经成功构建到了 pGWB5 载体上（图 1-10）。

1.4.1.4 电击转化农杆菌后的检测

提取 LR 反应后经检测的阳性单克隆的质粒，进行农杆菌感受态细胞的电击转化，将上一步获得的重组质粒电击转入根瘤农杆菌 EHA105 感受态细胞中，28℃摇菌 2~3h，将菌液涂布在含有卡那霉素和利福平的 LB 固体选择培养基中，28℃倒置培养 36~48h，挑取单克隆摇菌，以裂解后的菌液作为模板，进行 PCR 检测，在浓度为 1% 的琼脂糖凝胶中进行电泳检测。扩增产物与目的片段大小一致，共获得 7 个阳性克隆（图 1-11）。

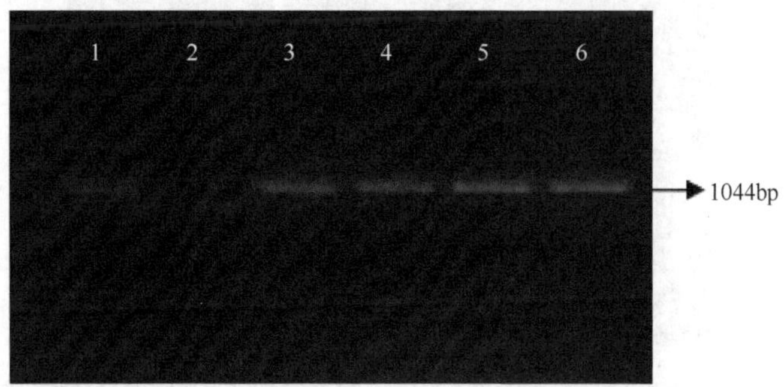

图 1-10　*BpTCP7* 基因 LR 反应后菌液 PCR 检测电泳图谱

1. Marker DL2000；2. 水对照；3~6. 大肠杆菌转化子

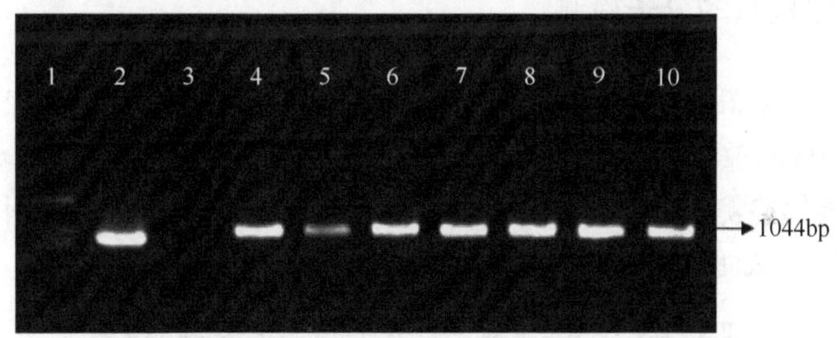

图 1-11　*BpTCP7* 基因电击转化农杆菌后菌液 PCR 检测电泳图谱

1. Marker DL2000；2. 阳性对照；3. 水对照；4~10. 农杆菌转化子

1.4.2　转基因白桦的获得

将叶盘转化法侵染后的白桦叶片置于不含抗生素的分化培养基上共培养，期间视农杆菌的生长情况而定，对其进行脱菌处理。2~3d 过后将脱菌后的叶片置于选择培养基上，倒置培养，期间不定期脱菌，约 1 个月后可见叶片切口处长有绿色的愈伤颗粒（图 1-12A）；待愈伤长到直径 5mm 的大小，即可将小愈伤切下，放置分化培养基上，数日后可发现愈伤组织会慢慢形成不定芽；再经过 20~30d 时间，不定芽会逐渐分化长大形成丛生苗。长出的丛生苗经二次分化，最终获得 4 个转化子，分别命名为 OE-1、OE-2、OE-3、OE-4。

图 1-12 *BpTCP7* 过表达转化子的生长发育过程（彩图请扫封底二维码）

A. 抗性愈伤；B. 愈伤分化；C. 从生苗；D. 生根苗；E. 土培苗；F. 转基因株系的生长

1.4.3 转基因株系的分子检测

以转基因植株叶片 DNA 作为模板，选择载体 pGWB5 引物进行 PCR 检测，PCR 产物在 1%的琼脂糖凝胶进行电泳，结果如图 1-13 所示：目的条带在这 4 个转化子中都能够检测出来，且与阳性对照的位置相一致，同时非转基因对照（WT）中没有检测到，从而证明已成功获得了超表达转化子。

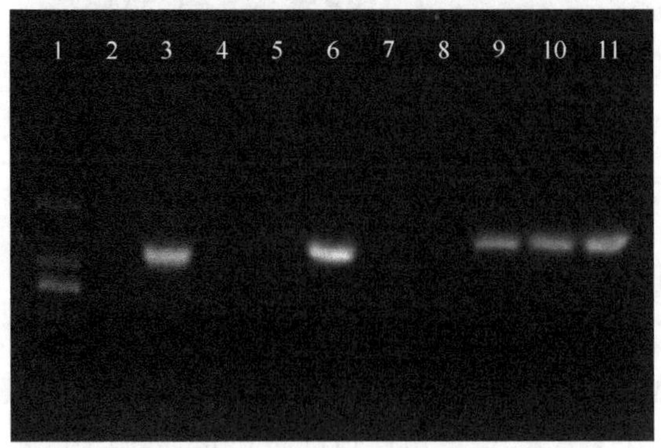

图 1-13 转 *BpTCP7* 基因植株的 PCR 检测

1. Marker DL2000；2. 水对照；3. 阳性对照；4. 阴性对照；5~11. 转化子

选取非转基因株系为对照，按照 $2^{-\Delta\Delta Ct}$ 基因的相对表达量。如图 1-14 显示，4 个超表达株系中 *BpTCP7* 基因的相对表达量差异显著，且都明显高于对照，其中

OE-4 株系中 *BpTCP7* 基因的表达量最高，比对照株系上调了 82.22 倍；其次为 OE-2，OE-1 表达量最低。

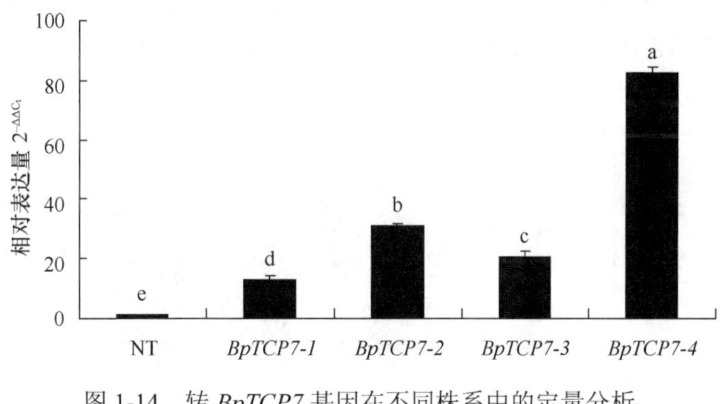

图 1-14　转 *BpTCP7* 基因在不同株系中的定量分析

1.5　转 *BpTCP7* 基因白桦的抗旱耐盐性分析

1.5.1　NaCl 胁迫处理及生理指标测定

0.8% NaCl 胁迫 12d 后，2 个过表达株系及对照株系均呈现一定程度的受害，如图 1-15 所示。其中，盐害程度最大的是非转基因对照株系，盐害指数达到 87.5%；其次为 OE-2 号转基因株系，盐害指数为 80.0%；盐害程度最小的为 OE-4 号转基因株系，盐害指数为 50.0%。

图 1-15　转 *BpTCP7* 基因过表达株系及非转基因植株盐胁迫试验图片和盐害指数
（彩图请扫封底二维码）

超氧化物歧化酶（SOD）能够通过催化超氧阴离子自由基发生歧化反应，起到抵御活性氧或其他过氧化物自由基对于细胞膜系统损伤的作用，能够有效地增强植物的抗逆生长。从图 1-16 中能够看出，胁迫 3d 后每个株系的 SOD 活性都明显下降至最低，且转基因株系 SOD 活性显著高于非转基因对照，随后有上升趋势，转基因株系的 SOD 活性明显高于对照，12d 时 OE-4 号转基因株系的 SOD 活性高于其余两个株系，说明转 *BpTCP7* 白桦株系在盐胁迫下，体内的 SOD 活性对植物的耐盐起着一定的作用。

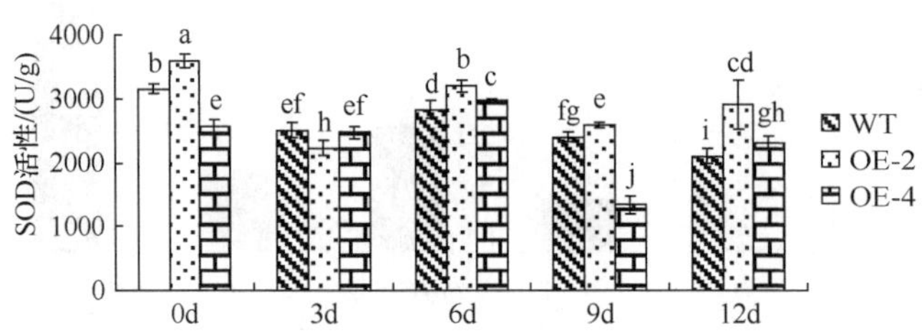

图 1-16　0.8% NaCl 胁迫下不同时间不同株系的 SOD 活性

MDA 为脂膜过氧化的终端产物，其含量多少可以反映生物膜的危害程度，即 MDA 的含量越高，生物膜损害越严重。从图 1-17 中能够看出，胁迫后，各株系的 MDA 含量都逐渐升高，但转基因株系的 MDA 含量一直低于对照，12d 时非转基因株系的 MDA 含量达到最高值，而转基因株系的 MDA 含量明显低于对照，OE-4 号转基因株系的含量最低。这说明在盐胁迫下，转基因白桦生物膜的损伤程度显著低于对照株系。

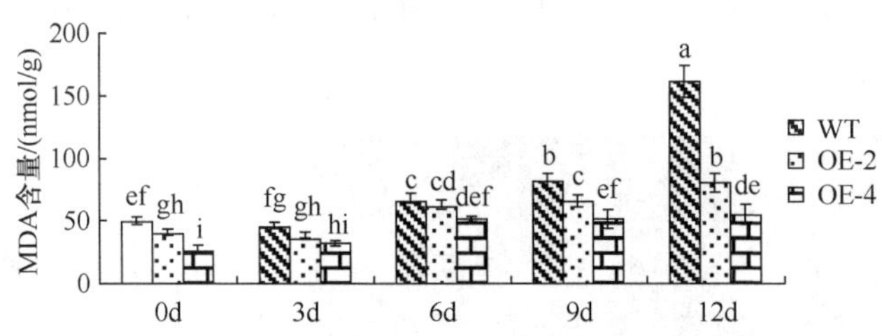

图 1-17　0.8% NaCl 胁迫下不同时间不同株系的 MDA 含量

1.5.2　PEG 胁迫处理及生理指标测定

20% PEG 胁迫 12d 后，3 个株系均呈现一定程度的旱害情况，其中旱害程度最大的是非转基因对照株系，旱害指数达到 68.4%；其次为 OE-2 号转基因株系，其旱害指数为 56.0%；旱害程度最小的为 OE-4 号转基因株系，旱害指数为 40.0%（图 1-18）。

与 0d 相比，20% PEG 胁迫后所有株系的 SOD 活性都明显降低，胁迫 3d 时，OE-4 号转基因株系与对照差异不显著，OE-2 号转基因株系的 SOD 活性要显著低于其他两个株系；随着胁迫时间的延长，非转基因对照的 SOD 活性逐渐降低，到 12d 时，非转基因对照的 SOD 活性达到最低值，此时，2 个 *BpTCP7* 过表达转基因株系的 SOD 活性都显著高于对照（图 1-19）。这说明转基因株系能够正向调控植物体内的 SOD 活性，在植物的耐旱调节过程中起着一定的作用。

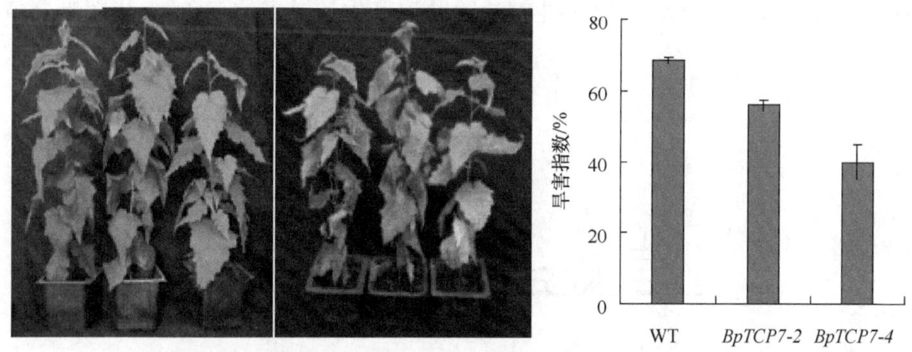

图 1-18　转 *BpTCP7* 超表达株系及非转基因植株旱胁迫试验图片和受害指数
（彩图请扫封底二维码）

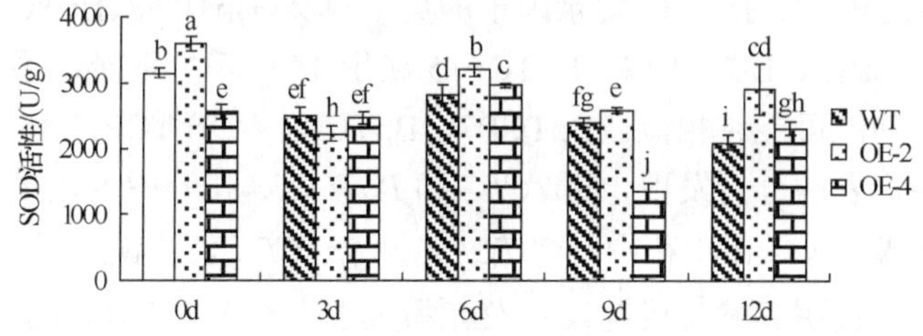

图 1-19　20% PEG 胁迫下不同时间不同株系的 SOD 活性

如图 1-20 所示，0d 时各株系的 MDA 含量都在 50nmol/g 以下，胁迫后各株系的 MDA 含量均呈上升趋势，但转基因株系的 MDA 含量一直低于非转基因株系，说明随着旱胁迫时间的增加，植物体内生物膜的受损伤程度增加，但转基因株系的旱损伤程度明显低于对照株系。

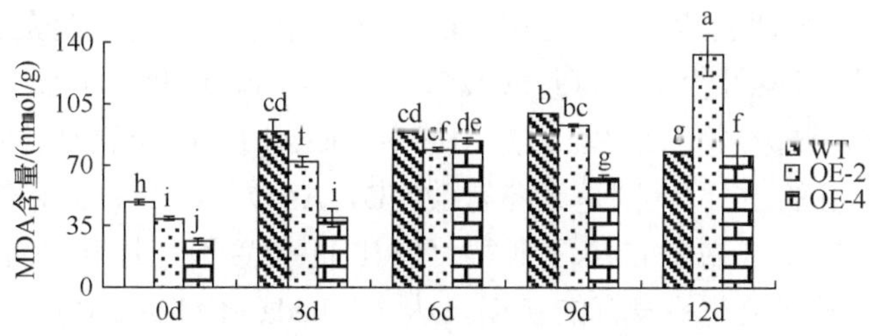

图 1-20　20% PEG 胁迫下不同时间不同株系的 MDA 含量

H_2O_2是细胞体内的氧化代谢所产生的，H_2O_2的含量越高，代表细胞所受的损伤程度越大，植物的抗逆能力也就越差。如图 1-21 所示，胁迫前非转基因株系的H_2O_2含量显著高于转 *BpTCP7* 过表达株系，胁迫后细胞损伤程度增加，各株系的H_2O_2 含量也升高，而转基因株系的 H_2O_2 含量始终低于非转基因株系，说明转 *BpTCP7* 株系体内在一定程度上能够清除胁迫产生的过多的 H_2O_2，从而提高植物的耐旱性。

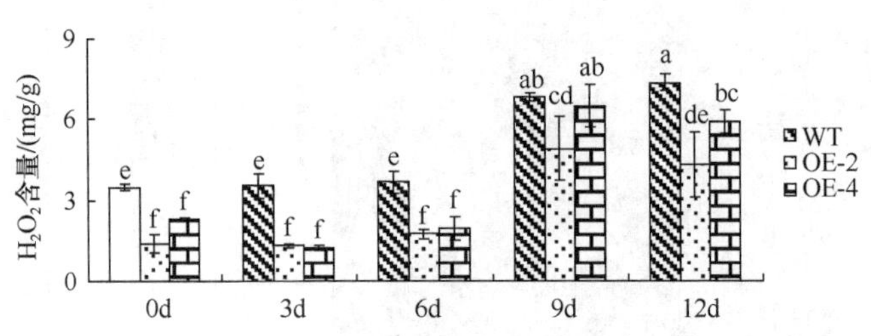

图 1-21　20% PEG 胁迫下不同时间不同株系的 H_2O_2 含量

系统聚类分析表明，BpTCP1、BpTCP2、BpTCP4、BpTCP5、BpTCP6、BpTCP9、BpTCP10、BpTCP11 属于 TCP 转录因子的第一亚类，BpTCP3、BpTCP12、BpTCP7、BpTCP8、BpTCP13、BpTCP14、BpTCP15 属于 TCP 第二亚类。系统发育分析中相似性越高，功能可能越相似。BpTCP7、BpTCP8 及 BpTCP13 蛋白序列有 65%以上的相似性，表达分析发现，*BpTCP7* 和 *BpTCP13* 在叶中表达模式相似，均在 7 月 1 日后上调表达。在雄花中，*BpTCP7* 和 *BpTCP8* 表达模式呈现除 7 月 15 日外均上调表达，说明其参与雄花发育及花粉成熟。在茎中，*BpTCP8* 和 *BpTCP13* 呈现下调表达。与拟南芥 TCP 同源的基因表达模式也是相似的，拟南芥的 8 个 *CIN* 基因（*AtTCP2*、*AtTCP3*、*AtTCP4*、*AtTCP5*、*AtTCP10*、*AtTCP13*、*AtTCP17* 及 *AtTCP24*）在叶中高表达，并且调控叶发育（Palatnik et al.，2003）。相似的，白桦的 *CIN* 基因除了 *BpTCP15* 外，其他 4 个基因在叶中也表现出高表达的趋势，这些基因在雄花中也是高表达。CYC/TB1 亚类的 *AtTCP1* 引起拟南芥叶柄及茎伸长（Koyama et al.，2010）。同为该亚类的 *BpTCP3* 和 *BpTCP12* 在白桦嫩茎中也表现出不同程度的上调表达，尤其是 *BpTCP3* 在整个生长季均上调表达。Basic 结构域上，class Ⅰ 比 classⅡ少 4 个氨基酸残基，除此以外，这两类亚家族在保守的氨基酸基序上也有差异，在第一个 Basic 结构域中，class Ⅰ 的 11 位置是甘氨酸（G，Gly），而对应的 classⅡ的 15 位置则是天冬氨酸（D，Asp）（Viola et al.，2011）。但也有例外，拟南芥 *TCP16* 属于 class Ⅰ 亚类，但其 11 位置不是甘氨酸而是天冬氨酸。*AtTCP16* 在叶原基及花粉发育的初期表达（Takeda et al.，2006），并促进从子叶中形成异位分生组织，说明其能介导植物细胞的分生进程及分裂状态（Uberti-Manassero et al.，2016）。白桦的这 15 个 TCP 基因没有发生类似的情况。TCP 基因的显著特点是在不同组织的细胞增殖中可能起到相反的作用。*AtTCP14* 和 *AtTCP15* 在茎和幼嫩节间均为促进细胞分裂；而在叶缘及萼片边缘，这两个基因抑制细胞分裂（Breuil-Broyer et al.，2004；Laufs et al.，2004）。

BpTCP7 基因启动子序列中还含有胁迫相关的顺式作用元件、干旱响应元件和低温响应元件等。*BpTCP7* 基因在 NaCl 和 PEG 胁迫处理组拟南芥中表达量高于未处理组，说明该基因在盐、旱响应途径中起着正调控作用。转 *BpTCP7* 过表达白桦株系也表现出了抗旱耐盐能力。虽然鲜有报道 TCP 参与逆境应答反应，但关于这方面的研究也取得相应的进展。例如，在水稻中证明了过量表达或抑制 *OsTCP14*（PCF6）和 *OsTCP21* 显著降低或增加植物的冷脆弱性，且 *OsTCP14*（PCF6）和 *OsTCP21* 在冷胁迫下负调控 ROS 介导的逆境胁迫反应（Wang et al.，2014）。过表达 *OsTCP19* 可以降低水分损失，减少氧离子和脂肪滴的积累，诱导多个信号通路典型基因的表达，例如，ABA 通路基因 *ABI3* 和 *ABI4*，JA 通路基因 *LOX1* 和 *LOX2*，ET 通路基因 *RAP2.3*、*RAP2.12*、*HRE1* 和 *TINY2*，IAA 通路基因 *IAA3* 和 *IAA28*，CK 通路基因 *IPT5*，进而提高转基因株系对高盐和甘露醇胁迫的耐受力（冯志娟等，2018）。Guan 等（2017）将拟南芥进行氮胁迫诱导处理后，*AtTCP20* 突变体植株表现出根生长发育不良和根分生组织细胞数目减少，导致转基因植株耐饥饿能力减弱。

第 2 章　转 *BpSPL9* 基因白桦的抗旱耐盐性研究

SPL 基因是高等植物所特有的一类 SBP-box 转录因子，它介导植物花的形成与发育、叶的形态建成、环境信号的应答响应、生物及非生物胁迫等调控路径。目前木本植物中 *SPL* 基因的研究较少，对于其基因功能的揭示大多集中在拟南芥、烟草等的研究中。本研究通过克隆白桦 *BpSPL9* 基因，对其进行生物信息学及时空表达分析，构建白桦 *BpSPL9* 基因的植物过表达载体，进行白桦的遗传转化，并对获得的转基因株系进行盐和干旱的抗逆性分析，从而探究 *BpSPL9* 基因在白桦生长发育过程及逆境胁迫条件下所发挥的功能，为探寻林木成花过程及逆境胁迫中具有双重功能的关键基因提供理论依据，这也正是林木育种工作者今后研究的主要目标之一。

2.1　*BpSPL* 家族基因的生物信息学分析

2.1.1　白桦 *BpSPL* 基因的特性分析

白桦 *BpSPL* 基因的 ORF 长度范围为 405~3249bp，编码的氨基酸数目为 134~1082，相对分子质量为 15.46~119.67kDa，理论等电点的范围为 6.13~9.4（表 2-1）。由此可见，白桦 12 条 *SPL* 基因序列长度差别较大，这一差别可能导致其具有不同的功能，暗示着 *SPL* 基因可能参与不同的生理过程。

表 2-1　白桦 *BpSPL* 基因特性分析

基因	5'UTR/bp	3'UTR/bp	ORF 长度/bp	氨基酸数目	相对分子质量/kDa	理论等电点（pI）
BpSPL1	41	306	405	134	15.46	6.39
BpSPL2	625	606	3249	1082	119.67	8.23
BpSPL3	405	470	2403	800	89.01	6.13
BpSPL4	2121	202	3006	1001	110.53	6.13
BpSPL5	646	161	1170	389	42.50	8.44
BpSPL6	18	144	537	178	20.01	9.38
BpSPL7	185	115	930	309	34.32	9.26
BpSPL8	593	270	1593	530	58.30	7.55
BpSPL9	259	386	1140	379	40.42	9.40
BpSPL10	308	538	1173	390	42.82	8.01
BpSPL11	318	323	528	175	19.96	9.05
BpSPL12	232	387	1437	478	52.96	7.32

利用白桦 *BpSPL* 基因的开放读码框（ORF）和对应的基因组序列，通过 Gene Structure Display Server 进行基因外显子和内含子的预测，结果显示：12 条白桦 *SPL* 基因由不同数目的外显子和内含子串联排布，相互之间差别较大。其中，*SPL2*、*SPL3*、*SPL4* 基因分别含有 9 个内含子，*SPL12* 基因含有 3 个内含子，*SPL5*、*SPL7*、*SPL8*、*SPL9*、*SPL10* 分别含有 2 个内含子，*SPL1* 和 *SPL11* 分别只含有 1 个内含子（表 2-2）。

表 2-2　白桦 *BpSPL* 基因结构分析

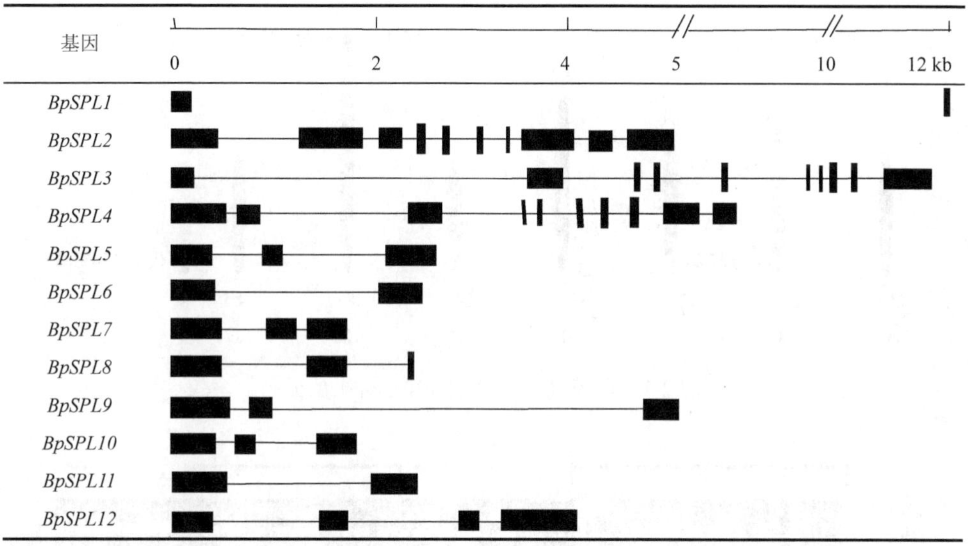

基因	0　2　4　5　10　12 kb
BpSPL1	
BpSPL2	
BpSPL3	
BpSPL4	
BpSPL5	
BpSPL6	
BpSPL7	
BpSPL8	
BpSPL9	
BpSPL10	
BpSPL11	
BpSPL12	

注：■代表外显子；— 代表内含子。

2.1.2　白桦 *SPL* 基因的染色体定位分析

基因组测序结果发现白桦体内一共含有 14 对染色体，12 条白桦 *BpSPL* 基因分别分布在 8 对染色体上，如图 2-1 所示。除了 1、7、8、11、12 和 14 号染色体上没有基因分布外，其他的染色体上均有基因分布，其中 8 号染色体上分布有 3 条基因，2 号和 9 号染色体上均分布有 2 条基因，其余每对染色体上只有 1 条基因。最短的 7 号染色体只有 18.3Mb，最长的 13 号染色体达到了 48Mb。

2.1.3　白桦 *BpSPL* 基因氨基酸序列的同源性分析

对白桦 12 条 *BpSPL* 基因编码的氨基酸进行多序列比对分析，结果如图 2-2 所示。由图可知，白桦 SBP-Box 结构域在进化上是高度保守的，12 条 *BpSPL* 基因的氨基酸序列都具有 SBP 结构域特有的两个锌指结构，Zn-1 结构由 27 个氨基酸组成，Zn-2 结构由 20 个氨基酸组成。SBP-DBD 区的 C 端（即第二个锌结合区）

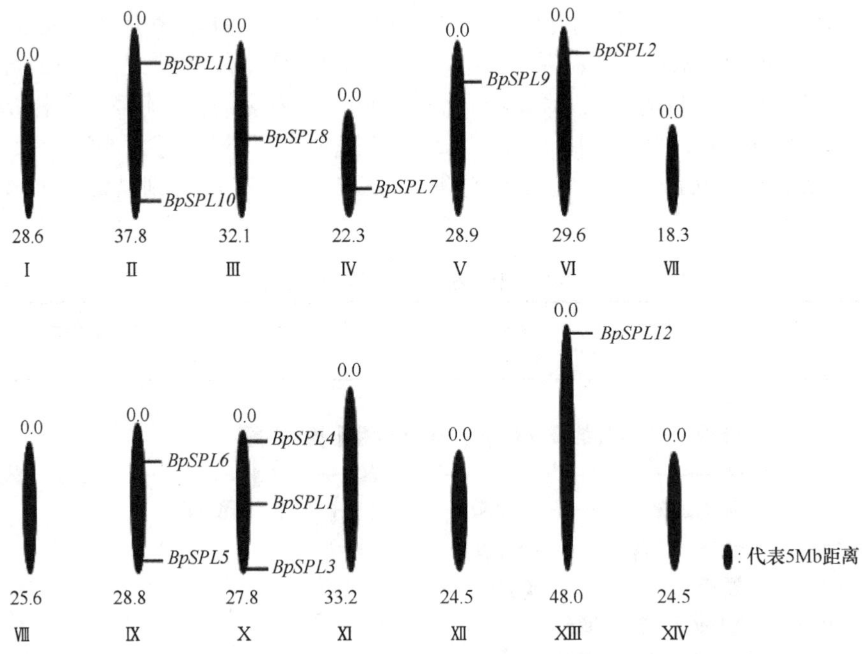

图 2-1　白桦 *BpSPL* 基因在染色体上的分布

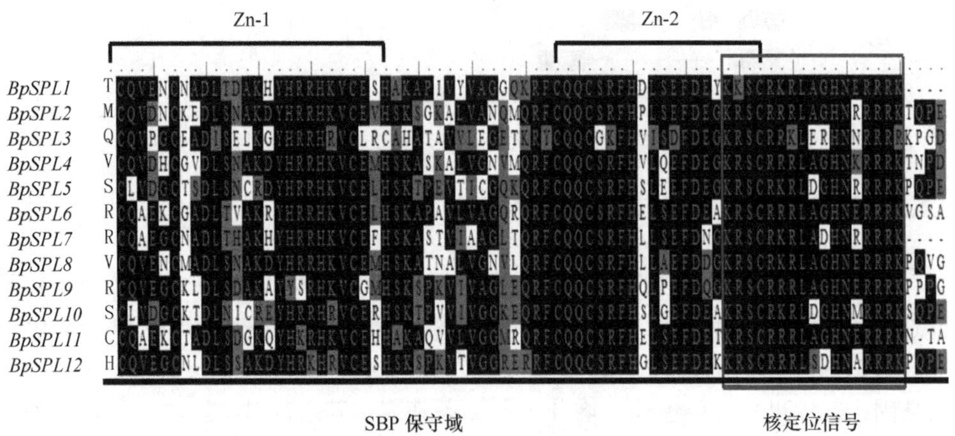

图 2-2　白桦 *BpSPL* 基因的氨基酸序列比对

包含一个核定位信号，位于 SBP 结构域内部，是由 17 个氨基酸所组成的区域，用于调控转录因子进入细胞核内。SBP-DBD 一部分与其核定位区重叠（KRSC），能够专一识别并结合 GTAC 核模序（motif），所以 SBP 家族的转录因子不但能正确地与目标 DNA 结合，还能在核定位信号（NLS）的帮助下顺利进入核区。发现在 SBP 结构域上游还存在一个进化上相对保守的区域，其功能还不十分清楚。

2.1.4 *BpSPL* 基因的系统发育分析

对白桦 12 条 *BpSPL* 基因与水稻 18 条、拟南芥 16 条、杨树 9 条 *SPL* 基因进行了进化分析，如图 2-3 所示。由图可以看出，这些 *SPL* 基因大致可以分为 6

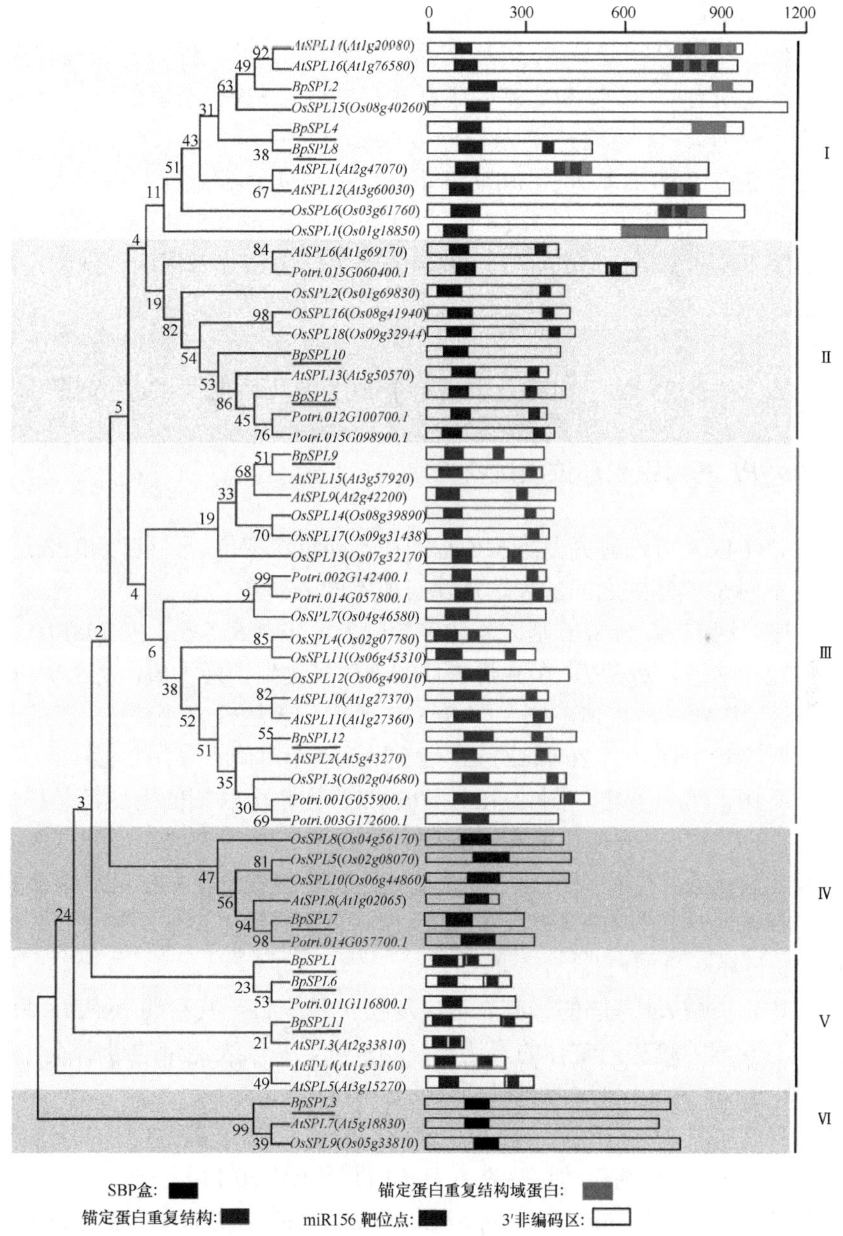

图 2-3　白桦 *BpSPL* 与其他植物 *SPL* 序列的系统发育树（彩图请扫封底二维码）

种类型。Ⅰ型：其中有 8 条 *SPL* 基因含有锚蛋白重复包含域或锚蛋白重复域，这一类型中的 SPL 氨基酸长度较大。Ⅱ型：受 *miR156* 所调控，它们的长度大多集中在 200~600 个氨基酸，其中白桦 *BpSPL9* 基因与拟南芥 *AtSPL15* 基因的亲缘关系最近。Ⅲ型：大部分基因受 *miR156* 调控的，各基因之间长度差别较小。Ⅳ型：不受 *miR156* 调控。Ⅴ型：*SPL* 序列相对较短，除了一条 Potri.011G116800.1 不受 *miR156* 调控外，其余都受 *miR156* 所调控。Ⅵ型：有 3 条不受 *miR156* 调控的较长的序列。上述所有的 55 条 *SPL* 基因中都含有典型的 SBP 结构域，并且长度较大的基因都不受 *miR156* 调控；12 条白桦 *BpSPL* 基因中有 7 条具有 *miR156* 识别位点，其中有 3 条 *BpSPL* 基因受 *miR156* 识别位点是位于基因的 3'UTR 区域，拟南芥中 Gandikota 等分析发现在 *SPL3* 的 3'UTR 端存在 *miR156* 和 *miR157* 的调控位点，目前所发现的受 *miR156*/*miR157* 调控的陆生植物 *SPL* 基因的识别位点都是高度保守的。

2.2 *BpSPL* 基因在白桦不同组织器官表达特性

2.2.1 *BpSPL* 基因组织部位表达特性

利用 qRT-PCR 方法研究白桦 *SPL* 基因在不同组织部位、不同时期的表达情况，结果表明不同 *SPL* 基因之间的表达规律有所不同。

在叶中，这 12 条 *BpSPL* 基因表达差异较大，其中 *BpSPL1* 和 *BpSPL4* 二者的表达模式比较接近，*BpSPL1* 在 9 月 5 日的表达量达到了最大值，*BpSPL4* 在 8 月 5 日的表达量达到了最大值。剩余的 *BpSPL* 基因的表达模式比较接近，它们的最高表达量大多集中在 7 月 20 日或是 8 月 5 日这两个时间点（图 2-4A）。

在顶芽中，可以看出（图 2-4B），*BpSPL1* 在整个时期的表达都是很低的；*BpSPL4* 在 8 月 5 日的表达量最高；*BpSPL8*、*BpSPL10* 和 *BpSPL12* 这 3 条基因的表达模式比较一致，它们在顶芽中的最高表达量出现在 8 月 20 日。剩余的 7 条 *BpSPL* 基因的表达也具有一致性，它们的最高表达时期出现在 7 月 5 日、8 月 20 日、9 月 5 日和 9 月 20 日这 4 个时期。

在茎中，*BpSPL4* 基因的最高表达出现在 7 月 5 日；其余的 *BpSPL* 基因的表达模式具有相同的趋势，整体的表达水平均较低，基因表达量的最高值大多出现在 6 月 20 日和 8 月 20 日这两个时期（图 2-4C）。

在雄花，如图 2-4D 所示，*BpSPL1* 基因的最高表达出现在 6 月 20 日，剩余的 11 条 *BpSPL* 基因的最高表达出现在 6 月 20 日至 9 月 20 日。

在雌花，*BpSPL3*、*BpSPL6*、*BpSPL7* 和 *BpSPL8* 基因的最大表达量出现在 4 月 5 日，这时雌花刚刚开始发育，随后的表达量逐渐降低，*BpSPL1*、*BpSPL2*、

BpSPL4、*BpSPL9*、*BpSPL11* 和 *BpSPL12* 基因的最高表达量出现在 4 月 10 日和 4 月 15 日这两个时间点，剩余的 *BpSPL5*、*BpSPL9* 和 *BpSPL10* 基因在随后的 4 月 10 日和 4 月 15 日这两个时间点的表达量没有太大的变化（图 2-4E）。

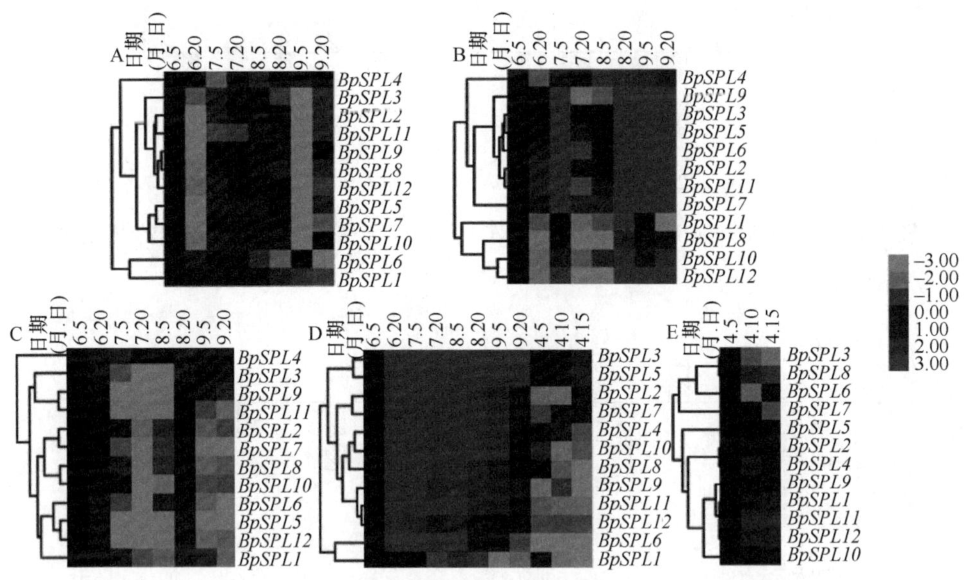

图 2-4　白桦 *BpSPL* 在同一部位中不同时期的表达聚类分析（彩图请扫封底二维码）

A. 叶；B. 芽；C. 茎；D. 雄花；E. 雌花

这些基因在所选取的组织部位中大部分都有表达，在整个的生长阶段，*SPL* 的表达水平呈现逐渐升高的趋势，花芽形成之前达到最高水平。

2.2.2　NaCl 和 PEG 胁迫下 *BpSPL9* 的应答特性

如图 2-5 所示，0.4mmol/L NaCl 处理后，在根中 *BpSPL9* 基因的表达发生了变化，处理 6h 时表达量最大（达到 $2^{1.35}$），表现出该基因对于胁迫的应激反应；此后随着处理时间的延长，*BpSPL9* 基因均表现出了下调的趋势，处理时间为 72h 时基因的表达达到了最低值 2^{-2}~$2^{-2.69}$。0.4mmol/L NaCl 处理白桦后嫩叶中 *BpSPL9* 基因的表达在 6h 后开始上调，12h 呈现下调的变化，24h 的变化不明显，48h 的表达也是下调的，这一趋势在根中表现得不明显，处理时间为 72h 的基因表达量达到最大值 $2^{4.57}$。

如图 2-6 所示，20% PEG 处理白桦后根中 *BpSPL9* 基因的表达发生了变化，处理 6h 时该基因呈现下调的变化，处理 12h 时表达量最大（达到 $2^{0.75}$）；此后随着处理时间的延长，*BpSPL9* 基因均表现出了下调的趋势，处理 72h 时基因的表达达到了最低值（$2^{-1.88}$）。20% PEG 处理白桦后嫩叶中 *BpSPL9* 基因的表达在 6h 后

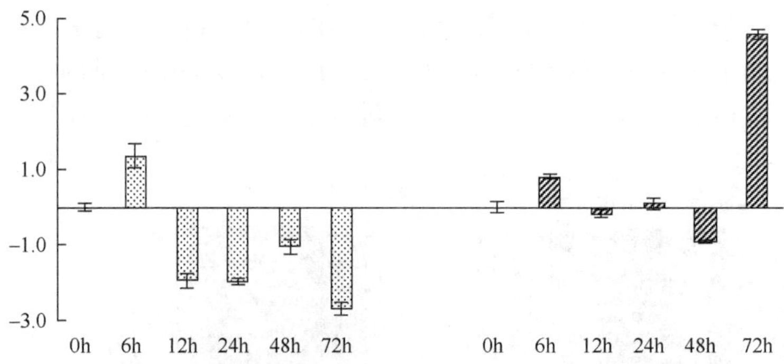

图 2-5 0.4mmol/L NaCl 处理后白桦根（左）和嫩叶（右）中 *BpSPL9* 基因的表达分析

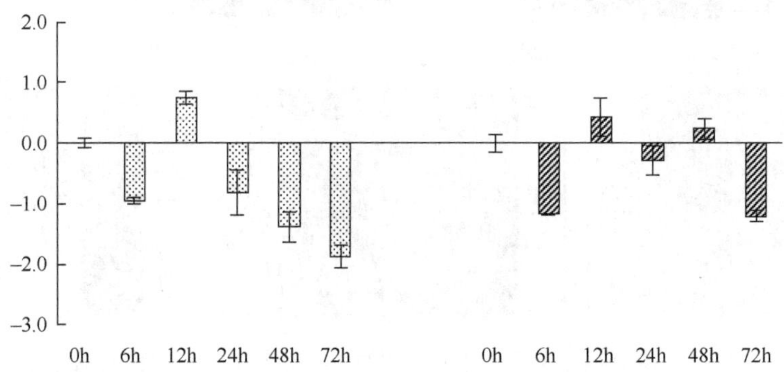

图 2-6 20% PEG 处理后白桦根（左）和嫩叶（右）中 *BpSPL9* 基因的表达分析

开始下调，12h 基因的表达量为最大值（$2^{0.44}$），24h 时也呈现下调的变化，48h 的表达是上调的，处理时间为 72h 的基因表达量达到了最小值（$2^{-1.21}$）。

2.3 *BpSPL9* 基因的白桦遗传转化研究

2.3.1 植物过表达载体的构建

2.3.1.1 *BpSPL9* 基因的克隆

以多年生白桦的叶片 cDNA 为模板，根据白桦转录组获得的 *BpSPL9* 序列设计特异引物，进行 PCR 扩增，扩增产物于 1%琼脂糖凝胶中进行电泳检测，结果显示在 1140bp 处获得特异条带，并与目标条带大小一致，电泳结果如图 2-7 所示。

2.3.1.2 TOPO 克隆反应后重组质粒的检测

TOPO 反应结束后将反应液加入到大肠杆菌感受态细胞中进行热激转化，涂

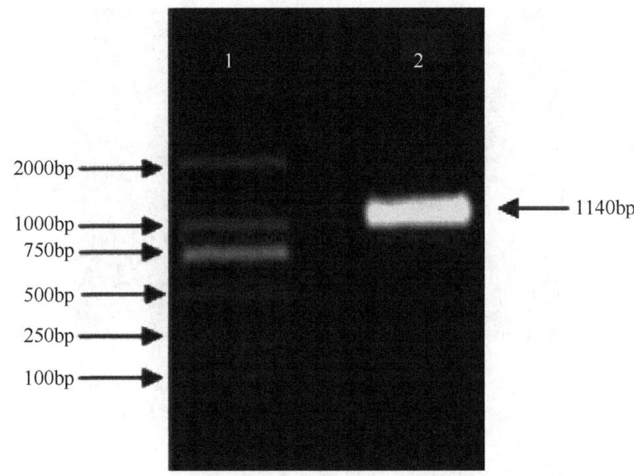

图 2-7　*BpSPL9* 基因 PCR 产物电泳图谱

1. Marker DL2000；2. *BpSPL9* 基因

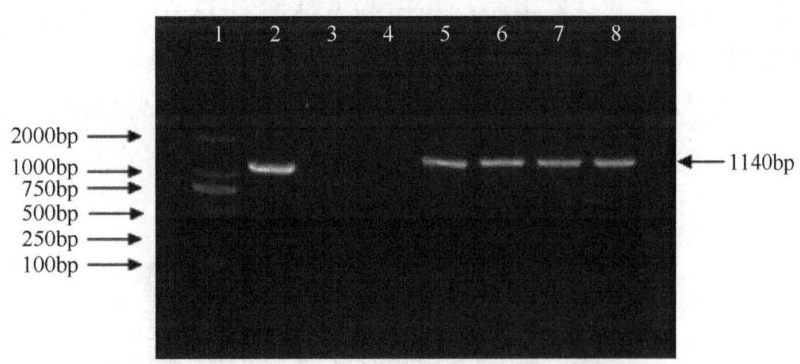

图 2-8　*BpSPL9* 基因 TOPO 反应后菌液 PCR 检测电泳图谱

1. Marker DL2000；2. 阳性对照；3. 阴性对照；4. 水对照；5~8. 试样

布在加有卡那霉素的选择培养平板中，37℃倒置培养过夜，挑取长出来的单克隆进行液体培养基摇菌，以裂解后的菌液为模板，通过 PCR 扩增的方式，进行阳性单克隆的检测，1%琼脂糖凝胶中进行电泳检测。结果如图 2-8 显示，所挑取的 4 个单克隆均检测为阳性，目的基因 *BpSPL9* 已经成功整合到了 TOPO 载体上。

2.3.1.3　LR 反应后重组质粒的检测

提取上述 TOPO 反应后经检测的阳性单克隆的质粒进行 LR 反应，将 TOPO 重组质粒与 pGWB5 载体连接，反应液转化到大肠杆菌 DH5α 感受态细胞中，37℃摇菌 2~3h。将菌液涂布在含有卡那霉素和潮霉素的 LB 固体选择培养基中，37℃倒置培养过夜，挑取单克隆摇菌，以裂解后的菌液作为模板，进行 PCR 检测，在浓度为 1%的琼脂糖凝胶中进行电泳检测。结果表明，所挑取的 4 个单克隆均检测为阳性，目的基因 *BpSPL9* 已经成功构建到了 pGWB5 载体上（图 2-9）。

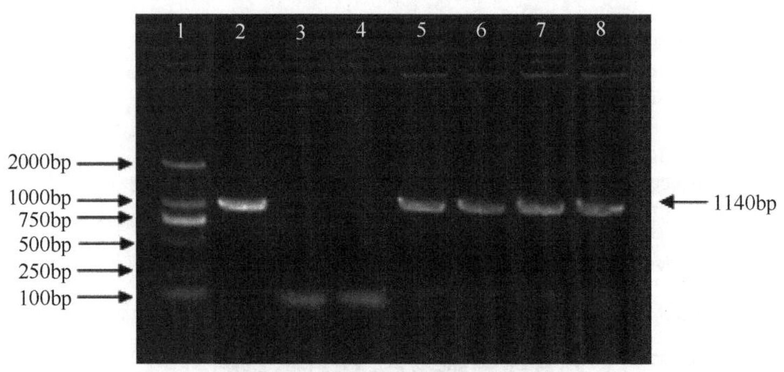

图 2-9 *BpSPL9* 基因 LR 反应后菌液 PCR 检测电泳图谱

1. Marker DL2000；2. 阳性对照；3. 阴性对照；4. 水对照；5~8. 试样

2.3.1.4 电击转化农杆菌的检测

提取 LR 反应后经检测的阳性单克隆质粒，进行农杆菌感受态细胞的电击转化，将上一步获得的重组质粒电击转化根瘤农杆菌 EHA105 感受态细胞，28℃摇菌 2~3h，将菌液涂布在含有卡那霉素和利福平的 LB 固体选择培养基中，28℃倒置培养 36~48h，挑取单克隆摇菌，以裂解后的菌液作为模板，进行 PCR 检测，在浓度为 1% 的琼脂糖凝胶中进行电泳检测。扩增产物与目的片段大小一致（图 2-10）。

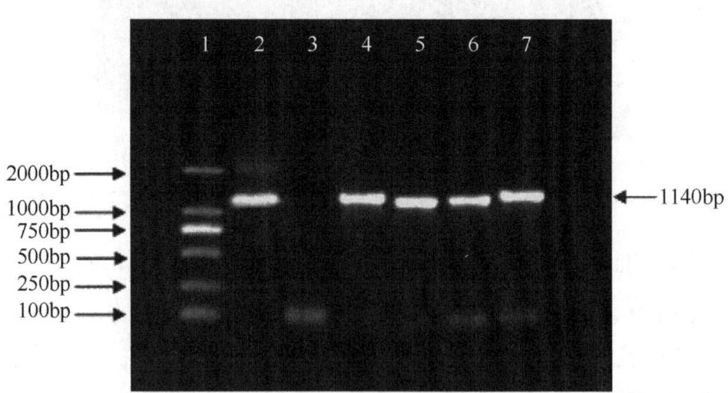

图 2-10 *BpSPL9* 基因电击转化农杆菌后菌液 PCR 检测电泳图谱

1. Marker DL2000；2. 阳性对照；3. 水对照；4~7. 试样

利用基因上下游引物和 pGWB5 载体上下游引物组合配对检测电击后获得的阳性单克隆，以裂解后的菌液作为模板，进行 PCR 检测，在浓度为 1%的琼脂糖凝胶中进行电泳检测。结果如图 2-11 所示，基因上游引物和载体下游引物、载体上游引物和基因下游引物，这两种组合产生的条带大小一致，同时高于基因上下游引物且低于载体上下游引物的条带位置，这意味着目的基因 *BpSPL9* 已成功构建到了 pGWB5 载体上。

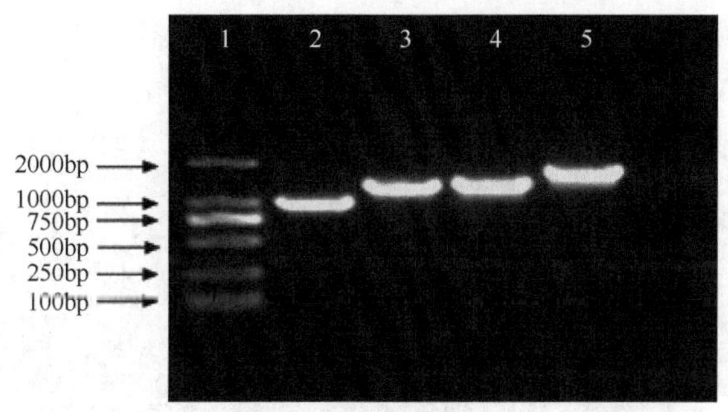

图 2-11　*BpSPL9* 基因电击转化农杆菌后引物组合 PCR 检测电泳图谱

1. Marker DL2000；2. 基因上下游引物；3. 基因上游、载体下游引物；
4. 载体上游、基因下游引物；5. 载体上下游引物

2.3.2　转基因白桦的获得

将侵染后的白桦叶片置于不含抗生素的分化培养基上共培养，期间视农杆菌的生长情况而定，对其进行脱菌处理；2~3d 后将脱菌后的叶片置于选择培养基上，倒置培养，期间不定期脱菌；25d 后可见叶片切口处长有绿色的愈伤颗粒（图 2-12A）；待愈伤长到直径 5mm 的大小，即可将小愈伤切下，放置分化培养基上，数日后可发现愈伤组织会慢慢形成不定芽（图 2-12B）；再经过 20~30d 时间，不定芽会逐渐分化长大形成丛生苗，长出的丛生苗经二次分化，最终获得 18 个转化子，依次命名为 Ox1~Ox18。待长出的抗性愈伤长到足够大的时候，将其转移至分化培养基中，使其慢慢长出不定芽，形成丛生的继代苗，再将继代苗进行生根培养，整个培养过程获得的植物组培苗如图 2-12 所示。同时大量扩繁所获得的转基因株系，为后续的鉴定实验提供充足的材料。

2.3.3　转基因株系的分子检测

2.3.3.1　转 *BpSPL9* 基因植株的 PCR 检测

以转基因植株叶片 DNA 作为模板进行 PCR 检测，PCR 产物在 1%的琼脂糖凝胶进行电泳，结果如图 2-13 显示。目的基因 *BpSPL9* 在这 18 个转化子中都能够检测出来，同时非转基因对照（WT）中没有检测到，且目的条带位置与阳性对照的位置一致，从而证明已成功获得了转基因植株。

2.3.3.2　转基因株系的定量 PCR 分析

选取非转基因株系（WT）作为对照，将 18 个不同转基因株系的表达情况分为 3 组，即高表达、中表达和低表达。这一划分没有严格的界定标准，按照$-\Delta\Delta Ct$

图 2-12　转化子的获得及扩繁（彩图请扫封底二维码）

A. 抗性愈伤；B. 抗性愈伤分化；C. 生根苗的培养；D. 组培苗的移栽；E、F. 转基因株系的生长

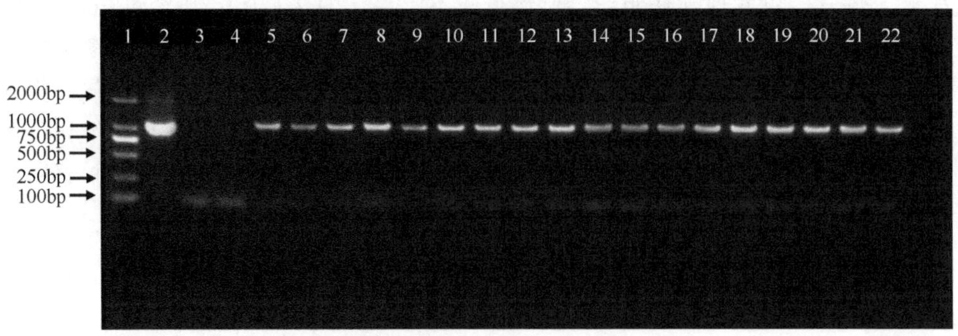

图 2-13　转 *BpSPL9* 基因植株的 PCR 检测

1. Marker DL2000；2. 阳性对照；3. 阴性对照；4. 水对照；5~22. Ox1~Ox18 号转化子

计算基因的相对表达量，相对表达量在 2^6~2^9 的划分为高表达组，2^4~2^5 的划分为中表达组，2^1~2^3 的则归为低表达组。由图 2-14 可见，同一基因在不同转化子株系中的表达差异显著，最高表达水平的 Ox4 号转化子株系的最大值为 2^9，最低表达水平的 Ox15 号转化子株系只有 2^1，最高表达量是最低表达量的 2^8 倍。

2.3.3.3　Northern 杂交

杂交结果如图 2-15 所示，非转基因型（WT）中没有检测到杂交信号，而选

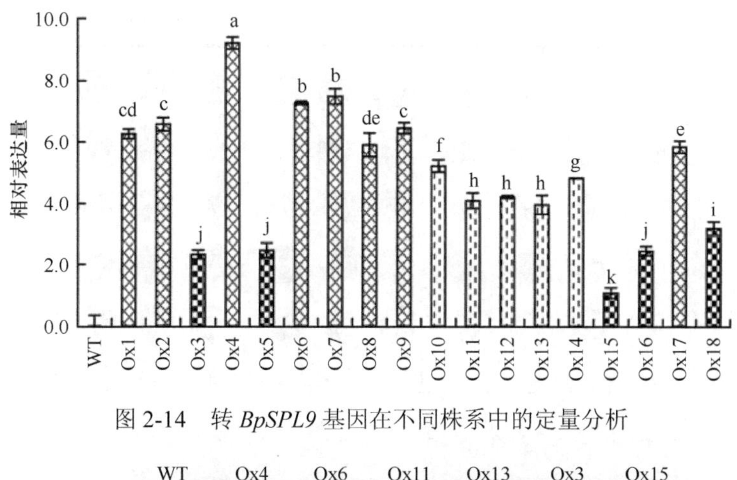

图 2-14 转 *BpSPL9* 基因在不同株系中的定量分析

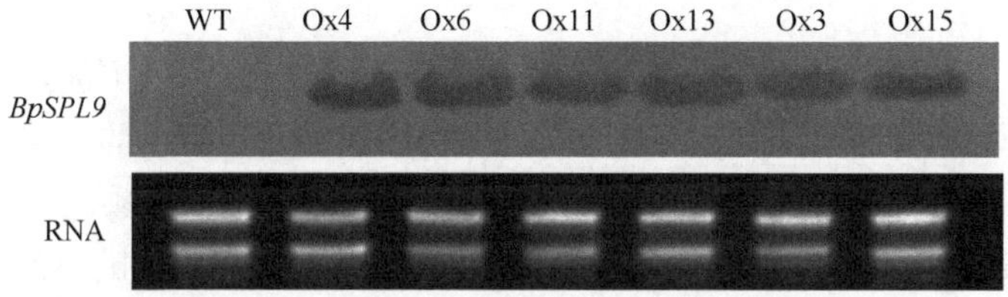

WT Ox4 Ox6 Ox11 Ox13 Ox3 Ox15

BpSPL9

RNA

图 2-15 转 *BpSPL9* 基因的 Northern blotting 分析

取的转基因株系中都检测到杂交信号的存在，且通过基因最高表达的 Ox4 号株系与最低表达的 Ox15 号株系两者的杂交条带也能够看出信号的强弱，进一步证明 *BpSPL9* 基因已经成功导入白桦植株中。

2.4 转 *BpSPL9* 基因白桦的抗旱耐盐性分析

2.4.1 转基因植株的耐盐性分析

2.4.1.1 转基因植株的耐盐胁迫

NaCl 胁迫处理 WT、Ox4、Ox15 植株的离体叶片，由结果可以看出，对于不同浓度的 NaCl，三种类型的叶片表现出不同的反应：低浓度的 NaCl 对于三者的影响几乎相同；当 NaCl 的浓度达到 1.0%时，则表现出不同的抗性，非转基因对照在 1.0% NaCl 胁迫下，叶盘周围出现枯烂的现象，而 Ox4 转化子叶片对于此浓度下的 NaCl 反应不明显，Ox15 号转化子叶片在 1.0% NaCl 胁迫下叶片出现泛黄的迹象。由此可以看出，与非转基因对照 WT 相比，转白桦 *BpSPL9* 基因的白桦植株对盐胁迫具有一定的抗性，且不同转化子对于同一浓度的 NaCl 表现出不同的抗性，表明白桦 *BpSPL9* 基因对于盐胁迫具有一定的抗性（图 2-16）。

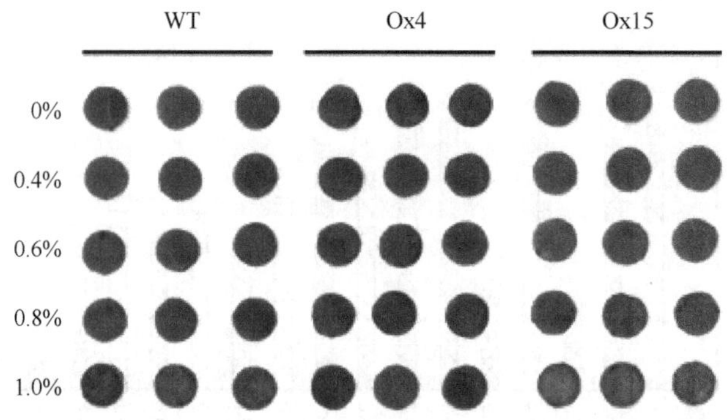

图 2-16 不同浓度 NaCl 处理离体叶片结果（彩图请扫封底二维码）

2.4.1.2 胁迫处理叶片的染色分析

DAB 能够被细胞中过氧化氢释放的氧离子氧化形成棕色沉淀，依据染色的结果既可以定位过氧化氢酶活性的具体位置，也能够根据染色的程度反映出 H_2O_2 的含量；NBT 则能够被超氧离子 O^{2-}氧化形成蓝色甲腙，甲腙颜色的深浅也能够反映出 O^{2-}含量的多少。分别选取 1.0% 浓度的 NaCl 胁迫处理 0h、12h、24h 的小叶盘进行 DAB 和 NBT 染色，每个处理进行 3 次实验重复，染色结果如图 2-17 所示。

结果表明，随着胁迫时间的延长，三种株系的颜色程度均明显加深。0h 时两种染色的结果均显示三种株系之间差异较小，因为此时的叶片没有受到 NaCl 的胁迫，表明它们之间的过氧化氢和超氧阴离子在原初水平上是近似的；12h 的胁迫处理就能够明显看出各个株系间存在的差异，转基因株系 Ox4 和 Ox15 比非转基因对照的两种染色均较浅，说明它们受到的伤害程度较轻，且 Ox4 转基因株系比 Ox15 转基因株系的染色部位也减少，可以看到 DAB 染色的 Ox4 叶盘中部受到的伤害程度更轻，NBT 染色的两株系间没有看出明显的差异；24h 胁迫处理的染色结果更为明显，DAB 染色的三种株系间的差异极为显著，非转基因对照株系的染色程度最深，Ox15 转基因株系的颜色次之，Ox4 转基因株系的中部染色很浅，只是叶边缘出现了深颜色，NBT 染色的结果相似，非转基因对照株系的颜色最深，其次是 Ox15 转化子，染色最浅的是 Ox4 转化子。综合整体的 DAB 和 NBT 颜色可以看出，转 *BpSPL9* 基因白桦的转基因株系对于盐害胁迫表现出一定的抗性。

2.4.1.3 NaCl 胁迫下白桦转基因株系生理生化指标的测定

SOD 能够通过催化超氧阴离子自由基发生歧化反应，起到抵御活性氧或其他过氧化物自由基对于细胞膜系统损伤的作用，能够有效地增强植物的抗逆生长。取 1.0% NaCl 胁迫处理的转基因植株和非转基因对照株系进行 SOD 活性的测定，结果如图 2-18 所示。

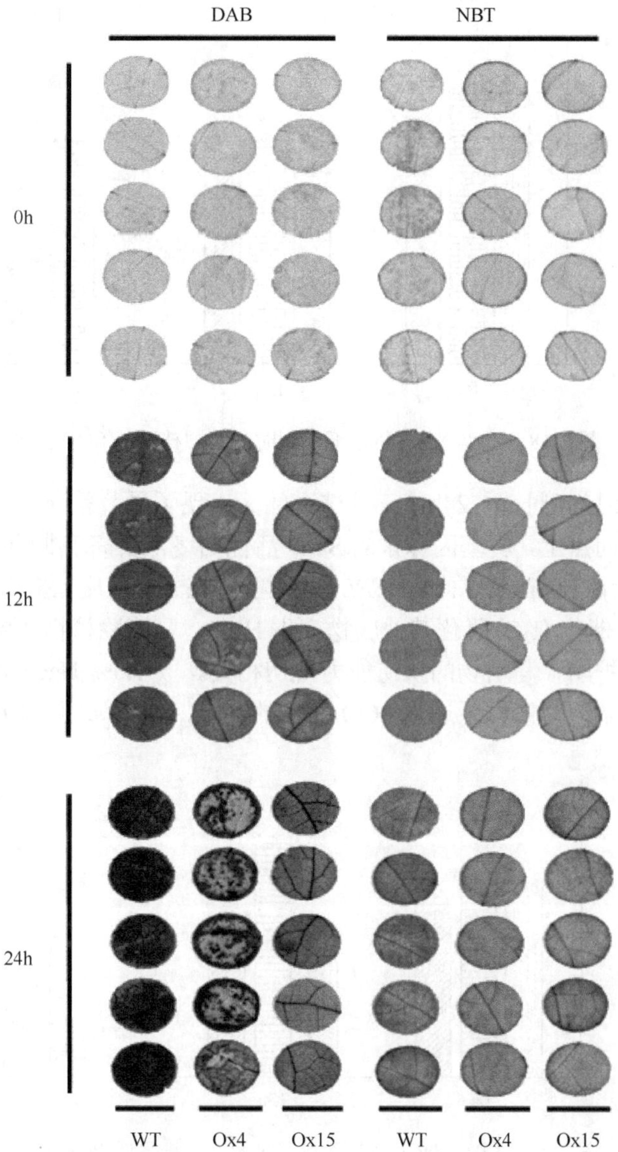

图 2-17　1.0% NaCl 胁迫下不同时间不同株系的 DAB 和 NBT 染色结果（彩图请扫封底二维码）

在 1.0 % NaCl 胁迫处理下，0h 测定的二种株系的 SOD 活性存在着显著的差异，其中 Ox15 转基因株系的 SOD 活性最高，可达 906U/g，最低的非转基因对照株系只有 740U/g，可以看出不同株系间 SOD 活性的原初活性是不同的，这可能是由转入基因之后所导致的；12h 胁迫后测定的结果中，Ox4 和 Ox15 转基因株系的 SOD 活性差异不显著，二者 SOD 的活性高于非转基因株系，且差异显

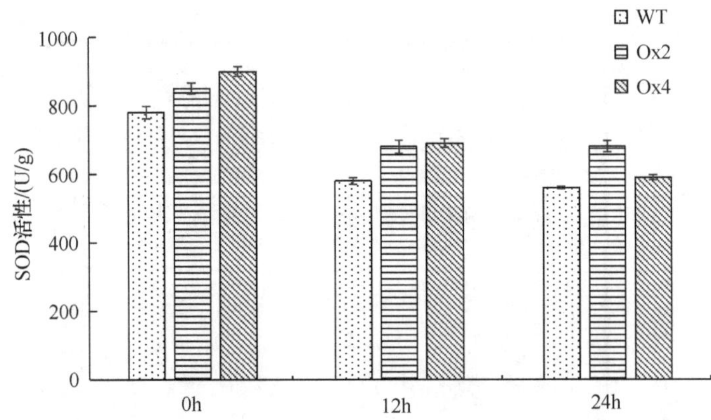

图 2-18　1.0% NaCl 胁迫下不同时间不同株系的 SOD 活性

著；随着胁迫时间延长至 24h，三种株系间又出现了显著差异。总体看来，从所观察的 3 个时间点上，转基因株系的 SOD 活性始终都要高于非转基因株系的，其体内的 SOD 活性较高说明白桦 *BpSPL9* 基因能够在一定程度上提高植物的抗逆性。

POD 能够催化 H_2O_2 氧化其他底物产生 H_2O_2，是清除植物体内氧自由基对其伤害的重要保护酶，与植物的抗逆能力密切相关。取 1.0% NaCl 胁迫处理的转基因植株和非转基因对照株系进行 POD 活性的测定，结果如图 2-19 所示。

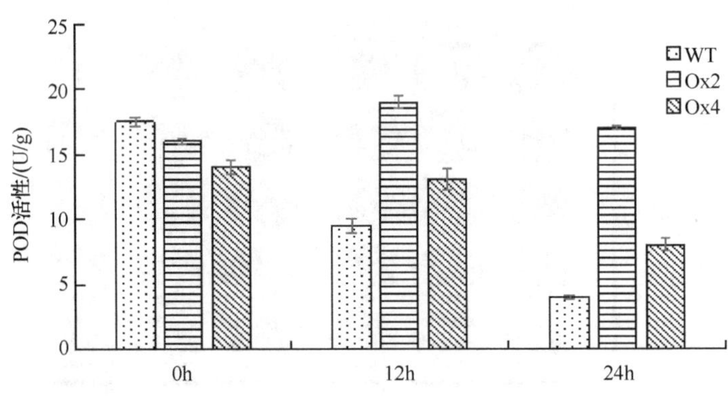

图 2-19　1.0% NaCl 胁迫下不同时间不同株系的 POD 活性

在 1.0% NaCl 胁迫处理下，0h 测定的三种株系的 POD 活性中，对照株系与 Ox4 转基因株系间差异不显著，与 Ox15 转基因株系间差异显著，可以看出不同株系间 POD 活性的原初活性是有所不同的；12h 胁迫后测定的结果中，Ox4 和 Ox15 转基因株系的 POD 活性差异显著，二者 POD 的活性均高于非转基因株系且差异显著；随着胁迫时间延长至 24h，三种株系间又出现了显著差异。从所观察的 12h 和 24h 两个时间点上可以看出，胁迫后的转基因株系的 POD 活性始终都要高于非转基因株系，其体内的 POD 活性较高，说明白桦 *BpSPL9* 基因能够调控植物体内的 POD 活性，从而增强植物的 ROS 清除能力，对于植物的抗逆起到重要的作用。

H_2O_2 是细胞体内的氧化代谢所产生的，H_2O_2 的含量越高，代表细胞所受的损伤程度越大，植物的抗逆能力也就越差。取 1.0% NaCl 胁迫处理的转基因植株和非转基因对照株系进行 H_2O_2 含量的测定，结果如图 2-20 所示。

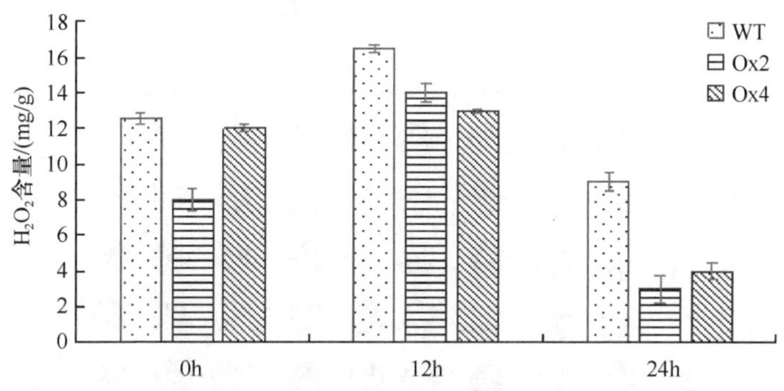

图 2-20 1.0% NaCl 胁迫下不同时间不同株系的 H_2O_2 含量

在 1.0% NaCl 胁迫处理下，0h 测定的三种株系的 H_2O_2 含量中，对照株系与 Ox15 转基因株系间差异不显著，而 Ox4 转基因株系的 H_2O_2 含量最少，可以看出不同株系间 H_2O_2 含量的原初含量是有所不同的；12h 胁迫后测定的结果中，Ox4 和 Ox15 转基因株系的 H_2O_2 含量差异不显著，二者 H_2O_2 含量均低于非转基因株系且差异显著；随着胁迫时间延长至 24h，Ox4 和 Ox15 转基因株系的 H_2O_2 含量差异不显著，二者 H_2O_2 含量均明显低于非转基因株系且差异显著。从所观察的 12h 和 24h 两个时间点上可以看出，胁迫后的转基因株系的 H_2O_2 含量始终都要低于非转基因株系，其体内的 H_2O_2 含量较低，说明白桦 *BpSPL9* 基因能够负向调控植物体内的 H_2O_2 含量，从而对植物的抗逆起到重要的作用。

2.4.2 转基因植株的抗旱性分析

2.4.2.1 转基因植株的抗旱胁迫

PEG 胁迫处理 WT、Ox4、Ox15 植株的离体叶片，由结果可以看出，如图 2-21 所示，低浓度的 PEG 对于三者的影响不明显；当 PEG 的浓度达到 15%时，非转基因对照在 PEG 胁迫下，叶盘周围已经有枯烂斑点且叶片泛黄，而其他两组转基因株系叶盘边缘也出现了枯烂，但变化不是十分明显；当 PEG 浓度达到 20% 时，非转基因对照（WT）叶盘已经枯死，且网状坏死面积较大，Ox4 转化子叶片对于此浓度下的 PEG 表现出叶盘泛黄枯烂，Ox15 转化子叶盘周围也出现一定的网状坏死并枯烂。由此可以看出，与非转基因对照（WT）相比，转白桦 *BpSPL9* 基因的白桦植株对干旱处理也具有一定的抗性，且不同转化子对于同一浓度的 PEG 表现出不同的抗性，高表达株系 Ox4 和低表达株系 Ox15 对于 15% 的 PEG 处理表现不显著；对于 20% 浓度的 PEG，高表达株系 Ox4 出现泛黄的迹象，而低表达株系 Ox15 对于此浓度 PEG 表现出坏死的现象，此时的对照株系（WT）叶片受损更为严重，表明白桦 *BpSPL9* 基因对于干旱胁迫同样具有一定的抗性。

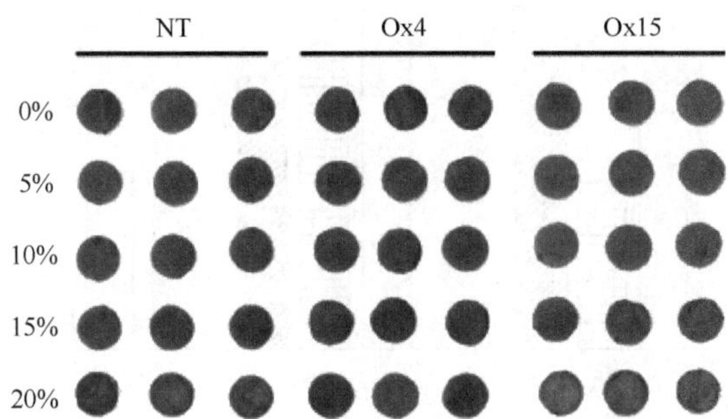

图 2-21 不同浓度 PEG 处理离体叶片结果（彩图请扫封底二维码）

2.4.2.2 胁迫处理叶片的染色分析

15%浓度的 PEG 胁迫处理的染色结果如图 2-22 所示。结果表明，随着胁迫时间的延长，三种株系的颜色程度均明显加深，0h 时两种染色结果中三种株系之间差异不显著。12h 的胁迫处理就能够明显看出各个株系间存在的差异，DAB 染色的转基因株系 Ox4 和 Ox15 比非转基因对照的染色部位减少，NBT 染色的两株系间没有看出明显的差异，与对照相比，两个转基因株系叶盘上形成的蓝色甲腙斑块较少；24h 胁迫处理的染色结果更为明显，DAB 染色的三种株系间的差异十分明显，非转基因对照株系的染色程度最深，Ox15 转基因株系的颜色次之，Ox4 转基因株系的中部染色略深，但是其四周没有明显的深颜色，NBT 染色的结果中非转基因对照株系的颜色最深，其次为 Ox15 转化子，染色最浅的是 Ox4 转化子。综合整体的 DAB 和 NBT 染色结果可以看出，转白桦 *BpSPL9* 基因的转基因株系对于干旱胁迫也具有一定的抗性。

2.4.2.3 PEG 胁迫下白桦转基因株系生理生化指标的测定

分别取不同胁迫处理的转基因植株和非转基因对照株系，进行 SOD 活性的测定，结果如图 2-23 所示。15% PEG 胁迫处理下，0h 测定的三种株系的 SOD 活性存在着显著的差异，其中 Ox4 转基因株系的 SOD 活性最高，可达 788U/g 湿片，

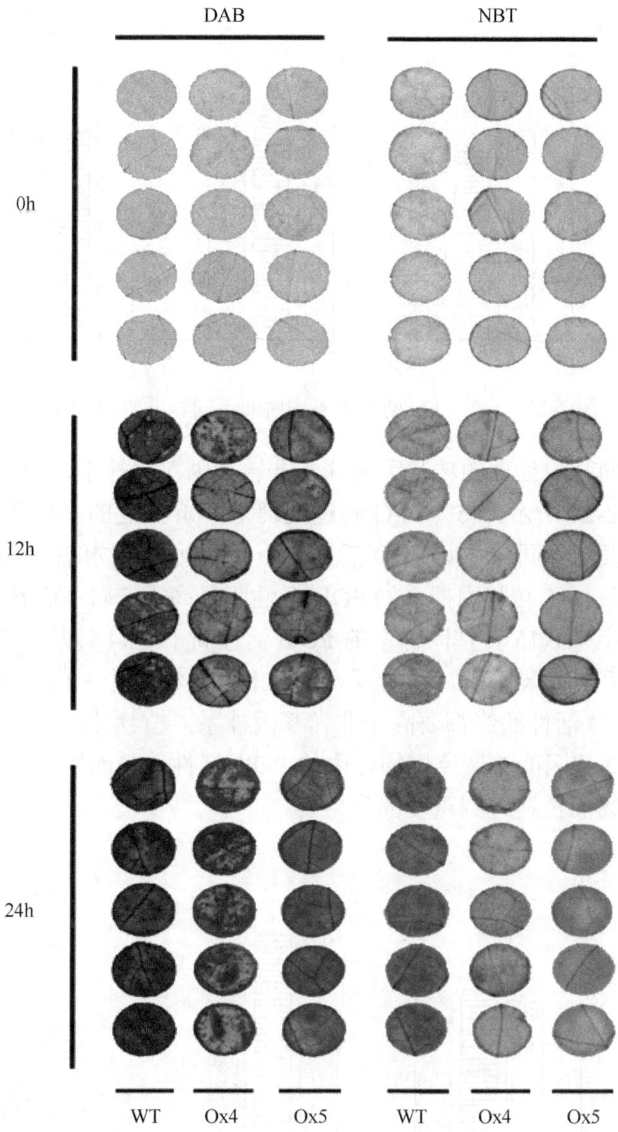

图 2-22　15% PEG 胁迫下不同时间不同株系的 DAB 和 NBT 染色结果（彩图请扫封底二维码）

最低的非转基因对照株系只有 680U/g 湿片，可见不同株系间 SOD 活性的原初活性是不同的；12h 胁迫后测定的结果中，Ox4 转基因株系的 SOD 活性明显高于非转基因株系且差异显著；24h 胁迫处理后，两种转基因株系间差异较小，非转基因株系的 SOD 活性明显低于两个转基因株系。从所观察的 3 个时间点上 SOD 活性的测定结果可以看出，转基因株系的 SOD 活性始终高于非转基因株系的，说明白桦 *BpSPL9* 基因能够调控植物体内的 SOD 活性，对于植物的抗逆起到重要的作用。

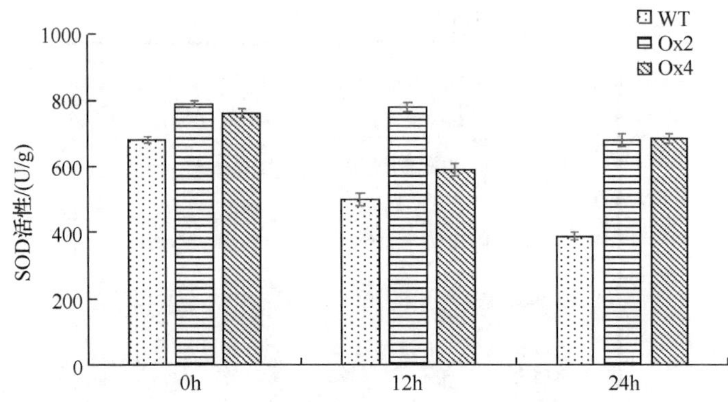

图 2-23　15% PEG 胁迫下不同时间不同株系的 SOD 活性

分别取不同胁迫处理的转基因植株和非转基因对照株系，进行 H_2O_2 含量的测定，结果如图 2-24 所示。15% PEG 胁迫处理下，0h 测定的三种株系的 POD 活性差异不显著，表明不同株系间 POD 活性的原初活性是相同的；12h 胁迫后测定的结果中，Ox4 和 Ox15 转基因株系的 POD 活性明显高于非转基因株系且差异显著；24h 胁迫处理后，Ox15 转基因株系的 POD 活性高于 Ox4 转基因株系，二者都高于非转基因株系且差异显著。从所观察的 12h 和 24h 两个时间点上可以看出，转基因株系的 POD 活性始终都要高于非转基因株系，植物体内的 POD 活性高，说明白桦 *BpSPL9* 基因能够调控植物体内的 POD 活性，从而增强植物的 ROS 清除能力，对于植物的抗逆起到重要的作用。

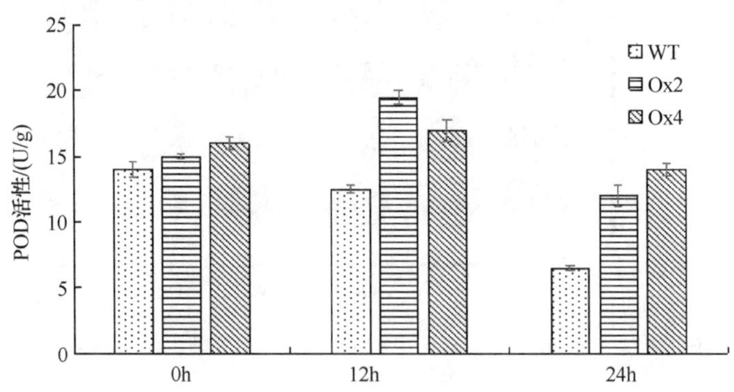

图 2-24　15% PEG 胁迫下不同时间不同株系的 POD 活性

分别取不同胁迫处理的转基因植株和非转基因对照株系，进行 H_2O_2 含量的测定，结果如图 2-25 所示。15% PEG 胁迫处理下，0h 测定的三种株系的 H_2O_2 含量中，对照株系与 Ox15 转基因株系间差异不显著，而 Ox4 转基因株系的 H_2O_2 含量较两者略高，说明不同株系间 H_2O_2 含量的原初含量是有所不同的；12h 胁迫后测定的结果中，非转基因株系和 Ox15 转基因株系的 H_2O_2 含量差异不显著，二者 H_2O_2 含量均高于 Ox4 转基因株系且差异显著；随着胁迫时间延长至 24h，Ox4 和 Ox15 转基因株系的 H_2O_2 含量差异不显著，二者 H_2O_2 含量均明显低于非转基因株系且差异显著。从所观察的 12h 和 24h 两个时间点上可以看出，胁迫后的转基因株系的 H_2O_2 含量始终都要低于非转基因株系，其体内的 H_2O_2 含量较低，说明白桦 *BpSPL9* 基因能够调控植物体内的 H_2O_2 含量，从而对植物的抗逆起到重要的作用。

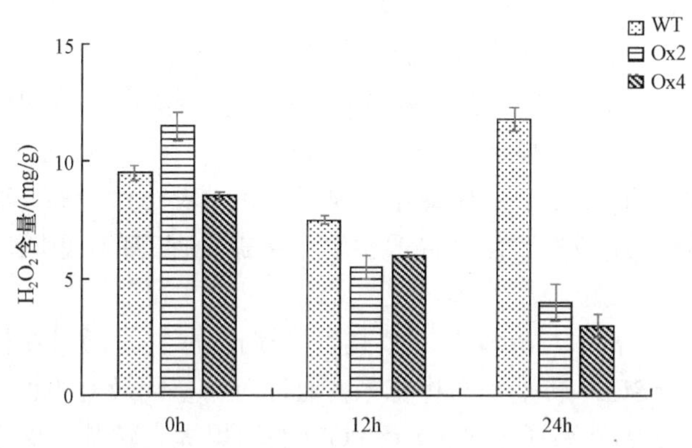

图 2-25　15% PEG 胁迫下不同时间不同株系的 H_2O_2 含量

本研究从白桦转录组数据中共找到 12 条 *SPL* 基因，选取其中的 11 条进行了生物信息学分析，研究发现，白桦 BpSPL 蛋白均含有典型的 SBP-Box 结构域，这一结构普遍存在于目前发现的 SBP 蛋白中（Guo et al.，2008）。*SPL* 基因在基因组中由数目不等的外显子和内含子串联排布组成，拟南芥中根据 *SPL* 基因家族的基因组结构特征可将其分成两类：第一类包括 *AtSPL1*、*7*、*12*、*14*、*16*，它们含有 10 个及以上的外显子；第二类包括 12 条 *AtSPL*，含有 24 个外显子（李明等，2013）。在白桦的研究中也发现，*BpSPL2*、*3*、*4* 含有 10 个外显子，其余 8 条 *BpSPL* 基因则含有 24 个外显子。目前所发现的受 *miR156* /*miR157* 所调控的陆生植物 *SPL* 基因的识别位点高度保守（Xing et al.，2010），靶序列位于基因的 3'端或 3'UTR 区域，在拟南芥中 11 条 *AtSPL* 含有 *miR156* /*miR157* 识别位点，其中 *AtSPL3* 的 3'UTR 区域存在 *miR156* 和 *miR157* 的调控位点（Gandikota et al.，2007）。11 条白桦 *BpSPL* 基因中有 6 条（*BpSPL1*、*5*、*6*、*8*、*11* 和 *12*）具有 *miR156* 识别位点，其中有 3 条（*BpSPL1*、*6* 和 *11*）序列的 *miR156* 识别位点是位于基因的 3'UTR 区域。进化树分析发现，部分白桦 *BpSPL* 基因在进化上与同为木本的杨树 *SPL* 亲缘关系较近，反映了白桦与杨树间的亲缘关系，伴随双子叶植物的不断进化，相应的 *SPL* 基因可能也存在进一步的功能特化。不同 *BpSPL* 基因在序列长度、基因结构、进化关系等方面具有较大的差异，这暗示着它们可能参与了多种不同的生理过程。

SPL 基因是植物所特有的一类转录因子，目前林木中，*SPL* 基因的功能和调控机制仍然不明确，由于缺乏可用转基因平台或突变体，目前对木本植物 *SPL* 基因功能的鉴定大多是通过表达分析来进行研究（李玉岭等，2013）。白桦 *BpSPL* 基因在所选取的叶、顶芽、茎、雄花序中的表达均达到了显著变化，在顶芽和雄花序中从 6 月到 9 月的生长阶段，SPL 的表达水平呈现逐渐升高的趋势，暗示其可能参与了顶芽和雄花序的生长发育过程。已有研究表明，拟南芥中所有的 *AtSPL* 基因在花分生组织和四轮花器官中均表达，在茎、叶和根等营养器官中亦有表达。研究 *PtSPL9* 和 *PtSPL13* 的表达分析，发现两者在叶、茎、根、花、果等各个器官均有表达，在茎和幼果中的表达量最高，推测其可能参与茎和果实的发育（宋长年等，2010）。陆地棉（*Gossypium hirsutum* Linn.）*GhSPL3* 在根、茎、叶、花、顶芽中均有表达，并且在具 3 片真叶的顶芽和花中表达量最高（李洁等，2012）。这说明 *SPL* 基因的组成性表达在高等植物中可能是保守的，也暗示了其功能的多样性。

Real-PCR 结果表明，*BpSPL9* 参与盐、旱胁迫应答。通过农杆菌介导法获得了 18 个 35S∷BpSPL9 转基因白桦株系，通过对转基因及对照株系进行盐、旱胁迫处理发现，转基因株系通过 SOD 及 POD 的积累提高转基因株系的抗逆性。目前对 *SPL* 基因的抗逆性研究较少，但在棉花和苜蓿中发现 *GhSPL2* 和 *MsSPL13* 分别参与盐、旱胁迫过程（Wang et al.，2013；Arshad et al.，2017）。

第 3 章　转 *BpCHS3* 基因白桦的耐盐性研究

黄酮类化合物在植物生理代谢过程中参与花色素形成、影响植物花粉的育性、抵抗紫外线（UV）照射、抵御细菌及病毒、增加抗旱耐盐的能力、诱导植物根部与共生菌的相互作用、调节生长素运输等。我们对欧洲白桦和紫雨桦基因的转录组分析发现，紫雨桦体内黄酮类化合物代谢途径中诸多基因的表达发生改变，例如，查尔酮合酶基因（*CHS*）、二氢黄酮醇-4-还原酶基因（*DFR*）等的表达量显著上调，*CHS* 和 *DFR* 也是花色素苷合成途径的两个关键酶基因。因此，本实验对紫雨桦中 *BpCHS* 和 *BpDFR* 基因家族开展时空表达特性分析，探讨 *BpCHS* 和 *BpDFR* 的表达与紫雨桦中花色素含量的关系；同时克隆了 *BpCHS3* 基因，构建 *BpCHS3* 基因的植物表达载体，并在白桦中过量表达 *CHS3* 基因，对获得的转基因白桦进行抗旱耐盐分析，探究 *BpCHS3* 基因的功能，研究结果可为白桦分子育种提供参考。

3.1　*BpCHS3* 基因生物信息学分析

3.1.1　*BpCHS3* 基因开放读码框和相似性比对

通过对紫雨桦转录组测序，得到 *BpCHS3* 基因的全长序列，用 NCBI 上的 ORF finder 对该序列进行分析，结果如图 3-1 所示。该基因包含 1 个 1170bp 的开放读码框，编码 389 个氨基酸，终止密码子为 UGA。用 Blastn 程序对 *BpCHS3* 的核苷酸序列进行比对，结果显示：紫雨桦中 *BpCHS3* 核苷酸序列与其他近 100 种不同植物的核苷酸序列具有较高的相似性，如山茶花（*Camellia japonica* L.；gb|ADW11243.1）、杜鹃（*Rhododendron simsii*；emb|CA88858.1）、元宝草（*Hypericum sampsonii* Hance.；gb|AFU52909.1）等，相似性达 90%~95%。这些植物都具有较明显的颜色，所以猜测 *BpCHS3* 基因与紫雨桦叶片中色素积累有关。

3.1.2　BpCHS3 氨基酸序列及理化性质

运用 ExPASy（http：//us.eXpasy.org/tools/protp）在线软件，对紫雨桦 BpCHS3 蛋白的氨基酸序列进行了理化性质分析，得到如图 3-1 所示结果。BpCHS3 编码氨基酸数目 389；相对分子质量为 42 556.2Da；理论等电点为 6.18；正负电荷残基数分别为 47、43；分子式为 $C_{1896}H_{3037}N_{505}O_{563}S_{20}$；原子总数为 6021；不稳定系数为

```
1    ATGGTGAGCGTGGAGGAAGTTCGCAAGGCTCAAAGGGCTGAGGGCCCAGCCACCGTCATG
1     M  V  S  V  E  E  V  R  K  A  Q  R  A  E  G  P  A  T  V  M

61   GCCATTGGAACCGCGACGCCTCCCAACTGCGTGGACCAGAGCACATATCCGGACTACTAC
21    A  I  G  T  A  T  P  P  N  C  V  D  Q  S  T  Y  P  D  Y  Y

121  TTTCGTATCACAAACAGTGAGCACAAGACAGAGCTGAAAGAGAAATTCCAGCGCATGTGT
41    F  R  I  T  N  S  E  H  K  T  E  L  K  E  K  F  Q  R  M  C

181  GACAAATCCATGATCAAGAAGCGCTACATGTACTTGACAGAGGAGATCCTAAAAGAACAC
61    D  K  S  M  I  K  K  R  Y  M  Y  L  T  E  E  I  L  K  E  H

241  CCAAACATGTGCGCCTACATGGCACCCTCACTGGATGCTAGGCAAGACATGGTGGTGGTT
81    P  N  M  C  A  Y  M  A  P  S  L  D  A  R  Q  D  M  V  V  V

301  GAAATACCAAAGCTAGGCAAAGAAGCAGCCACGAAGGCCATCAAGGAATGGGGCCAGCCC
101   E  I  P  K  L  G  K  E  A  A  T  K  A  I  K  E  W  G  Q  P

361  AAGTCCAAGATCACCCACCTAGTCTTTTGCACCACTAGTGGTGTGGACATGCCCGGGGCC
121   K  S  K  I  T  H  L  V  F  C  T  T  S  G  V  D  M  P  G  A

421  GACTACCAGCTCACTAAGCTCTTGGGCCTTCGCCCGTCCGTGAAGCGGCTCATGATGTAC
141   D  Y  Q  L  T  K  L  L  G  L  R  P  S  V  K  R  L  M  M  Y

481  CAACAAGGTTGTTTCGCTGGTGGTACGGTGCTCCGCCTAGCCAAAGACCTTGCCGAGAAC
161   Q  Q  G  C  F  A  G  G  T  V  L  R  L  A  K  D  L  A  E  N

541  AACAAGGGCGCGCGTGTGCTTGTCGTGTGCTCGGAGATCACTGCGGTCACGTTTCGTGGG
181   N  K  G  A  R  V  L  V  V  C  S  E  I  T  A  V  T  F  R  G

601  CCTAGTGATGCCCACCTTGACAGTCTTGTGGGCCAGGCCTTGTTTGGTGATGGTGCTGCT
201   P  S  D  A  H  L  D  S  L  V  G  Q  A  L  F  G  D  G  A  A

661  GCAATTATAGTTGGGGCCGATCCCCTCCCTGAGGTCGAGAAGCCCTTATTTGAATTAGTC
221   A  I  I  V  G  A  D  P  L  P  E  V  E  K  P  L  F  E  L  V

721  TCTACGGCCCAAACAATTCTCCCCGATAGCGATGGGGCTATTGACGGCCATCTCCGTGAG
241   S  T  A  Q  T  I  L  P  D  S  D  G  A  I  D  G  H  L  R  E

781  GTTGGGCTTACATTCCATCTCCTAAAGGATGTTCCTGGGCTCATCTCAAAGAACATTGAG
261   V  G  L  T  F  H  L  L  K  D  V  P  G  L  I  S  K  N  I  E

841  AAGAGCCTGACTGAGGCCTTCCAGCCATTGGGCATCTCGGACTGGAACTCTCTTTTCTGG
281   K  S  L  T  E  A  F  Q  P  L  G  I  S  D  W  N  S  L  F  W

901  ATTGCACATCCTGGTGGGCCTGCAATCCTAGACCAAGTAGAGTCCAAGTTGAGCCTCAAG
301   I  A  H  P  G  G  P  A  I  L  D  Q  V  E  S  K  L  S  L  K

961  GCCGAAAAGTTGCGTGCCACGCGTCACGTGCTTAGTGAGTTTGGCAATATGTCAAGCGCT
321   A  E  K  L  R  A  T  R  H  V  L  S  E  F  G  N  M  S  S  A

1021 TGCGTGTTGTTTATTTTGGATGAGATGAGGAAGAAGTCCGCTGAGAATGGGCTCAAGACC
341   C  V  L  F  I  L  D  E  M  R  K  K  S  A  E  N  G  L  K  T

1081 ACCGGAGAGGGGCTCGAGTGGGGAGTGCTTTTTGGGTTCGGGCCTGGGCTTACCGTCGAG
361   T  G  E  G  L  E  W  G  V  L  F  G  F  G  P  G  L  T  V  E

1141 ACCGTTGTGCTCCACAGTTTGTCTACTTGA
381   T  V  V  L  H  S  L  S  T  *
```

图 3-1 BpCHS3 蛋白氨基酸序列

35.18；脂肪系数为 91.00；总平均亲水性为–0.088。BpCHS3 的氨基酸序列由 20 种氨基酸组成，其中丙氨酸（Ala）、缬氨酸（Val）、甘氨酸（Gly）和亮氨酸（Leu）含量较高，分别为 8.0%、8.2%、8.2%、11.1%；含量较少的是半胱氨酸（Cys）与色氨酸（Trp），不足 2.0%。

3.1.3　*BpCHS3* 基因系统进化树

本实验室对紫雨桦转录组分析得到 3 条 *CHS* 基因片段，并在白桦基因组中进

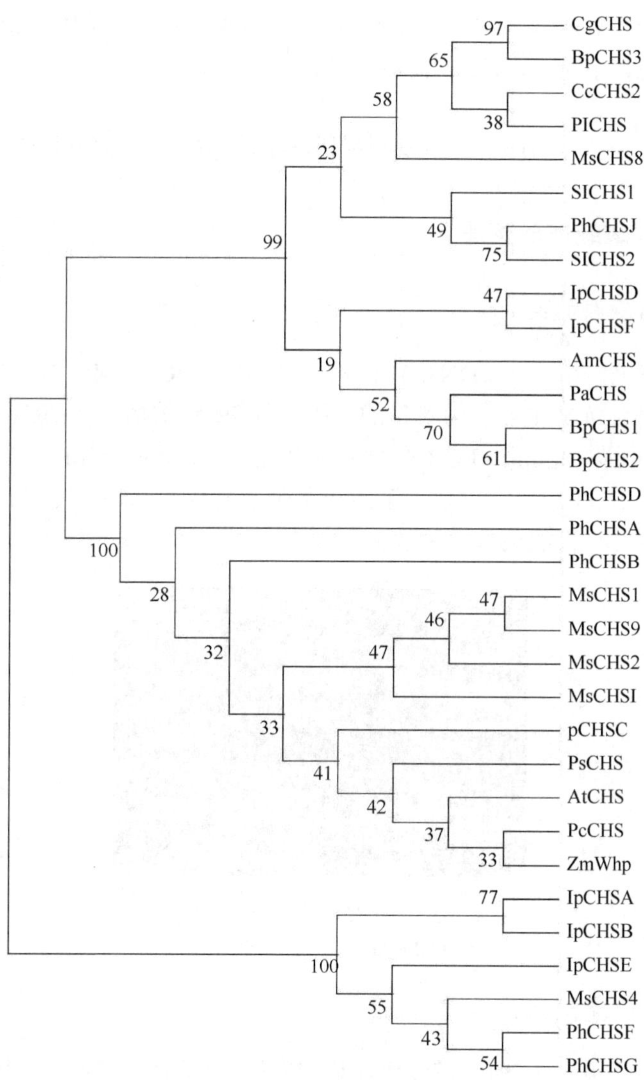

图 3-2　BpCHS3 进化树分析

行 BlastX 比对，得到 3 条 *CHS* 基因的全长序列，分别命名为 *BpCHS1*、*BpCHS2*、*BpCHS3*。通过 NCBI 找出非洲菊（*Gerbera jamesonii*）、欧洲赤松（*Pinus sylvestris*）、玉米（*Zea mays*）、拟南芥（*Arabidopsis thaliana*）、紫花苜蓿（*Medicago sativa*）、金鱼草（*Antirrhinum majus*）、矮牵牛（*Petunia hybrida*）、番茄（*Lycopersicon esculentum*）、圆叶牵牛（*Ipomoea purpurea*）、向日葵（*Helianthus annuus*）、杨树（*Populus* sp. Linn 2025）、银白杨（*Populus alba*）、木麻黄（*Casuarina equisetifolia*）、红花油茶（*Camellia chekiangoleosa*）等 14 个物种的 CHS 氨基酸序列，与紫雨桦 *BpCHS* 基因家族中的 3 条全长的氨基酸序列做进化树分析（图 3-2）。结果发现，紫雨桦 BpCHS3 的氨基酸序列与木麻黄 CgCHS 氨基酸序列同源性最高，BpCHS1 和 BpCHS2 与银白杨 PaCHS 同源性最高。

3.2 *BpCHS3* 基因的白桦遗传转化研究

3.2.1 植物表达载体的构建

3.2.1.1 目的基因的纯化

用紫雨桦组培苗叶片 cDNA 作模板，分别以 BpCHS3-F、BpCHS3-R 为上、下游引物，使用高保真 *Pfu* 酶对目的基因进行 PCR 扩增。2%琼脂糖凝胶电泳检测：以 DL2000 为 Marker，PCR 产物分 3 个孔上样，每孔 18μL，紫外凝胶成像仪照相，最终于 1000bp 上方出现 1 条清晰条带，与目的基因长度（1170bp）一致，后期实验证明其为目的条带（图 3-3）。

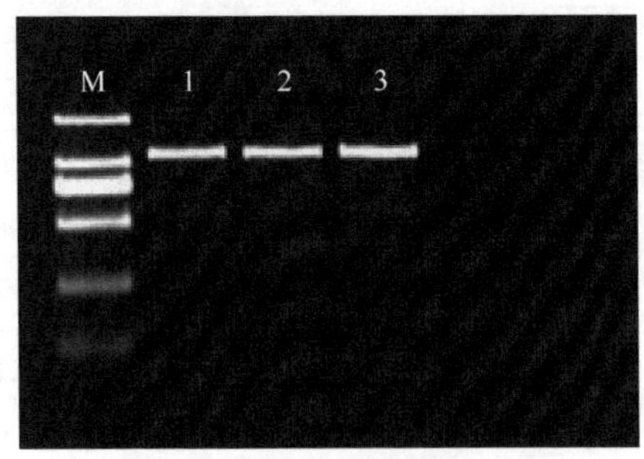

图 3-3 *BpCHS3* 基因 PCR 电泳图

M. Marker DL2000；1~3. 试样

3.2.1.2 TOPO 克隆载体构建

人工挑取平板上 4 个单菌落，加入装有适量 LB 液体培养基（含浓度为 100mg/L 的卡那霉素）的三角瓶中，37℃摇菌，至菌液 OD 值为 0.8~1.0。使用 BioFlux 公司的质粒提取试剂盒（Biospin Plasmid DNA Extraction Kit）提取质粒，以提取的质粒为模板，水作空白对照，紫雨桦叶片 cDNA 为阳性对照，TOPO 质粒为阴性对照，分别以 BpCHS3-F、BpCHS3-R 为上下游引物进行 PCR 扩增，1%琼脂糖凝胶电泳检测 TOPO 反应结果，其中 Marker 为 DL2000，电压 100V。紫外凝胶成像仪照相，发现选出的 4 个阳性单菌落摇出的菌液提取的质粒中均扩增出了位于 1000bp 附近的目的条带（图 3-4），后期测序结果表明 *BpCHS3* 已经插入 TOPO 载体，形成入门克隆。此时质粒的大致构造如图 3-5 所示。

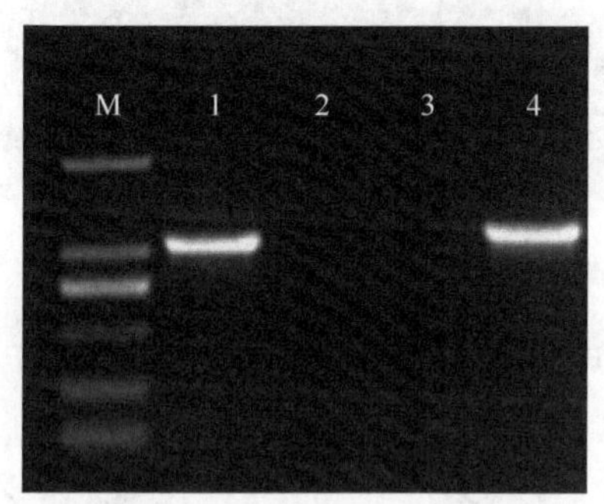

图 3-4　TOPO 质粒 PCR 检测

M. Marker DL2000；1. 阳性对照；2. 水；3. 阴性对照；4. 检验菌落

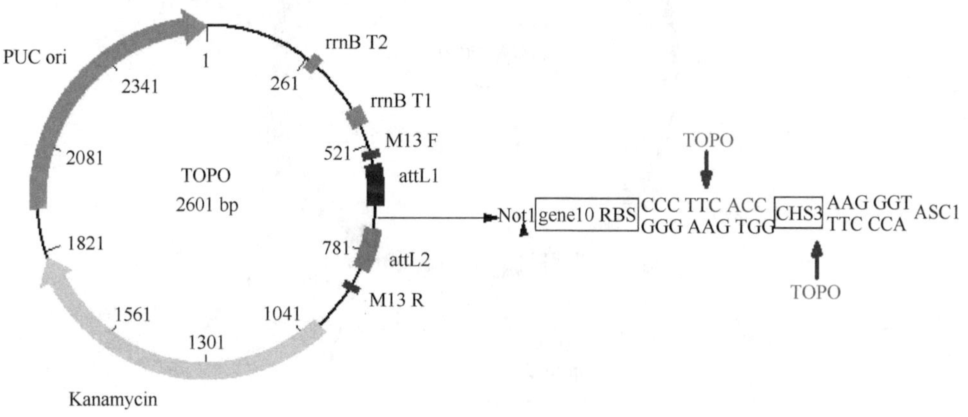

图 3-5　TOPO 反应后质粒简图（彩图请扫封底二维码）

3.2.1.3　LR 反应获得植物表达载体

挑取 LR 反应阳性克隆 6 个，37℃摇菌，提取质粒。以提取的质粒为模板检测，紫雨桦叶片 cDNA 为阳性对照，水为空白对照，TOPO 质粒为阴性对照，以 BpCHS3-F 和 BpCHS3-R、BpCHS3-F 和 pGWB5-R、pGWB5-F 和 pGWB5-R 为引物进行 PCR 扩增，以 DL2000 为 Marker，1%琼脂糖凝胶电泳（电压 100V），凝胶成像仪照相。结果显示，引物 pGWB5-F 和 pGWB5-R 扩增出的条带最长，其次是 BpCHS3-F 和 pGWB5-R，最短的是 BpCHS3-F 和 BpCHS3-R（1170bp）（图 3-6）。LR 反应后质粒的大致构造如图 3-7 所示。

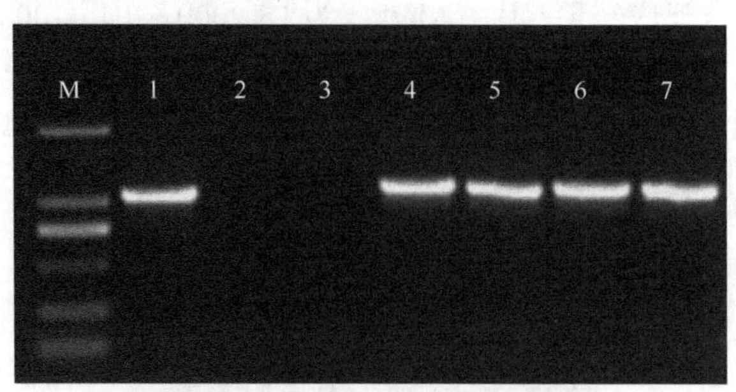

图 3-6 LR 反应后 PCR 检测结果

M. Marker DL2000；1. 阳性对照；2. 水；3. 阴性对照；4. pGWB5 上下游作引物；5. BpCHS3 上游，pGWB5 下游作引物；6. BpCHS3 下游，pGWB5 上游作引物；7. BpCHS3 上下游引物

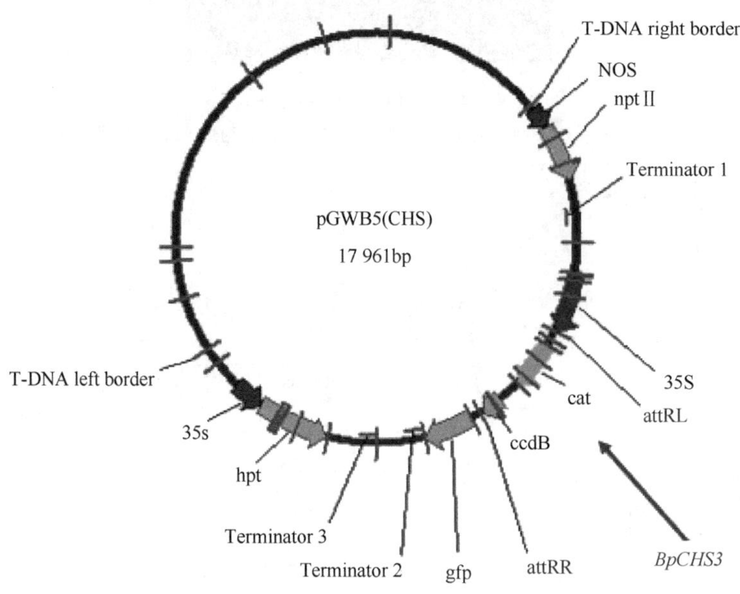

图 3-7 LR 反应后 pGWB5 质粒简图（彩图请扫封底二维码）

所有的反应及初步检测工作完成之后，将 LR-BpCHS3 菌液送由 Invitrogen 公司测序，测序的结果拼接后与 *BpCHS3* 序列比对正确，说明 LR 反应成功，*BpCHS3* 基因成功整合到 pGWB5 质粒中。

3.2.1.4 农杆菌工程菌检测

农杆菌工程菌检测结果如图 3-8 所示，引物 pGWB5-F 和 pGWB5-R 扩增出的条带最长，其次是 BpCHS3-F 和 pGWB5-R，最短的是 BpCHS3-F 和 BpCHS3-R，此结果表明 *BpCHS3* 已成功插入农杆菌质粒中，农杆菌工程菌[EHA105(pCHS3)]成功构建。

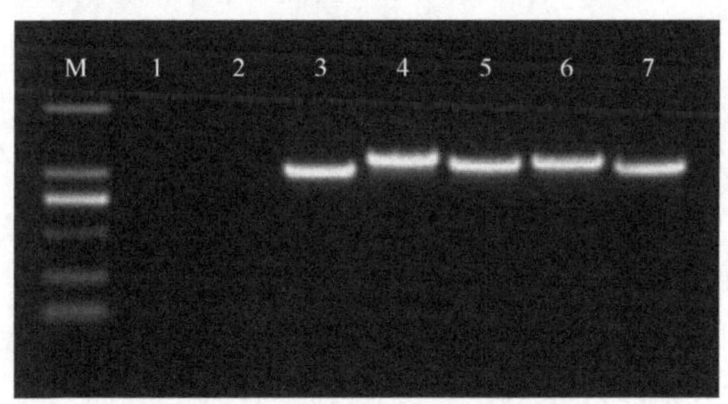

图 3-8　农杆菌工程菌检测结果

M. Marker DL2000；1. 阴性对照；2. 水；3. 阳性对照；4. pGWB5 上下游引物；5. BpCHS3 上游、pGWB5 下游引物；6. BpCHS3 下游、pGWB5 上游引物；7. BpCHS3 上下游引物

3.2.2　*BpCHS3* 基因过表达株系的获得

3.2.2.1　转基因植株的获得

将已完成纵切并经过工程菌液侵染后的白桦合子胚置于共培养基上暗培养，(图 3-9A)；暗培养结束之后置于选择培养基上，直至抗性愈伤产生（图 3-9B)；将抗性愈伤切下，置于分化培养基分化出不定芽（图 3-9C)；抗性芽长成丛生苗后，挑选生长健壮的抽茎苗剪下置于生根培养基中生根（图 3-9D)。转基因最终获得 15 个转化子，分别命名为 BpCH3-1~BpCH3-15。

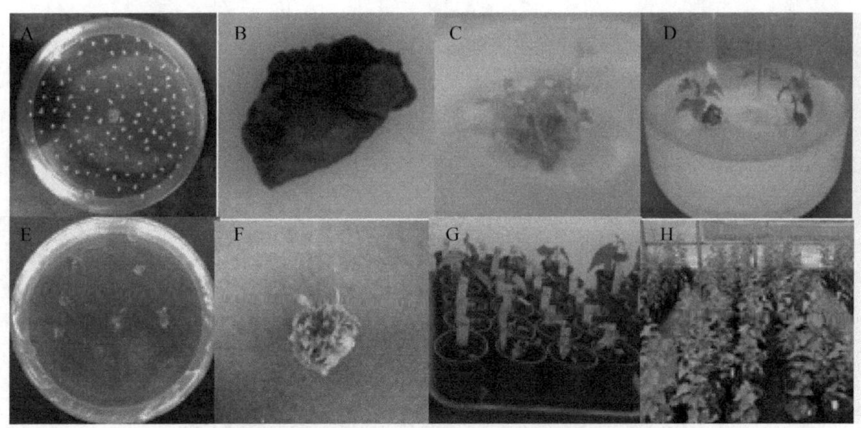

图 3-9　白桦遗传转化子的获得（彩图请扫封底二维码）

A. 侵染后的白桦合子胚；B. 抗性愈伤；C. 转基因不定芽；D. 转基因生根苗；E. 二次筛选获得的愈伤；F. 二次筛选获得的丛生苗；G. 组培苗的移栽；H. 转基因株系的生长

3.2.2.2 转基因株系的分子检测

分别提取这15个遗传转化子与非转基因白桦WT生根苗的总DNA，并以其为模板进行目的基因（*BpCHS3*）的PCR检测，检测结果如图3-10所示。阳性对照的模板为农杆菌工程菌质粒，阴性对照的模板为WT。目的基因*BpCHS3*的长度为1170bp，见图3-10中的1号泳道。3号泳道是阴性对照，阴性对照在2000bp左右处也出现一条非常亮的条带，这是因为在白桦基因组内也存在*BpCHS3*基因。将目的基因*BpCHS3*放在白桦基因组中进行比对，发现白桦基因组内的*BpCHS3*基因包含一段535bp内含子，基因总长度为1705bp，因此3号泳道位置为白桦基因组中的*BpCHS3*基因。4~7号泳道以白桦遗传转化子总DNA为模板，既检测到了白桦基因组中的*BpCHS3*基因，也检测到了导入的外源*BpCHS3*基因，15个转化子中都检测出了目的条带，因此可初步判断，外源目的基因*BpCHS3*已整合到白桦基因组中。

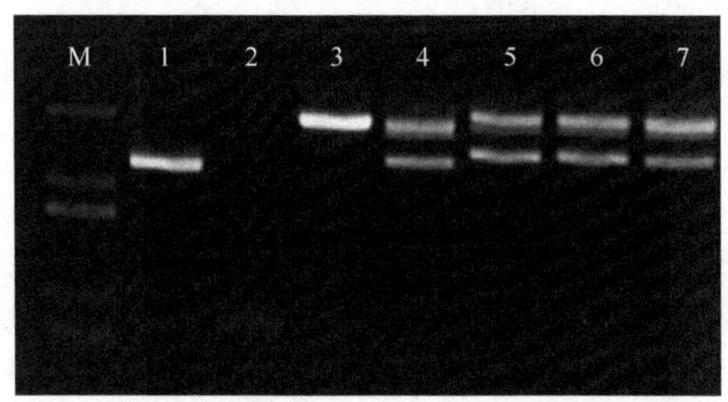

图3-10 白桦遗传转化子的*BpCHS3*基因PCR检测

M. Marker DL2000；1. 阳性对照；2. 水；3. 阴性对照；4~7. 遗传转化子

对获得的15个白桦遗传转化子进行35S启动子PCR检测，35S启动子的扩增长度为428bp，检测结果如图3-11所示。阴性对照与水对照都没有检测出目的条带，15个转化子中均检测出了目的条带，进一步说明目的基因已成功导入白桦基因组。

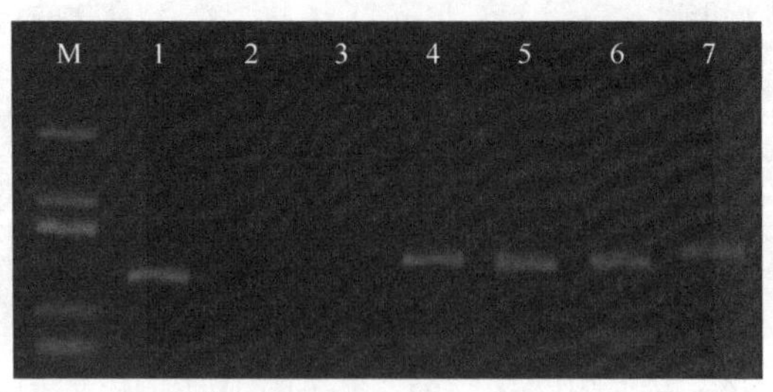

图3-11 白桦遗传转化子的35S启动子PCR检测

M. Marker DL2000；1. 阳性对照；2. 水；3. 阴性对照；4~7. 遗传转化子

分别以 15 个白桦遗传转化子 cDNA 为模板，对 *BpCHS3* 基因进行定量检测，对照为 WT 的 cDNA。15 个白桦转化子中 *BpCHS3* 基因相对表达量的结果如图 3-12 所示：所有转基因白桦 *BpCHS3* 基因的表达量均高于对照株系，但上调幅度不同。BpCH3-7 与 BpCH3-15 中目的基因的表达量约为 WT 的 151 倍，上调幅度最大；BpCH3-9 与 BpCH3-13 的上调幅度最小，分别是 WT 的 4.272 倍和 5.310 倍。剩余的 11 个白桦遗传转化子中目的基因的相对表达量是 WT 的 17.614~95.688 倍。qRT-PCR 结果说明，外源 *BpCHS3* 基因可能已成功导入白桦基因组中并能够稳定表达，根据上调幅度将所有转化子分为上调幅度最小、上调幅度居中、上调幅度最高三类，为后续的实验提供基础。

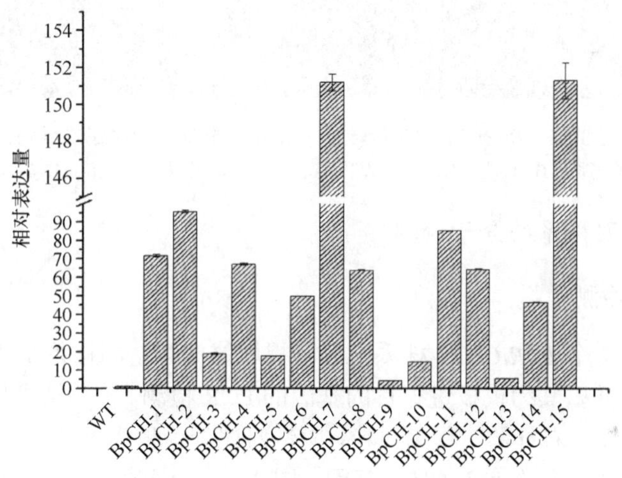

图 3-12　WT 与 15 个白桦遗传转化子 *BpCHS3* 定量检测

3.2.3　白桦 *BpCHS3* 基因干扰株系的获得

3.2.3.1　转 *BpRiCHS3* 基因白桦的获得

将合子胚转化法侵染 *BpRiCHS3* 菌液后的白桦合子胚置于不含抗生素的共培养基上共培养（图 3-13A），期间视农杆菌的生长情况而定，对其进行脱菌处理；2~3d 后将脱菌后的合子胚置于选择培养基上，倒置培养，期间不定期脱菌，约 1 个月后可见合子胚切口处长有绿色的愈伤颗粒（图 3-13 B）；待愈伤组织长到直径 5mm 的大小，即可将小愈伤切下，放置分化培养基上，数日后可发现愈伤组织会慢慢形成不定芽（图 3-13C）；再经过 20~30d，不定芽会逐渐分化长大形成丛生苗，长出的丛生苗经二次分化。形成丛生的继代苗，最终获得 7 个转化子，再将继代苗进行生根培养（图 3-13D、E），组培苗获得的整个培养过程见图 3-13，同时大量扩繁所获得的转基因株系（图 3-13F），为后续的鉴定实验提供充足的材料。

图 3-13 *BpRiCHS3* 遗传转化子过程（彩图请扫封底二维码）

A. 侵染后的合子胚；B. 抗性愈伤；C. 转基因不定芽；D、E. 转基因生根苗；F. 转基因株系的生长

3.2.3.2 转基因株系的分子检测

1）PCR 检测

先后获得 7 个 *BpRiCHS3* 株系，分别提取这些转基因株系及非转基因对照株系的总 DNA，并以其为模板进行目的基因的 PCR 检测。检测结果如图 3-14 所示，阳性对照的模板为农杆菌工程菌质粒，阴性对照的模板为 WT 生根苗 DNA。检测到了转基因白桦体内的 *BpRiCHS3* 基因（图 3-14），因此可初步判断，外源目的基因已整合到白桦基因组中。

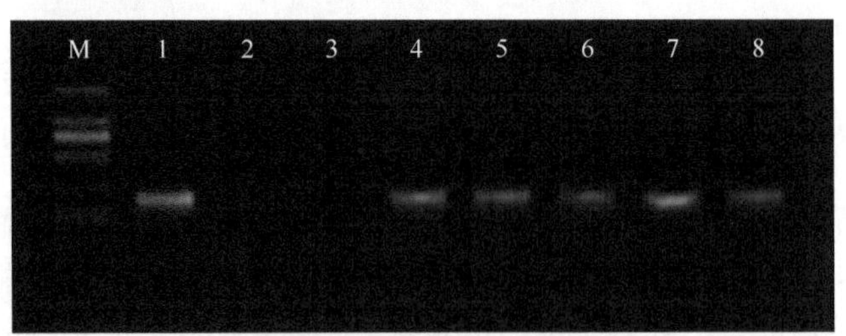

图 3-14 转 *BpRiCHS3* 基因白桦的 PCR 检测

M. Marker DL2000；1. 阳性对照；2. 水；3. 阴性对照；4~8. 遗传转化子

2）转基因白桦定量 PCR 检测

分别以 35S∶∶BpRiCHS3 转基因株系 cDNA 为模板，对 *BpCHS3* 基因进行定量检测。以 WT 为对照，白桦转化子中 *BpCHS3* 基因相对表达量的结果如图 3-15

所示：在 *BpRiCHS3* 转基因株系中 *BpRiCHS3* 表达量均降低，其中 *RiCHS3-4* 表达量最低，仅为非转基因株系的 5%。

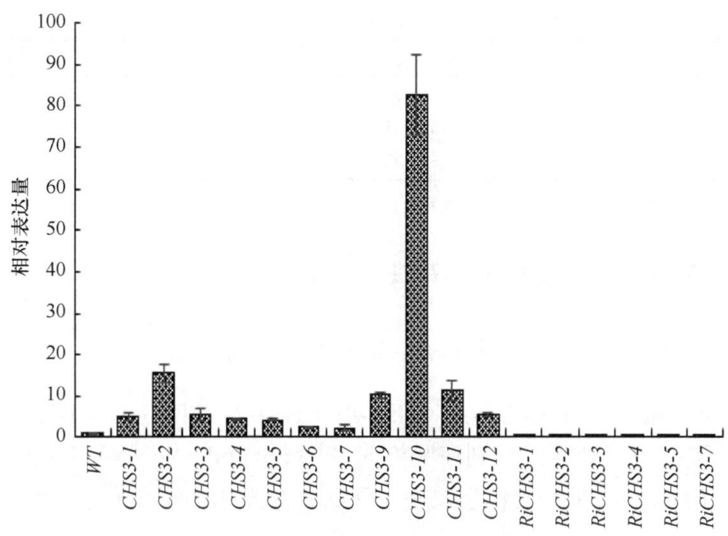

图 3-15　qRT-PCR 分析转基因白桦中 *BpCHS3* 的表达量

3）转基因白桦的 Northern 杂交检测

Northern 杂交检测结果如图 3-1　6 所示，选取的 3 个过表达转基因株系均出现杂交信号，而 WT 及抑制表达株系未显示出杂交信号。

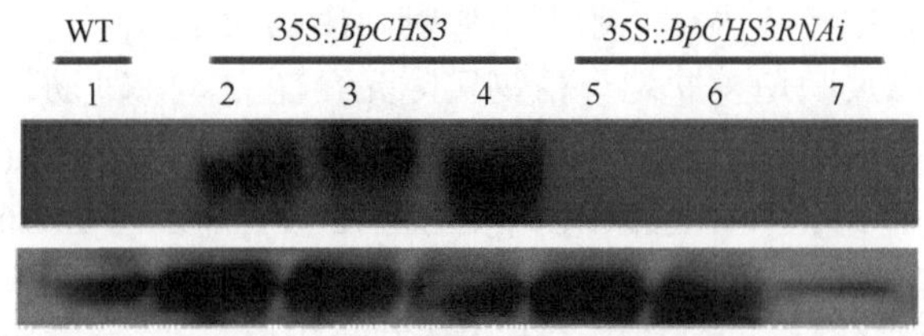

图 3-16　转 *BpCHS3* 基因的 Northern blotting 分析

3.3　转 *BpCHS3* 基因白桦的耐盐性分析

3.3.1　转基因白桦组培苗的耐盐性分析

根据 *BpCHS3* 的相对定量结果，选取表达量大于均值的 CHS3-1、CHS3-2 株系进行组培苗耐盐试验，即将参试株系接种于含 0.3% NaCl 的 WPM 生根培养基中培养 25d 后，调查生根情况。结果显示，参试的 CHS3-1、CHS3-2 转基因株系的生根率为 100%，在平均主根数量及主根长方面均高于 WT 株系，盐害指数分别为 43%、35%，二者均值低于 WT 株系的 83%（表 3-1）。

表 3-1　NaCl 胁迫下转基因白桦生根情况

株系	平均主根数/条	平均主根长/cm	生根率/%	盐害指数/%
WT	1.2	0.27±0.02[c]	40	83
CHS3-1	3.2	1.76±0.03[a]	100	43
CHS3-2	2.8	1.66±0.02[b]	100	35

注：abc 代表多重化比较结果，不同字母代表差异显著

3.3.2　田间盆栽转基因白桦的耐盐性分析

3.3.2.1　盐胁迫下转基因白桦叶绿体荧光参数时序变化

采用 0.4%NaCl 对 1 年生盆栽 CHS3-1、CHS3-2、CHS3-4、CHS3-6、CHS3-10 转基因白桦进行胁迫处理，分别在胁迫的 0d、3d、6d、9d 测定 PSⅡ最大光化学量子产量（Fv/Fm）、实际光化学效率（Φ_{PSII}）及光化学猝灭系数（qP）等叶绿素荧光参数。

高等植物的 Fv/Fm 通常在 0.75~0.84，逆境胁迫下该参数明显下降，根据 Fv/Fm 降低程度可判断植物 PSⅡ中心的受伤害情况。参试株系在胁迫的第 6 天、第 9 天时 Fv/Fm 参数均呈现下降趋势，尤其在第 9 天时 WT 的 Fv/Fm 降至 0.66，超出正常值范围；转基因株系除了 CHS3-4 外，其余 4 个株系的 Fv/Fm 参数仍在正常值内（图 3-17A），说明 NaCl 胁迫已对 WT 株系 PSII 反应中心产生了破坏并影响了光合作用，而对多数转基因株系未产生影响或影响较小。

Φ_{PSII}参数可以反映逆境胁迫下植物实际光合能力。NaCl 胁迫下 5 个转基因株系及 WT 的 Φ_{PSII}均呈下降趋势，在胁迫的第 9 天时，WT 株系降至 0.34，而转基因株系仍在 0.43~0.59，转基因株系 Φ_{PSII}均值比 WT 株系高 51.76%（图 3-17B），说明逆境胁迫下转基因株系的光合能力高于 WT 株系。

qP 参数能够反映植物 PSⅡ反应中心的开放程度，在一定范围内 qP 参数越大，说明 PSⅡ的电子传递活性越强。参试株系在未胁迫前 qP 参数均大于 0.9，随着 NaCl 胁迫时间的延长，参试株系的 qP 呈下降的趋势，在胁迫第 9 天，WT 株系下降至 0.71，而转基因株系在 0.75~0.89（图 3-18C），表明盐胁迫下转基因株系仍维持较高的光电子传递活性。

3.3.2.2　盐胁迫下转基因白桦净光合速率的变化

参试株系的最大净光合速率分析显示：盐胁迫下 Pn 均呈现下降趋势，胁迫第 6 天时，WT 株系的 Pn 降至 2.89，显著低于 5 个转基因株系（$P<0.05$），WT 的 Pn 仅是转基因株系均值的 37.56%（图 3-17D）。

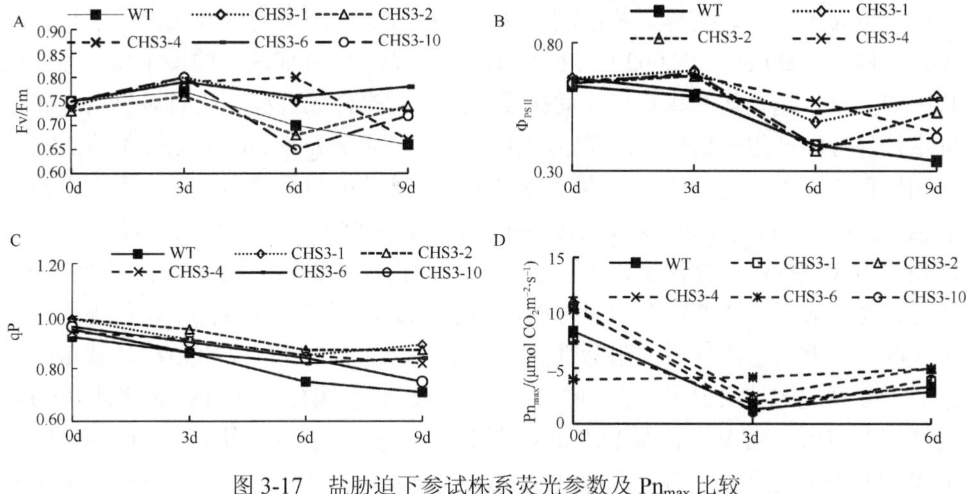

图 3-17　盐胁迫下参试株系荧光参数及 Pn_{max} 比较

A. Fv/Fm；B. $\Phi_{PSⅡ}$；C. qP；D. Pn_{max}

3.4　转 *BpCHS3* 基因白桦的叶片花青素含量比较

为了探明 *BpCHS3* 过表达白桦是否伴随白桦叶片花青素含量的升高，选取 3 个转基因株系及 WT 株系，分别测定叶片花青素含量。结果显示，3 个转基因株系花青素含量均显著低于 WT 株系（$P<0.01$），CHS3-1 和 CHS3-2 株系最低，其花青素含量均值仅为 WT 株系的 29%和 31%（图 3-18）。

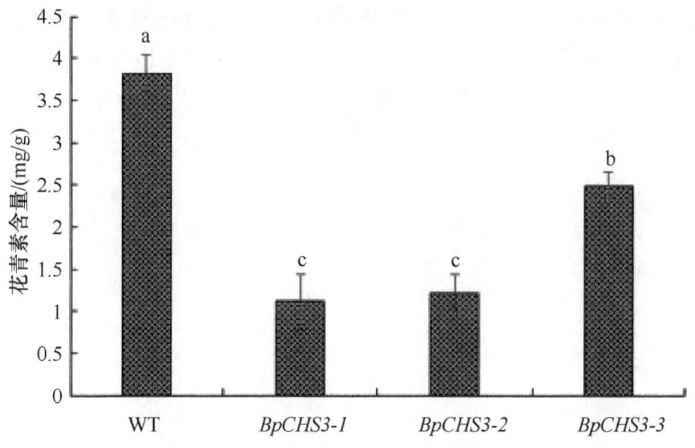

图 3-18　转基因株系与 WT 株系叶片花青素含量比较

黄酮类化合物生物合成途径的第一步是由查尔酮合成酶（CHS）催化的，该酶催化 3 分子丙二酰 CoA 和 1 分子 p-香豆酰 CoA 缩合生成四羟基查尔酮，四羟基查尔酮为黄酮、黄酮醇、黄烷酮、花青素糖苷等黄酮类物质合成提供了基本的碳架结构（Knekt et al.，2002）。由于 CHS 处于类黄酮合成途径的最上游，因此该基因的沉默、超表达都将直接或间接影响到类黄酮合成过程，从而对色素合成、抗逆性等方面产生一定影响。例如，中间锦鸡儿（*Caragana intermedia*）的 *CiCHS* 基因转化拟南芥，过表达株系清除 DPPH 自由基的能力显著高于野生型拟南芥，增强了其耐受 UV 损伤的能力（Teixeira et al.，2005）。本试验对获得的 *BpCHS3* 过表达白桦进行耐盐性测定，结果显示，转基因白桦在组培生根过程中，0.3% NaCl 胁迫处理 25d 后，WT 株系的盐害指数高达 83%，而转基因白桦平均盐害指数仅为 39%，表明转基因株系的耐盐性高于 WT。NaCl 胁迫下转基因白桦盆栽苗叶绿素荧光参试测定结果显示，在 NaCl 胁迫第 9 天，转基因株系（CHS3-4 例外）Fv/Fm 仍在正常值内，而 WT 株系 Fv/Fm 降至 0.66，超出其正常范围，说明 NaCl 胁迫下 WT 株系发生了光抑制，致使 PSⅡ反应中心原初光能转换效率降低；NaCl 胁迫第 9 天，虽然参试株系的 $\Phi_{PS\,II}$ 和 qP 均呈下降趋势，但是 WT 株系的降幅高于转基因株系，认为 NaCl 胁迫下转基因株系仍维持较高的光电子传递活性。总之，通过 NaCl 胁迫下转基因白桦组培苗生根情况及盆栽苗的叶绿素荧光参试比较，认为 *BpCHS3* 在白桦中的过量表达能够提高白桦耐 NaCl 能力。

自 20 世纪 90 年代初 Napoli 等提出 *CHS* 基因间存在共抑制现象后（Napoli et al.，1990），人们相继发现了矮牵牛中与色素合成有关的一些基因在转基因后会发生共抑制现象，其中 *CHS* 基因的报道较多（Buer and Muday，2004）。白桦 *BpCHS3* 过表达株系同样也存在共抑制现象，即 *BpCHS*3 的过量表达，对 CHS 的 2 个家族成员产生共抑制现象，而这 2 个 CHS 家族成员可能与花青素合成有关，从而导致转基因株系花青素含量显著低于 WT 株系。本试验结果也说明转基因白桦的耐盐性提高，与花青素含量多少无关，认为是其他黄酮类化合物参与抵抗盐胁迫逆境。

第 4 章　转 *ThDHN* 基因白桦的抗旱耐盐性分析

水分胁迫可诱导许多基因的表达，脱水素基因是其中之一，它属于 LEA-11 家族（late embryogenesis abundant protein-11），脱水素对低温和外源 ABA 产生反应，或在干旱、盐及胞外结冰的脱水胁迫植株中积累，是植物遭受逆境胁迫时诱导产生的几种脱水应答蛋白质之一。脱水素富含亲水性氨基酸，具有高度亲水性，在水分亏缺条件下，脱水素可以作为核酸或胞质大分子的稳定剂，与膜脂结合从而阻止细胞内水分的过多流失，维持膜结构的水合保护体系，防止膜脂双分子层间距的减小，进而阻止膜融合及生物膜结构的破坏。本研究以白桦为主要研究试材，应用植物基因工程技术，将柽柳脱水素基因导入其中，旨在研究柽柳脱水素基因的抗逆功能，从而获得具有优良抗性的转基因白桦新品种。

4.1　*ThDHN* 基因的生物信息学分析

获得的 *ThDHN* 基因的 cDNA 序列（FJ627947）全长 1159bp，其中 5′非编码区 143bp，3′非编码区 401bp，开放读码框（ORF）为 615bp，编码 204 个氨基酸（图 4-1），其中包含有 3 个可能的聚腺苷酸加尾信号。*ThDHN* 基因编码的蛋白质等电点（pI）为 5.61，相对分子质量约为 22.76kDa。编码该蛋白质的氨基酸种类及比例见表 4-1，Gly、Glu、Thr、Ser、Asp 等氨基酸的含量较高；带负电氨基酸（Asp+Glu）有 46 个，带正电氨基酸（Arg+Lys）有 63 个；该蛋白质不稳定系数为 82.04，属不稳定蛋白，脂肪族氨基酸指数是 58.18。

经过 DNAman 软件对进化树中所列蛋白序列的进一步分析，我们可以发现在上述序列中存在几个较保守的区域，分别是：位于中部的、由 8 个连续的丝氨酸残基组成的 S 片段，以及在脱水素的 C 端存在两个重复的富含赖氨酸的 K 片段（EKKGELD2KIKEKLPG），其中第 2 个重复与第 1 个重复相比存在某些单核苷酸的置换。

随机选取 10 个物种的蛋白质序列（表 4-2）与 *ThDHN* 进行多序列比对（图 4-2）。结果表明，柽柳脱水素与已有物种的同源性为 36.6%~86.7%；与甜橙（*Citrus sinensis*）的脱水素蛋白（AAP56259）和咖啡（*Coffea canephora*）脱水素蛋白（ABC68275）的同源性最高，均为 86.7%；与裸子植物欧洲赤松的脱水素蛋白（ACJ37787）的同源性最低，仅为 36.6%。这些序列中部均有 1 个 S 片段，其后

GGGGGAAACCCAAAACAAAGAATCAACTTCGACCCTACGACACCCTCTCTTTATTACGATATATATTAACTCTAAAAGCCTAGGAGTCCT

CTCATTTTGTCTCTCGCCTTTAGTTTTTACACCTACTGAGATTTGAACCCAAAATGGCAGACGAGCAAAACTGCCAGCACCACCAAGCTG
M A D E Q N C Q H H Q A

AGAAGATGAAAACTGAGGAGCCTGCTGCCCCGCCTATGGAGAGCACCGATCGCGGTCTTTTTGATTTTGGGAAGAAAAAAGAAGAAAGTA
E K M K T E E P A A P P M E S T D R G L F D F G K K K E E S

AGCCACAAGAGGAGGTGATTGTTACCGACTTCGAGAAAGTTCAAATCTCTGAAGCCGAGGAGAAGAAGCATGGTATCGGTGGTGGTGTCT
K P Q E E V I V T D F E K V Q I S E A E E K K H G I G G G V

TAGAGAAACTCCACCGAGTTGATAGTTCATCATCTAGCTCTTCAAGTGATGAGGAAGGAGCTGACGAAGAAAAGAAGAGGAGGAGAAAGG
L E K L H R V D S S S S S S S S D E E G A D E E K K R R R K

AAAGGAAGGAAAAGAAAGGCCTTAAAGAAAAGCTCAAGGAAAAAATCCCAGGACACAAGAAAGAGGGCGAAGAAAAGAAGCACGAAGAAG
E R K E K K G L K E K L K E K I P G H K K E G E E K K H E E

ACACAGCTGTGCCCATTGAGAAATGTGAGGAAGAAAAGGAGAAAATCCATGTTGAAGAAGCAGTCTATTCAGAGCCTTCTCACCCAGAAG
D T A V P I E K C E E E K E K I H V E E A V Y S E P S H P E

AAAAGAAAGGAATCCTGgGCAAGATCAAGGACAAACTCCCTGGTCATCAAAAGAAAACGGAGGATGTTCCATCCCCGGCCGCTGCTCCTG
E K K G I L G K I K D K L P G H Q K K T E D V P S P A A A P

TACCACCCGCTGATCTGGGCCCAGGCACCGGAGTGTGAGGCAACCCAGGCCGACGCTGAGAAGAAGGGTTTCTTGGACAAAATTAAGGAC
V P P A D L G P G T G V *

AAAATTTCTGGGTTCAGCTCCAAGGGTGACGAGGAGAAGAAGGAGAAGGAGAAGGAGTGTGCATCTACTACCTAATCAAGAAGCCGCCCG

AGGATAGTATGAATTTATGATAAGATTTGTTTTTATTGCTTTGTGTTTTACTGTTTAAATTTGATGGGAAATATTTCATTTGGGTCATTT

TTGGTTTTCTTAATTAAGAGATCATCTGTGCTTGTATGTAAGTCTGAAATTTCTGTGCTCGTTTTTGTGATGTAAAATGGATGTTGGTGG

TCCTTGAATGTTTGTATTCTATGATATAACAGTTGATTTGGTTTTTCCTACAAAAAAAAAAAAAAAAAAAAAAAAAAAA

图 4-1 柽柳 *ThDHN* 基因序列

方框内的氨基酸序列是 *ThDHN* 的保守序列：1 个 S 片段和 2 个 K 片段；
下划线标记的序列是 3 个可能的聚腺苷酸加尾信号

表 4-1 *ThDHN* 基因编码的氨基酸种类及比例

氨基酸种类		数量	比例/%	合计/%
非极性氨基酸	Ala（A）	12	4.7	29.4
	Val（V）	13	5.1	
	Leu（L）	16	6.3	
	Ile（I）	9	3.6	
	Pro（P）	16	6.3	

续表

氨基酸种类		数量	比例/%	合计/%
非极性氨基酸	Phe（F）	5	2.0	29.4
	Trp（W）	2	0.8	
	Met（M）	4	1.6	
不带电极性 R 基氨基酸	Asn（N）	3	1.2	22.8
	Gly（G）	13	5.1	
	Cys（C）	2	1.8	
	Gln（Q）	7	2.8	
	Ser（S）	19	7.5	
	Thr（T）	9	3.6	
	Tyr（Y）	2	0.8	
带负电 R 基氨基酸	Asp（D）	8	3.2	18.2
	Glu（E）	38	15.0	
带正电 R 基氨基酸	Arg（R）	30	11.9	29.6
	Lys（K）	33	13.0	
	His（H）	12	4.7	

表 4-2　进行同源性分析的蛋白质序列

序列号	来源	同源性/%
AAP56259	甜橙（*Citrus sinensis*）	86.7
ABC68275	咖啡（*Coffea canephora*）	86.7
CAA64428	甘蓝（*Brassica oleracea*）	85.5
AAN78125	葡萄柚（*Citrus paradisi*）	82.8
CAA62449	拟南芥（*Arabidopsis thaliana*）	81.3
CAN66038	葡萄（*Vitis vinifera*）	63.5
ABS12348	加拿大杨（*Populus canadensis*）	63.2
CAH59415	大车前（*Plantago major*）	62.4
AAZ83586	碧桃（*Prunus persica*）	60.1
AAU29458	丹参（*Salvia miltiorrhiza*）	59.7
ACJ37787	欧洲赤松（*Pinus sylvestris*）	36.6

有 2~3 个重复的 K 片段。进一步对这些同源序列构建系统进化树，由图 4-3 可以看出，柽柳脱水素基因与柑橘属（*Citrus*）植物的脱水素蛋白遗传关系较近，与芸薹属（*Brassica*）植物遗传关系较远。

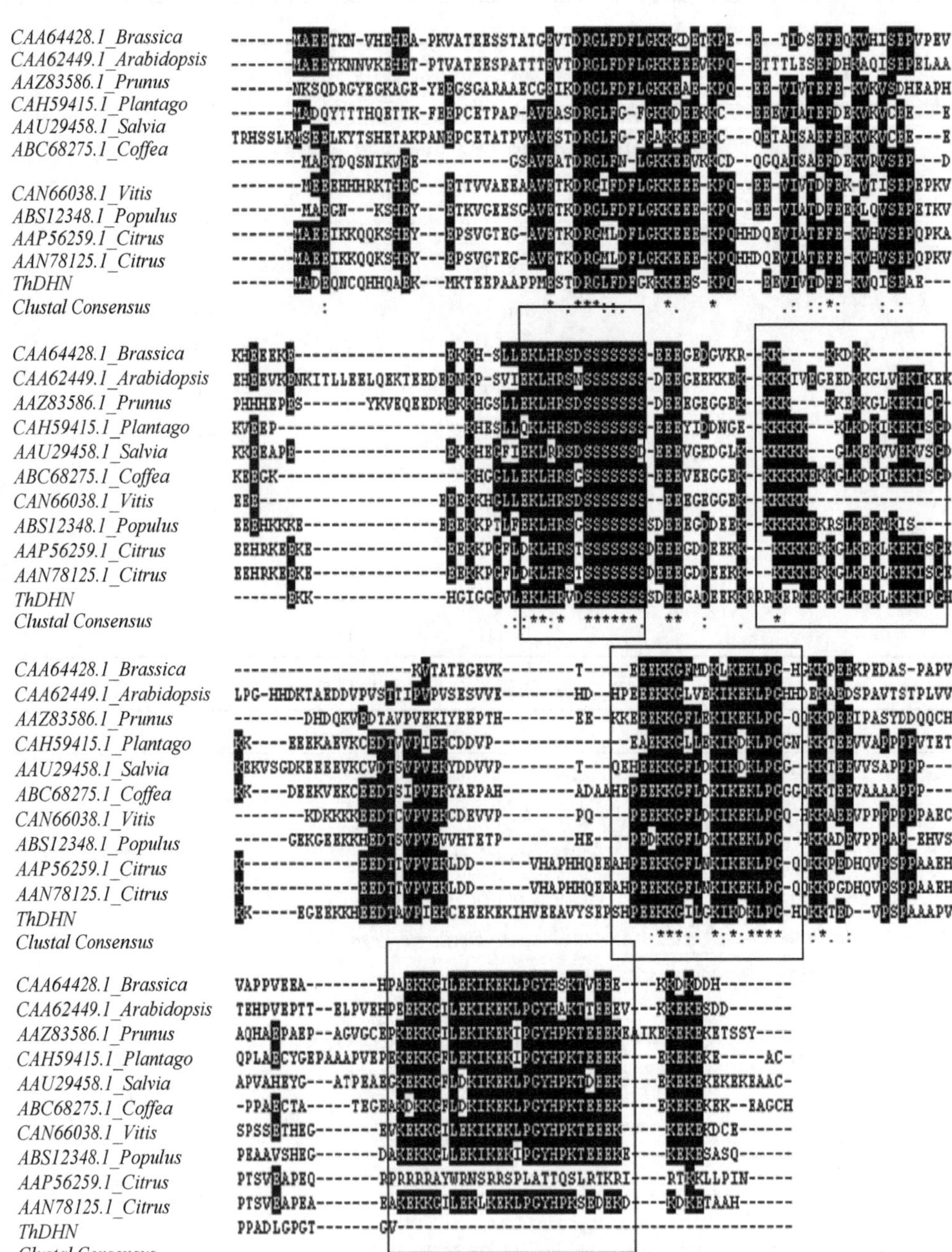

图 4-2 *ThDHN* 基因同源性分析

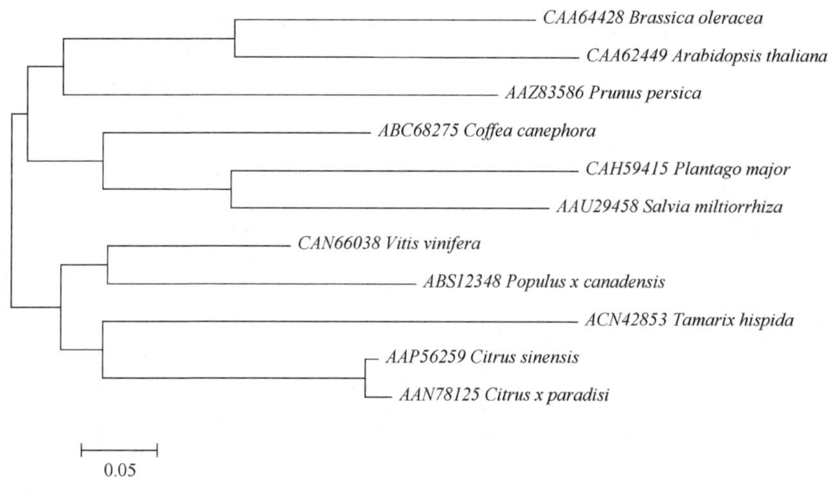

图 4-3　*ThDHN* 基因的系统进化树

4.2　*ThDHN* 基因在不同逆境下的表达分析

4.2.1　盐胁迫处理下 *ThDHN* 基因在柽柳中的表达

研究结果表明，盐胁迫能够诱导 *ThDHN* 基因的表达。在胁迫 6h 时，该基因在叶部的表达量有所下降（<1.0）；随着胁迫时间的延长，该基因的表达量迅速升高，在胁迫 24h 时表达最高，其相对表达量是非胁迫条件下的 3.96 倍；此后，其表达量有所下降，与非胁迫条件下相当，但总的说来，盐胁迫促进了脱水素基因在叶部的表达。在柽柳根部，*ThDHN* 基因受盐胁迫的影响突出，呈上调表达，胁迫 6h 时，其相对表达量明显增加；尤其在胁迫 48h 时，其表达量达最高值，是非胁迫条件下的 8.53 倍，是叶部平均表达量的 7.91 倍；当胁迫 72h 时，脱水素基因的相对表达量有所下降，然而此时的表达量也明显高于其在叶部的最高表达量。这充分说明盐胁迫能够促进 *ThDHN* 基因在柽柳根部的表达（图 4-4）。

4.2.2　干旱胁迫处理下 *ThDHN* 基因在柽柳中的表达

干旱胁迫能够明显抑制了 *ThDHN* 基因在叶部的表达（图 4-5），其平均表达量仅是非胁迫条件下的 0.26 倍；同时，干旱胁迫对脱水素基因在柽柳根部的表达也有明显的抑制作用，仅在胁迫 24h 时，*ThDHN* 基因在根部的表达量升高，是非胁迫下的 1.73 倍；其他处理时间下，脱水素在根部的表达仅是非胁迫条件下的

50%左右，这表明干旱胁迫可明显抑制 *ThDHN* 基因在柽柳中的表达，以叶部尤为明显。

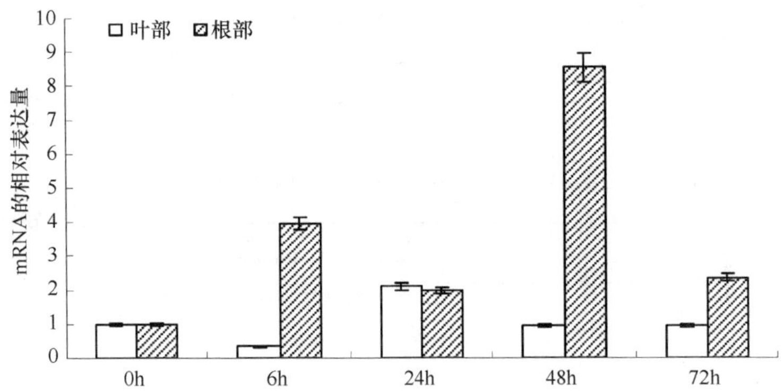

图 4-4 盐胁迫处理下 *ThDHN* 基因在柽柳根部与叶部的表达

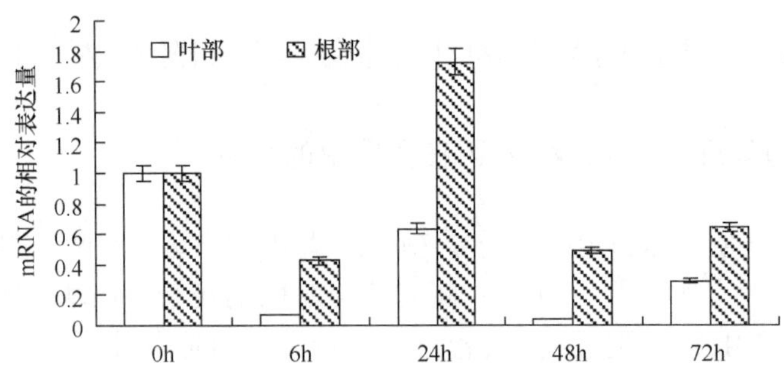

图 4-5 干旱胁迫处理下 *ThDHN* 基因在柽柳根部与叶部的表达

4.2.3 冷胁迫处理下 *ThDHN* 基因在柽柳中的表达

如前所述，SK2 型脱水素具有很强的耐低温能力，在 4℃胁迫处理下，不论是在柽柳根部还是在叶部，脱水素基因的相对表达量均明显升高，并以根部最为明显。当胁迫 6h 时，*ThDHN* 基因在柽柳叶部的表达量最高，是非胁迫条件下 2.08 倍；但随处理时间的延长，其相对表达量略有下降，该基因在叶部的平均表达量是非胁迫条件下叶部表达量的 1.46 倍。而在根部，冷胁迫 24h 时，*ThDHN* 基因在柽柳根部的表达量最高，是非胁迫条件下 4.74 倍，是叶部最高表达量的 2.28 倍；冷胁迫 72h 时，脱水素基因在根部的表达水平仍维持较高水平，这表明 *ThDHN* 基因能够积极响应冷胁迫的作用，并在根部呈上调表达（图 4-6）。

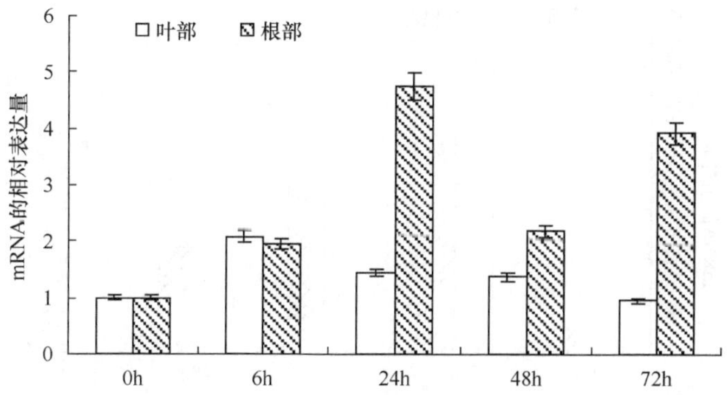

图 4-6　冷胁迫处理下 *ThDHN* 基因在柽柳根部与叶部的表达

4.2.4　重金属镉胁迫处理下 *ThDHN* 基因在柽柳中的表达

重金属镉（Cd）能明显促进 *ThDHN* 基因在柽柳根部、叶部的表达，并随胁迫时间的延长，其相对表达量升高，在胁迫 72h 时，*ThDHN* 基因在柽柳根部、叶部的表达量都达到最高值，其中根部相对表达量是非胁迫条件下的 10.67 倍，叶部相对表达量是非胁迫条件下的 6.41 倍（图 4-7）。

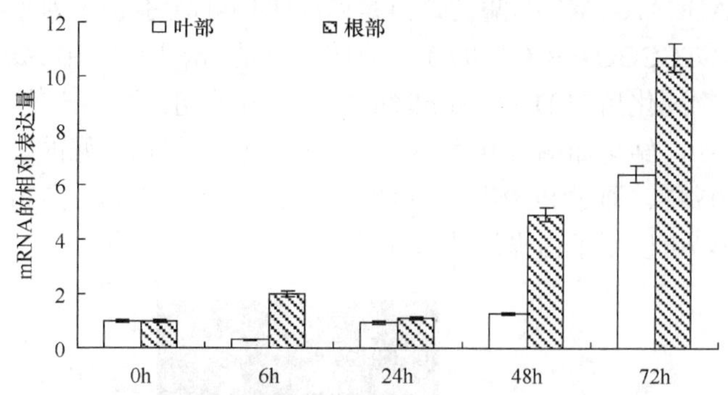

图 4-7　重金属镉胁迫处理下 *ThDHN* 基因在柽柳根部与叶部的表达

4.2.5　ABA 诱导处理下 *ThDHN* 基因在柽柳中的表达

ABA 诱导处理能促进 *ThDHN* 基因在柽柳叶部的表达，在处理 6h 时，其相对表达量最高，是非处理条件下的 12.02 倍，随后，其表达量呈下调表达，在胁迫 48h 后，表达量又有上升的表达趋势；同时，*ThDHN* 基因在柽柳根部的表达先呈上调表达趋势，并在胁迫 24h 时相对表达量最高，是非诱导处理条件下的 10.32 倍，随后呈下调表达，在胁迫 72h 时，其表达量接近于非胁迫时的表达量（图 4-8）。

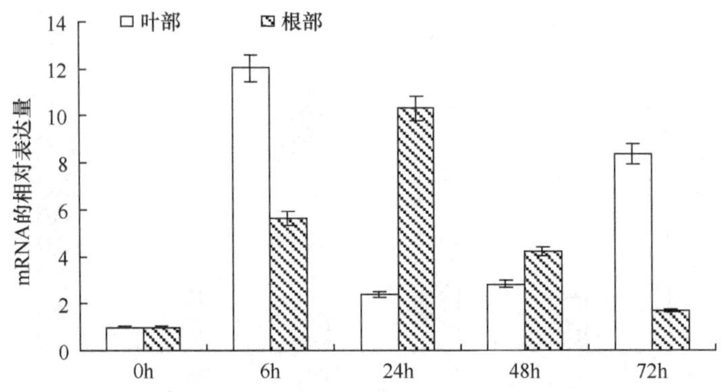

图 4-8 ABA 诱导处理下 *ThDHN* 基因在柽柳根部与叶部的表达情况

4.3 *ThDHN* 基因的白桦遗传转化研究

4.3.1 *ThDHN* 基因植物过表达载体构建

将含有 *ThDHN* 基因的文库质粒作为模板，利用引入酶切位点的特异引物进行 PCR 扩增，扩增产物为 615bp 目的基因。上游引物序列为：5′CTAGAGGATCCATGGCAGACGAGCAAAAC 3′，酶切位点是 *Bam*H Ⅰ；下游引物序列为：5′CCCGGGAGTCTTCACACTCCGGTGCCTGG 3′，酶切位点是 *Sac* Ⅰ。利用 *Bam*H Ⅰ和 *Sac* Ⅰ分别对扩增产物纯化后的 DNA 和 pROKII 进行双酶切。酶切产物进行 0.8%的琼脂凝胶电泳检测，结果如图 4-9 所示。利用电击法，将构建好的表达载体转化到农杆菌 EHA105 中。通过 PCR 鉴定（图 4-10），表明重组质粒 pThDHN 已成功地转入农杆菌中，可以用于白桦遗传转化研究。

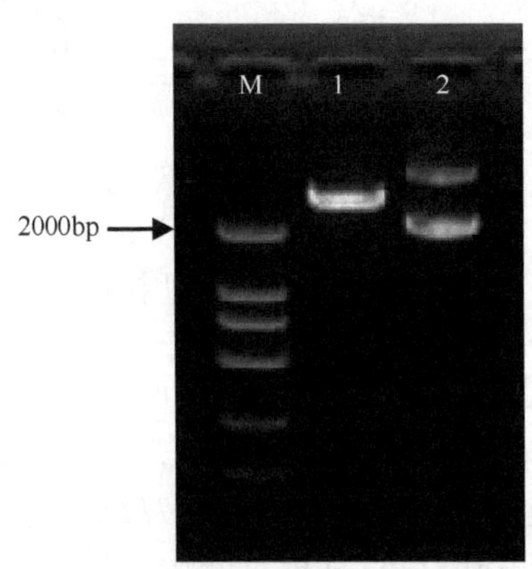

图 4-9 质粒双酶切电泳结果

M. Marker DL2000；1. 重组质粒双酶切后；2. 重组质粒

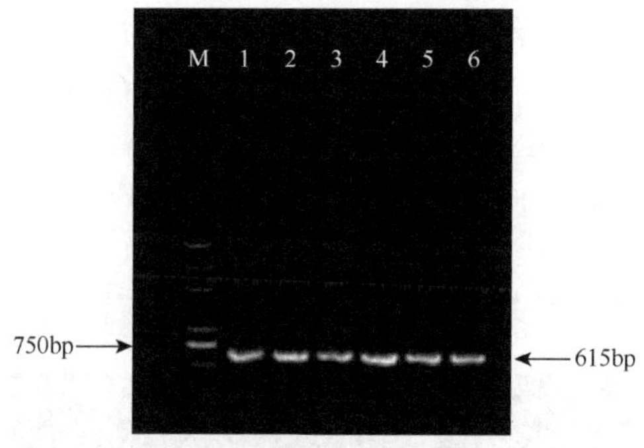

图 4-10　重组质粒 PCR 检测结果

M. Marker DL5000；1. 阳性对照；2~6. 重组质粒

4.3.2　转基因植株的获得

采用含有重组质粒的 EHA105 工程菌菌液侵染无菌的白桦合子胚，将侵染后的白桦合子胚置于不含抗生素的培养基上暗培养，期间视农杆菌的生长情况而定，对其进行脱菌处理；2~3d 后将脱菌后的合子胚置于含有 200mg/L 头孢霉素和 50mg/L 卡那霉素的 WPM 培养基上，倒置培养，期间不定期脱菌，侵染后 12d 就观察到有不定芽直接诱导形成（图 4-11A）；继代培养 1 次（25d）后，不定芽开始伸长、颜色转绿、并伴有小叶片生出（图 4-11B），此后按照白桦成熟合子胚不定芽快速诱导再生体系，进行不定芽的增殖培养和生根培养，其生根率为 100%，从而获得了白桦转基因植株。

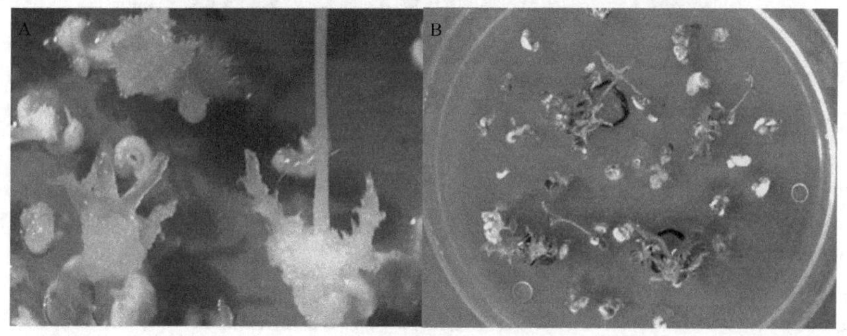

图 4-11　白桦成熟合子胚转化愈伤直接诱导不定芽形成及不定芽伸长培养（彩图请扫封底二维码）

A. 白桦成熟合子胚转化愈伤直接诱导不定芽形成；B. 不定芽伸长培养

4.3.3　转基因株系的分子检测

4.3.3.1　转基因白桦的 PCR 鉴定

从获得卡那抗性植株中选出 7 个长势优良的株系，提取总 DNA，作为 PCR

检测的模板，同时分别以重组质粒 pThDHN 为阳性对照、非转基因植株为阴性对照、进行 PCR 扩增。上游引物序列：5′ CTAGAGGATCCATGGCAGACGAGC AAAAC 3′；下游引物序列：5′ CCCGGGAGTCTTCACACTCC GGTGCCTGG 3′。扩增产物在 1%的琼脂糖凝胶上进行电泳，部分转基因株系 PCR 扩增电泳结果如图 4-12 所示。在转 *ThDHN* 基因的 7 个转基因株系中，都得到了 615bp 的特异性扩增条带，而阴性对照没有条带，初步证明了外源基因已经整合到白桦基因组中。

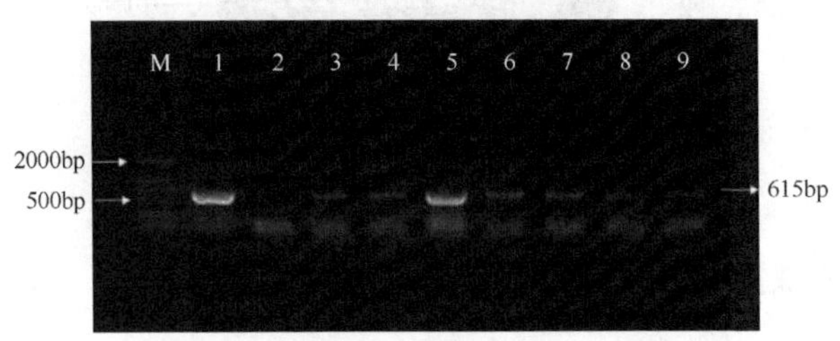

图 4-12　转基因白桦的 PCR 鉴定

M. Maker DL2000；1. 阳性对照；2. 阴性对照；3~9. 白桦转化子 BTD1~BTD7

4.3.3.2　转基因白桦的 PCR-Southern 杂交鉴定

依据虹吸原理将 PCR 产物转移到尼龙膜上，与 DIG 标记探针进行杂交反应。结果表明，被检测的 7 个转基因株系均出现了杂交谱带（图 4-13），说明 *ThDHN* 基因已经整合到白桦的染色体基因组中，获得了转基因白桦植株。

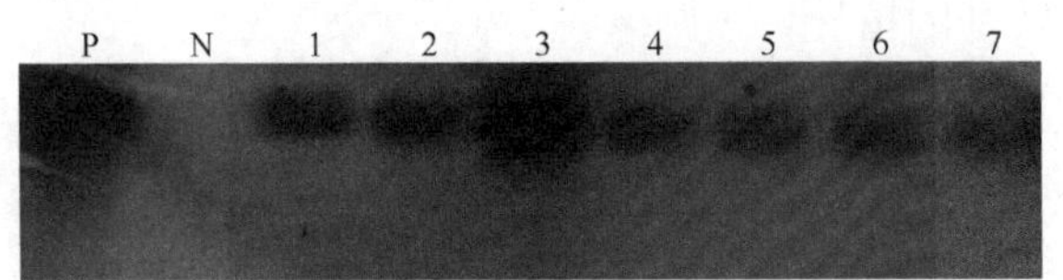

图 4-13　转基因白桦的 PCR-Southern 杂交鉴定

P. 阳性对照；N. 阴性对照（非转基因株系）；1~7. 转基因株系 BTD1~BTD7

4.3.3.3　转基因白桦的 Northern 杂交鉴定

提取白桦总 RNA，依据虹吸原理将其转移到尼龙膜上，与 DIG 标记探针进行杂交反应。结果表明，被检测的 7 个转基因株系均出现了杂交谱带（图 4-14），说明 *ThDHN* 基因已经整合到白桦的染色体基因组中，获得了转基因白桦植株。

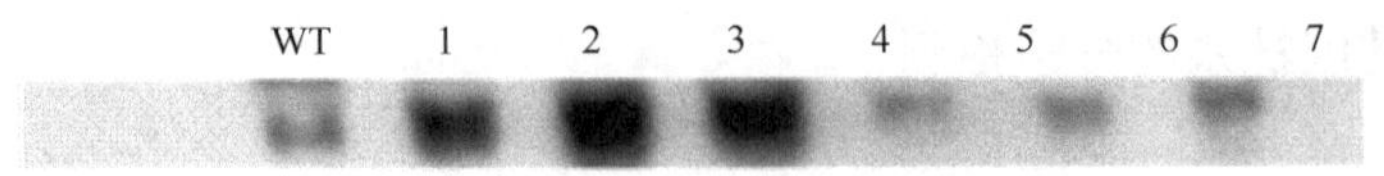

图 4-14　转基因白桦的 Northern 杂交鉴定

WT. 非转基因株系；1~7. 转基因株系 BTD1~BTD7

4.4　转 *ThDHN* 基因白桦的抗旱耐盐性分析

4.4.1　转基因白桦的耐盐性分析

4.4.1.1　转基因白桦耐盐性的盐试浓度测定

通过对非转基因株系组培苗进行耐盐性研究，我们可以看出，在盐浓度为 0 时，培养 5d 后植株就生根，而添加 NaCl 后，植株生根时间推迟，第 9 天才见盐浓度为 0.05%培养条件下的植株生根。培养 25d 后统计各盐试浓度下的生根情况（图 4-15），结果表明，在不添加 NaCl 的培养条件下，非转基因白桦组培苗生根数最多，且根长较长；而添加 NaCl 后，白桦苗生长受抑，植株生长减缓，生根数减少，根长也变短。其中，在 NaCl 浓度为 0.05%时，白桦组培苗的生根数减少了近 1/2，而在 NaCl 浓度为 0.5%（约 85.47mmol/L）时，植株生长几乎停滞，且几乎不生根。由表 4-3 可以看出，在 NaCl 浓度为 0.3%（约 51.28mmol/L）时，白桦组培苗的生长就明显受到抑制。为了研究 *ThDHN* 转基因白桦和非转基因植株的耐盐性差异，该浓度是较为适宜的。

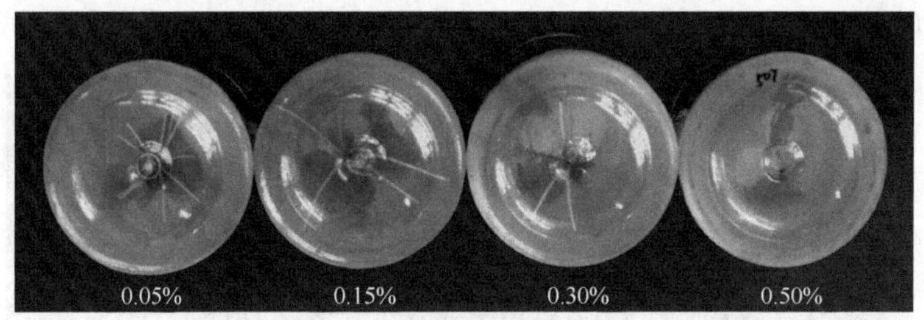

图 4-15　不同盐浓度下白桦非转基因株系的生根情况（彩图请扫封底二维码）

表 4-3　不同浓度 NaCl 条件下白桦非转基因组培苗的生根情况

盐浓度/%	主根数/个	主根长/cm
0	15.8	4.20±0.06
0.05	9.97	3.42±0.12
0.15	6.33	3.57±0.03
0.3	3.53	3.48±0.07
0.5	0.2	2.01±0.04

4.4.1.2　转基因白桦组培苗的耐盐性提高

通过非转基因的耐盐压力试验，我们确定了白桦组培苗的耐盐压力临界值为 0.3%NaCl，在这一盐浓度下（图 4-16 和图 4-17），非转基因植株叶色黄绿，底部叶片有脱落、枯死现象，而转基因白桦表现出较好的生长状态，叶色较绿，植株长势也比非转基因植株好。由于白桦组培苗生长缓慢，在盐胁迫后，在高生长量上没有显著差异，而在生根能力上却表现得较为明显，BTD2 的主根数最多，平均为 6.43 个，是非转基因株系的 1.64 倍，其次是 BTD1、BTD4 和 BTD6，而 BTD7 主根数最少，仅为 3.33 个，低于非转基因株系；在根长方面，转基因株系和非转基因株系间无明显差异（表 4-4）。

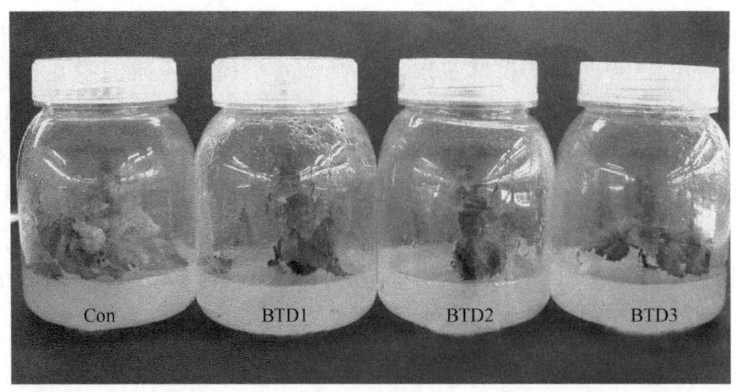

图 4-16 0.3%NaCl 处理下部分转基因白桦和非转基因白桦生长情况（彩图请扫封底二维码）

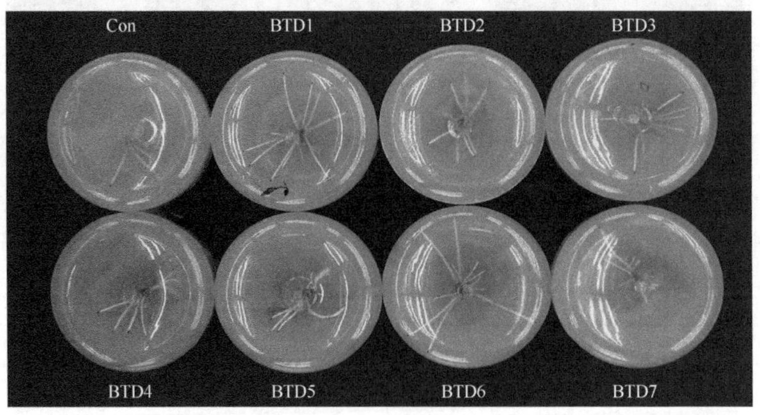

图 4-17 0.3%NaCl 处理下转基因白桦和非转基因白桦生根情况（彩图请扫封底二维码）

表 4-4 0.3%NaCl 处理下转基因白桦和非转基因白桦植株的生根情况

供试株系	主根数/个	根长/cm
Con	3.93	4.16±0.03
BTD1	5.47	4.31±0.05
BTD2	6.43	4.28±0.01
BTD3	4.5	4.11±0.05

续表

供试株系	主根数/个	根长/cm
BTD4	5.53	4.35±0.07
BTD5	4.53	4.19±0.02
BTD6	5.27	4.22±0.03
BTD7	3.33	4.03±0.02

4.4.2　转基因白桦的抗旱性分析

切取同等大小的不定嫩茎，在含有不同浓度 PEG6000 的生根培养基上，当 PEG6000 浓度为 2.5%时，各转基因株系和非转基因株系生长状态较好，相较之下，转基因株系的主根数较多，除 BTD7 外，所有转基因株系的主根均较长（图 4-18A）；当 PEG6000 浓度为 5.0%时，转基因株系和非转基因株系差异明显，非转基因株系几乎不生根，而转基因株系生长状态良好，生根数较多，且主根较长（图 4-18B）；当 PEG6000 浓度为 7.5%时，转基因株系和非转基因株系均生长明显受抑，非转基因株系不生根，而转基因株系表现出较好的抗性，但主根数很少，不论是转基因株系还是对照株系在生根培养时均有愈伤组织相伴形成（图 4-18C）。由此我们可以确定，在 PEG6000 处理下，白桦组培苗的耐旱浓度（V_d）为 $5\% < V_d < 7.5\%$，此时转基因株系生长状态明显好于非转基因株系，表现出较好的抗旱能力。

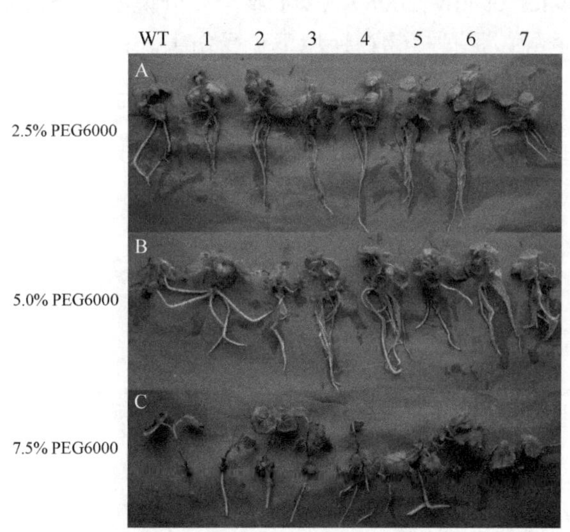

图 4-18　干旱处理下转基因白桦和非转基因白桦生长情况比较（彩图请扫封底二维码）

前人研究表明，脱水素与植物耐脱水性密切相关。一方面，它在植物干旱失水时，能够部分代替水分子，保持细胞液处于溶解状态，从而避免细胞结构坍塌，稳定细胞的结构（宋松泉和王彦荣，2002；王君丹等，2004）；另一方面，它起分子伴侣和亲水性溶质作用，在水分胁迫时，稳定和保持蛋白质的结构及功能，能在植物胚胎发育后期及处于干旱、低温、盐碱等逆境的植株中大量表达（余华顺和张林生，2002；Dhanaraj et al.，2005）。柽柳脱水素基因受盐胁迫、冷胁迫、重金属镉胁迫及 ABA 诱导后，其相对表达量明显上升，随胁迫时间的延长，该基因的相对表达量也升高，说明这些逆境处理能够促进柽柳脱水素基因的表达。在添加 0.3% NaCl 的培养基中，转 *ThDHN* 基因过表达白桦的生根能力明显高于非转基因，其主根平均数是非转基因株系的 1.27 倍，表明转基因植株受盐胁迫的影响明显小于非转基因植株，表现出较好的耐盐性。已有的大量研究证实，脱水素的累积与抗非生物胁迫能力密切相关，并且脱水素表达量越高，抗逆性越强（Tabaei-Aghdaei et al.，2000；Rodriguez et al.，2005）。Nylander 等（2001）认为，低温诱导及许多脱水胁迫条件下，脱水素的表达量提高。Tadeusz 认为，耐低温能力也是 SKn 型脱水素的重要功能（Tadeusz et al.，2006）。有些脱水素基因只在某一种特定条件下才转录表达，如 *LTI30* 和 *COR47* 在非胁迫条件下不表达，主要是受低温所诱导（Mouillon et al.，2006；Peng et al.，2008）；*RAB18* 只在 ABA 处理的植物中被发现（Puhakainen et al.，2004）。而有些脱水素基因可以被多种逆境胁迫条件所诱导，如 *LTI29* 主要受低温诱导而表达，但在 ABA 和盐处理后也发现该基因表达（Mouillon et al.，2006）；*ERD14* 在 ABA、盐胁迫及低温胁迫条件下均呈上调表达（Kovacs et al.，2008）。以上结果充分说明，柽柳脱水素基因能够被逆境胁迫条件所诱导，保护植物在逆境下免受伤害。

第二篇
白桦材性改良基因工程育种

第 5 章　白桦 *BpCCR1* 基因的功能分析

木质素是植物体内含量极其丰富的大分子化合物，它与植物次生细胞壁的形成密切相关，对于维管植物的生长发育是十分必要的，是陆生植物进化过程中一个非常重要的因子。*CCR* 基因编码的肉桂酰 CoA 还原酶（cinnamoyl-CoA reductase，CCR）是木质素特异途径的关键酶，CCR 所调控的反应是木质素合成的限速反应，对进入木质素合成途径的碳流具有调控作用，因此采用基因工程技术调控木质素的生物合成，培育改变木质素含量的林木新品种意义重大。

5.1　*BpCCR1* 基因的生物信息学分析

5.1.1　*BpCCR1* 基因序列相似性比对分析

本实验室对白桦进行 Solexa 测序，得到 1 条 CCR-like cDNA 序列，通过 NCBI BLASTX 比对表明，该序列编码的蛋白质与蓖麻（*Ricinus communis*）中推测的肉桂酰辅酶 A 还原酶（XP_002524651.1）具有 68%的一致性，所以将其命名为 *BpCCR1*，并将 *BpCCR1* 上传至 NCBI 数据库，获得基因登录号为 AEO45117.1。用 NCBI BLASTX 比对的结果表明，*BpCCR1* 编码的氨基酸序列与毛果杨（*Populus trichocarpa*）的肉桂酰辅酶 A 还原酶（XP_002300033.1）、大豆（*Glycine max*）中预测的花青素还原酶（XP_003553818.1）的一致性分别为 68%和 64%，这些结果表明不同种的 *CCR* 基因序列间相似性较高，且从比较的结果可以看出 *CCR* 基因与编码花青素还原酶的基因在进化上有一定的亲缘关系，这与前人的报道结果相同。同时，*BpCCR1* 基因中“G+C”含量为 47.0%，这符合双子叶植物 *CCR* 基因中“G+C”含量普遍较单子叶植物低的规律。

5.1.2　*BpCCR1* 基因的氨基酸序列及理化性质

用 ORF Finder、ProtParam 对白桦 *BpCCR1* 基因的氨基酸序列进行分析，结果表明该序列编码区长 1089bp，编码 362 个氨基酸（图 5-1），相对分子质量为 40 111Da，理论等电点为 5.44，分子式为 $C_{1738}H_{2811}N_{489}O_{541}S_{28}$，摩尔消光系数在 280nm 处为 37 775，脂肪系数为 87.60，总平均亲水性为–0.165，不稳定系数为 35.98，由此确定该蛋白质为稳定蛋白。分析 BpCCR1 蛋白的氨基酸残基组成可以看出，该蛋白质由 20 种氨基酸组成，其中负电荷残基（Asp+Glu）总数为 53 个，正电荷残基（Arg+Lys）总数是 46 个，该氨基酸序列中含量较高的为丙氨酸（Ala）、谷氨酸（Glu）、亮氨酸（Leu），含量分别为 9.1%、9.7%、9.7%，含量较少的是组氨酸（His）、色氨酸（Trp）。

```
   1 atg ggg att ctg ggg gcc gaa gac agc ata agg atg gag ttg gag 45
      M   G   I   L   G   A   E   D   S   I   R   M   E   L   E
  46 gag ctc cgc cac atg ttg gtg gcg tgt gcg ggc ctg caa cgg agg 90
      E   L   R   H   M   L   V   A   C   A   G   L   Q   R   R
  91 aaa gac gac gaa gag ttc aaa ggg gtt cgt gtt tca acc aaa ggc 135
      K   D   D   E   E   F   K   G   V   R   V   S   T   K   G
 136 gcc ggc gcc gat gat gca gag aag ttg gtt tgc gtc act agt ggc 180
      A   G   A   D   D   A   E   K   L   V   C   V   T   S   G
 181 gtt tct tat ttg ggc ctc gct ata gtg aag aag ctc ttg ctt cgt 225
      V   S   Y   L   G   L   A   I   V   K   K   L   L   L   R
 226 ggc tac tcc gtt cgg atc att gtt gaa agc gaa gag gat att aat 270
      G   Y   S   V   R   I   I   V   E   S   E   E   D   I   N
 271 aaa ttg agg gag atg gaa acg tcc gga gag atg aga cca acc aat 315
      K   L   R   E   M   E   T   S   G   E   M   R   P   T   N
 316 aat aat att tca gta gta atg gcg aag cta aca gat att gag agc 360
      N   N   I   S   V   V   M   A   K   L   T   D   I   E   S
 361 tta tca gaa gcc ttt caa ggt tgt cgt ggc gta ttt cac acc tct 405
      L   S   E   A   F   Q   G   C   R   G   V   F   H   T   S
 406 gga ttc atc gac ccc gcc ggc ctt tct ggc tat acg aaa tcc atg 450
      G   F   I   D   P   A   G   L   S   G   Y   T   K   S   M
 451 gct gag atc gaa gtg aag gcc agt gaa act gtg atg aca gca tgt 495
      A   E   I   E   V   K   A   S   E   T   V   M   T   A   C
 496 gcg aga aca cca tca gta aga aaa tgt gtg ctc aca tct tca ctt 540
      A   R   T   P   S   V   R   K   C   V   L   T   S   S   L
 541 tca gct tgc atc tgg cgg gac aac agc cac tat gat ctc tcc tct 585
      S   A   C   I   W   R   D   N   S   H   Y   D   L   S   S
 586 gta ata aac cat ggc tgc tgg agt gat gag tta ttc tgc ata gac 630
      V   I   N   H   G   C   W   S   D   E   L   F   C   I   D
 631 aaa aag ctt tgg tat gcc ttg ggg aag ctg agg gca gag agg gtt 675
      K   K   L   W   Y   A   L   G   K   L   R   A   E   R   V
 676 gcg tgg aga ata gcc agg gag aac agg ttg aaa tta gcc acc ata 720
      A   W   R   I   A   R   E   N   R   L   K   L   A   T   I
 721 tgc cca ggt ctc att acc ggc cct gaa ttc tgt caa cga aat cca 765
      C   P   G   L   I   T   G   P   E   F   C   Q   R   N   P
 766 atg gca aca att gct tat ctt aaa gga gcg caa gaa atg tat gca 810
      M   A   T   I   A   Y   L   K   G   A   Q   E   M   Y   A
 811 aat ggg ttg cta gca acc gtt gat gta aac aaa ttg gca gag gca 855
      N   G   L   L   A   T   V   D   V   N   K   L   A   E   A
 856 gaa gta tgt gtt ttt gag gca atg gac aag aat gca gca ggc aga 900
      E   V   C   V   F   E   A   M   D   K   N   A   A   G   R
 901 tac att tgc ttt gat gaa gtt att gaa agg gat gaa gca gaa aag 945
      Y   I   C   F   D   E   V   I   E   R   D   E   A   E   K
 946 tta gca gga gaa ctg gga atg cca aca aac aag att tgc ggc gga 990
      L   A   G   E   L   G   M   P   T   N   K   I   C   G   G
 991 gat gaa tct ggg gat gttgag gct cgg ttt cag ttg tct aat gag 1035
      D   E   S   G   D   V   E   A   R   F   Q   L   S   N   E
1036 aag ctt tcg agg ctc atg aca aga aca ctc cga tat tgt tac aat 1000
      K   L   S   R   L   M   T   R   T   L   R   Y   C   Y   N
1081 gaa tgt tag 1089
      E   C   *
```

图 5-1　*BpCCR1* 的 cDNA 序列及编码氨基酸序列

对白桦 *BpCCR1* 推导的氨基酸序列分析表明，前文提到的 CCR 蛋白保守序列 KNWYCYGK 在此变成了 KLWYALGK，但最为保守的第 3 位色氨酸 W 蛋白和第 4 位酪氨酸 Y 蛋白没有变化，即 *BpCCR1* 的功能结合位点没有改变。

5.1.3　*BpCCR1* 基因系统进化树

通过 NCBI 在线工具 Blastp 对白桦 *BpCCR1* 基因进行比对，下载相似性较高的 37 条 *CCR* 基因的氨基酸序列进行多序列比对，并对其构建系统进化树。结果表明，全部 38 条 CCR 氨基酸序列分为两类，其中与 *BpCCR1* 基因亲缘关系最近的是蓖麻中的 *CCR* 基因和毛果杨中的 *CCR* 基因，亲缘关系达到 91%（图 5-2）。

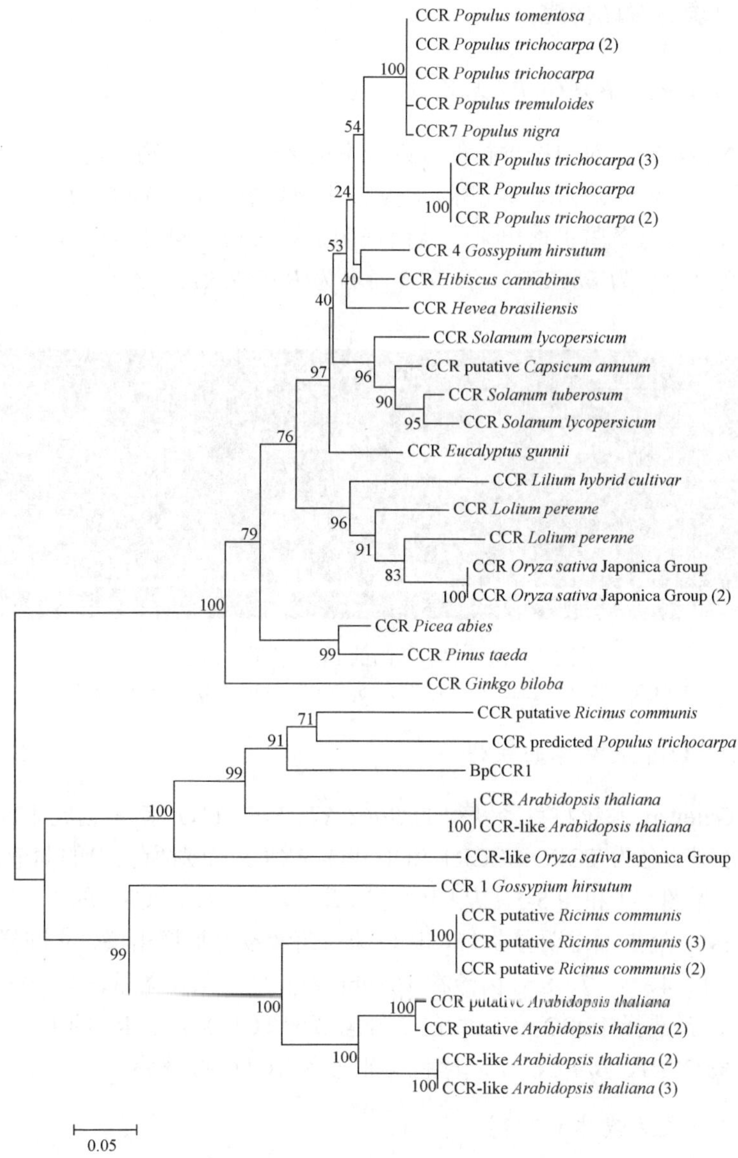

图 5-2　*BpCCR1* 基因的系统进化树

从图中还可以看出，*BpCCR1* 所处大类的 *CCR* 基因来源于拟南芥、白桦、蓖麻、毛果杨、水稻、棉花这些不同物种，但它们的亲缘关系均大于 71%，从而证明该类 *CCR* 基因在进化上是十分保守的。

5.2 *BpCCR1* 基因的白桦遗传转化研究

5.2.1 植物表达载体构建

5.2.1.1 *BpCCR1*、*BpFCCR1* 基因的克隆

根据本实验室已对白桦进行的 Solexa 测序结果设计引物，通过 RT-PCR 的方法克隆基因，克隆结果如图 5-3 所示。从图中可以看出在 1089bp 处扩增出明显条带，而水对照没有条带扩增出来，从而证明扩增成功，同时测序结果也证明这一点。将正义链命名为 *BpCCR1*，反义链命名为 *BpFCCR1*。

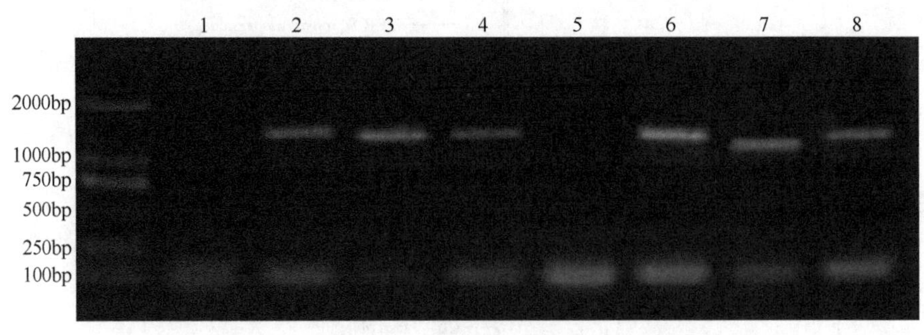

图 5-3 *BpCCR1* 基因的 PCR 扩增电泳图谱

1. CCR 引物的水对照；2~4. 正义链；5. CCRF 引物的水对照；6~8. 反义链

5.2.1.2 TOPO 中间载体的获得

通过 Gateway 系统将克隆获得的 *BpCCR1*、*BpFCCR1* 基因连接到 TOPO 中间载体上，分别命名为 TOPO-pCCR1 和 TOPO-pFCCR1。对所获得的菌液进行 PCR 检测，结果见图 5-4 和图 5-5。从图中可以看出，TOPO-pCCR1 的 1、2、4、6 号菌液在 1089bp 处扩增出明显条带，其余株系菌液没有扩增出条带；同样，TOPO-pFCCR1 的 1、4、5、7、8 号菌液在 1089bp 处扩增出明显条带，其余株系菌液没有扩增出条带。选择 TOPO-pCCR1 的 2 号菌液和 TOPO-pFCCR1 的 1 号菌液测序，结果证明 *BpCCR1*、*BpFCCR1* 基因已分别连入 TOPO 载体中。

5.2.1.3 植物表达载体的获得

将 TOPO 反应测序过的菌液进行 LR 反应，以期将 *BpCCR1*、*BpFCCR1* 基因

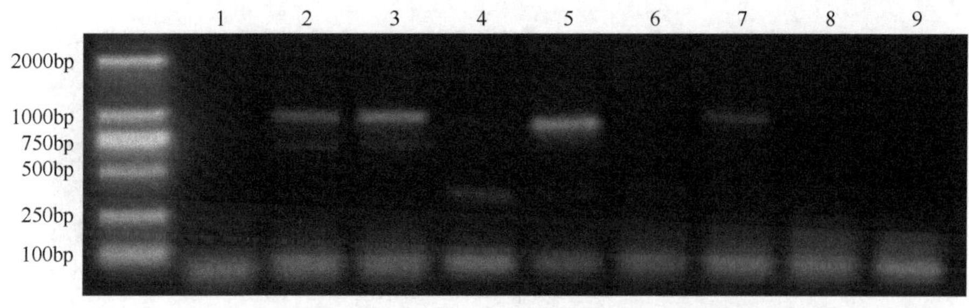

图 5-4　TOPO-pCCR1 菌液 PCR 检测

1. CCR 引物的水对照；2~9.TOPO-pCCR1 的 1~8 号菌液

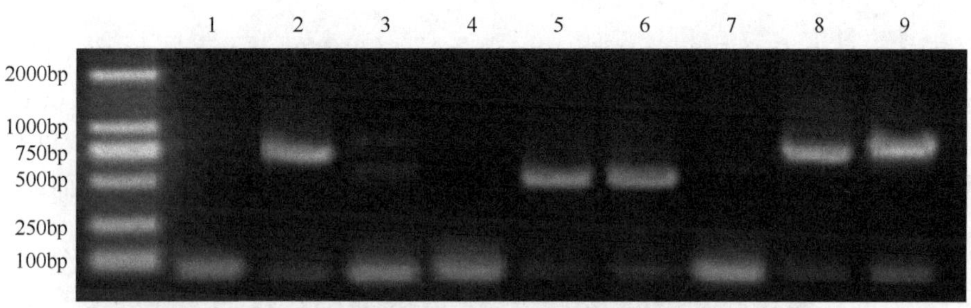

图 5-5　TOPO-pFCCR1 菌液 PCR 检测

1. CCRF 引物的水对照；2~9. TOPO-pFCCR1 的 1~8 号菌液

构建到 pGWB2 植物表达载体中，并将其分别命名为 pGWB2-pCCR1 和 pGWB2-pFCCR1。利用 pGWB2 载体上的引物搭配基因上下游引物对重组菌液进行 PCR 扩增，结果如图 5-6 和图 5-7 所示。由图中可以看出，在 1089bp 处扩增出明显条带，而且阴性水对照没有扩增出条带，进一步对 pGWB2-pCCR1 的 9 号菌液和 pGWB2-pFCCR1 的 6 号菌液送 Invitrogen 公司测序，将测序结果比对后确定 *BpCCR1*、*BpFCCR1* 基因已经连接到 pGWB2 载体上，说明重组质粒构建成功。

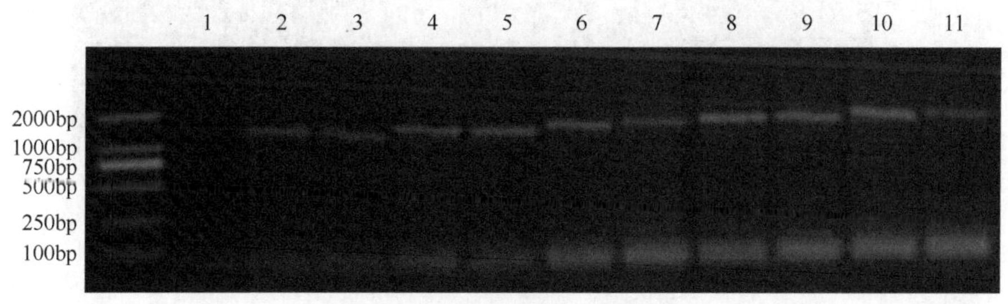

图 5-6　pGWB2-pCCR1 菌液 PCR 检测

1. 水对照；2~11. pGWB2-pCCR1 的 1~10 号菌液

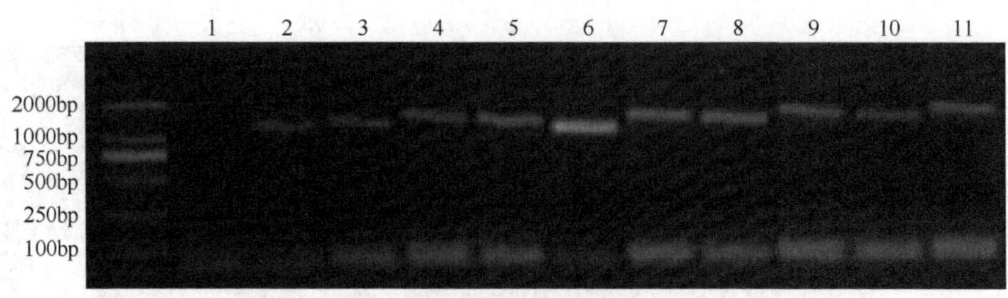

图 5-7　pGWB2-pFCCR1 菌液 PCR 检测

1. 水对照；2~11. pFGWB2-pFCCR1 的 1~10 号菌液

5.2.1.4　工程菌的获得

对 LR 反应重组质粒 pGWB2-pCCR1 的 9 号菌液和 pGWB2-pFCCR1 的 6 号菌液进行电击转化，将上述转化后的重组质粒分别命名为 *E. coli*（35S：：pCCR1）和 *E. coli*（35S：：pFCCR1），并对转化后的菌液进行 PCR 检测。从图 5-8 和图 5-9 可以看出目标片段明显，在 1089bp 处清晰可见，而水对照没有条带，从而证明农杆菌转化成功。

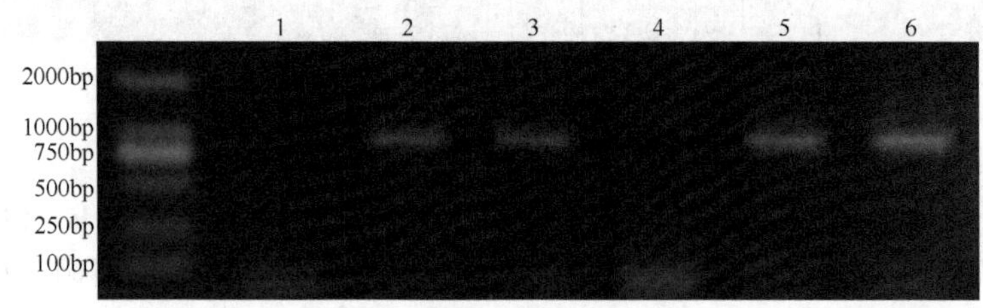

图 5-8　35S：：pCCR1 重组质粒 PCR 检测

1、4. 水对照；2、3. 35S：：pCCR1-1，2（载体上游结构引物配基因下游引物）；5、6. 35S：：pCCR1-1，2（基因上游引物配载体下游结构引物）

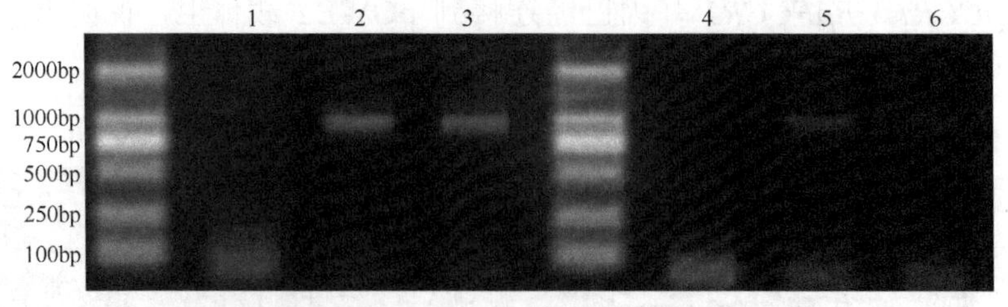

图 5-9　35S：：pFCCR1 重组质粒 PCR 检测

1、4. 水对照；2、3. 35S：：pFCCR1-1，2（载体上游结构引物配基因下游引物）；
5、6. 35S：：pFCCR1-1，2（基因上游引物配载体下游结构引物）

5.2.2　转基因白桦的获得

采用农杆菌介导的叶盘转化法对白桦进行遗传转化研究，将侵染后的白桦叶片在含 40mg/L 卡那霉素和 200mg/L 头孢霉素的诱导分化出芽培养基（WPM+0.8mg/L 6-BA+0.02mg/L NAA+0.5mg/L GA_3）上进行培养，培养 20d 后，在叶基部切口处长出带有芽点的抗性愈伤组织（图 5-10A），将带有芽点的愈伤组织从叶片上剥离，放置于含 40mg/L 卡那霉素和 200mg/L 头孢霉素的丛生苗培养基（WPM+1.0mg/L 6-BA）上继续培养（图 5-10B），45d 左右获得转基因丛生苗（图 5-10C）。本实验共获得了 39 个 *BpCCR1* 抑制表达转化子、19 个超表达转化子，将 *BpCCR1* 抑制表达转基因株系命名为 fcr1~fcr39，超表达株系命名为 cr1~cr 19。

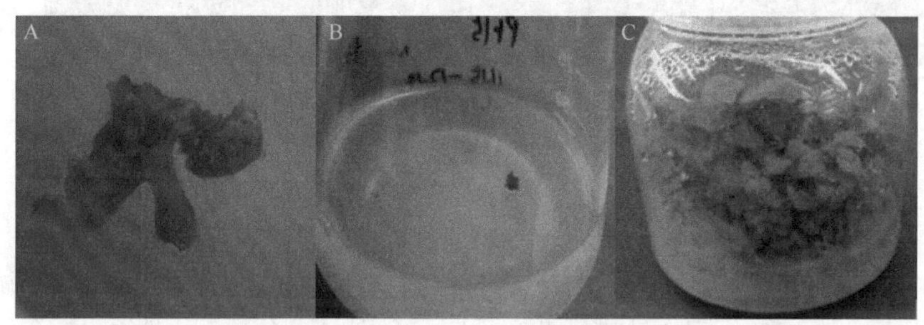

图 5-10　农杆菌介导的转基因丛生苗（彩图请扫封底二维码）

A. 侵染叶片约 20d 后长出的带芽点的愈伤组织；B. 剥离的愈伤组织置于分化培养基中培养；C. 转基因白桦丛生苗

5.2.3　转基因株系的分子检测

采用 PCR 扩增技术分别对卡那霉素抗性筛选 2 次后获得的 39 个 *BpCCR1* 抑制表达转基因株系、19 个过表达转基因株系进行初步检测，在筛选获得的阳性株系的基础上进行组培扩繁及进一步的分子水平鉴定。

5.2.3.1　转基因白桦的 PCR 检测

分别对获得的部分过表达株系进行 PCR 检测。结果显示，8 个过表达株系均在 1089bp 处扩增出单一的条带，而阴性对照（野生型白桦，WT）没有扩增出条带（图 5-11），初步证明 *BpCCR1* 基因整合到了白桦的基因组中。

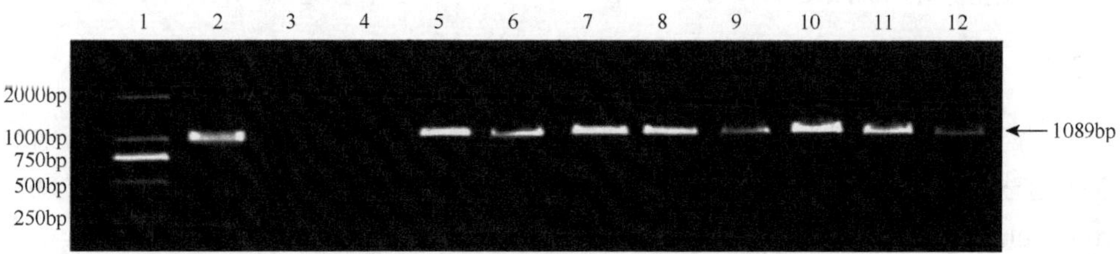

图 5-11　白桦过表达株系的 PCR 扩增电泳图谱

1. Marker DL2000；2. 阳性对照；3. 水对照；4. 阴性对照；5~12. 过表达株系

分别对获得的部分抑制表达株系进行 PCR 检测。结果显示，7 个抑制表达株系在 1089bp 处均扩增出单一的条带，而阴性对照（野生型白桦，WT）没有扩增出条带（图 5-12），初步证明 *BpCCR1* 基因整合到了白桦的基因组中。

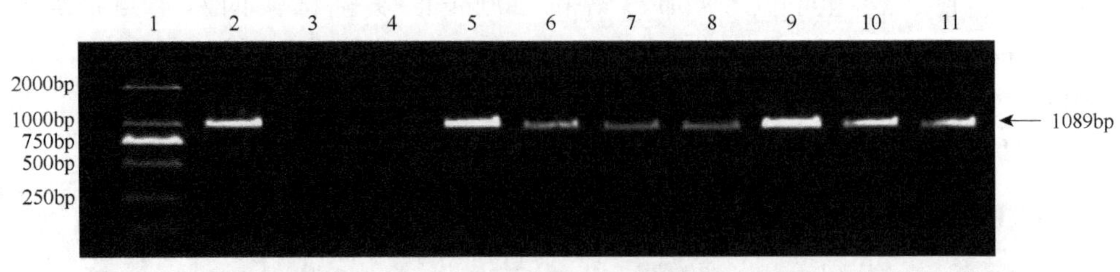

图 5-12　白桦抑制表达株系的 PCR 扩增电泳图谱

1. Marker DL2000；2. 阳性对照；3. 水对照；4. 阴性对照；5~11. 抑制表达株系

5.2.3.2　转基因白桦的 Northern 检测

将转基因和野生型白桦总 RNA 进行甲醛变性凝胶电泳，然后将 RNA 转移到尼龙膜上，与 DIG 标记探针进行杂交反应。分别对 3 个过表达株系、3 个抑制表达株系及野生型白桦（WT）进行 Northern 杂交分析。

RNA 凝胶电泳的结果表明，7 个样品的在进行 Northern 检测时的 RNA 浓度基本一致，避免了由于 RNA 浓度不同而造成的 Northern 结果的差异（图 5-13），Northern 结果显示，3 个过表达株系在 mRNA 水平上 *BpCCR1* 均有很明显的表达，而 3 个抑制表达株系及 WT 则没有谱带出现（图 5-13），说明 *BpCCR* 基因已经整合到白桦的染色体基因组中，并在 mRNA 水平表达。

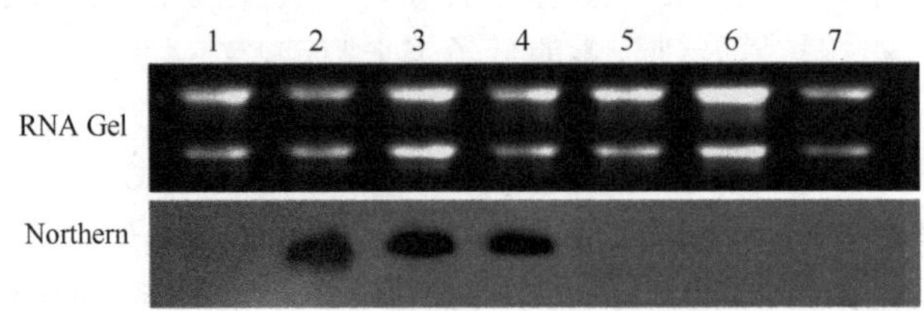

图 5-13　转基因白桦 Northern 杂交检测

1. 野生型白桦（WT）；2~4. 过表达株系（C3、C11、C18）；5~7. 抑制表达株系（F1、F11、F12）

5.2.3.3　转基因白桦的 Western 检测

为了确认转基因白桦是否有 BpCCR1 蛋白产物，采用 BpCCR1 抗体，分别对 3 个过表达株系、3 个抑制表达株系及野生型白桦（WT）进行 Western 杂交分析。α-Tubulin 内参抗体的结果表明，7 个样品的在进行 Western 检测时保持了基本一致的蛋白上样量（图 5-14）。Western 结果显示，过表达各株系在 40kDa 处均出现抗 BpCCR1 抗体特异性杂交谱带，而 3 个抑制表达株系及 WT 的条带十分微弱，

证明过表达 *BpCCR1* 基因的蛋白产物的表达量远高于野生型和抑制表达株系（图 5-14）。由于野生型白桦自身存在 *BpCCR1* 基因，致使转入反义序列的抑制表达转基因白桦体内也会有 *BpCCR1* 基因存在，又由于 *BpCCR1* 的过量表达致使其在过表达株系中的表达量远远超过了 WT 和抑制表达株系，因此，在 Western 检测时，会看到 3 个过表达株系的谱带在 40kDa 处明显高表达，而 WT 和 3 个抑制表达株系在 40kDa 处的谱带十分微弱。

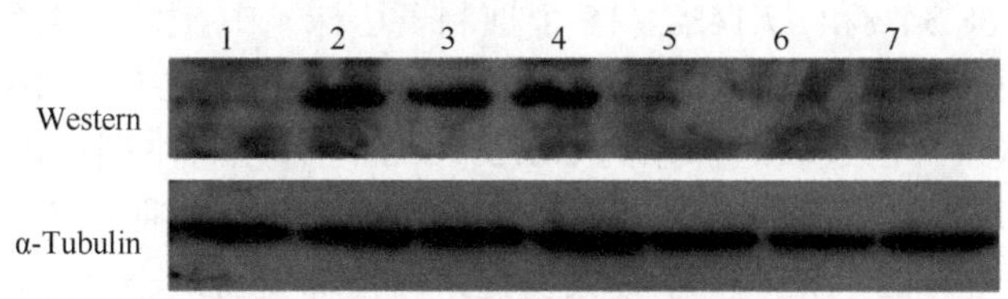

图 5-14　转基因白桦 Western 杂交检测

1. 野生型白桦 WT；2~4. 过表达株系（C3、C11、C18）；5~7. 抑制表达株系（F1、F11、F12）

5.3　转 *BpCCR1* 基因白桦的生长特性及木质素含量测定

5.3.1　转基因白桦的生长特性

5.3.1.1　一年生转基因白桦生长情况

过表达株系和抑制表达株系间的苗高、地径差异达到极显著水平（表 5-1）。其中，苗高总体变化幅度比较大，从 5.5~39.5cm，而过表达株系和抑制表达株系

表 5-1　一年生和二年生转基因白桦的苗高及地径方差分析

	性状	转基因	平均值	变幅	自由度	*F* 值	*P* 值
一年生转基因白桦	苗高/cm	WT	31.5±7.37	25~39.5			
		过表达株系	20.28±6.12	10~32	16	21.06**	8.73×10^{-14}
		抑制表达株系	23.3±8.03	5.5~39.5	15	17.95**	1.82×10^{-11}
	地径/mm	WT	4.44±1.37	2.904~5.54			
		过表达株系	3.48±0.88	2.72~6.45	16	14.28**	3.29×10^{-11}
		抑制表达株系	4.2±0.93	1.85~6.78	15	8.66**	1.96×10^{-7}
二年生转基因白桦	苗高/cm	WT	163.83±16.76	142~192			
		过表达株系	150.36±13.88	92~200	16	3.674**	1.5×10^{-4}
		抑制表达株系	180.27±14.74	128~260	15	12.78**	1.44×10^{-11}
	地径/mm	WT	9.87±1.07	8.57~11.11			
		过表达株系	13.88±2.80	8.15~19.04	16	11.60**	3.36×10^{-12}
		抑制表达株系	14.74±2.61	9.61~22.51	15	10.97**	1.83×10^{-10}

**表示差异极显著。

的地径变幅很小，过表达株系的地径总体平均值低于对照野生型白桦（WT），但是抑制表达株系的地径总体平均值基本接近对照。这说明 *BpCCR1* 基因对一年生白桦的苗高影响较大，而对地径则无明显的影响。

对苗高和地径采用5%置信区间的 Duncan 法进行多重比较（表 5-2）。16 个过表达株系的苗高均低于野生型白桦 WT，其中 13 个株系（占过表达株系的 81.25%）与 WT 呈现显著差异（表 5-2）。C15 株系和 C3 株系的苗高值最小，分别比野生型白桦 WT 低 68.34%和 57.14%。15 个抑制表达株系中，只有 3 个株系的苗高值比 WT 高，其中 F18 株系的苗高值最高，比 WT 高出 11.65%。16 个过表达株系中，有 11 个株系（占过表达株系的 68.75%）的地径比野生型白桦 WT 低；而 15 个抑制表达株系中只有 5 个株系的地径比 WT 高。结果说明，*BpCCR1* 基因的过表达使 1 年生植株的生长产生了较大变化，即植株变得矮小。*BpCCR1* 基因的抑制表达，除使个别株系 F1 和 F18 株系的植株变得比野生型白桦 WT 高大以外，对其余抑制表达株系的苗高和地径并未造成过多影响。

表 5-2　一年生转基因白桦的苗高和地径多重比较

过表达株系			抑制表达株系		
编号	苗高/cm	地径/mm	编号	苗高/cm	地径/mm
WT	31.50±3.37 a	4.44±0.37 b	WT	31.50±3.37 ab	4.44±0.37 bcde
C1	27.14±3.12 bc	4.52±0.48 b	F1	34.17±1.90 a	4.80±0.61 bc
C2	29.67±2.02 ab	4.53±0.37 b	F2	32.83±2.31 ab	3.98±0.01 cde
C3	13.50±0.50 hij	3.13±0.04 d	F3	17.04±1.09 e	3.53±0.14 efg
C4	17.33±1.15 fgh	3.60±0.29 d	F4	21.67±2.52 cde	4.89±0.15 bc
C5	27.37±2.09 bc	4.66±0.11 b	F7	22.50±3.06 cde	4.62±0.27 bcd
C6	27.12±1.11 bc	3.28±0.42 d	F8	20.67±2.89 de	3.55±0.43 efg
C7	20.33±0.58 def	3.66±0.32 cd	F9	9.67±1.89 g	2.64±0.25 g
C8	18.67±1.44 efg	3.11±0.25 d	F11	22.00±2.08 cde	5.18±0.39 b
C10	19.83±0.76 def	3.65±0.21 cd	F12	21.67±0.58 cde	3.72±0.05 def
C11	14.67±0.58 ghi	3.02±0.15 d	F13	27.33±0.58 bc	4.36±0.13 bcde
C13	23.01±1.02 cd	4.34±0.05 bc	F14	7.50±1.29 g	2.82±0.47 fg
C14	22.50±2.78 de	4.77±0.04 b	F15	30.33±0.76 ab	4.43±0.28 bcde
C15	9.97±1.41 j	3.35±0.05 d	F16	23.33±0.58 cd	3.92±0.06 cde
C17	23.67±2.08 cd	3.05±0.13 d	F18	35.17±0.76 a	6.49±0.31 a
C18	20.83±0.29 def	3.33±0.13 d	F19	23.67±2.08 cd	4.07±0.28 cde
C19	18.01±2.11 fg	6.30±0.20 a			

注：相同字母表示差异不显著，不同字母表示差异显著。

5.3.1.2　二年生转基因白桦生长情况

分别对二年生转基因白桦的 16 个过表达株系、15 个抑制表达株系及野生型白桦（WT）的苗高和地径进行分析（表 5-1 和表 5-3、图 5-15），各株系间苗高、地径等性状差异达到极显著水平。

从总体来看，过表达株系的平均苗高为 150.36cm，低于野生型（WT）白桦（163.83cm）8.22%；抑制表达株系的总体平均苗高为 180.27cm，比 WT 高 10.03%（表 5-1）。这说明 *BpCCR1* 基因已经对二年生白桦的苗高造成了极大的影响，该基因过表达使植株矮化、抑制表达使植株增高。过表达株系和抑制表达株系的总体平均地径的平均值比较接近，分别为 13.88mm 和 14.74mm，分别比野生型白桦（WT）高 40.63%和 49.34%。

在 16 个过表达株系中，有 10 个株系的苗高值均比野生型白桦 WT 的苗高值低，占过表达株系的 62.5%（表 5-3）。其中，C18 株系的苗高在整体过表达转基因株系中最低，相比 WT 显著降低了 38.10%。同时，在 15 个抑制表达株系中，有 9 个株系的苗高比 WT 高，占抑制表达株系的 60%。其中 F1 株系的苗高为 221.33cm，是抑制表达株系中最高的一个株系，其比 WT 的苗高显著增加了 35.10%。

图 5-15　转基因植株图片（彩图请扫封底二维码）

WT 为野生型白桦；C11、C18 为过表达株系；F1、F11 为抑制表达株系

表 5-3　二年生转基因白桦的苗高和地径多重比较

过表达株系			抑制表达株系		
编号	苗高/cm	地径/mm	编号	苗高/cm	地径/mm
WT	163.83±16.76abcd	9.87±1.07h	WT	163.83±16.76cd	9.87±1.07g
C1	189.33±9.29a	13.28±0.77defg	F1	221.33±25.11a	12.69±1.74efg
C2	151.67±8.02bcd	13.28±1.20defg	F2	218.67±36.77a	19.48±2.6a
C3	127.83±23.28de	10.08±1.015h	F3	139.67±8.50de	13.47±0.43defg
C4	168.67±12.06abc	15.78±0.13bcd	F4	134.67±6.51e	14.24±0.62defg
C5	165.33±17.67abcd	15.80±1.11bcd	F7	160.67±14.57cd	13.41±1.28defg

续表

过表达株系			抑制表达株系		
编号	苗高/cm	地径/mm	编号	苗高/cm	地径/mm
C6	170.33±13.58ab	16.36±2.34abc	F8	184.67±19.09bc	16.98±2.85abc
C7	130.33±27.10cde	15.11±1.00bcde	F9	186.00±10.58bc	18.05±0.03ab
C8	148.60±28.22bcd	12.98±1.92efg	F11	208.17±7.81ab	12.33±0.73fgh
C10	177.33±11.59ab	18.67±0.59a	F12	196.25±8.66b	11.85±0.99fg
C11	141.22±36.10bcd	12.22±1.61fgh	F13	142.33±3.79de	14.16±1.72defg
C13	164.33±5.70 abcd	13.45±2.85defg	F14	185.33±6.11bc	14.92±1.36cdef
C14	154.00±3.01abcd	17.38±0.83ab	F15	165.67±10.69cd	14.49±1.56cdef
C15	147.80±23.27bcd	15.01±1.19bcde	F16	162.67±11.02d	18.30±2.39ab
C17	143.67±9.50bcd	11.44±1.279gh	F18	156.00±6.87de	15.76±1.92bcd
C18	101.40±4.61e	10.14±2.39h	F19	192.00±8.54b	15.31±1.13cde
C19	130.67±12.22cde	14.49±2.26cdef			

注：相同字母表示差异不显著，不同字母表示差异显著，下同。

15 个抑制表达株系的地径均比野生型白桦（WT）高，其中 F2 株系的地径最高，比 WT 显著高出 97.37%。16 个过表达株系的地径均高于野生型白桦（WT）。

5.3.2 转基因白桦的木质素含量和综纤维素含量分析

选取二年生转基因白桦中生长情况比较突出的 6 个株系，即 3 个过表达株系（C3、C11、C18）和 3 个抑制表达株系（F1、F11 和 F12）。分别测量这 6 个株系及野生型白桦（WT）的木质素和综纤维素含量（表 5-4）。

对木质素含量采用 5%置信区间的 Duncan 法进行多重比较（表 5-4）。3 个过表达株系的木质素含量均比野生型白桦 WT 高。其中，C11 和 C18 株系均与 WT 呈现显著差异，木质素含量比 WT 分别高出 8.4%和 14.6%。尽管 3 个抑制表达株系均未与 WT 呈现差异显著，但是 F1 和 F11 的木质素含量均比 WT 分别减少了 4.1%和 6.3%。

对综纤维素含量采用 5%置信区间的 Duncan 法进行多重比较（表 5-4）。在过表达株系中，3 个株系的综纤维素含量均比野生型白桦 WT 低。其中，C18 株系的综纤维素含量最低，且比 WT 显著减少了 7.42%，C3 株系也比 WT 显著减少了 5.65%；C11 与 WT 虽然没有达到显著水平，但其综纤维素含量也比 WT 低 2.62%。3 个抑制表达株系中，只有 F1 的综纤维素含量略高于 WT，其余株系的综纤维素含量均低于 WT，且 F11 的综纤维素含量已比 WT 显著减少了 6.63%。

表 5-4　二年生转基因白桦的木质素含量和综纤维素含量统计

编号	木质素/%	综纤维素/%
WT	29.65±0.45 cd	69.03±0.97 ab
C3	31.37±0.64 bc	65.34±1.96cde
C11	32.15±0.62 ab	67.27±0.21 bcd
C18	33.96±0.82 a	64.26±0.23 de
F1	28.43±0.42 d	70.51±1.64 a
F11	27.78±0.40 d	64.45±0.33 de
F12	31.17±0.67 bc	68.06±3.66 abc

5.3.3　转基因白桦的次生木质部结构观察

5.3.3.1　转基因白桦主茎横切面的显微结构观察

无论是 WT、C18 还是 F11，它们的中柱鞘纤维均被染红，表明聚集了大量的木质素。从上部至中部再至下部，中柱鞘纤维中的木质素含量呈现递增的趋势，这与植株主茎由细至粗的趋势基本一致，从而可以证明 WT、C18 和 F11 取材顺序的一致性。

从次生木质部的导管的数量和排列来看，C18 的上部、中部和下部的木质部导管的数量（图 5-16 中 C18 A、C18 C、C18 E）均比 WT（图 5-16 中 WT A、WT C、WT E）多且排列紧密，并且导管的直径比 WT 小。在荧光显微镜下观察导管的排列，发现 C18 的导管横切面的排列长度（图 5-16 中 C18 B、C18 D、C18 F）比 WT（如图 5-16 WT B、WT D、WT F）长，长度约为对照的 1~2 倍。

然而，单从 F11 次生木质部的切片来看，其导管的数量和排列并未与野生型白桦 WT 呈鲜明的差别，但是可以看出 F11 中导管的分布略显稀疏，且导管的直径比 WT 略大；而 F11 的导管横切面的排列长度接近 WT 或比 WT 略短，这在图 5-16 的 F 组（WT F、C18 F、F11 F）中表现最为明显。

导管作为木质部的重要组成部分之一，具有疏导水分和无机盐的作用。C18 株系木质部的导管数量明显增加，可能是由于 C18 株系中 *BpCCR1* 基因的过表达，致使导管排列长度增长，这将有利于水分和无机盐的运输，提高苯丙烷等代谢途径的代谢速率，从而加速植株体内木质素的合成，提高木质素含量。

5.3.3.2　转基因白桦主茎横切面的超微结构观察

通过对二年生转基因白桦的主茎横切面的显微结构观察，发现转基因白桦与野生型白桦（WT）的次生木质部的导管在其横向排列及孔径大小等方面存在差异，利用扫描电镜对次生木质部导管的超显微结构进行进一步观察，并对木纤维细胞壁厚度、胞壁率和导管面积占总面积比进行了统计，结果见图 5-17 和图 5-18。

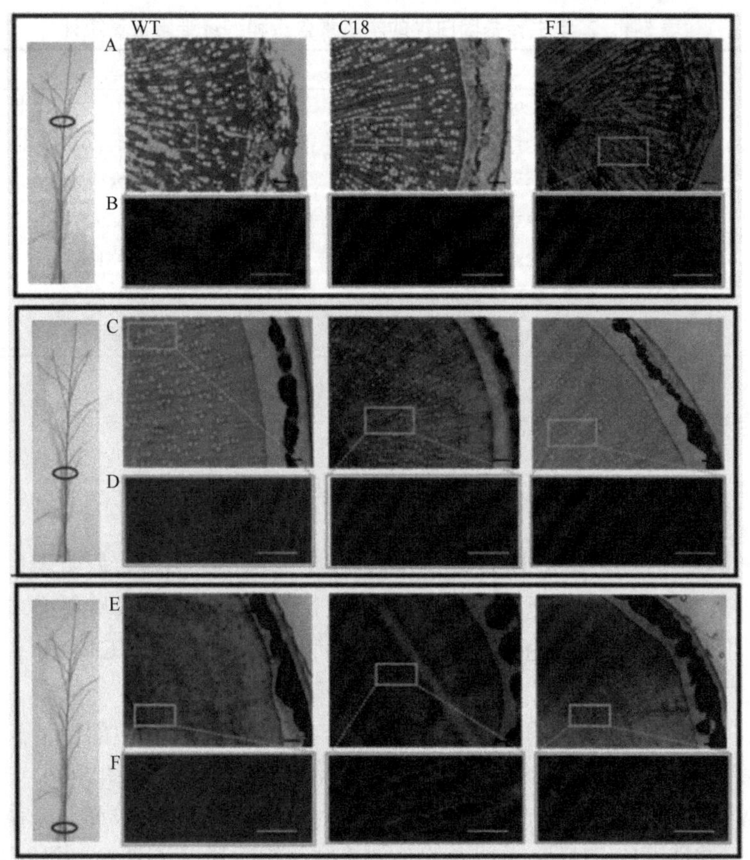

图 5-16　转基因白桦主茎横切面切片的间苯三酚染色观察和荧光显微镜观察
（彩图请扫封底二维码）

分别取主茎基部茎段 1cm（底部，E 和 F）、基部向上 60cm 处茎段 1cm（中部，C 和 D）、基部向上 120cm 处茎段 1cm（上部，A 和 B）作为切片材料。其中，方框区域被放大，用于进一步观察荧光下次生木质部导管的排列。A、C 和 E 为间苯三酚染色并在实体光学显微镜下观察得到，比例尺为 1∶100μm；B、D 和 F 为荧光显微镜下观察得到，比例尺为 1∶500μm。WT 为野生型白桦 WT，C18 为过表达株系，F11 为抑制表达白桦株系

基于木质素含量的变化，选取过表达株系中木质素含量增加最大的两个株系 C11 和 C18。同时选取抑制表达的两个株系 F1 和 F11。分别将它们主茎底部的次生木质部切片在扫描电镜（S-4800；HITACHI）下观察，结果如图 5-17 所示。根据番红染色切片和扫描电镜切片，利用二值形态学技术对木纤维细胞壁厚度、木纤维细胞壁比和导管面积比进行测量，结果如图 5-18 所示。

结果表明，过表达株系 C11 和 C18 的木纤维细胞壁明显比野生型白桦（WT）厚，而抑制表达株系 F1 和 F11 的木纤维细胞壁则明显比野生型白桦（WT）薄（图 5-17B）。利用二值形态学技术对木纤维细胞壁厚度测量的数据也证实了这一现象（图 5-18A），其中，C11 和 C18 的木纤维细胞壁厚度分别为 1.56μm 和 1.55μm，

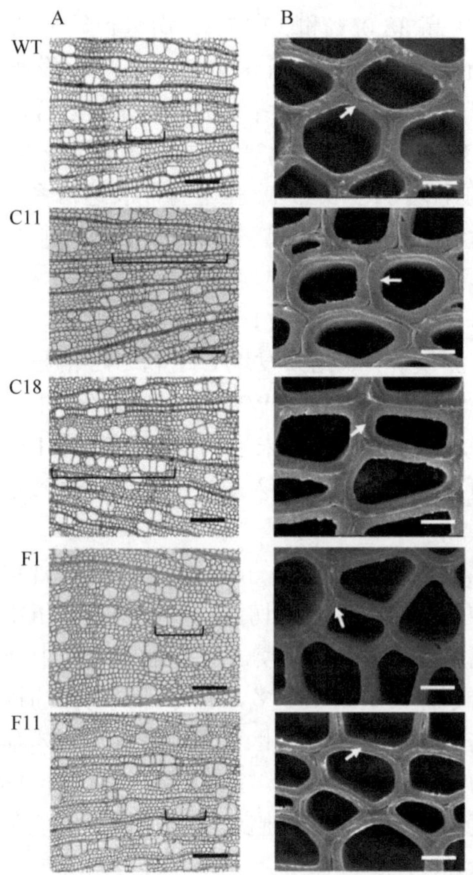

图 5-17　转基因白桦主茎横切面切片的超显微结构观察

A. 番红染色切片观察，比例尺为 1∶200μm；B. 扫描电镜观察，放大倍数：5000×；箭头表示木纤维细胞壁；WT 为野生型白桦；C11 和 C18 为过表达株系；F1 和 F11 为抑制表达株系

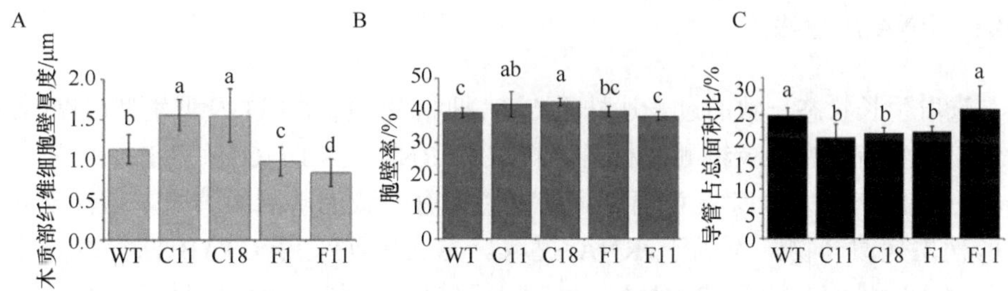

图 5-18　基于二值形态学对木材木纤维细胞壁等参数的测量

A. 木质部纤维细胞壁厚度；B. 胞壁率，即木质部纤维细胞壁和导管细胞壁占总面积比；C. 导管面积占总面积比，即导管内腔面积占总面积比；WT 为野生型白桦，C11 和 C18 为过表达株系，F1 和 F11 为抑制表达株系。柱状图上方相同字母表示差异不显著，不同字母表示差异显著（$n = 5$；$P < 0.05$；Duncan 多重比较）；误差线表示标准差

分别比 WT（1.13μm）高 38.05%和 37.17%，均达到显著水平；F1 和 F11 的木纤维细胞壁厚度分别为 0.98μm 和 0.89μm，均比 WT 显著降低了 13.27%和 21.24%。

过表达株系的胞壁率呈现出与木纤维细胞壁厚度一样的趋势（图 5-18B），即 C11 的胞壁率（41.83%）比 WT（39.3%）显著增加了 2.53%，而 C18 的胞壁率（42.63%）也比 WT 显著增加了 3.33%。虽然抑制表达株系未表现出与木纤维细胞壁厚度完全一致的趋势，但 F11 的胞壁率仍比 WT 减少了 1.09%，而 F1 则基本与 WT 相同。

由于观察到 C18 的导管直径比 WT 小，而 F11 则略大于 WT，因此对导管面积占总面积比进行了测量统计。结果发现 C11 和 C18 的导管面积占总面积比分别为 20.30%和 21.19%，分别显著低于 WT（24.83%）。F11 的导管面积占总面积比为 26.1%，比 WT 增加了 1.27%，并未达到显著差异。F1 的导管面积占总面积比则比 WT 减少，这可能是由于基因插入位点的不同，导致这种次生木质部结构变化略有不同。

从整体来看，对次生木质部导管的超显微结构进行观察及相关数据的测量，其趋势基本符合在转基因白桦主茎横切面的显微结构分析中所观察到的结果，特别是过表达株系表现出完全一致的趋势。在超显微结构中同样可以观察到 C11 和 C18 的次生木质部的导管数量比 WT 多，且导管横切面的排列长度基本为 WT 的 2 倍（图 5-18A）。这说明 *BpCCR1* 基因不但改变了白桦木质素含量，同时也对白桦次生木质部的结构造成了巨大影响。推测 *BpCCR1* 基因的过表达增加了白桦木质部纤维细胞壁厚度和木质部纤维细胞壁比例，这也可能是导致转基因白桦木质素增加的一个重要途径。

5.4 转 *BpCCR1* 基因白桦的转录组分析

5.4.1 RNA 质量检测

选取生长状态一致的过表达株系 C18、抑制表达株系 F11 及野生型白桦（WT）的组培丛生苗作为转录组测序材料并提取总 RNA。WT、C18 和 F11 分别是由一株白桦的未萌发叶芽发育而来，使它们拥有一致的基因组背景。白桦含有较多的次生代谢产物，不利于 RNA 提取。本文多次采用 CTAB 法提取得到的 WT、C18 和 F11 株系的 RNA，结果表明提取得到的 RNA 明亮清楚，完整性好，RNA 浓度基本大于 750ng/μL，RIN 为 8.2~9.4，28S∶18S 为 1.6~1.9，每个株系均有两次及以上重复的总量均大于 20μg，满足构建测序文库要求（表 5-5 和图 5-19）。

表 5-5　转基因白桦的 RNA 质量检测

样品	WT			C18			F11		
	重复 1	重复 2	重复 3	重复 1	重复 2	重复 3	重复 1	重复 2	重复 3
原液浓度/（ng/μL）	1504.0	1516.0	544.0	2252.0	1012.0	2080.0	1652.0	788.0	1460.0
体积/μL	14	19	19	19	24	14	24	19	19
总量/μg	21.06	28.80	10.33	42.79	24.29	19.12	39.65	14.97	27.74
RIN	8.4	8.8	8.5	9.3	9.4	8.7	8.6	8.2	8.5
28S：18S	2.0	1.8	2.1	1.6	1.6	1.6	1.6	2.0	1.8

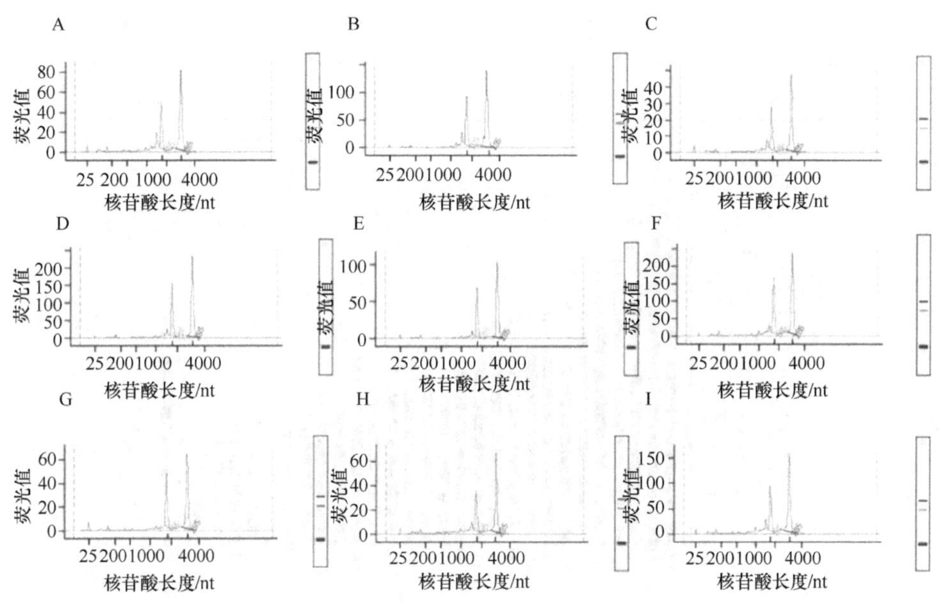

图 5-19　转基因 RNA 提取及质量检测（彩图请扫封底二维码）

A、B、C 为野生型白桦（WT）；D、E、F 为过表达株系 C18；G、H、I 为抑制表达株系 F11

5.4.2　Illumina/Solexa 测序质量统计

提取过表达株系 C18、抑制表达株系 F11 及野生型白桦（WT）的 RNA，每个株系 3 次重复、共 9 个样品来构建转录组文库。原始 reads 经过蛋白数据库过滤以去除不确定的及含接头的低质量序列，将 3 次重复取平均值后，WT、C18 和 F11 分别得到了 13 122 924 个、13 235 612 个和 13 216 740 个 clean reads（表 5-6）。核苷酸长度分别为 2 362 126 380 nt、2 382 410 100 nt 和 2 379 013 260 nt，三者的 Q20 百分比均高于 95%，N 百分比均为 0%，所有这些数据表明测序质量已达到进一步分析的要求（表 5-6）。

5 个数据库整合到一起共得到了 132 427 条非冗余 Unigene，其平均长度为

688 nt。这些 Unigene 长度从 200~3000bp 不等，其中长度为 100~500bp 的 Unigene 数目最多，占总数的 62.28%；长度为 501~1000bp 的 Unigene 有 22 276 个，占总数的 16.82%；长度为 1001~2000bp 的 Unigene 有 18 595 个，占总数的 14.04%；长度大于 2000bp 的 Unigene 有 9082 个，占总数的 6.86%（图 5-20）。

表 5-6 转基因白桦和对照白桦测序质量统计

	WT	C18	F11
Clean reads	13 122 924	13 235 612	13 216 740
核苷酸量/nt	2 362 126 380	2 382 410 100	2 379 013 260
Q20 百分比/%	95.40	95.37	95.30
GC 百分比/%	47.02	47.68	47.21
N 百分比/%	0.00	0.00	0.00

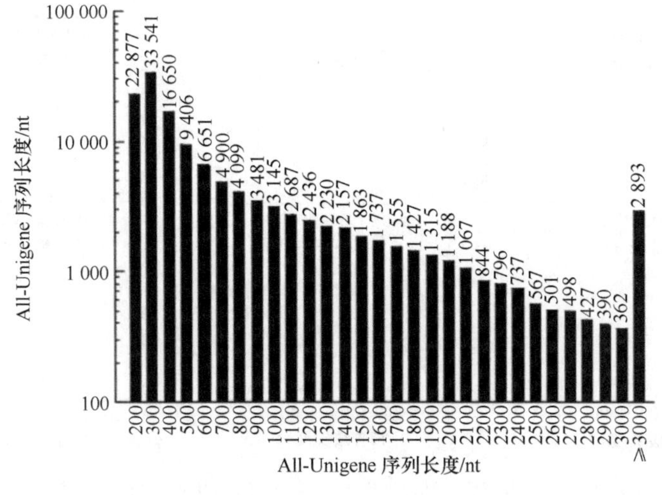

图 5-20 All-Unigene 的长度分布

5.4.3 Unigene 注释分析

功能注释主要通过 BLASTX 算法将所有的 Unigene 与蛋白数据库 NR、WT、Swiss-Prot、KEGG、和 COG 进行同源性搜索及比对，将 132 427 个 Unigene 进行了功能注释。共有 63 053 个 Unigene 至少在 1 个数据库中得到注释信息，占总 Unigene 的 47.61%（表 5-7）。其中，有 57 903 个 Unigene 注释到 NR 数据库，占总 Unigene 的 43.72%。

分析比对得到最匹配结果的 E 值分布情况，发现在所有得到注释的 Unigene 中，27.8%的 E 值位于 10^{-5}~10^{-1}，25.2%的 E 值位于 10^{-15}~10^{-45}，17.7%的 E 值位于 10^{-45}~10^{-100}，E 值小于 10^{-100} 的 Unigene 占 29.4%（图 5-21A）。相似度分析结

果表明，17%匹配序列正确的相似度在 80%以上，35.9%匹配序列正确的相似度在 60%~80%，46.1%匹配序列正确的相似度小于 60%（图 5-21B）。从匹配序列的物种来得知，来源最高的物种为葡萄（*Vitis vinifera*），占 34.1%；其次为毛果杨（*Populus trichocarpa*），约占 13.6；接下来从高到低依次为蓖麻（*Ricinus communis*，13.4%）、大豆（*Glycine max*，7.9%）、苜蓿（*Medicago truncatula*，3.1%）、大麦（*Hordeum vulgare*，1.7%）、拟南芥（*Arabidopsis thaliana*，1.5%）等（图 5-21C）。

表 5-7　Unigene 在不同数据库中的注释情况

数据库	NR	WT	Swiss-Prot	KEGG	COG	GO	ALL
注释的基因数目	57 903	41 005	35 816	34 497	23 246	35 753	63 053
所占比例/%	43.72	30.96	27.05	26.05	17.55	27.00	47.61

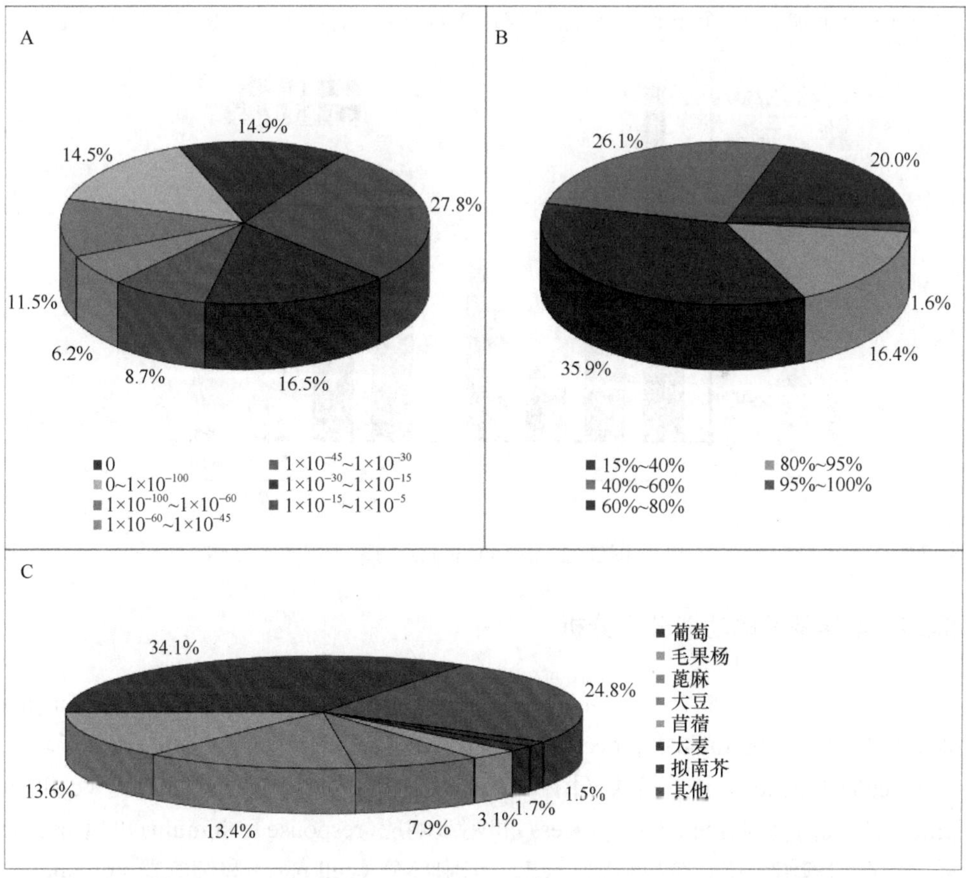

图 5-21　转基因白桦转录组序列与非冗余蛋白数据库比对结果（彩图请扫封底二维码）

A. E 值分布（E 值≤1.0e~5）；B. 相似性分布；C. 物种分布

5.4.4 转基因白桦 Unigene 的差异表达

采用 RPKM（reads per kb per million reads）法计算 Unigene 的表达量，将 FDR≤0.001 且倍数差异在 2 倍以上的 Unigene 定义为差异 Unigene。结果表明，与野生型白桦（WT）相比，在过表达株系中有 8243 个差异 Unigene，3362 个 Unigene 上调表达，4881 个 Unigene 下调表达。其中，变化倍数在 1~2 的有 1772 个上调（图 5-22）、2615 个下调，变化倍数在 2~5 的有 772 个上调、1187 个下调，变化倍数在 5~10 的有 235 个上调、325 个下调，变化倍数大于 10 的有 583 个上调、754 个下调。在抑制表达白桦中有 4657 个差异 Unigene，2270 个 Unigene 上调表达，2387 个 Unigene 下调表达。其中，变化倍数在 1~2 的有 1710 个上调、1724 个下调，变化倍数在 2~5 的有 531 个上调、586 个下调，变化倍数在 5~10 的有 16 个上调、27 个下调，变化倍数在 10~15 的有 13 个上调、50 个下调。

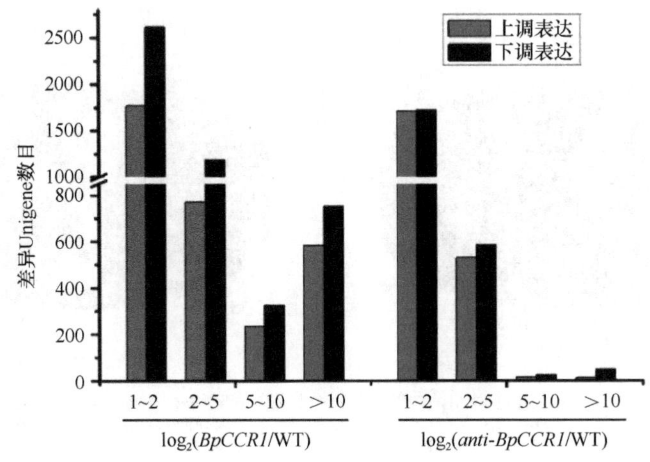

图 5-22　差异 Unigene 的表达

5.4.5 差异基因的功能分类分析

经过注释，有 35 753 条 Unigene 注释到 GO 数据库（表 5-8），这些 Unigene 根据生物过程（biological process）、细胞组分（cellular component）和分子功能（molecular function）进行分类（图 5-23）。在生物过程中，参与细胞过程（cellular process）、代谢过程（metabolic process）和刺激响应（response to stimulus）的 Unigene 较多；在细胞组分中，参与细胞（cell）、细胞部分（cell part）和细胞器（organelle）的 Unigene 较多；在分子功能中，参与结合（binding）和催化活性（catalytic activity）的 Unigene 较多（图 5-23）。

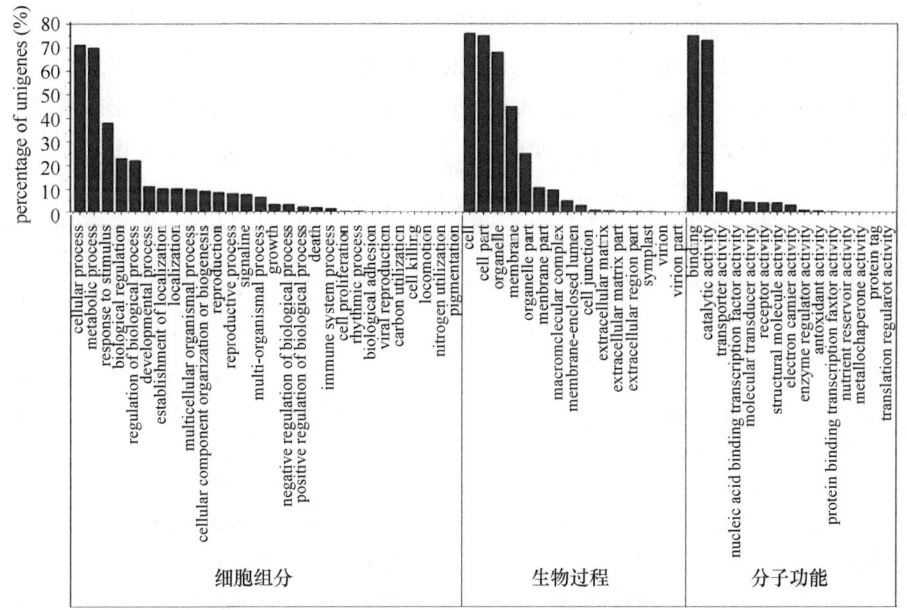

图 5-23　白桦转录组的 GO 分类

为了研究差异 Unigene 的功能，进而又进行了 GO 分类，发现转基因过表达株系和抑制表达株系分别有 3099 个和 2340 个差异 Unigene 得到了 GO 注释，这些 Unigene 根据生物过程（biological process）、细胞组分（cellular component）和分子功能（molecular function）进行分类。在生物过程中，参与代谢过程（metabolic process）、细胞过程（cellular process）和刺激响应（response to stimulus）的 Unigene 较多，它们在过表达株系中分别占 GO 注释 Unigene 的 48.18%、44.50%和 21.49%；在抑制表达株系中分别占 49.96%、47.74%和 23.96%。在细胞组分中，参与细胞（cell）、细胞部分（cell part）和细胞器（organelle）的 Unigene 较多，它们在过表达株系中分别占 GO 注释 Unigene 的 47.85%、47.85%和 33.43%；在抑制表达株系中分别占 51.28%、51.28%和 34.57%。在分子功能中，参与催化活性（catalytic activity）和结合（binding）的 Unigene 较多，分别占 GO 注释 Unigene 的 56.37%和 53.02%；在抑制表达株系中分别占 53.46%和 53.12%。

在此基础上，对差异 Unigene 进行 GO 富集分析，发现过表达株系在植物细胞壁（cell wall，plant-type cell wall）、激酶活性（kinase activity）、蛋白激酶活性（protein kinase activity）、转移酶活性（transferase activity）、防御（defense response）、胁迫响应（response to stress）等代谢过程、细胞过程或刺激响应上显著富集（P-value < 0.05），如表 5-8 所示。同时可以发现抑制表达株系在细胞壁（cell wall）、木质素分解和代谢途径（lignin catabolic process，lignin metabolic process）、苯丙氨酸响应

(response to phenylalanine)、温度刺激响应(response to temperature stimulus)、次生细胞壁的生物起源(secondary cell wall biogenesis)和细胞壁组织或生物起源(cell wall organization or biogenesis，plant-type cell wall organization or biogenesis)等代谢过程、细胞过程或刺激响应上显著富集，其中 Corrected P-value 小于 0.05。

表 5-8 转基因株系中差异表达 Unigene 的 GO 富集分析

	GO 条目（分子功能）	差异基因数目（比例）	基因组中差异基因数目（比例）	*P* 值
过表达株系	cell wall	103（5.9%）	756（3.4%）	0.00
	plant-type cell wall	47（2.7%）	279（1.2%）	0.00
	kinase activity	492（19.1%）	4 116（14.0%）	0.00
	protein kinase activity	398（15.5%）	3 243（11.0%）	0.00
	transferase activity	521（20.2%）	4 685（15.9%）	0.00
	defense response	153（7.2%）	1 142（4.8%）	0.00
	response to stress	396（18.7%）	3 544（14.8%）	0.00
抑制表达株系	cell wall	76（5.3%）	756（3.4%）	0.01
	lignin catabolic process	12（0.7%）	40（0.2%）	0.01
	lignin metabolic process	26（1.6%）	121（0.5%）	0.00
	response to phenylalanine	4（0.2%）	4（0.0%）	0.03
	response to temperature stimulus	69（4.2%）	599（2.5%）	0.03
	secondary cell wall biogenesis	14（0.8%）	36（0.2%）	0.00
	cell wall organization or biogenesis	71（4.3%）	426（1.8%）	0.00
	plant-type cell wall organization or biogenesis	27（1.6%）	167（0.7%）	0.00

5.4.6 差异基因的 Pathway 富集分析

为了系统分析基因产物在细胞中的代谢途径，将本次转录组测序得到的所有 Unigene 比对到 KEGG 数据库，进行 Pathway 富集分析。在过表达转基因数据库和抑制表达数据库中发现分别有 2787 个和 1922 个差异 Unigene 富集到了 123 个代谢途径中。

在过表达转基因数据库中，有 28 个代谢途径与对照相比达到显著差异（*Q* 值<0.05）。不同的代谢途径所涉及的 Unigene 的数量差异较大，其中代谢途径(metabolic pathway)的 Unigene 数量最多，为 734 个；其次为与植物-病原菌互作(plant-pathogen interaction)相关的 Unigene，为 456 个；第 3 位的是与次生代谢物的生物合成途径(biosynthesis of secondary metabolite)相关的 Unigene，为 369 个。为了研究 *BpCCR1* 基因的功能，木质素生物合成途径所参与的苯丙烷生物合成途径(phenylpropanoid biosynthesis)是本次研究关注的主要途径，共有 94

个 Unigene 匹配到苯丙烷生物合成途径中。

在抑制表达转基因数据库中，有 36 个代谢途径与对照相比达到显著差异（*Q* 值<0.05）。其中，代谢途径的 Unigene 数量最多，为 537 个；其次是与次生代谢物的生物合成途径相关的 Unigene，为 288 个；第 3 位的是与植物-病原菌互作相关的 Unigene，为 263 个。共有 72 个 Unigene 匹配到苯丙烷生物合成途径中。

分析发现，共有 23 条代谢途径在过表达转基因数据库和抑制表达转基因数据库中均达到差异显著，包括苯丙烷生物合成（phenylpropanoid biosynthesis）、次生代谢产物生物合成（biosynthesis of secondary metabolite）、植物生理节律（circadian rhythm-plant）、类黄酮生物合成（flavonoid biosynthesis）、二芳基庚酸类化合物和姜辣素的生物合成（stilbenoid，diarylheptanoid and gingerol biosynthesis）、玉米素生物合成（zeatin biosynthesis）、双萜类生物合成途径（diterpenoid biosynthesis）、类胡萝卜素生物合成（carotenoid biosynthesis）、淀粉蔗糖新陈代谢（starch and sucrose metabolism）、柠檬烯和蒎烯的分解（limonene and pinene degradation）、植物激素信号转导（plant hormone signal transduction）、黄酮类黄酮生物合成（flavone and flavonol biosynthesis）和醚脂类代谢途径（ether lipid metabolism）等途径（表 5-9 和表 5-10）。

表 5-9　过表达白桦与野生型白桦差异显著的代谢途径

代谢途径 ID	代谢途径	差异 Unigene 数目	*Q* 值
ko04626	Plant-pathogen interaction	456	1.15×10^{-65}
ko03020	RNA polymerase	135	1.11×10^{-15}
ko00240	Pyrimidine metabolism	159	1.79×10^{-13}
ko04075	Plant hormone signal transduction	207	3.89×10^{-11}
ko00944	Flavone and flavonol biosynthesis	40	2.68×10^{-10}
ko00500	Starch and sucrose metabolism	99	4.31×10^{-10}
ko00940	Phenylpropanoidbiosynthesis	94	5.67×10^{-10}
ko01100	Metabolic pathways	734	1.54×10^{-9}
ko00230	Purine metabolism	154	1.31×10^{-8}
ko00941	Flavonoid biosynthesis	56	1.07×10^{-7}
ko00945	Stilbenoid，diarylheptanoid and gingerol biosynthesis	57	1.13×10^{-7}
ko01110	Biosynthesis of secondary metabolites	369	1.97×10^{-7}
ko00565	Ether lipid metabolism	107	4.67×10^{-7}
ko00943	Isoflavonoidbiosynthesis	23	1.45×10^{-6}
ko00360	Phenylalanine metabolism	41	1.35×10^{-5}
ko00402	Benzoxazinoidbiosynthesis	16	1.91×10^{-5}
ko00564	Glycerophospholipid metabolism	132	2.90×10^{-5}
ko00903	Limonene and pinene degradation	41	4.10×10^{-5}

续表

代谢途径 ID	代谢途径	差异 Unigene 数目	Q 值
ko04144	Endocytosis	128	0.000 163
ko00040	Pentose and glucuronate interconversions	51	0.000 55
ko00460	Cyanoamino acid metabolism	30	0.001 03
ko00908	Zeatin biosynthesis	40	0.003 562
ko00906	Carotenoid biosynthesis	32	0.010 264
ko00904	Diterpenoid biosynthesis	17	0.010 976
ko04141	Protein processing in endoplasmic reticulum	97	0.013 698
ko00909	Sesquiterpenoid and triterpenoid biosynthesis	11	0.014 433
ko00520	Amino sugar and nucleotide sugar metabolism	37	0.028 104

表 5-10　抑制表达白桦与野生型白桦差异显著的代谢途径

代谢途径 ID	代谢途径	差异 Unigene 数目	Q 值
ko04626	Plant-pathogen interaction	263	2.19×10^{-24}
ko04075	Plant hormone signal transduction	174	8.64×10^{-17}
ko00196	Photosynthesis - antenna proteins	15	2.76×10^{-12}
ko00565	Ether lipid metabolism	94	2.25×10^{-11}
ko01110	Biosynthesis of secondary metabolites	288	3.58×10^{-11}
ko01100	Metabolic pathways	537	3.61×10^{-11}
ko00195	Photosynthesis	26	6.91×10^{-11}
ko00940	Phenylpropanoidbiosynthesis	72	1.07×10^{-9}
ko00500	Starch and sucrose metabolism	75	1.47×10^{-9}
ko00511	Other glycan degradation	36	2.57×10^{-9}
ko00906	Carotenoid biosynthesis	39	1.46×10^{-8}
ko00945	Stilbenoid，diarylheptanoid and gingerol biosynthesis	46	2.67×10^{-8}
ko00053	Ascorbate and aldarate metabolism	30	4.35×10^{-8}
ko00941	Flavonoid biosynthesis	44	8.89×10^{-8}
ko00564	Glycerophospholipid metabolism	107	1.63×10^{-7}
ko04144	Endocytosis	105	5.89×10^{-7}
ko00903	Limonene and pinene degradation	35	1.89×10^{-6}
ko04712	Circadian rhythm - plant	28	3.43×10^{-6}
ko00908	Zeatin biosynthesis	37	2.03×10^{-5}
ko00402	Benzoxazinoid biosynthesis	13	2.54×10^{-5}
ko00040	Pentose and glucuronate interconversions	40	0.000 19
ko00944	Flavone and flavonol biosynthesis	21	0.000 385
ko00460	Cyanoamino acid metabolism	24	0.000 458
ko00520	Amino sugar and nucleotide sugar metabolism	34	0.000 469

续表

代谢途径 ID	代谢途径	差异 Unigene 数目	*Q* 值
ko00591	Linoleic acid metabolism	10	0.000 519
ko02010	ABC transporters	41	0.001 467
ko00942	Anthocyaninbiosynthesis	8	0.004 113
ko00943	Isoflavonoidbiosynthesis	12	0.006 492
ko00360	Phenylalanine metabolism	24	0.007 592
ko00563	Glycosylphosphatidylinositol（GPI）-anchor biosynthesis	17	0.008 607
ko00073	Cutin，suberine and wax biosynthesis	17	0.012 148
ko00592	alpha-Linolenic acid metabolism	14	0.023 297
ko00909	Sesquiterpenoid and triterpenoid biosynthesis	8	0.027 477
ko00062	Fatty acid elongation	10	0.032 079

经过之前的研究发现，*CCR1* 基因可以影响植株的生长、木质素含量及次生木质部结构。与野生型白桦（WT）相比，过表达株系（C18）植株矮小、木纤维细胞壁明显增厚；而抑制表达株系（F11）高而挺拔，且木质部纤维细胞壁变薄。因此，通过对木质素合成途径差异基因的分析，为揭示产生上述变化的分子机制提供了参考。

结果表明，*BpCCR1* 基因及一些木质素合成途径相关的 *CCR* 基因均发生了显著变化(表 5-11，图 5-24)。共找到 16 条差异基因，它们编码的蛋白质分别为 CCR、4CL、C3H、CAD、CCoAoMT、F5H 和 HCT。

过表达白桦中 *BpCCR1* 的表达量明显上升，而抑制表达白桦中 *BpCCR1* 的表达量则明显下降。1 个 *CAD* 基因（ID：57229665）在过表达转基因白桦中上调表达，而在抑制表达转基因白桦中下调表达；相反地，有 1 个 *CAD* 基因（ID：10720093）和 1 个 *HCT* 基因（ID：224081929）分别在过表达转基因白桦中下调表达，而在抑制表达转基因白桦中上调表达。

表 5-11　转基因白桦木质素生物合成途径的差异基因

GI 登录号	表达量 $\log_2$（过表达/野生型）	表达量 $\log_2$（抑制表达/野生型）	注释信息
346680627/255567343	7.8631694	–2.464	CCR [*Betula platyphylla*/*Ricinus communis*]
222640184	–7.617678	–4.356	4CL [*Oryza sativa* JaponicaGroup]
297738558	–1.068625	–2.194	C3H [*Vitis vinifera*]
356505481	–2.168924	–1.868	C3H [*Vitis vinifera*]
10720093	3.1845054	2.3887	CAD [*Fragaria* × *ananassa*]
10720093	1.8225662	–1.331	CAD [*Fragaria* × *ananassa*]
57229665	–2.062821	–1.514	CAD [*Populus tremula* x *Populus tremuloides*]
57229665	–1.291384	1.2046	CAD [*Populus tremula* x *Populustremuloides*]

续表

GI 登录号	表达量 log_2（过表达/野生型）	表达量 log_2（抑制表达/野生型）	注释信息
222640184	−7.617678	−4.356	CCoAoMT [*Oryza sativa* JaponicaGroup]
359474081	−5.446565	−1.695	CCR [*Vitis vinifera*]
225444716	−3.040883	−3.743	F5H [*Vitis vinifera*]
356505481	−2.168924	−1.868	F5H [*Vitis vinifera*]
255547846	−1.952985	−1.951	HCT [*Vitis vinifera*]
356567100	1.4960787	1.6762	HCT [*Vitis vinifera*]
255578621	1.4241756	1.6055	HCT [*Vitis vinifera*]
224081929	−2.287054	2.0035	HCT [*Vitisvinifera*]

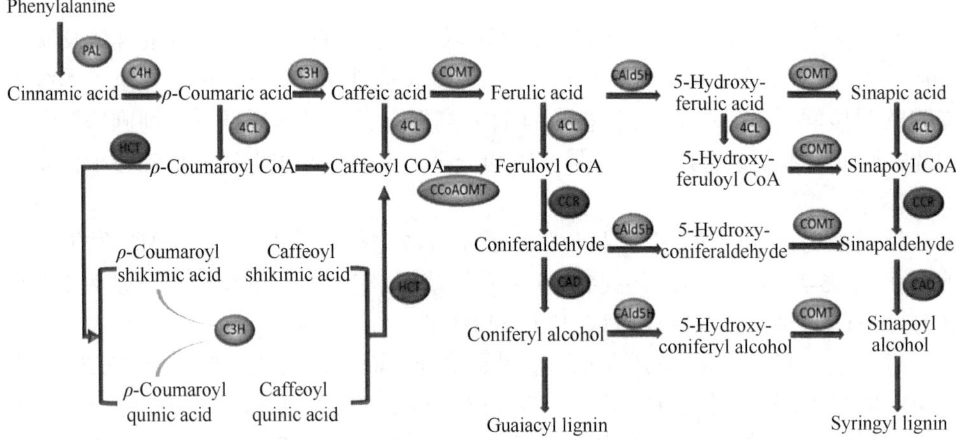

图 5-24 木质素生物合成途径（彩图请扫封底二维码）

木质素合成途径非常复杂，可能涉及许多酶，它们都对木质素的生物合成起作用。对于木质素单体合成途径中的关键酶的调节是木质素改良的一种策略。CCR作为木质素单体生物合成途径的第一个特异步骤的酶，对木质素含量有重要的影响。研究表明，*CCR* 基因会影响植物木质素含量及植株的生长。通过降低烟草中的 CCR 含量可以使木质素的数量和质量均发生改变，木质素含量大幅度下降（Piquemal et al.，1998）。Ralph 等降低 *CCR* 基因表达，致使转基因烟草的木质素含量减少，合成木质素单体的各种成分也发生了变化，表型不正常（Ralph et al.，2008）。Chabannes 等研究表明，将反义 *CCR* 基因转入烟草中，木质素含量降低，*CCR* 基因表达受到抑制（Chabannes et al.，2001a，b）。通过遗传转化抑制拟南芥 *AtCCR1* 基因（AT1G15950）的表达，使拟南芥的木质素含量降低了 50%，木质素的结构和成分也发生了变化；同时，其表现型也发生很大变化，植株比野生型矮小（Goujon et al.，2003）。本研究中，*BpCCR1* 基因的过量表达致使白桦的木质素含量增加，转基因过表达株系 C18 和 C11 的木质素含量分别比野生型白桦增加了 14.6%和 8.4%；*BpCCR1* 基因的抑制表达则使 F11 和 F1 株系的木质素含量也分别降低了 6.3%和 4.1%。*BpCCR* 基因明显地改变了木质素含量，这与前人研究的结果非常相似。这可能是由于 *BpCCR1* 基因对白桦木质素生物合成途径产生了影响，从而改变了白桦的木质素单体合成的数量，进而改变了木质素含量。因此，*BpCCR1* 基因可以被认为在木质素的生物合成中起着重要作用，是控制合成木质素合成的一个关键酶，主导木质素的生物合成。

有研究表明，Hepworth 和 Vincent（1998）通过调节烟草茎中的 CCR 含量，表明烟草的细胞壁中的维管束受到了很大影响。将 *AtCCR1* 基因全长 cDNA 的反义表达载体转入拟南芥中，显微观察发现细胞壁填充不紧（Goujon et al.，2003）。Jones 等研究了 CCR 突变的拟南芥植株，结果表明木质素的含量大约减少了 50%，突变植株更不易承受机械压力，与细胞壁中缺少木质素的支持有关（Jones et al.，2001）。将反义 *CCR* 基因转入烟草后，在降低了 *CCR* 基因的表达的烟草中，细胞壁木质素含量明显降低（Chabannes et al.，2001a；b）。而本研究中由于 *BpCCR1* 基因的导入，使白桦主茎的次生木质部的结构发生了改变，即木纤维细胞壁明显加厚，以及导管的数量增多且排列紧密；同时抑制了 *BpCCR1* 基因的表达，次生木质部的导管结构发生了相反的改变。这可能是由于 *BpCCR1* 基因的过表达导致导管数量增多、孔径增大，进而增加了茎的渗透强度、促进了碳流的运输。同时推测，*BpCCR1* 基因的过表达增加了木质部纤维细胞壁的厚度，使顶端分生组织木质化，从而抑制了植株的高生长。

第三篇
白桦生长发育相关基因工程育种

第 6 章　白桦 *BpIAA10* 基因的功能研究

生长素是植物生长发育过程中的一类重要激素，对植物的生长发育（如器官的发生、形态建成、向性反应、顶端优势及组织分化等）起着十分重要的调控作用。生长素信号途径中的关键转录因子 Aux/IAA 对于信号的转导不可或缺。虽然在模式植物中的 Aux/IAA 转录因子的研究较为成熟，但是在林木中鲜有研究。因此，开展白桦 *Aux/IAA* 基因功能及其参与的信号通路机制的研究意义重大。根据前期白桦 *Aux/IAA* 家族基因（*BpIAA*）的表达特性研究和生物信息学分析，筛选出一条在不同倍性白桦中始终高表达且保守结构域完整的基因 *BpIAA10*，为了进一步探讨该基因在白桦生长发育过程中的功能及调控机制，本研究开展了 *BpIAA10* 启动子功能分析、白桦的遗传转化、转基因白桦表型分析、转录组测定、酵母单杂交和酵母双杂交等一系列分子生物学和生理学实验。所获得的研究结果和结论能够为复杂的白桦生长素信号转导网络的完善提供有意义的线索，同时为今后的白桦良种选育工作提供备选材料和理论支持。

6.1　*BpAux/IAA* 家族基因的生物信息学分析

6.1.1　*BpIAA* 家族基因序列分析

根据拟南芥的 Aux/IAA 蛋白序列的 5 个保守结构域，通过在线 BLAST 在白桦基因组中找到 73 个候选基因，进一步使用 NCBI 核酸数据库比对鉴定出 20 个白桦 *Aux/IAA* 基因，命名为 *BpIAA*。理化性质分析表明（表 6-1），BpIAA 蛋白的氨基酸个数差异较大，分布在 83 个氨基酸（BpIAA17）到 368 个氨基酸（BpIAA8）的范围内，对应的相对分子质量为 9~39kDa；预测的等电点为 4.89（BpIAA6）到 9.47（BpIAA17），表明不同的 BpIAA 蛋白可以在不同的细胞环境中行使功能；大部分 BpIAA 蛋白都不稳定（不稳定系数大于 40），除了 BpIAA4、BpIAA15、BpIAA17；所有成员均为亲水性蛋白，并定位在细胞核中，它们可能都是核蛋白。

6.1.2　*BpIAA* 家族基因的染色体定位及基因结构分析

20 个 *BpIAA* 家族基因在白桦 14 对核染色体的 10 对染色体上有分布，其中 8 号和 13 号染色体上分别有 4 个基因，6 号和 13 号染色体分别有 3 个基因，在 1 号、

表 6-1 白桦 *BpIAA* 基因家族理化性质

基因名称	Genbank 注册号	氨基酸数目	相对分子质量/Da	理论等电点	不稳定指数	平均亲水系数	亚细胞定位
BpIAA1	MG198854	228	26 200.3	7.01	40.91	–0.785	细胞核
BpIAA2	MG198855	187	20 942.5	7.91	52.91	–0.548	细胞核
BpIAA3	MG198856	191	21 504.2	6.01	50.29	–0.790	细胞核
BpIAA4	MG198857	246	27 123.8	7.61	39.97	–0.552	细胞核
BpIAA5	MG198858	228	25 883.2	8.56	49.07	–0.726	细胞核
BpIAA6	MG198859	117	13 322.2	4.89	45.76	–0.237	细胞核
BpIAA7	MG198860	243	26 919.5	8.52	45.59	–0.609	细胞核
BpIAA8	MG198861	368	39 835.6	6.35	46.87	–0.601	细胞核
BpIAA9	MG198862	163	18 046.5	7.89	51.79	–0.410	细胞核
BpIAA10	MG198863	224	24 572.9	7.64	43.46	–0.583	细胞核
BpIAA11	MG198864	342	37 325.8	8.76	56.48	–0.711	细胞核
BpIAA12	MG198865	193	21 508.1	5.84	47.13	–0.763	细胞核
BpIAA13	MG198866	325	34 136.8	8.32	45.46	–0.463	细胞核
BpIAA14	MG198867	130	14 650.6	6.40	45.67	–0.375	细胞核
BpIAA15	MG198868	315	33 485.6	8.31	38.27	–0.454	细胞核
BpIAA16	MG198869	283	31 946.5	7.01	48.15	–0.342	细胞核
BpIAA17	MG198870	83	9 049.0	9.47	5.84	–0.855	细胞核
BpIAA18	MG198871	230	25 583.3	8.15	41.37	–0.630	细胞核
BpIAA19	MG198872	152	16 844.1	5.45	41.50	–0.522	细胞核
BpIAA20	MG198873	186	20 939.0	8.24	46.56	–0.548	细胞核

2 号、4 号、10 号、12 号和 14 号等 6 条染色体上分别有 1 个基因（图 6-1）。位于同一染色体上的基因有的距离较近，如 8 号染色体上的 *BpIAA4* 和 *BpIAA16* 基因间的距离只有 6.6kb；在 13 号染色体上存在相似的情况，*BpIAA3* 和 *BpIAA18* 有 23kb 间隔，但是两个基因的方向相反；11 号染色体上有 3 个连续的方向相同的家族基因，它们之间的距离大约为 700kb。这些数据表明 *BpIAA* 家族有些基因在白桦基因组上的分布特点可能是由方向变换或者串联复制及片段复制现象造成的。

BpIAA 家族基因的进化树分析表明，序列相似性从低至 23%（*BpIAA16* 和 *BpIAA18*）到高至 96%（*BpIAA6* 和 *BpIAA14*）（图 6-2A）。通过比对 *BpIAA* 家族基因的 cDNA 序列和对应的 DNA 序列，获得了每一个 *BpIAA* 基因的内含子和外显子的数目及位置（图 6-2B）。*BpIAA* 家族基因的内含子数目在 0~5 个之间不等。即使在进化树中相似性很高的两个基因间，内含子-外显子的分布结构依然存在多样性，如 *BpIAA6*/*BpIAA14*、*BpIAA13*/*BpIAA17*。基因的异化和复制是进化的主要动力。家族基因的复制包括串联复制和片段复制两种方式，这两种方式可以增加家族基因的数目，在某一进化树分支上出现基因扩展。研究发现，家族基因存在 1 对姐妹基因对，分别是 *BpIAA6*/*BpIAA14*。

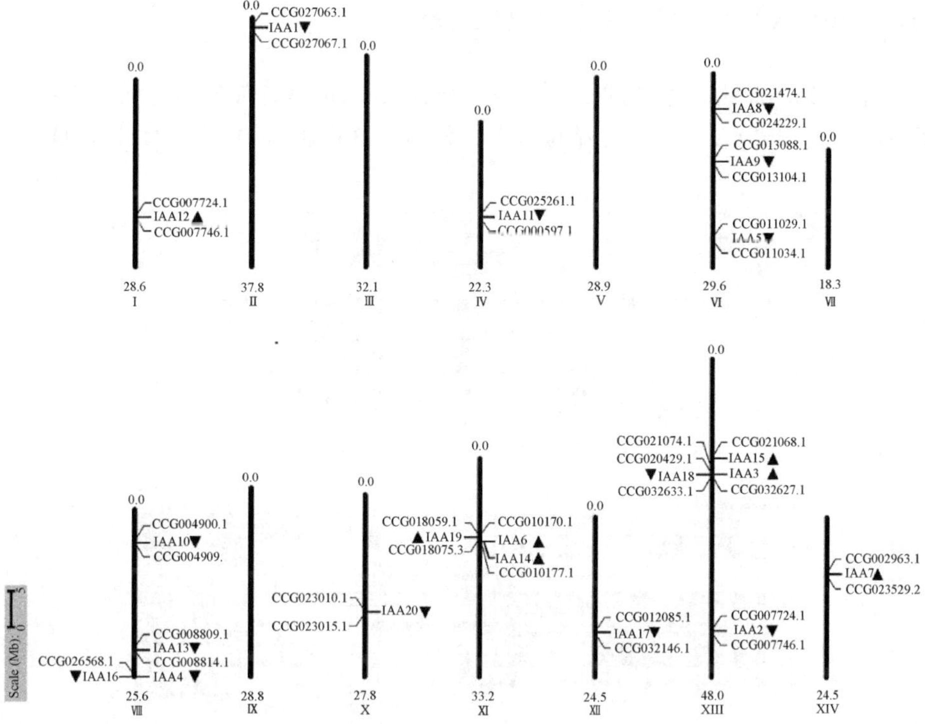

图 6-1　白桦 *BpIAA* 家族基因的染色体分布情况

基因名旁边的箭头代表转录方向，每条染色体的大小标注在相应染色体底部，最底部的罗马数字代表染色体号

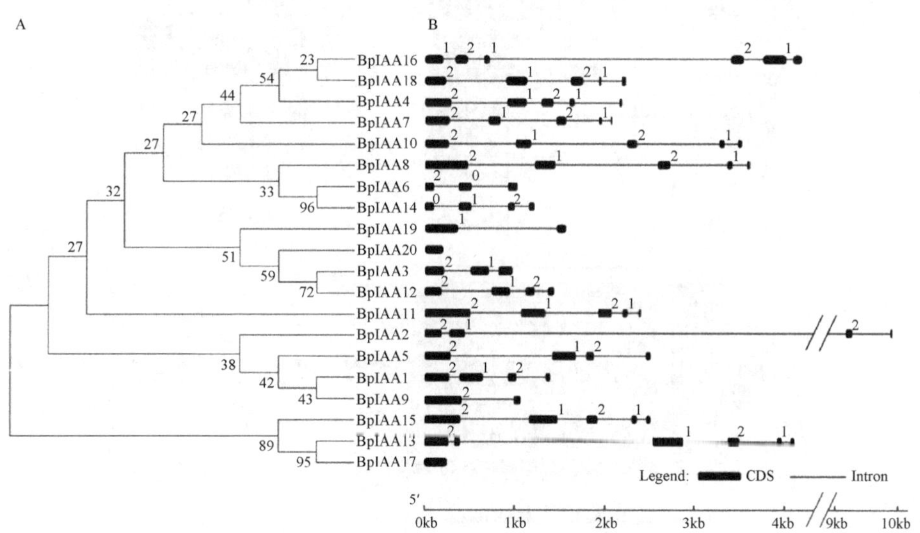

图 6-2　*BpIAA* 家族基因的进化关系及内含子-外显子结构

A. 利用 ClustalW 的邻位相连法绘制 *BpIAA* 家族基因的无根进化树；B. 通过 GSDS 2.0（gene structure display server）绘制的 *BpIAA* 家族基因结构。方框代表外显子，直线代表内含子；0、1、2 代表有 0、1、2 段内含子

6.1.3 BpIAA 蛋白家族的结构及进化关系

白桦 BpIAA 蛋白家族的 20 个成员中的每一个都具有部分结构域（图 6-3）。其中，10 个 BpIAA 蛋白具有结构域Ⅰ，分别是 BpIAA3、4、7、8、10、11、12、

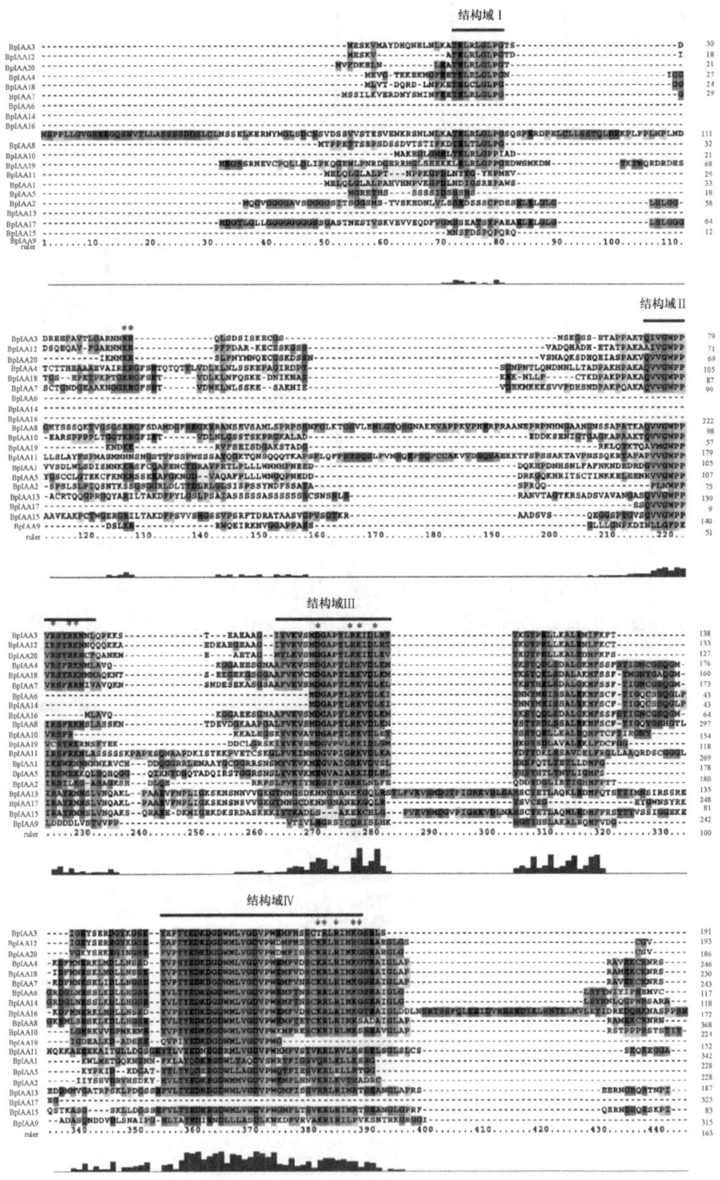

图 6-3 *BpIAA* 家族基因的系统进化关系（彩图请扫封底二维码）

通过 ClustalW 软件进行 *BpIAA* 家族基因的多序列比对，高度保守的结构域Ⅰ~Ⅳ用线标出，图中氨基酸的背景颜色表示氨基酸的一致性和保守性高低。共有 2 个核定位信号，用黑色星号标出

18、19 和 20；17 个 BpIAA 蛋白具有结构域Ⅱ；3 个缺失结构域 II（BpIAA6、BpIAA14 和 BpIAA16）。在包含结构域Ⅱ的 17 个 BpIAA 蛋白中，2 个蛋白质在保守基序（GWPP）中发生了突变，其中 BpIAA2 蛋白有 1 个氨基酸突变，BpIAA9 蛋白有 2 个氨基酸突变，说明这 5 个蛋白质半衰期较长，或者通过已知的生长素信号转导途径以外的途径降解。研究显示，大多数 BpIAA 蛋白都具有结构域Ⅲ和Ⅳ（图 6-4），但是 BpIAA6 和 BpIAA14 蛋白结构域Ⅲ中保守不变的赖氨酸出现缺失，BpIAA13 和 BpIAA17 蛋白中赖氨酸被甘氨酸替代，BpIAA9 蛋白中赖氨酸被苏氨酸替代，这导致这 5 个蛋白质的正电荷消失；BpIAA17 蛋白缺失结构域Ⅳ，BpIAA9 蛋白结构域Ⅳ中的 OPCA 基序第 4 位甘氨酸被天冬酰胺替代，导致这两个蛋白质的负电荷面消失，上述现象使得这些蛋白质在形成电荷方面存在缺陷，从而不能正常形成相应的二聚体，行使相应的功能（图 6-4）。综上所述，BpIAA 蛋白家族详尽的结构分析为后续的蛋白质与蛋白质互作的研究提供一个基础的理论依据。

为了研究 Aux/IAA 蛋白在不同物种之间的亲缘进化关系，我们利用拟南芥中 29 个成员和白桦中 20 个成员的蛋白全长序列，绘制无根进化树（图 6-4）。利用

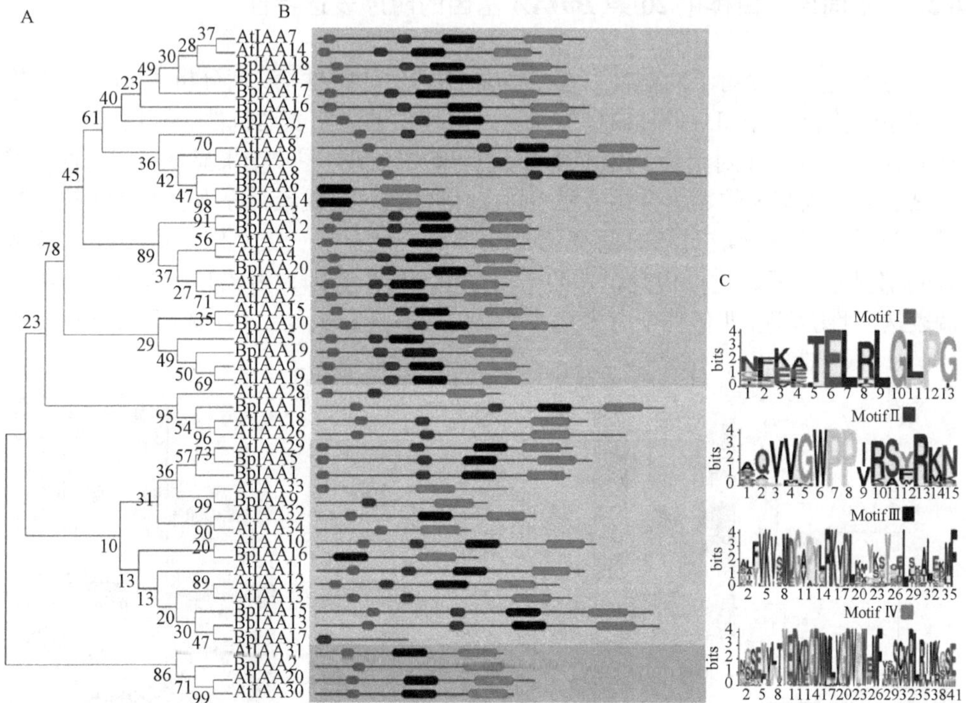

图 6-4 *Aux/IAA* 家族基因的进化关系及保守结构域分布的分析（彩图请扫封底二维码）

A. 拟南芥和白桦中 *Aux/IAA* 家族基因的进化关系，通过 MEGA6 邻位相连法绘制无根进化树，每一个分支上的数字表示 100 次重复中的支持率；B. 拟南芥和白桦中 Aux/IAA 家族蛋白的保守结构域的分布，利用 MEME 网站分析 Aux/IAA 蛋白的保守结构域，不同颜色深浅的框代表不同的保守结构域；C. 保守结构域包含的氨基酸保守程度，氨基酸字母的高度越高代表保守性越高

MEME 在线软件分析拟南芥和白桦的 Aux/IAA 蛋白保守基序，我们发现了 4 个不同的保守基序（图 6-4C）。进化树分析表明（图 6-4），IAA 蛋白可以分为四大类，分别命名为 A、B、C、D。总体来看，白桦家族成员（20 个）和拟南芥家族成员（29 个）相比数量有所缩减。位于 A 组的大部分 IAA 蛋白都具有 4 个保守的结构域，而 B、C、D 组的蛋白质都有结构域缺失的现象。B 组包含 4 个成员（AtIAA18、AtIAA26、AtIAA28、BpIAA11），普遍缺失结构域Ⅲ，在白桦中成员数量缩减为 1 个；C 组包括 8 个拟南芥蛋白和 7 个白桦蛋白，它们缺失 1 个或者 2 个保守结构域；D 组包含 3 个拟南芥成员（AtIAA20、AtIAA30、AtIAA31）和 1 个白桦成员（BpIAA2），均缺失结构域Ⅱ。综上所述，拟南芥中含有典型 4 个结构域的成员为 14 个，而在白桦中仅仅有 9 个；拟南芥和白桦分别含有非典型结构域的成员为 15 个和 11 个。

6.2 *BpAux/IAA* 家族基因在白桦不同组织器官表达特性

6.2.1 不同倍性白桦中 20 条 *BpIAA* 基因的时序表达特性

为了进一步探讨不同倍性白桦中 *BpIAA* 的表达特性，我们分析了 *BpIAA* 家族基因在四倍体白桦和二倍体白桦生长发育过程中的时空表达特性。利用 Cluster、Tree-view 软件将相对定量 PCR 的数据进行聚类绘制热图，结果显示不同倍性白桦中 *BpIAA* 家族基因的表达模式显著不同：二倍体表达模式聚类分为两大类（图 6-5），第一类对应的家族成员随时间变化持续下调表达；第二类对应的成员在大多数时间都显示上调表达；但是，在四倍白桦中 20 个基因大多数时间都显示持续上调表达。对比发现，四倍体中有多达 9 个基因的表达模式与二倍体相反（*BpIAA1*~7、

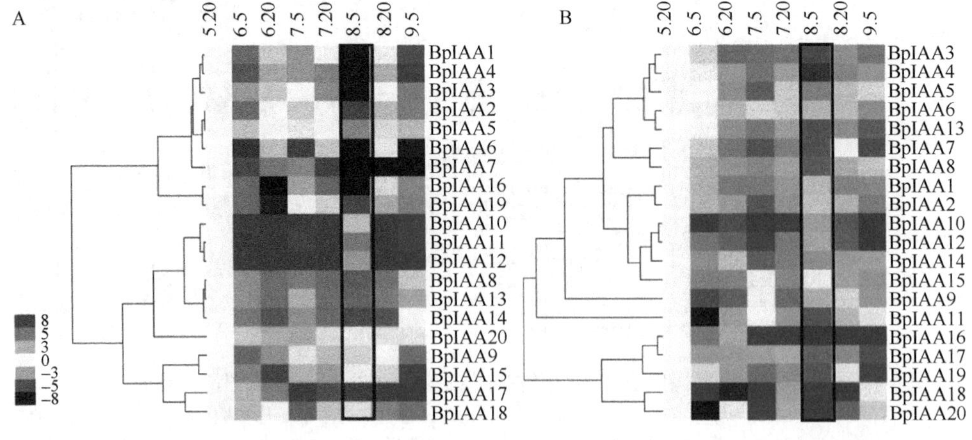

图 6-5 不同倍性白桦中 *BpIAA* 家族基因的时序表达热图（彩图请扫封底二维码）

A. 二倍体白桦；B. 四倍体白桦

BpIAA16、*BpIAA19*），持续上调表达，占总体基因数的 45%。在二倍体和四倍体中也存在两个相同特点：第一，8 月 5 日几乎所有基因都下调表达，这可能与该时间点发生特定的生物事件相关，如白桦此时开始停止生长，不再有新叶展开，第一片叶增大，逐渐封顶，因此，有些 *BpIAA* 基因的时序表达特异性可能意味着它们参与特定的植物组织的生长发育进程；第二，有两个基因（*BpIAA10*、*BpIAA12*）不论在二倍体还是四倍体始终保持非常高的表达量，可能这两个基因对于林木的正常发育来说起着十分关键的作用。

总而言之，四倍体白桦中多达 9 个 *BpIAA* 基因的表达模式相对二倍体发生改变，具有倍性表达特异性，这些 *BpIAA* 基因可能参与调节许多正在生长的组织细胞的增大（Fukaki et al., 2006; Wilmoth et al., 2005），白桦基因组的加倍引起 *BpIAA* 家族基因表达的变化。

6.2.2　四倍体白桦和二倍体白桦中内源激素 IAA 测定

白桦内源激素 IAA 可以快速调控生长素响应基因 *BpIAA* 的表达，*BpIAA* 基因家族在不同倍性白桦中完全不同的基因表达模式可能是由于 IAA 的含量存在差异。因此，不同倍性白桦内源 IAA 测定结果显示，二倍体白桦与四倍体在整个生长季中，IAA 含量均呈现一致的下降变化趋势；有趣的是，在植物旺盛生长的 5 月至 7 月末，四倍体白桦中 IAA 含量较二倍体增加了 2 倍，且始终显著高于二倍体，高生长素含量可以快速诱导 *BpIAA* 家族基因的响应，并持续不断地表达，促进细胞的增大，使四倍体白桦表现出“高生长素表型”，这可能是造成四倍体白桦具有巨大性的一个重要原因，说明 IAA 通过调控 *BpIAA* 基因家族的表达而参与调控白桦的器官形态发育。二倍体在 7 月下旬激素含量骤降，四倍体稍许滞后，在 8 月初 IAA 含量急剧下降，之后都保持在低水平状态，该变化过程使白桦的生长逐渐停止，顶芽最终成功进入休眠状态（图 6-6）。

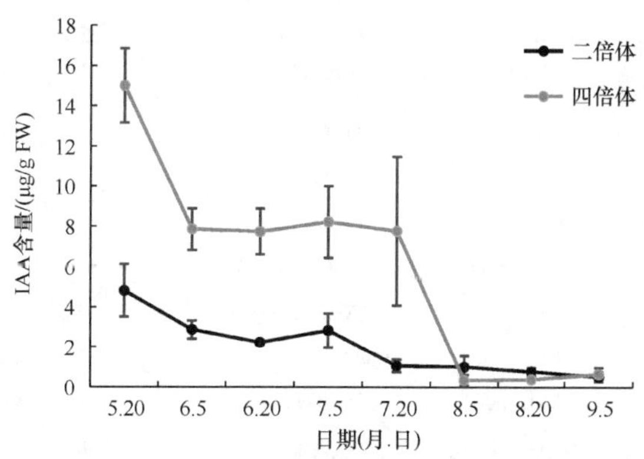

图 6-6　四倍体白桦和二倍体白桦中自由态 IAA 含量时序变化

6.3 *BpIAA10* 启动子功能研究

6.3.1 *BpIAA10* 启动子序列分析

根据白桦基因组网站（http：//birch.genomics.cn）的信息，我们预测 *BpIAA10* 基因 5′端上游 1559bp 序列为该基因启动子区域，采用 PLANT CARE 和 PLACE 软件，对 *BpIAA10* 基因的启动子序列结构分析发现，该启动子序列含有 TATA-BOX、CAAT-box 等启动子区域特征元件，在启动子 DNA 序列中含有高水平转录调控因子 5′UTR 嘧啶密集区（5′UTR Py-rich stretch），还含有多达 22 个光响应元件，如 ACE、TCT-motif、SP1；多数元件还与激素响应有密切关系，包括生长素、脱落酸、赤霉素、茉莉酸甲酯、水杨酸、乙烯等，另外，还有一些胚乳特性表达元件 GCN4_motif 和控制细胞周期蛋白相关元件 circadian；也包含了一些与植物抗性相关的元件，如响应干旱胁迫元件 MBS、响应高温胁迫元件 HSE。启动子包含丰富的各种元件对于基因功能的发挥具有重要作用（表 6-2）。

表 6-2 *BpIAA10* 基因启动子顺式作用元件的预测

分类	元件名称	核心序列	数量	功能预测
Related to light response	ACE	AAAACGTTTA	2	Light response
	AE-box	AGAAACAA	1	Light response
	I-box	CTCTTATGCT	1	Light response
	Sp1	GGGCGG	2	Light response
	TCT-motif	TCTTAC	2	Light response
	Box 4	ATTAAT	2	Light response
	Box I	TTTCAAA	2	Light response
	G-Box	CACGTG	7	Light response
	Box I	TTTCAAA	3	Light response
Related to hormone response	TGA-element	AACGAC	1	Auxin response
	ntBBF1ARROLB	ACTTTA	1	Auxin response
	AuxRR-core	GGTCCAT	1	Auxin response
	SARE	TTCGACCATCTT	1	Salicylic acid response
	TCA-element	GAGAAGAATA	2	Salicylic acid response
	ABRE	CGCACGTGTC	2	Abscisic acid response
	ERE	ATTTCAAA	1	ethylene response
	GARE-motif	TCTGTTG	1	Gibberellin response
	TGACG-motif	TGACG	6	Methyl Jasmonate response

续表

分类	元件名称	核心序列	数量	功能预测
Tissue-specific expression	GCN4_motif	TGTGTCA	1	Endosperm-specific expression
	Skn-1_motif	GTCAT	1	Endosperm-specific expression
Related to stress response	MBS	CGGTCA	2	Drought stress response
	HSE	AAAAAATTTC	2	Heat stress response
Cell cycle	circadian	CAANNNNATC	1	Related to cyclin

6.3.2　*BpIAA10* 启动子克隆、载体构建及遗传转化

以白桦总 DNA 为模板，利用设计的带有酶切位点的特异性引物，扩增 *BpIAA10* 启动子片段（图 6-7A），进而双酶切 pCAMBIA1300-Luc 载体质粒与上述扩增的启动子序列，经 T4 DNA 连接酶连接，在 50mg/L 潮霉素抗性平板上筛选阳性重组质粒，命名为 BpProIAA10::Luc（图 6-7B，图 6-8）。将阳性质粒送往公司测序，通过 BioEdit 进行多序列比对，结果显示，获得的序列为位于 *BpIAA10* 基因起始密码子上游 1559bp 的启动子序列（图 6-9）。

采用农杆菌介导的拟南芥浸花法转化野生型拟南芥，50mg/L 潮霉素选择条件下对转基因拟南芥 T_2 代种子进行筛选，获得纯合转基因拟南芥，展开下一步研究。

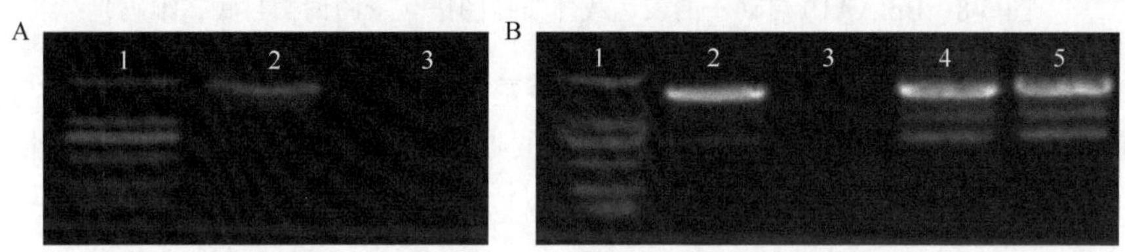

图 6-7　PCR 检测启动子的克隆和载体构建

A 中 1. Marker DL2000；2. 启动子片段的克隆；3. 阴性对照；B 中 1. Marker DL2000；2. 阳性对照；3. 阴性对照；4、5. 重组质粒

6.3.3　白桦 *BpIAA10* 基因启动子的表达特性

6.3.3.1　白桦 *BpIAA10* 基因的组织表达特异性

以转 BpProIAA10::Luc 的拟南芥为研究对象，分别在生长 7d、15d 和 25d 喷施底物 D-虫荧光素钾盐工作液，结果发现，Luc 主要在拟南芥顶尖生长点、新生的子叶及叶柄表达，根和胚轴基本无表达，表明 *BpIAA10* 基因主要在顶尖分生区和幼嫩子叶表达，可能与植物顶尖分生区和幼嫩子叶的形成及发育生长有关（图 6-10）。

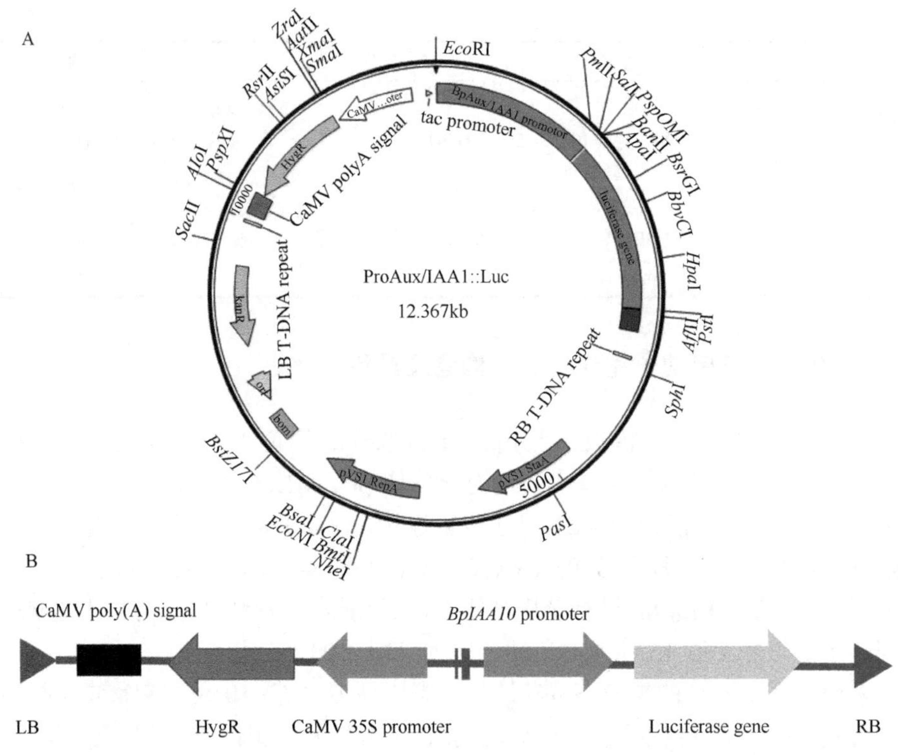

图 6-8　BpIAA10 启动子的表达载体质粒图谱（彩图请扫封底二维码）

此外，取白桦的不同组织部位，对该基因的表达量进行检测，结果与启动子响应基本一致，在顶点下方幼嫩茎段和顶芽的表达量较高，根中表达量很低（图 6-10B）。

6.3.3.2　转 BpProIAA10:: Luc 的拟南芥对不同激素处理的应答响应

由于 *BpIAA10* 的启动子区域包含众多激素响应元件，猜测该基因可能受到多种激素的调控，因此，以转 BpProIAA10:: Luc 基因拟南芥为试材，对其进行激素处理，研究启动子的应答响应，结果显示（图 6-11），IBA、IAA、GA、SA、ABA、MeJA 这 6 种激素处理后，*Luc* 报告基因显示不同的活性，能够对 6 种激素均作出一定程度的响应，其中 IBA、SA 的响应最为强烈，达到极显著水平；对 IAA、GA、ABA 响应程度次之；最有趣的是茉莉酸甲酯（MeJA）喷施后，*Luc* 活性显著低于转基因水处理组，严重抑制了启动子启动 *BpIAA10* 基因的表达。

6.3.3.3　转 BpProIAA10:: Luc 的拟南芥对不同光强的应答

BpIAA10 的启动子区域包含多达 22 个光响应元件，所以将转 BpProIAA10:: Luc 的拟南芥进行不同光强度处理。结果如图 6-12 所示：强光条件下，Luc 活性

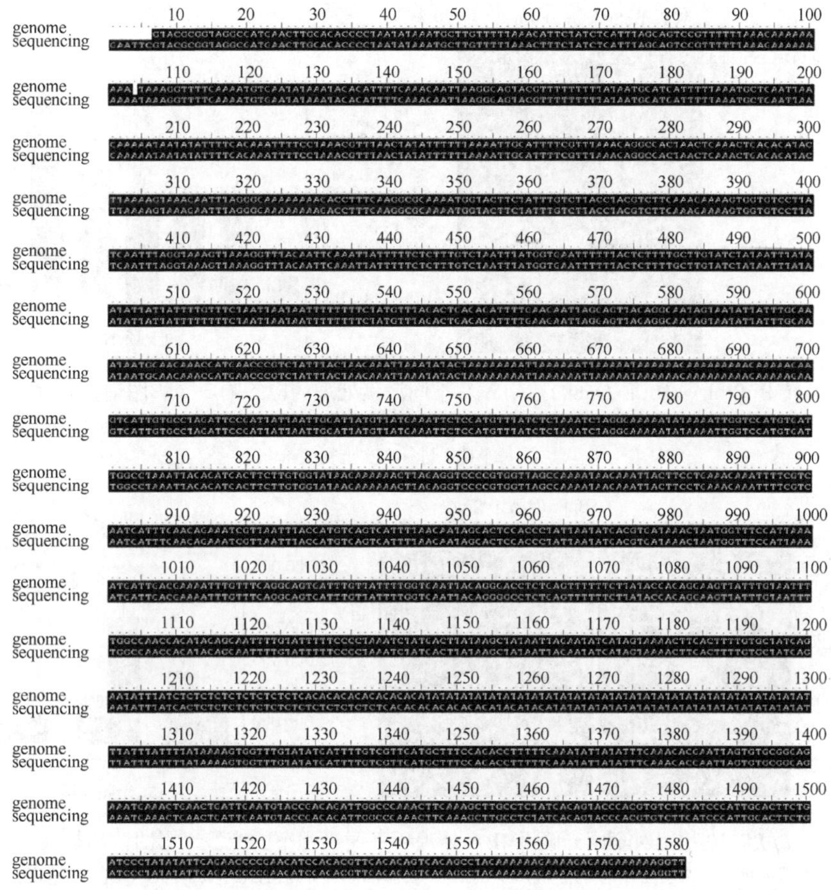

图 6-9　白桦基因组数据库 *BpIAA10* 基因上游 1559bp 序列与测序结果的比对

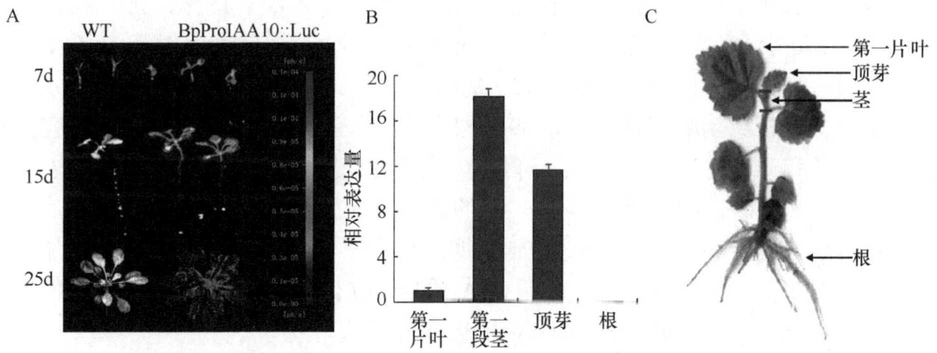

图 6-10　*BpIAA10* 基因的组织表达特异性研究（彩图请扫封底二维码）

A. 拟南芥中 *BpIAA10* 基因的组织表达特性研究，*Luc* 基因表达的高低分别用红色伪彩和紫色伪彩表示；B. 白桦中 *BpIAA10* 基因的不同组织部位表达特异性研究，柱形图高低表示 3 次重复实验的平均值±标准差，工字型符号表示 3 次重复实验的标准差；C. 白桦的取材部位指示，箭头指示对应的取材部位

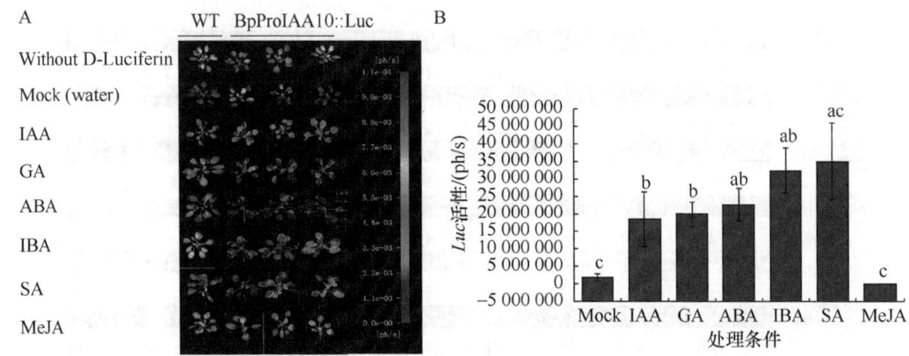

图 6-11 转 BpProIAA10∷*Luc* 的拟南芥对不同激素处理的应答响应（彩图请扫封底二维码）

A. 喷施底物的伪彩图；B. 不同激素处理后，*Luc* 基因活性统计注：本研究包含 3 个转基因株系，每个株系进行 3 次重复

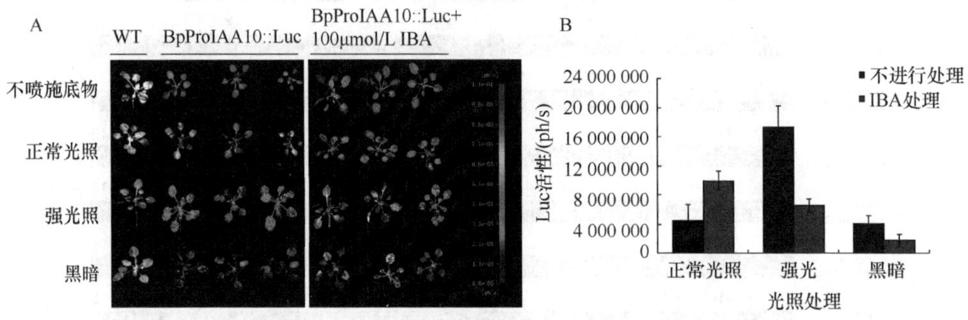

图 6-12 *BpIAA10* 基因对不同光强及 IBA 处理后不同光强下的应答（彩图请扫封底二维码）

A. *BpIAA10* 基因对不同光强及 IBA 处理后不同光强下的伪彩图，本研究包含 3 个转基因株系，每个株系进行 3 次重复；B. *BpIAA10* 对不同光强及 IBA 处理后不同光强下 Luc 的活性

显著增加，黑暗条件下，Luc 活性较正常光照水平基本没有变化，可见强光条件强烈诱导 *BpIAA10* 基因表达，黑暗条件对其影响不大，说明光照对于 *BpIAA10* 基因正常表达是充分不必要的，*BpIAA10* 基因的表达具有一定的光敏感性。*BpIAA10* 基因作为生长素原初响应基因，能够强烈应答生长素 IBA，因此，为了研究生长素信号途径和光信号途径的关系，开展了不同光照条件下 IBA 诱导该基因表达的情况。正常光照时，IBA 诱导 *BpIAA10* 的表达，而强光条件下，施加 IBA 后，不仅没有诱导 *BpIAA10* 的表达，而且显著抑制启动子的表达；黑暗条件下施加 IBA 后，*BpIAA10* 表达变化不显著，说明 IBA 诱导 *BpIAA10* 的表达，具有一定程度的光依赖性，光照介导 *BpIAA10* 基因对生长素的响应。

6.3.3.4 转 BpProIAA10∷Luc 的拟南芥对不同光周期的应答

将转启动子拟南芥置于不同光周期条件下和该光周期下对 IBA 响应的研究发现，不同光周期处理下，该启动子启动基因的表达强弱不同（图 6-13）。相对于长日照（LD）

条件下，短日照（SD）处理后，基因的表达量下降，说明光周期会调控该基因的表达；LD 和 SD 时，启动子均能够响应 IBA 而启动基因表达，但 LD 时 IBA 对该基因的诱导作用更强，说明该基因响应生长素的诱导与光周期有密切关系。

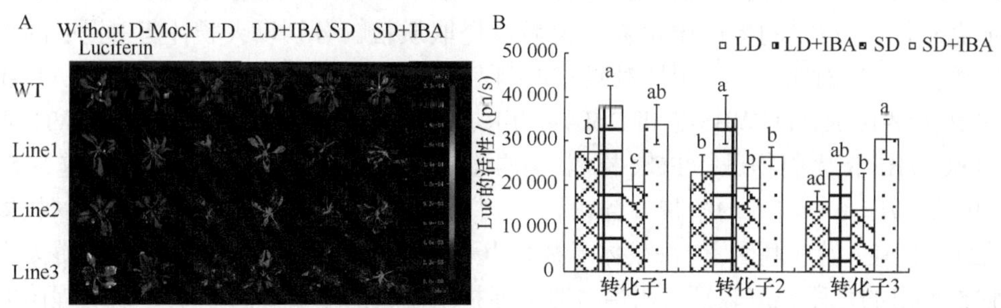

图 6-13　*BpIAA10* 基因对于不同光周期及不同光周期处理后 IBA 的响应（彩图请扫封底二维码）
A. 喷施底物的伪彩图；B. 不同光周期和 IBA 处理后，Luc 活性统计。本研究包含 3 个转基因株系，每个株系进行 3 次重复。差异显著性通过每个转化子（line）在不同处理下进行多重比较，转化子之间的差异显著性相互独立

6.4　*BpIAA10* 基因的白桦遗传转化研究

6.4.1　***BpIAA10*** 基因克隆及植物表达载体构建

6.4.1.1　*BpIAA10* 基因克隆

以白桦 cDNA 为模板，分别以 BpIAA10-F 和 BpIAA10-R 为上下游引物，使用高保真 *Pfu* 酶对目的基因进行 PCR 扩增。2%琼脂糖凝胶电泳检测：以 DL2000 为 Marker，PCR 产物上样，100V 电压电泳 40min，用紫外凝胶成像仪照相，最终在 500~750bp 附近出现 1 条单一且清晰的条带，与目的基因长度（675bp）一致（图 6-14）。

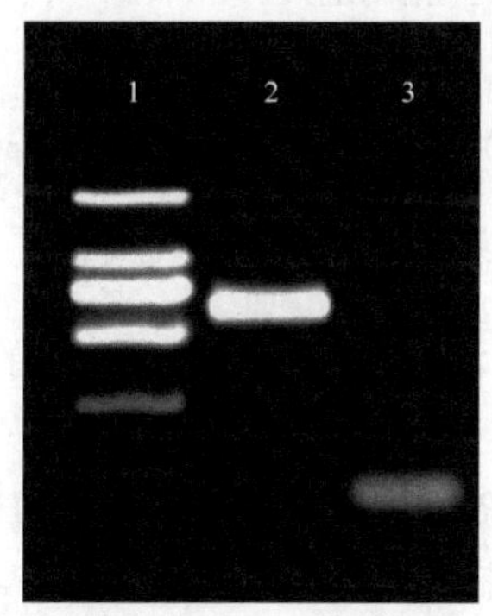

图 6-14　*BpIAA10* 基因的 PCR 扩增电泳图
1. Marker DL2000；2. *BpIAA10* 基因的 PCR 产物；3. 水对照

6.4.1.2 *BpIAA10* 基因的植物超表达载体构建

将成功克隆的基因利用 Gateway 的方法，连接到 pGWB5 植物表达载体上（图 6-15A）。然后构建超表达 *BpIAA10* 基因的 EHA105 工程菌，挑取平板上的单克隆，于 28℃的摇床中培养过夜后，提取质粒。分别以大肠杆菌中提取的重组质粒（阳性对照）、水（阴性对照）和工程菌种提取的质粒为模板，以 BpIAA10-F 和 BpIAA10-R、pGWB5-F 和 BpIAA10-R、BpIAA10-F 和 pGWB5-R、pGWB5-F 和 pGWB5-R 为引物进行 PCR 检测。结果显示（图 6-15B）：阳性对照（泳道 2~5）均能扩增出单一清晰的条带，且载体上、下游引物扩增出的片段长度长于以载体上游+基因下游（基因上游+载体下游）为引物扩增出的片段，以基因上下游为引物扩增出的片段长度较短；阴性对照未能扩增出目的条带（泳道 6）；以工程菌的质粒为模板的 PCR 反应与阳性对照一致。将检测质粒送由公司测序，测序结果与 *BpIAA10* 基因序列一致。因此，结果表明重组质粒已经转入 EHA105 细胞，*BpIAA10* 基因超表达载体构建成功，命名为 35S：：BpIAA10：：GFP。

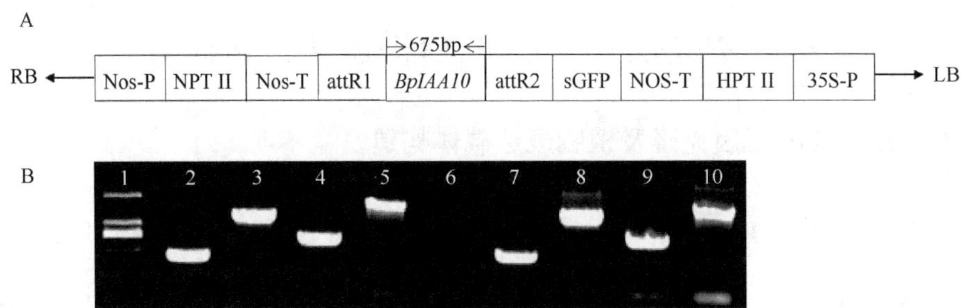

图 6-15 *BpIAA10* 基因 pGWB5 植物超表达载体的构建及质粒 PCR 检测

A. 构建的 pGWB5 植物超表达载体简图，其中，Nos-P 为胭脂碱合酶基因启动子；NPTⅡ为卡那抗性标记基因；Nos-T 为胭脂碱合酶基因终止子；attR1 -（ccdB）- attR2 为 Gateway 转换位点；sGFP 为绿色荧光蛋白；HPTⅡ为潮霉素抗性基因。B. *BpIAA10* 基因超表达载体构建质粒 PCR 检测，其中，1 为 Marker DL2000；2~5 为大肠杆菌质粒，引物依次为 BpIAA10-F 和 BpIAA10-R、pGWB5-F 和 BpIAA10-R、BpIAA10-F 和 pGWB5-R、pGWB5-F 和 pGWB5-R；6 为水，引物为 BpIAA10-F 和 BpIAA10-R；7~10 为工程菌质粒，引物依次为 BpIAA10-F 和 BpIAA10-R、pGWB5-F 和 BpIAA10-R、BpIAA10-F 和 pGWB5-R、pGWB5-F 和 pGWB5-R

6.4.1.3 *BpIAA10* 基因的植物抑制表达载体构建

利用 Gateway 的方法，将含有 *BpIAA10* 基因的 RNAi 干扰片段的 pRS300 骨架（Bassa et al.，2012）连接到 pGWB2 植物表达载体上（图 6-16A），然后构建好的抑制表达载体 *BpRiIAA10* 电击转化到 EHA105 工程菌，挑取平板上的单克隆，于 28℃的摇床中培养过夜后提取质粒。分别以大肠杆菌中提取的重组质粒（阳性对照）、水和空 pGWB2 载体（阴性对照），以及工程菌种提取的质粒为模板，以Ⅰ和Ⅳ、Ⅱ和Ⅲ、A 和 B、A 和 pGWB2-R、B 和 pGWB2-F、 pGWB2-F 和 pGWB2-R 为引物进行 PCR 检测。结果显示，以阳性对照为模板（泳道 2~5），Ⅰ和Ⅳ、Ⅱ和Ⅲ、A 和 B、pGWB2-F 和 pGWB2-R 为引物均能得到单一清晰的条带；以阴性对照为模板（水和空 pGWB2 载体）、Ⅰ和Ⅳ为引物，未能扩增出条带；以工程菌种提取的质粒为模板，Ⅰ和Ⅳ、Ⅱ和Ⅲ、A 和 B、A 和 pGWB2-R、B 和 pGWB2-F、pGWB2-F 和 pGWB2-R 为引物均能扩增出单一且清晰的条带，与阳性对照相同；测序结果与 *BpIAA10* 基因的特异性 RNAi 干扰片段一致，说明 *BpIAA10* 基因特异的植物人工 RNAi 干扰表达载体构建成功（图 6-16B）。

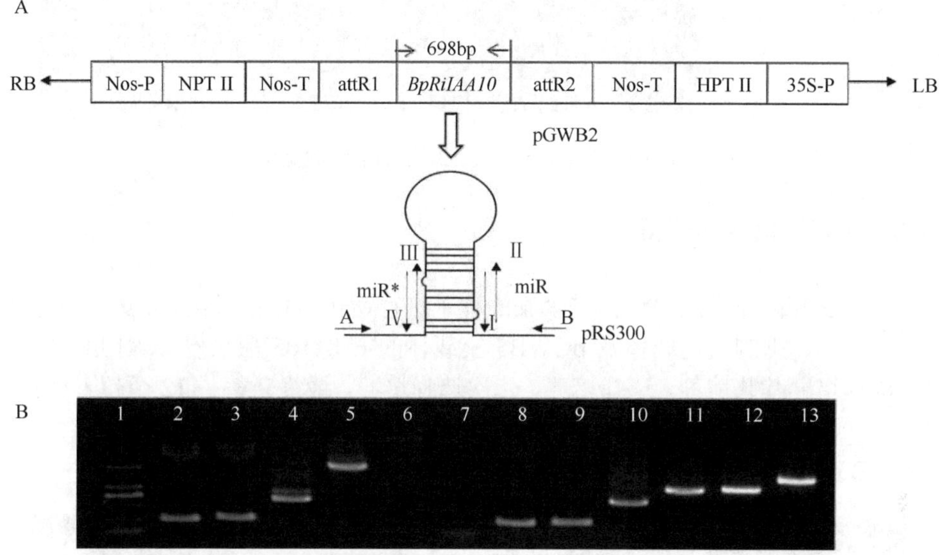

图 6-16　*BpIAA10* 基因植物抑制表达载的构建及质粒 PCR 检测图谱

A. *BpIAA10* 基因的植物抑制表达载体简图，图中相关标记基因所代表的意义同图 6-14；B.*BpIAA10* 基因超表达载体构建质粒 PCR 检测，其中，1 为 Marker DL2000；2~5 为大肠杆菌质粒，引物依次为 I 和 IV、II 和 III、A 和 B、pGWB2-F 和 pGWB2-R；6、7 分别为水和 pGWB2 空载体，引物为 I 和 IV；8~13 为工程菌质粒，引物依次为 I 和 IV、II 和 III、A 和 B、A 和 pGWB2-R、B 和 pGWB2-F、pGWB2-F 和 pGWB2-R

6.4.2　白桦 *BpIAA10* 转录因子的亚细胞定位

用钨粉包埋的 35S: : BpIAA10: : GFP 质粒轰击洋葱表皮细胞，同时用 pGWB5 空载体质粒（35S: : GFP）作为对照，在激光共聚焦显微镜下观察绿色荧光分布情况。结果显示（图 6-17）：35S: : GFP 在细胞膜和细胞核中均有 GFP 绿色荧光分布，而 35S: : BpIAA10: : GFP 只在洋葱表皮细胞核内有绿色荧光，说明 BpIAA10 转录因子定位在细胞核中。

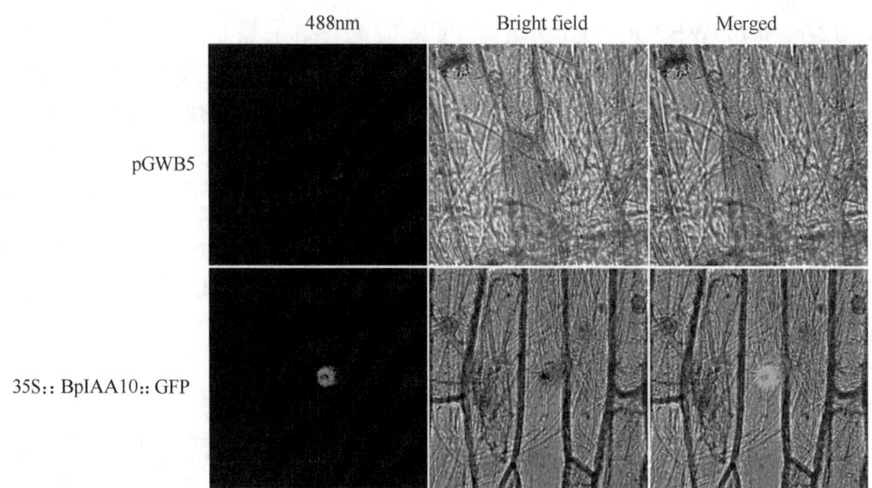

图 6-17　BpIAA10 转录因子的亚细胞定位

6.4.3　转基因植株的获得

通过农杆菌介导法侵染白桦吸胀的种子进行遗传转化：用含有 *BpIAA10* 基因超表达载体、抑制表达载体及 pGWB5 空载体的 EHA105 菌液侵染纵切的种子，经过液体培养基共培养、选择培养、二次选择培养，最终获得了 12 个超表达转基因株系（OE1~OE12）、10 个干扰表达转基因株系（RE1~RE10）及 1 个空载对照株系（B5-GFP）（图 6-18）。

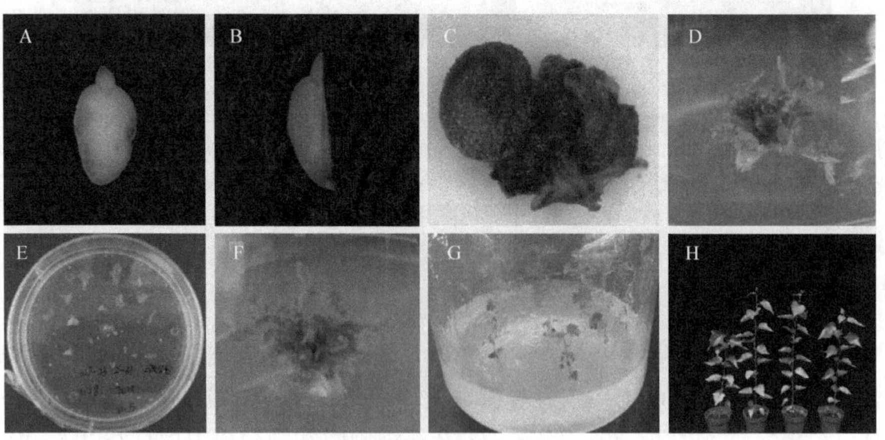

图 6-18　白桦转基因流程图（彩图请扫封底二维码）

A. 充分吸胀的白桦种子；B. 白桦种子纵切后侵染；C. 愈伤培养；D. 分化不定芽；E. 叶片或茎段二次分化；F. 获得继代苗；G. 生根苗培养；H. 转基因株系扩繁并移入土中

6.4.4 转基因株系的分子检测

6.4.4.1 转基因株系的 PCR 检测

以 *BpIAA10* 超表达和抑制表达工程菌质粒（阳性对照）、转基因和非转基因株系的基因组 DNA 及去离子水（阴性对照）为模板，对所获得的转基因株系进行 PCR 检测。PCR 结果表明，所有的 *BpIAA10* 过表达株系（OE）均可以出现 675bp 大小的条带（图 6-19A），即 *BpIAA10* 基因的编码区（ORF）在白桦 OE 株系中特异性表达；人工 RNAi 干扰表达载体的特异性引物 A 和 B 能在 RE 株系中扩增出载体发夹结构上 200bp 特异性的条带（图 6-19B）。这为外源的 *BpIAA10* 整合到白桦基因组上，以及内源 *BpIAA10* 的表达被抑制提供基本的证据，说明本实验所筛选出的转化子均为阳性。

A

B

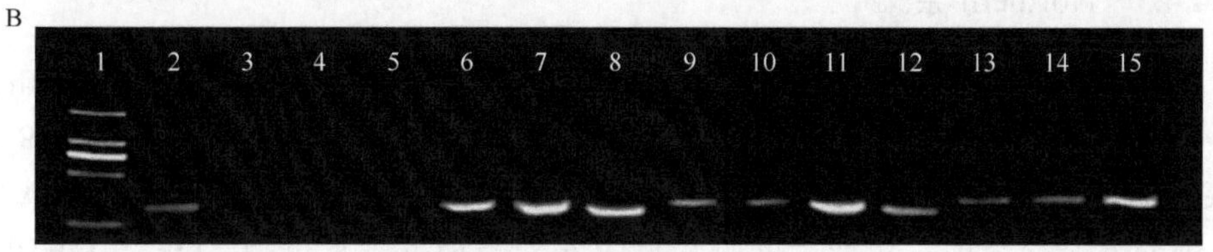

图 6-19　*BpIAA10* 转基因株系的 PCR 检测结果

A. 转 *BpIAA10* 基因超表达株系的 PCR 检测结果，1 为 Marker DL2000；2 为 *BpIAA10* 超表达阳性质粒；3、4 为非转基因株系（WT）的总 DNA 和水；5~16 为 OE1~OE12 株系的总 DNA。B. *BpIAA10* 基因抑制表达株系的 PCR 检测结果，1 为 DL2000；2 为 *BpIAA10* 干扰表达阳性质粒；3~5 为非转基因株系（WT）的总 DNA、pGWB2 空载质粒和水；6~15 为 RE1~RE10 株系的总 DNA

6.4.4.2 *BpIAA10* 基因在转基因株系中表达量的检测

根据 qRT-PCR 检测结果可知，*BpIAA10* 基因在 B5-GFP 中的表达量与在 WT 中的表达量无明显差异，说明 pGWB5 空载质粒的转入不会影响 *BpIAA10* 基因在白桦中的表达，后续实验用 WT 做阴性对照是合理的；*BpIAA10* 基因在 OE1~OE12 株系中的表达量不同程度地高于其在 WT 株系中的表达量；*BpIAA10* 基因在 RE1~RE10 株系中的表达水平受到不同程度地抑制，均低于对照（图 6-20）。依据 qRT-PCR 的结果，我们选取 3 个表达量较高的转 *BpIAA10* 超表达株系及 3 个表达量较低的抑制表达株系进行下一步研究，分别命名为 OE3、OE10、OE12 和 RE5、RE6、RE7。

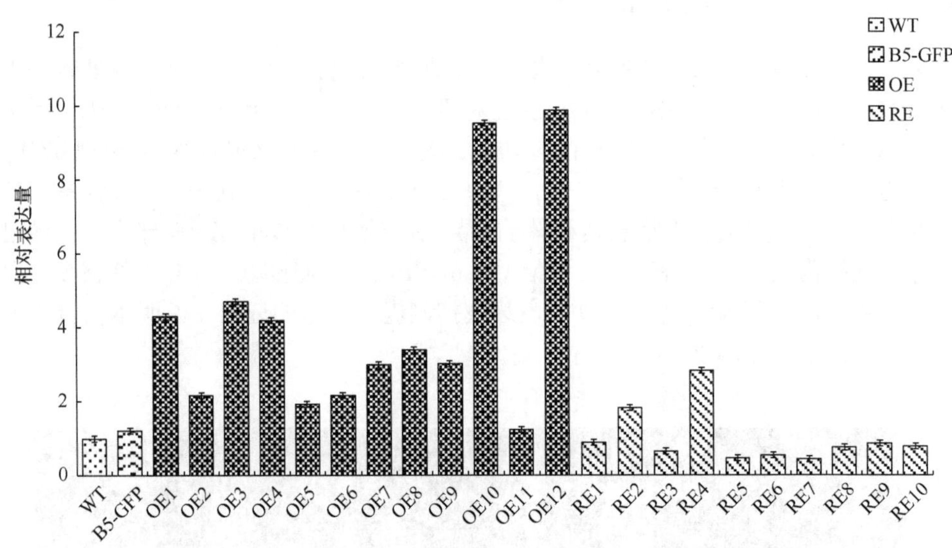

图 6-20　WT、B5-GFP、OE、RE 株系中 *BpIAA10* 基因的相对表达量

6.4.4.3　Northern 杂交

提取 WT、OE3、OE10、OE12、RE5、RE6、RE7 株系的 RNA，进行 Northern 杂交进一步检测基因的表达情况。斑点杂交结果显示，*BpIAA10* 和 18S rRNA 探针的灵敏度均较高，达到 Northern blotting 的探针使用标准（图 6-21A）。Northern 杂交显影、定影后的胶片见图 6-21，根据胶片可知，OE3、OE10 和 OE12 这 3 个超表达株系出现不同亮度的条带，*BpIAA10* 基因的表达量较高；而对照和干扰表达株系没有条带出现，说明对照及白桦干扰表达株系中 *BpIAA10* 基因的表达量较低，Northern 杂交检测不到。而对照持家基因 18S rRNA 在 WT 和转基因株系中的表达量无显著差别。杂交结果和 qRT-PCR 相吻合。此结果进一步从 RNA（转录）水平上证明了转基因株系的真阳性及 *BpIAA10* 基因的表达量高低。

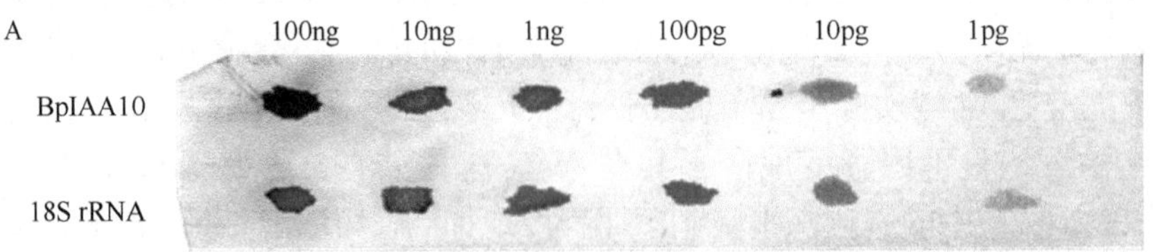

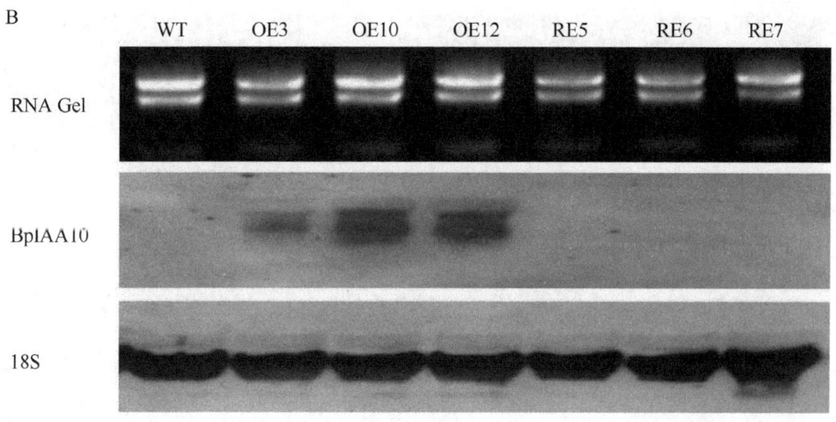

图 6-21　斑点杂交检测探针灵敏度及 Northern 杂交结果

6.5　*BpIAA10* 基因的功能研究

6.5.1　*BpIAA10* 基因影响白桦顶端幼叶的发育

6.5.1.1　转基因株系的顶端茎尖的形态观察及实体解剖

通过转基因株系和对照的比较，发现转基因株系在顶端茎尖的形态上发生了明显的改变。超表达及干扰表达株系顶端茎尖幼叶较多，保持非常开放的状态，而对照顶端茎尖幼叶较少，处于闭合状态（图 6-22A）。为了深入探寻转基因株系与对照顶端茎尖的形态成因，将其顶端叶片进行了剥离，统计后发现转基因株系包含多达 6 对托叶、5 片未发育的幼叶（甚至更多），而对照的顶端包含 2~3 对托叶、1~2 片胚叶及正常顶芽（器官发生起始的组织），可见转基因株系中的胚叶和托叶数量显著多于对照（图 6-22B、C）。

6.5.1.2　石蜡切片解剖顶端茎尖组织

为了进一步研究造成转基因株系顶芽形态异常的原因，我们以移栽 30d 的对照白桦及转基因白桦的顶芽为试材做石蜡切片。通过统计胚叶及托叶数目，结果表明（图 6-23），对照顶芽包含 3 片胚叶、7 片托叶，而 OE 及 RE 分别包含 4、5 片胚叶及 9、10 片托叶；横切图表明，OE 和 RE 中胚叶的分化时间明显早于对照，导致转基因株系具有较大的胚叶，且胚叶有明显的维管束，这是造成转基因株系顶芽呈现开放状态的原因。综上所述，*BpIAA10* 基因不仅与胚叶数目增多有关，而且与胚叶的生长分化也有密切关系。

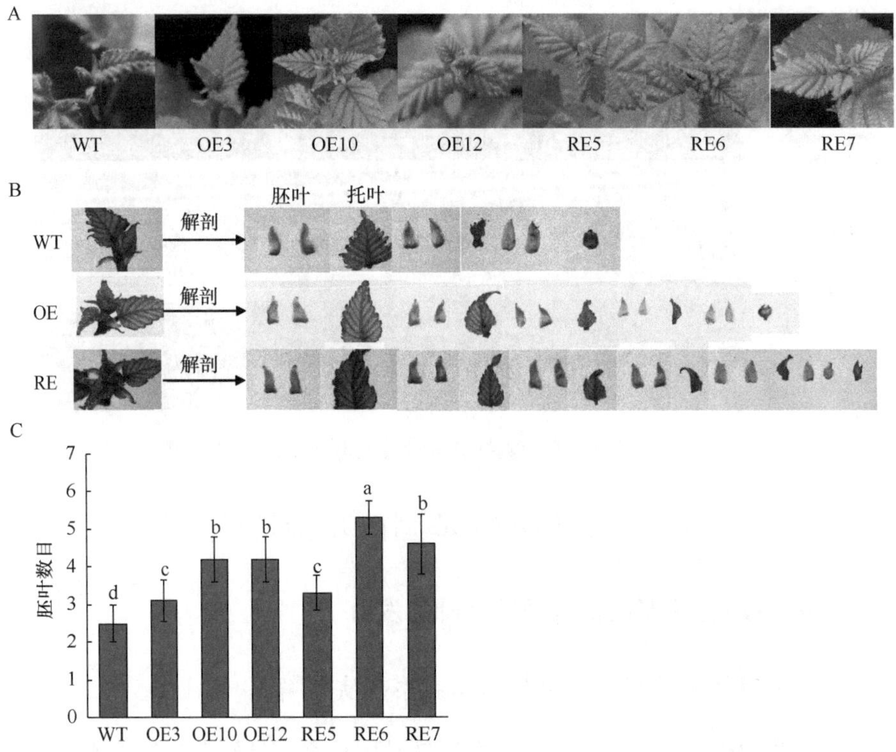

图 6-22　白桦转基因株系表型观察

A. 对照及转基因株系的顶端茎尖的形态变化；B. 对照及转基因株系的顶端茎尖解剖；C. 对照及转基因株系胚叶数目统计

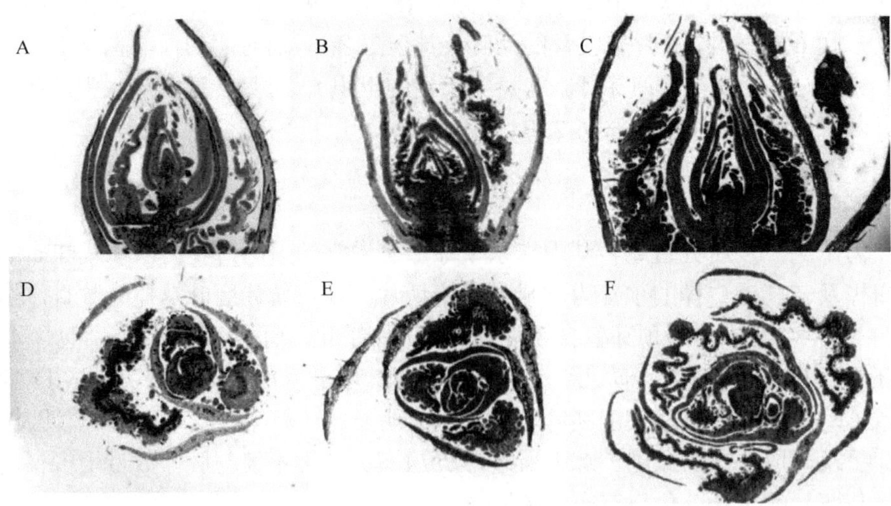

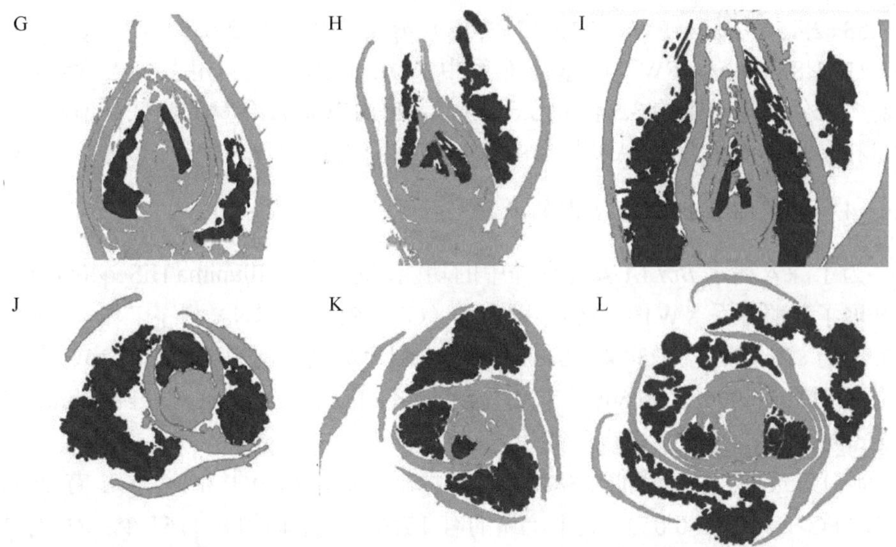

图 6-23　对照及转基因株系顶端茎尖组织的石蜡切片图（彩图请扫封底二维码）

A. WT 纵切；B. OE 纵切；C. RE 纵切；D. WT 横切；E. OE 横切；F. RE 横切，其中深紫色为胚叶，浅紫色为托叶；G~L. 石蜡切片的简图，其中深灰色为胚叶，浅灰色为托叶

6.5.1.3　内源生长素测定

由于在叶原基的形成及发育过程中，一定浓度的生长素诱导是必需的，所以猜测生长素浓度的改变引起叶原基增多，促进胚叶分化及发育。WT 及 OE、RE 顶端茎尖组织中，自由态 IAA 和结合态 IAA 测定结果显示（图 6-24）：WT、OE3、OE10、OE12、RE5、RE6 和 RE7 中自由态 IAA 的含量分别是（4.30±0.90）μg/g FW、（15.31±2.55）μg/g FW、（22.13±5.03）μg/g FW、

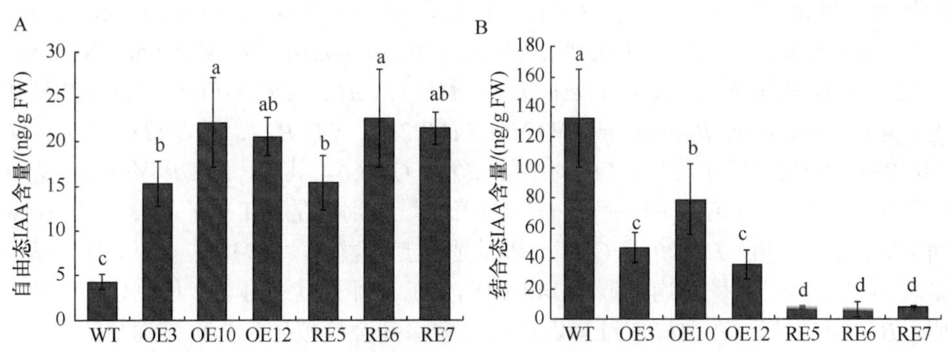

图 6-24　顶端茎尖组织中自由态及结合态 IAA 测定

A. 自由态 IAA；B. 结合态 IAA

（20.53±2.15）μg/g FW、（15.37±3.05）μg/g FW、（22.61±5.48）μg/g FW、（21.47±1.80）μg/g FW，转基因株系中（OE 和 RE）的自由态 IAA 含量显著高于对照，分别是对照的 3.5 倍和 3.61 倍，且自由态 IAA 含量的高低与增加的幼叶数目相一致；而结合态 IAA 与自由态 IAA 含量变化相反。

6.5.1.4 转录组挖掘相关基因的表达

为了深入揭示 *BpIAA10* 在白桦中的功能，我们利用 Illunima HiSeq4000 测序平台开展了对照株系（WT）及转基因白桦（OE、RE）的 RNA 测序工作，分别得到 200.90 万、218.37 万、234.45 万 clean data；测序深度分别为 5.67G、6.15G、6.73G；Q30 分别为 95.99%、96.54%、95.87%，将 reads 组装为 contig，再将 contig 组装成 Unigene 后，开展下一步研究。

将 Unigenes 进行功能注释和表达量标准化后，和 WT 相比，OE 有 2679 个 DEG（FC>2，FDR<0.05），其中上调的有 1516 个，下调的有 1163 个；RE 有 2678 个 DEG，其中上调的有 1408 个，下调的有 1270 个。

为了进一步探讨对照和转基因株系中 DEG 的功能，我们利用 KEGG pathway 分析 DEG 发现，OE 中有 698 个 DEG 对应在 113 个 KEGG 通路中，RE 中有 684 个 DEG 对应在 114 个 KEGG 通路中，OE 和 RE 的 DEG 及其对应的通路都极为相似，在这两种转基因株系中，都有 50 个途径的基因富集差异达到显著水平（图 6-25），主要包括激素信号转导途径、类苯基丙烷合成途径、淀粉和糖的代谢，以及泛素介导的蛋白降解途径等。

BpIAA10 基因作为生长素原初响应基因，与生长素信号途径密切相关。因此，我们通过分析激素信号途径的差异基因，来鉴定转基因株系中生长信号途径相关的基因。我们在 OE 及 RE 中同时找到 15 个与生长素信号途径相关的差异基因（图 6-26A，B），分别编码：生长素合成相关基因 *YUCCA10*（Kim et al.，2013；Liu et al.，2017）、*ALD2*（*aldehyde dehydrogenase 2*）（Mano and Nemoto，2012），生长素运输基因 *auxin resistant1*（*AUX1*）、*AUX5*、*PIN-FORMED5*（*PIN5*），生长素响应基因 *small auxin up RNA21*（*SAUR21*）、*SAUR22*、*SAUR23*、*SAUR24*、*SAUR36*、*SAUR37*、*IAA12*、*IAA18*、*IAA20* 及 *GH3.6*。其中，*SAUR* 家族相关基因全部下调表达，在 OE 及 RE 中，该基因的表达量分别仅是 WT 中的 73.81%和 16%；而 *IAA12*、*IAA18*、*IAA20* 及 *GH3.6* 基因显著上调表达，OE 中这 4 个基因的表达量较 WT 中的表达量平均上调了 14.73 倍，RE 中平均上调了 5.2 倍。以上结果表明，*BpIAA10* 基因在白桦中过量表达或者敲除都会打破生长素信号途径的平衡，影响下游基因的表达，对植物幼叶发育造成一定影响。

在 OE 和 RE 测序文库中，我们发现差异基因显著富集在苯丙烷合成途径（图 6-27，图 6-28），差异基因主要包括过氧化物酶（peroxidase，EC 1.11.1.7）、肉桂酰辅酶 A 还原酶（EC 1.2.1.44）、肉桂醇脱氢酶（EC 1.1.1.195）、咖啡酸甲

A

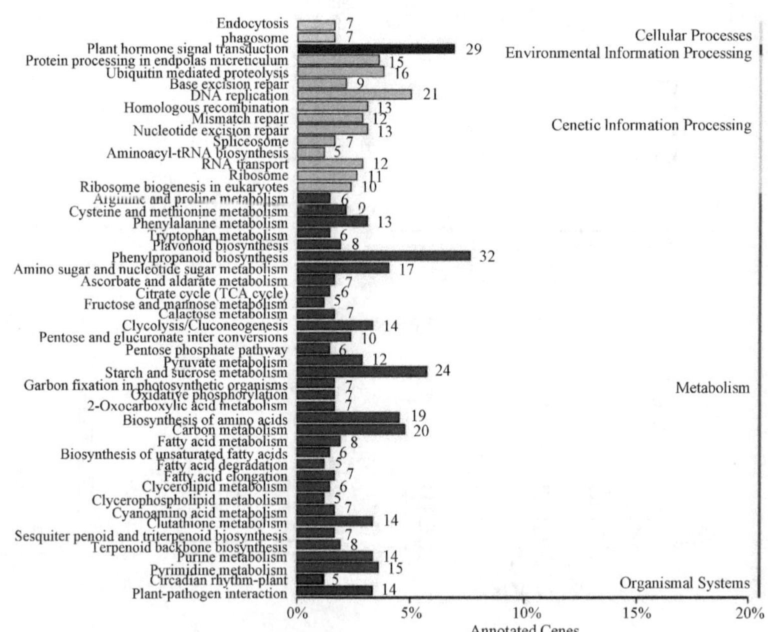

B

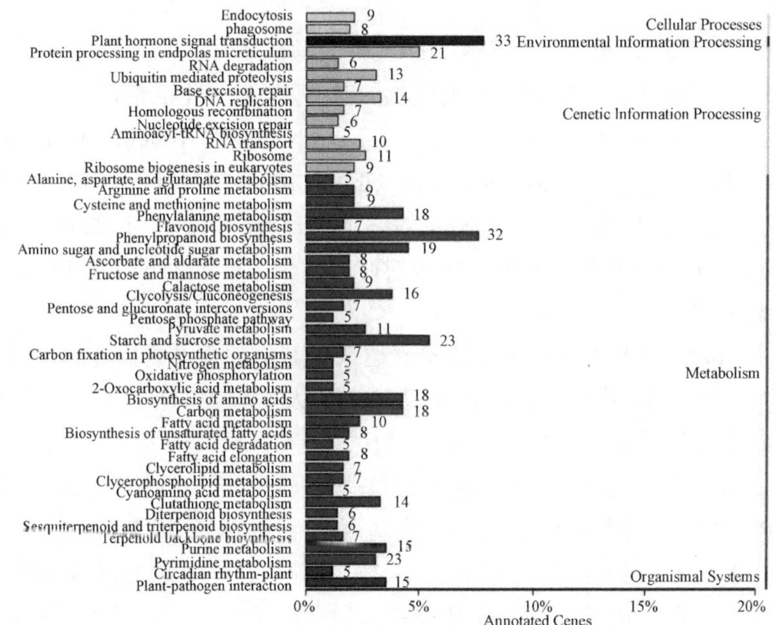

图 6-25　DEG 富集信号通路图（彩图请扫封底二维码）

A. OE 中 DEG 富集的信号通路；B. RE 中 DEG 富集的信号通路

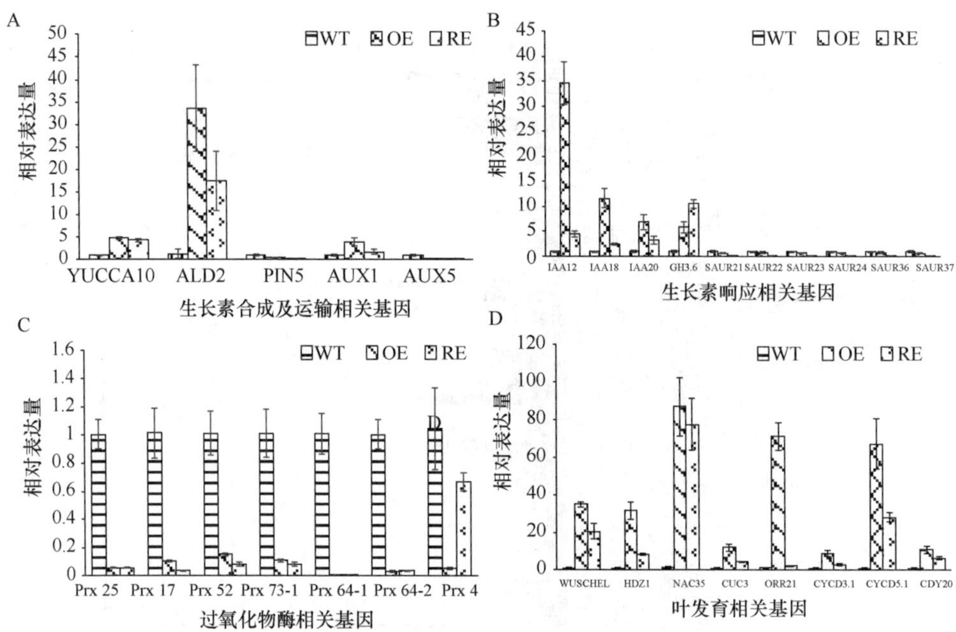

图 6-26　qRT-PCR 检测相关基因的相对表达量

A. 生长素合成及运输相关基因；B. 生长素响应相关基因；C. 过氧化物酶相关基因；D. 叶发育相关基因

基转移酶（EC 2.1.1.68）、花青素 3-*O*-葡糖转移酶 5（EC 2.4.1.111）等，其中差异基因最多的是过氧化物酶，过氧化物酶具有 IAA 氧化活性，多达 9 条基因显著下调表达（Picea_glauca_newGene_941，birch_GENE_10006679，birch_GENE_10009773，birch_GENE_10013796，birch_GENE_10013797，birch_GENE_ 10015030，birch_GENE_10019652，birch_GENE_10022739，birch_ GENE_ 10023426）。qRT-PCR 结果显示，OE 和 RE 中，这些基因较对照中的表达量显著下调了 13.72 倍和 7.29 倍（图 6-26C）。

由于 *BpIAA10* 基因在白桦中过量表达或者敲除都会不同程度地促进顶芽中胚叶的发育，所以我们鉴定出转基因株系中与叶发育相关的差异表达基因包含：叶原基起始相关基因 *WUSCHEL*、*YUCCA10*，叶发育相关基因 *HDZ1*、*NAC35*，叶边缘形成相关基因 *CUC3*，细胞周期相关基因 *CYCD3.1*、*CYCD5.1*、*CDC20.2*。经过 qRT-PCR 验证后，结果显示，转基因株系中（OE 和 RE），上述基因较对照来说，平均上调表达 40.41 倍和 18.76 倍（图 6-26D），这是转基因株系中胚叶数目增多、胚叶分化提前、形成开放状态顶芽的重要原因。综上所述，*BpIAA10* 基因影响众多叶起始和发育相关基因的表达，从而影响白桦顶端胚叶的分化和发育。

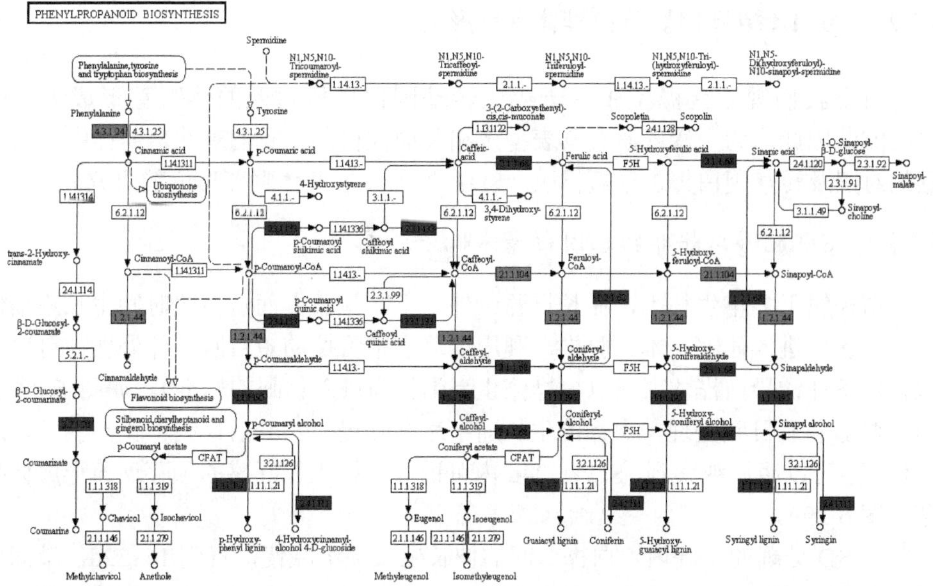

图 6-27　过表达株系在苯丙烷合成途径中的差异基因富集（彩图请扫封底二维码）

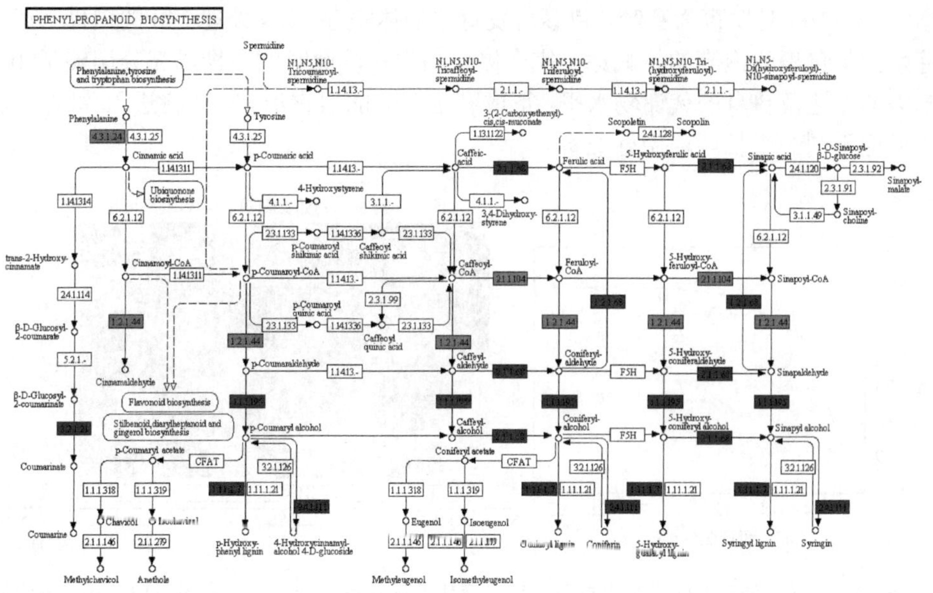

图 6-28　抑制表达株系在苯丙烷合成途径中的差异基因富集（彩图请扫封底二维码）

6.5.2 *BpIAA10* 基因影响白桦休眠芽形成

由于我们观察到温室中的一年生转基因白桦较对照的休眠芽形成大约晚15~20d，因此，为了深入研究其表型及相关调控机制，我们对在培养钵中生长 4 周的对照及转基因白桦进行短日照（SD）处理，展开休眠芽形成的研究。

6.5.2.1 SD 能够诱导非转基因白桦休眠芽形成

白桦属于多年生林木，在长日照条件下不断生长，而短日照时则生长逐渐停止并被诱导进入休眠。本实验中，利用组培室中可控的短日照条件处理，可以模拟自然条件诱导白桦休眠（以白桦停止高生长为进入休眠的标准）。如图 6-29 所示，伴随着短日照处理，白桦的生长速率逐渐减慢，24d 后最终停止高生长，进入休眠。可以明显观察到，SD 在 24d 内可诱导白桦生长旺盛的顶芽逐渐形成休眠芽（图 6-29）。

在 SD 处理的 16d 内，白桦节间的伸长生长逐渐减慢，直到 16~32d，节间生长完全停止（图 6-29）。在接收短日照信号前的最后一片幼叶将会是整株最后成熟的叶片（图 6-29B、C），它通常处在休眠芽的下方，并不会完全长到它最终的大小。该幼叶成熟前，内侧还包含两片托叶，这两片托叶接收短日照光信号后开始增大，约 16d 时发育为芽鳞，包裹着发育中的休眠芽。SD 处理 24d 的白桦形成由芽鳞紧紧包裹的饱满的休眠芽，完全停止高生长，此时的白桦已充分调整了相关基因的表达及自身的代谢物水平，形成利于存活的器官形态，即将进入休眠状态，为适应不利的生长环境做好准备。

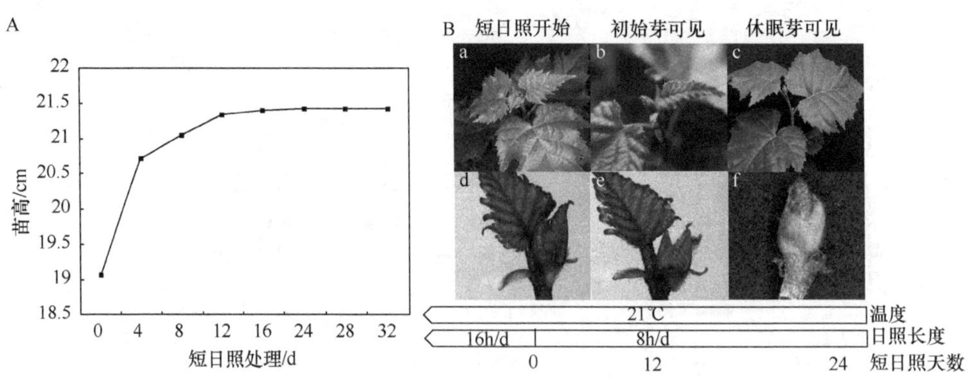

图 6-29 短日照处理非转基因白桦时的苗高变化及顶芽形态变化图（彩图请扫封底二维码）

6.5.2.2 SD 诱导时转基因白桦休眠芽形成的缺陷

为了研究 *BpIAA10* 基因在白桦休眠芽形成过程中的作用，我们将转 *BpIAA10*

过表达株系（OE）及抑制表达株系（RE）置于短日照条件下处理。伴随着短日照处理，转基因白桦的生长速率逐渐减慢（图 6-30），24d 后最终停止高生长，进入休眠，与 WT 的高生长曲线变化基本一致，说明转基因株系能够正常接收光信号的变化并产生应答，*BpIAA10* 基因表达的改变不影响植株对光信号的接收。

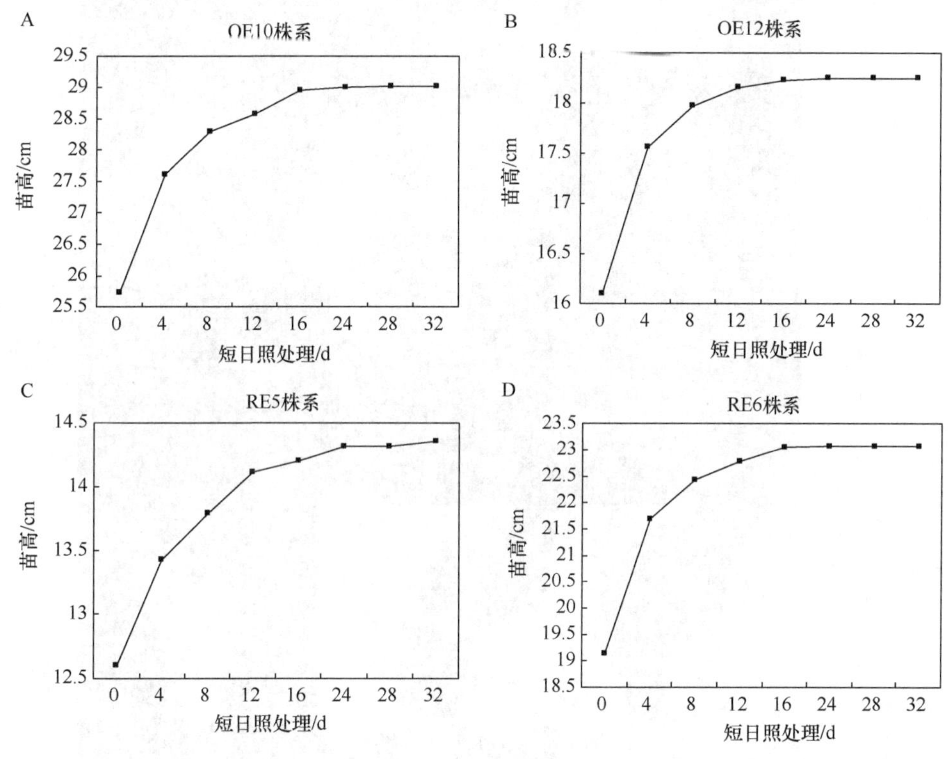

图 6-30　SD 处理转基因白桦时的苗高变化

SD 处理 24d，WT 形成典型的芽鳞紧紧包裹着整个未继续发育的胚叶及其托叶，形成十分紧密的休眠芽形态；而 OE 的顶芽形态则保持半开放的状态，顶尖分生组织产生略大且维管束明显的胚叶，且胚叶数目增多，最终使停止生长的顶尖暴露于一个开放的、有缺陷的休眠芽中。RE 的顶芽形态一直保持开放的状态，没有看到由芽鳞紧密包裹的休眠芽，而是较为松散的顶端形态，RE 的顶端形态更类似于正在旺盛生长的白桦的顶端形态（图 6-31），但是最终它们的顶端生长都相对停止。

6.5.2.3　SD 处理过程中植株内源 IAA 及 IBA 的时序测定

植物休眠芽的形成与体内的激素水平密切相关，如 IAA、ABA 等。为了研究 IAA 与 ABA 的变化是否为潜在影响转基因株系的休眠芽形成的因素，我们测定

图 6-31　SD 处理非转基因及转基因白桦时顶芽形态变化（彩图请扫封底二维码）

A~C. SD 处理 0d、12d、24d 的 WT 休眠芽形态；D~F. SD 处理 0d、12d、24d 的 OE 休眠芽形态；G~I. SD 处理 0d、12d、24d 的 RE 休眠芽形态；J~R. 上述 A~I 图的放大图

了 SD 处理 0d、8d、16d、24d 时，转基因株系顶芽中 IAA 及 ABA 含量的变化（图 6-32）。

前人的研究表明，在白桦的高生长停止时，ABA 的含量会出现暂时性的增加。本研究中，大约 SD 处理 16d 时，WT 的高生长停止并且 ABA 的积累达到峰值（图 6-32C），而转基因白桦在 SD 处理 16d 时高生长停止，但是 ABA 的积累未达到峰值，并从 SD 处理 8d 时，含量持续下降。

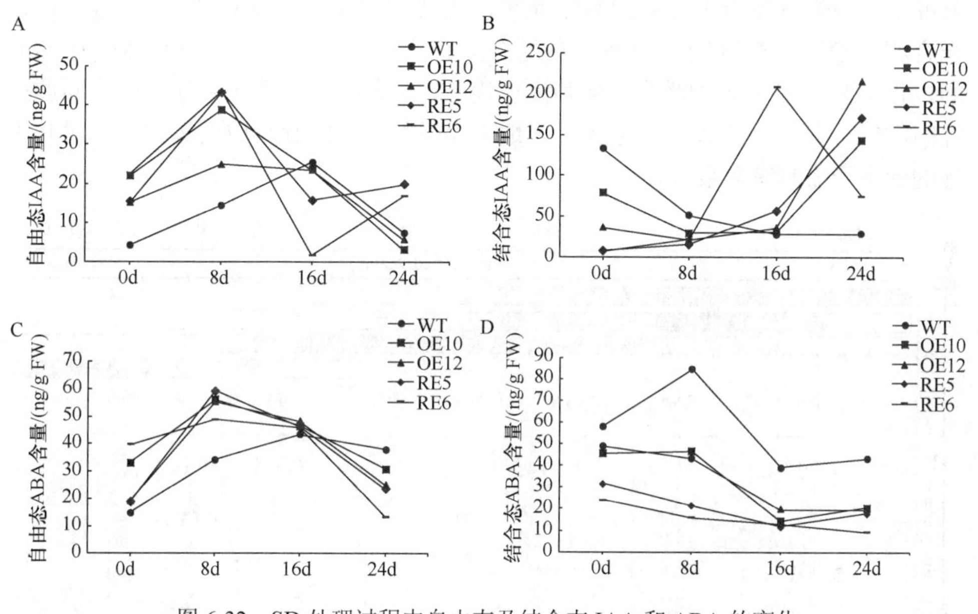

图 6-32　SD 处理过程中自由态及结合态 IAA 和 ABA 的变化

6.5.2.4　转录组测序分析非转基因白桦的芽休眠所涉及的生物学过程

根据上述研究发现，*BpIAA10* 转录因子及相关激素参与白桦休眠芽的形成。为了深入挖掘该过程中涉及的重要生物学途径、关键转录调控因子以及 *BpIAA10* 转录因子如何调控休眠芽形成，我们开展了进一步研究工作，分别取 SD 处理 0d、8d、16d、24d 的 WT、OE 和 RE 株系的顶芽，进行转录组测序。

首先，通过分析 SD 处理 0d、8d、16d、24d 的 WT 数据发现，芽休眠是一个复杂的、各成分高度协同调控的过程，为了方便研究和描述，我们根据结果将休眠芽形成分为三个阶段，即：芽休眠的开始（SD 0d vs SD 8d）、芽对于温湿度的适应（SD 8d vs SD 16d）和休眠芽的形成（SD 16d vs SD 24d），分别命名为 P1、P2、P3。转录组结果显示，这 3 个阶段分别获得差异表达基因 1329 个、2605 个及 1222 个（FC>2，FDR<0.05）。当白桦 SD 处理 8d 时，白桦体内启动了早期的适应性程序，在类黄酮合成相关途径、生长素信号转导途径、细胞分裂素信号途

径、生长节律及光相关途径出现大量差异基因的显著富集，为白桦适应光周期改变而发出信号；SD 处理 16d 时，白桦体内启动第二次较大的转变，主要包括一系列激素信号途径的应答反应，如生长素、脱落酸、油菜素内酯、细胞分裂素，此外大量过氧化物酶显著下调表达，糖和淀粉的代谢相关基因也发生了显著改变，在这个阶段众多成分的协同调控下，高生长逐渐停止，休眠芽开始形成；当 SD 处理 24d 时，白桦体内启动了后期的适应性程序，为度过不良的环境条件做好充分准备，该阶段差异表达基因数量减少，主要富集在生长素和 ABA 信号途径、光合相关途径、半乳糖代谢及类黄酮合成有关的基因。因此，白桦休眠芽形成的过程广泛依赖于多种激素、糖和淀粉代谢、类黄酮合成等相关途径的协同调控（图 6-33），其中生长素信号途径显著地贯穿于整个休眠芽形成的过程中，对其正常的形态形成具有重要作用。

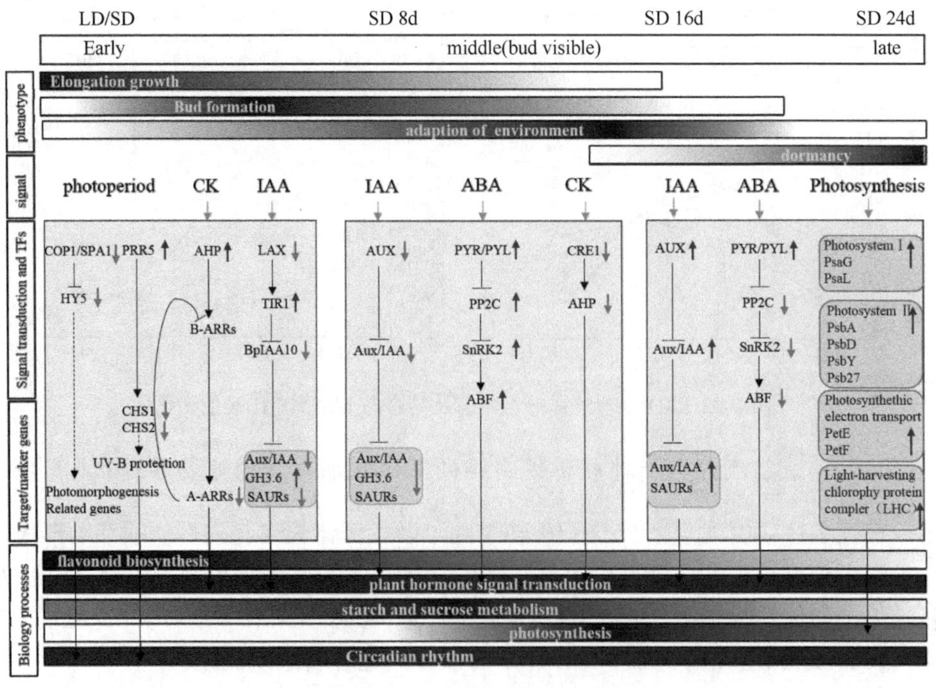

图 6-33　SD 诱导非转基因白桦顶芽休眠过程中的分子调控表达（彩图请扫封底二维码）

进一步分析发现，SD 处理 8d 时，触发了白桦体内生长节律相关基因的表达，如 *COP1*、*HY5*、*CHS1* 和 *CHS2* 显著下调表达，*PRR5* 和 *SPA1* 显著上调表达，其中 *COP1*/*SPA1* 可以形成 E3 泛素化连接酶复合体，是光信号转导途径中重要的抑制因子，通过降解光形态建成的正向调控因子来抑制植物的光形态建成（Sassi et al.，2012）。本研究中 SD 处理引起该复合体的活性降低，因此促进了光信号转导；

HY5 是一个重要的转录因子，参与调控光反应基因的表达；*PRR5* 参与调控植物的生物钟周期；因此，上述基因的应答表达旨在传递光信号及调节生长节律，都是白桦休眠芽形成的重要信号。另外，与之相适应的激素及代谢途径发生明显下调表达，例如，生长素信号途径多达4个生长素原初响应基因显著下调表达（*SAURs* 和 *Aux/IAA*）；细胞分裂素途径中，与黑暗条件适应相关的基因 *A-ARR3*、*A-ARR9*、*A-ARR15* 显著下调表达；与次生代谢及抗氧化相关的类黄酮合成相关的基因下调表达。综上所述，光信号、生长节律、生长素、细胞分裂素及类黄酮合成信号途径是白桦接收 SD 信号后首先做出的分子响应，以调节下游基因的表达来适应 SD 环境（图 6-33）。

SD 处理 16d 时，白桦在顶芽形态上呈现出要形成休眠芽的形态，在分子水平也发生众多显著变化（图 6-33）。首先，包含 4 种激素信号途径，如生长素信号途径的 2 个生长素输入载体下调表达，多达 13 个生长素原初响应基因 *SAUR*、*GH3* 和 *Aux/IAA* 都下调表达，说明生长素信号途径受到抑制；BR 信号途径中分别与细胞分裂和伸长有关的 *CYCD3-1*、*CYCD3-2* 和 *TCH4* 都显著下调表达；CK 信号途径中与细胞分裂相关的 *AHP* 及 *CRE* 都下调表达；ABA 信号途径的 3 个脱落酸受体 *PYL* 上调表达，5 个 *PP2C*、4 个 *SnRK* 及 *ABF* 显著上调表达，说明 ABA 信号途径激活；上述激素信号途径的显著变化，是调节休眠芽形成的重要原因。另外还有多达 15 个过氧化物酶相关基因下调表达，可能与调节 IAA 含量升高有关。在白桦休眠芽形成同时，体内调节糖和淀粉代谢的相关基因出现较大的变化，整体来看，白桦的相关代谢的活跃程度下降，如催化糖和淀粉代谢相关酶、果胶合成、细胞壁修饰及糖合成等相关基因显著下调表达。由于白桦 SD 处理后，光照条件下积累的淀粉不能满足长时间黑暗条件下的能量需要，因此，与淀粉降解、释放葡萄糖相关的基因显著上调表达，以保证白桦生长的能量需求。综上所述，白桦休眠芽的形成受到上述相关激素的调控，并通过调节糖和淀粉的代谢逐渐适应 SD 环境。

SD 处理 24d 时，白桦的休眠芽形成，休眠芽中包含了顶端分生组织和下一年部分或全部的器官生长点，虽然外在组织相对停止生长，但是转录组数据表明，其内部相关途径依然十分活跃，为度过不良环境和来年的旺盛生长做好充分的准备。结果显示（图 6-33）：ABA 信号途径相关基因的下调表达，说明 ABA 主要在休眠芽形成及调节相关器官的发育时起作用；而 IAA 信号途径的生长素输入载体 *LAX3* 和多达 9 个生长素原初响应基因（*SARU* 和 *Aux/IAA*）显著上调表达，说明此时白桦内部也存在着活跃的生长素调控机制，并不展现在白桦的外部可见的生长方面，而是在内部以强大的调控能力使得相关代谢发生重组，以适应未来的不良环境条件，得以生存。除了生长素信号途径被激活外，还有光合作用中 8 个光受体基因（*LHCA*、*LHCB* 家族）、叶绿体基因（*PsbA*、*PsbD*、*PsbY*、*Psb27*、*PsaL*、

PsaG）及细胞色素合成基因（*PetE*、*PetF*）均显著上调表达，这些基因的表达与白桦休眠芽形成后叶片颜色逐渐变为深绿色有关；同时，光信号途径的激活是白桦休眠芽形成后，典型的对 SD 处理的后期适应现象通过增强光合和呼吸作用，使得相关代谢物的积累增多，有利于抵抗不良生长条件的胁迫。

6.5.2.5 *BpIAA10* 基因通过生长素信号途径影响休眠芽的形成

通过分析 SD 处理 0d、8d、16d、24d 的 OE 和 RE 的数据发现，OE 在 P1、P2 和 P3 这三个阶段分别获得差异表达基因 1568 个、2559 个和 832 个（FC>2，FDR<0.05），RE 在这三个阶段分别获得 1322 个、2660 个和 770 个差异表达基因（FC>2，FDR<0.05），经过对差异基因的信号途径富集分析发现，OE 和 RE 的差异基因所富集的信号通路十分类似。当转基因白桦 SD 处理 8d 时，其在生长节律和光、淀粉和糖的代谢、双萜类物质合成相关途径变化显著；SD 处理 16d 时，差异基因在淀粉和糖的代谢、苯丙烷合成途径、类黄酮合成途径显著富集；SD 处理 24d 时，差异基因在苯丙烷合成及苯丙氨酸代谢途径显著富集。转基因白桦在休眠芽形态建成时，内部的信号调控途径与 WT 完全不同；在 SD 处理后，虽然能通过生长节律和光信号的诱导产生响应，但是大部分激素信号途径无显著变化，说明转基因白桦能够接收光信号，但内源激素信号调控途径失调，对 SD 处理发出的信号不敏感，无法做出一定的响应；尤其是生长素信号自始至终都贯彻于休眠芽形成的整个过程中，具有非常重要的作用，而 *BpIAA10* 作为生长素信号途径中的重要转录因子，它的功能的失调，直接造成了生长素信号途径无法调节转基因白桦顶芽对环境的适应。因此，转基因白桦的休眠芽形成存在明显的缺陷，致使最终休眠的顶芽暴露在开放的、停止生长的幼叶中。转基因白桦休眠后，其内部丰富的激素信号转导及调节都减弱甚至消失，导致其包含的顶端分生组织和下一年部分或全部的器官生长点的孕育受到影响。因此，生长素信号途径中的 BpIAA10 转录因子，对于休眠芽的形态建成、其内部的物质积累，以及下一年各个器官的发生和发育具有重要的调控作用。

6.5.3 *BpIAA10* 基因参与调控白桦不定根发育

根据前人研究报道，*Aux/IAA* 基因家族主要参与植物不定根的发育，因此，本研究观察了对照及转基因生根株系在透明琼脂中的生根情况。结果发现：在透明生根培养基中生长 10d 时，对照大多长出不定根 1~2 根，而转基因株系（OE 和 RE）均长出较粗壮且较长的不定根，不定根数目为 4~8 根，显著多于对照（图 6-34，图 6-35），说明转基因株系能够提前产生不定根，且不定根较为发达，发达的根系有利于株系吸收更多的营养以供给地上部分的生长，且有助于植物在逆境环境下提升自己的抗逆能力，由此表明，*BpIAA10* 基因参与白桦的不定根的发育，对植物的发育具有十分重要的作用，后续相关基因的表达及调控关系有待于进一步验证。

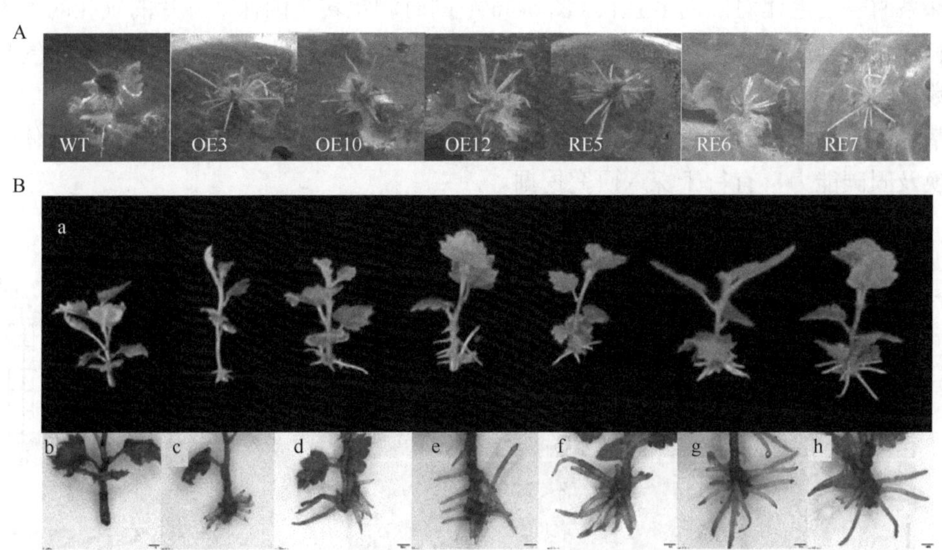

图 6-34　对照及转基因株系的生根及不定根发育情况（彩图请扫封底二维码）

A. 透明琼脂中，对照及转基因株系的生根情况；B. 对照及转基因株系的不定根发育情况，a. 实体观察；b~h. 实体显微镜下观察根的发育，依次为 WT、OE3、OE10、OE12、RE5、RE6 和 RE7

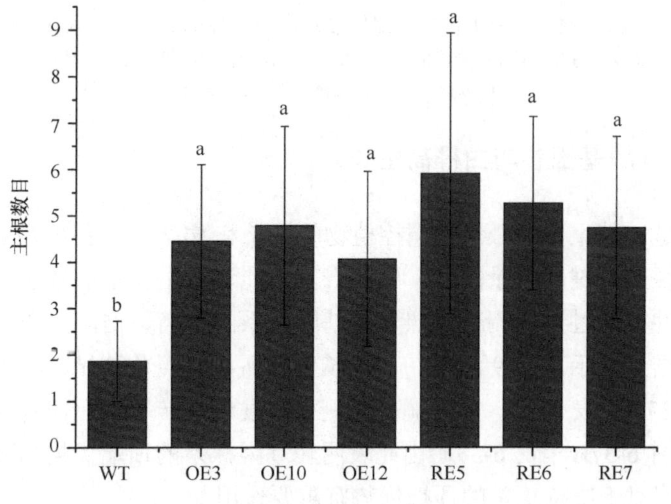

图 6-35　对照及转基因株系的不定根生长情况统计

6.5.4 *BpIAA10*基因参与白桦气孔发育

前人研究报道指出，*Aux/IAA* 基因家族有些成员参与调控植物的气孔发育。因此，我们选取了对照及转基因的健康的叶片，在扫描电镜下观察发现，转基因株系的表皮毛比对照的多且长（图 6-36）；同时测定转基因株系叶片的气孔的大小和数目，结果表明，转基因株系的气孔比对照略微大一些，差异不显著；而气孔数目显著比对照增多，有成簇分布的趋势（图 6-36）。以上结果表明，*BpIAA10* 基因还参与白桦叶片气孔的起始和发育，这可能会提高转基因白桦叶片的气体交换及固碳能力，有待于深入研究挖掘。

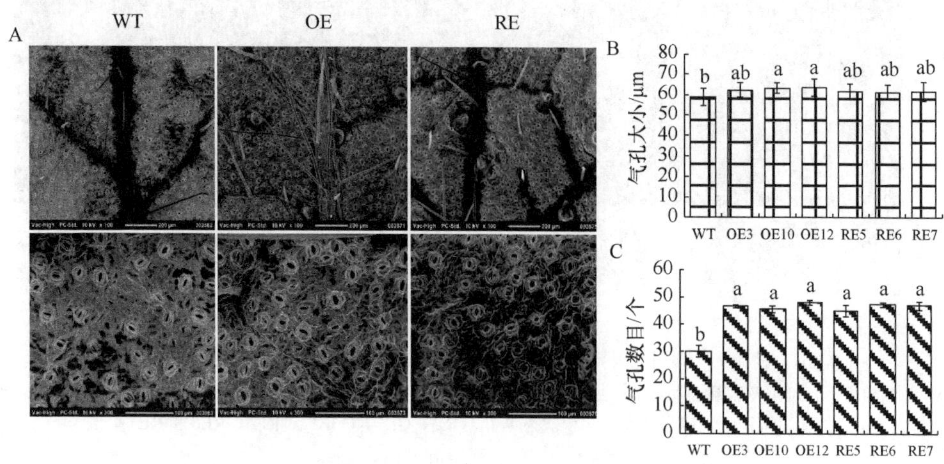

图 6-36 扫描电镜观察对照及转基因白桦的表皮毛及气孔

A. 扫描电镜观察对照及转基因白桦的表皮毛及气孔；B. 对照及转基因白桦的气孔大小统计；C. 对照及转基因白桦的气孔数目统计

6.5.5 *BpIAA10*基因参与白桦高生长

生长素是一种重要的激素，调控植物的生长和发育，由于 *BpIAA10* 基因是生长素信号途径中关键的转录因子，因此，其可能通过生长素信号途径调控白桦的生长相关特性。通过连续调查对照及转基因株系的苗高数据，拟合生长曲线，调查侧枝数，结果显示：在 9 月中旬，生长停止后，对照苗高显著高于各个转基因株系（图 6-37A，表 6-3）；同时调查其侧枝数发现，转基因在株系的侧枝数显著多于对照（图 6-37B，表 6-3），由此表明转基因株系的顶端优势都减弱，说明了 *BpIAA10* 基因对于维持正常的顶端优势有重要作用。

通过逻辑斯蒂方程拟合对照及转基因白桦的生长曲线（图 6-37C，图 6-38），结果表明：转基因白桦和对照相比，速生期开始时间早于对照，速生期截止时间略晚于对照，速生期持续时间长于对照，但是该期间的生长量显著低于对照，主要是由于速生期平均日增长量显著低于对照，且生长最大速率也显著低于对照，最终造成速生期生长量占全年生长量比值低于对照，由此说明 *BpIAA10* 基因与白桦生长有密切关系，该基因的正常表达及生长素信号途径的正常转导，对于白桦的正常发育十分必要。

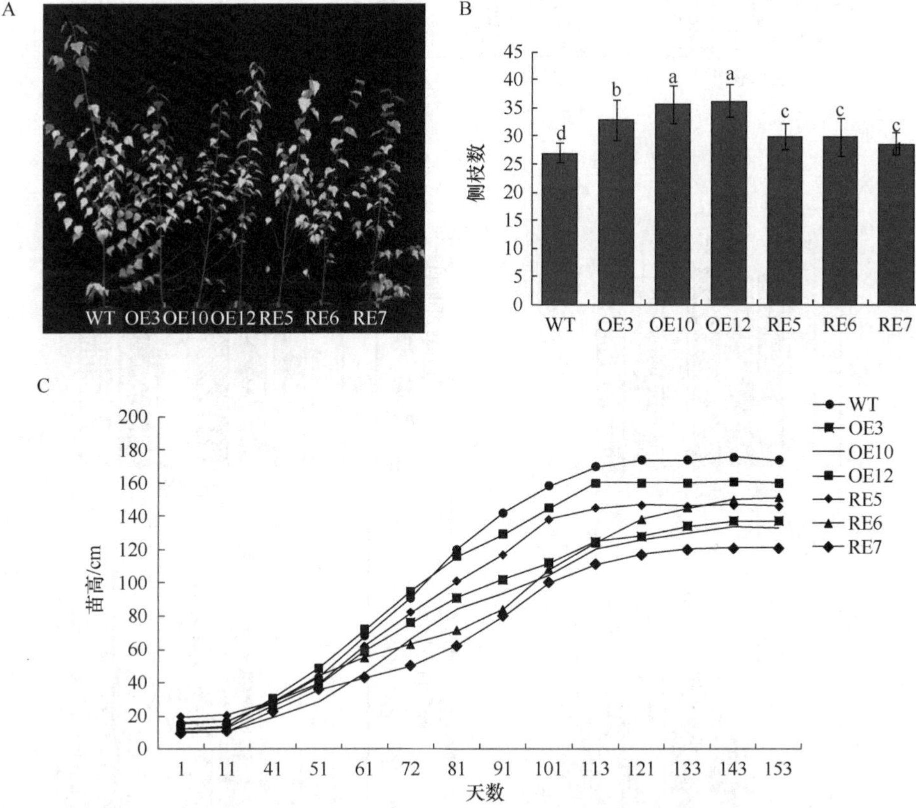

图 6-37　两年生对照及转基因株系的生长情况

A. 二年生对照及转基因株系苗高；B. 二年生对照及转基因株系侧枝数统计；C. 逻辑斯蒂方程拟合二年生对照及转基因白桦的生长曲线

表 6-3　二年生对照及转基因白桦的苗高及侧枝数统计

	WT	OE3	OE10	OE12	RE5	RE6	RE7
二年生苗高/cm	174±39.52	137±29.42	133±14.48	160±28.22	146±26.29	151±31.64	121±25.54
侧枝数/个	27±2	33±4	36±3	36±3	30±2	30±3	29±2

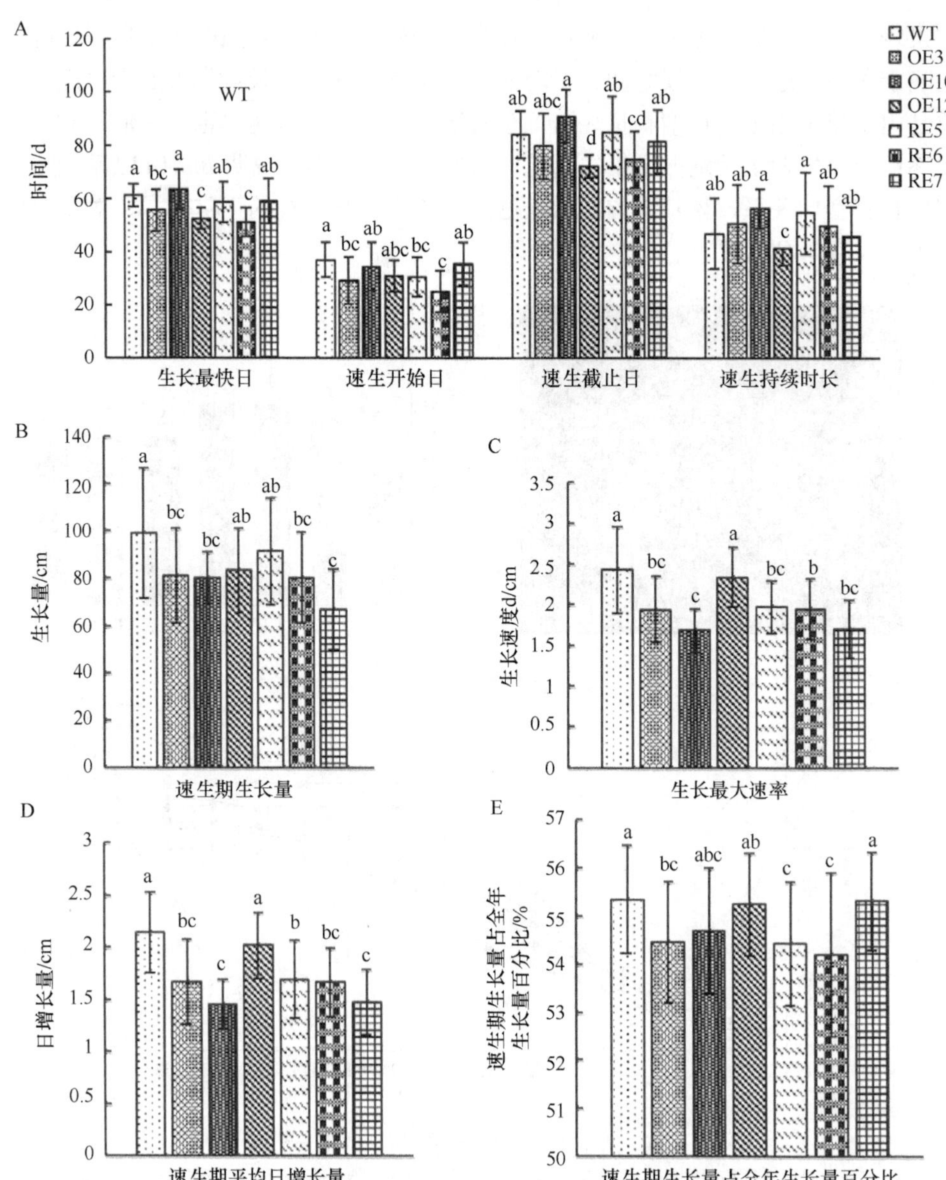

图 6-38　二年生对照及转基因白桦的生长相关特性的分析

A. 白桦速生开始、截止和持续时长；B. 速生期生长量；C. 生长最大速率；D. 速生期平均日增长量；E. 速生期生长量占全年生长量百分比

6.5.6　*BpIAA10* 基因影响白桦功能叶基顶轴方向发育

通过观察二年生白桦的叶片，发现叶片大小发生了改变，因此，我们利用叶

面积仪测定了对照及转基因白桦的第 3~6 片功能叶，结果显示转基因株系的叶面积较对照来说明显变小（图 6-39A、B），进一步研究发现，转基因株系的叶长（基顶轴方向）显著短于对照（图 6-39C），而叶宽则变化不显著（图 6-39D），说明了转基因株系叶面积减小主要是由于叶长变短，与叶宽无关，以上结果证明了 *BpIAA10* 基因还参与叶片基顶轴方向的发育。

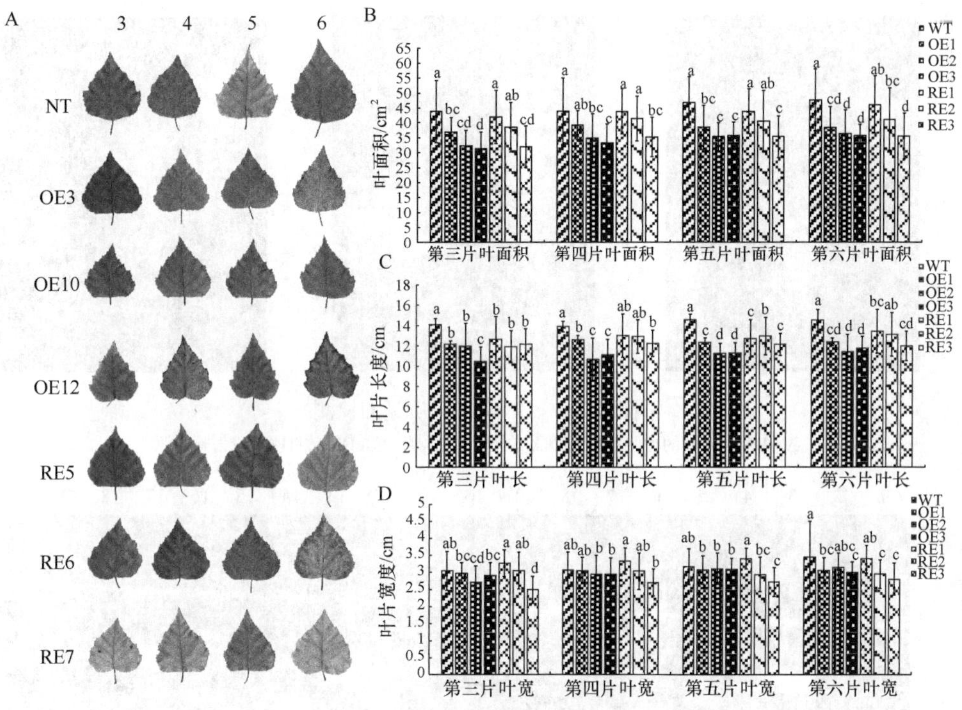

图 6-39　二年生对照及转基因白桦的叶面积测定

A. WT、OE 和 RE 的第 3~6 片功能叶；B. 叶面积测定；C. 叶长；D. 叶宽

6.6　酵母单杂交和酵母双杂交筛选 *BpIAA10* 启动子/*BpIAA10* 转录因子的互作蛋白

6.6.1　白桦 cDNA 文库的构建及质量检测

使用材料方法中提及的试剂盒完成 cDNA 的合成（图 6-40A）、均一化（图 6-40B）及短片段去除（图 6-40C），再利用 Yeastmaker Yeast Transformation System 2（Cat. No. 630439）将 SMART PCR 扩增的 cDNA 和线性化 pGADT7 载体共转化到 Y187 报告菌株中，构建酵母三框表达文库（pGADT7-cDNA）[宝生物工程（大连）

有限公司完成，技术服务编号：CLA114]，开放读码框 1、开放读码框 2、开放读码框 3 的库容均大于 1.5×10^{6}cfu，每个开放读码框随机挑选 16 个克隆，以载体特异性引物进行 PCR 扩增（图 6-41），插入片段大小为 0.5~3kb，重组率为 97.9%，从文库中随机挑选 96 个克隆进行测序，冗余序列只有 2 个，冗余率不到 3%，说明文库质量良好。

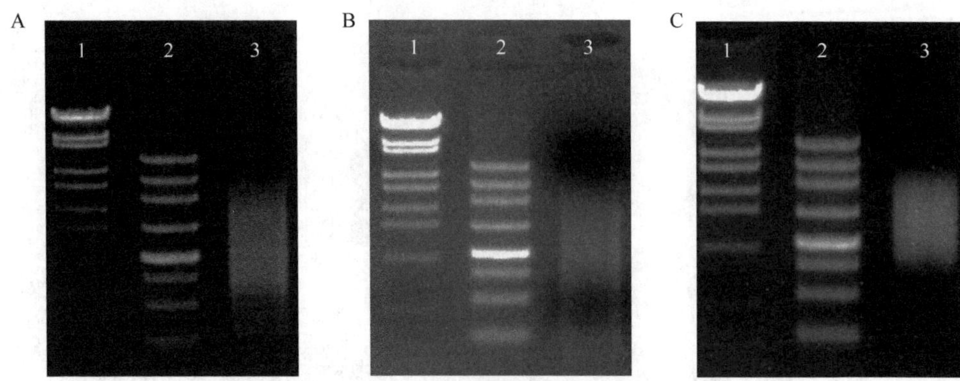

图 6-40　cDNA 文库质量的检测

A. cDNA 合成的检测；B. cDNA 的均一化检测；C. cDNA 的短片段去除检测

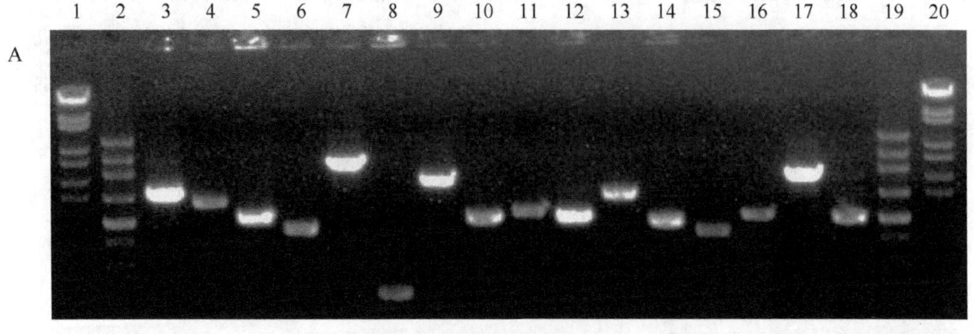

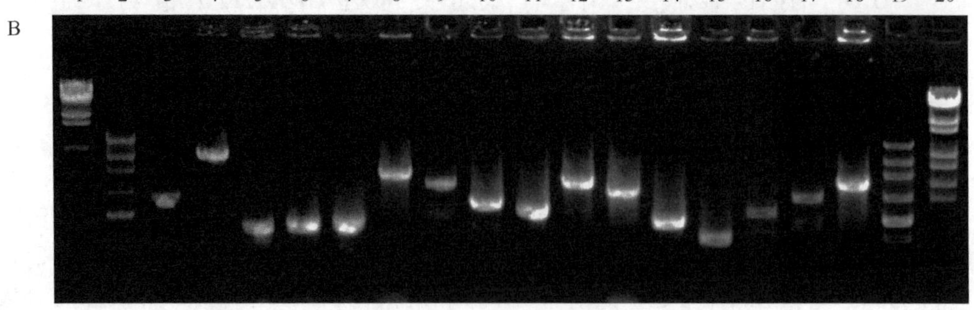

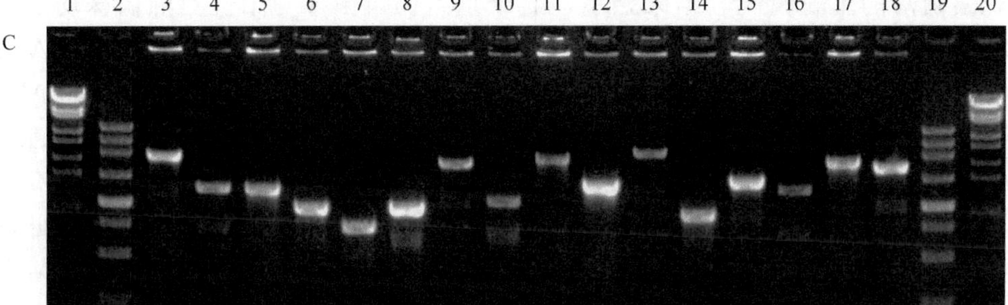

图 6-41　三框 cDNA 文库的插入片段长度鉴定

A. 开放读码框 1 表达文库；B. 开放读码框 2 表达文库；C. 开放读码框 3 表达文库；1，2，19，20. Marker；3~18. 插入片段的 PCR 检测

6.6.2　酵母单杂交筛选 *BpIAA10* 基因的上游调控因子

6.6.2.1　四次重复诱饵序列的退火

通过煮沸-室温退火的方法将四次重复诱饵单链序列合成为双链 DNA 序列，3%琼脂糖凝胶电泳结果显示，退火后的双链 DNA 产物比单链前体序列的电泳迁移速率稍慢（图 6-42），说明双链诱饵序列成功合成。进而将合成靶 DNA 与双酶切后的 pAbAi 载体连接后转化 Top10，提取质粒，以 pAbAi-F、pAbAi-R 为测序引物，将重组质粒测序，测序结果用 BioEdit 比对显示 4 个元件插入 pAbAi 载体，说明重组载体 pBait1-AbAi、pBait2-AbAi、pBait3-AbAi 和 pBait4-AbAi 构建成功。

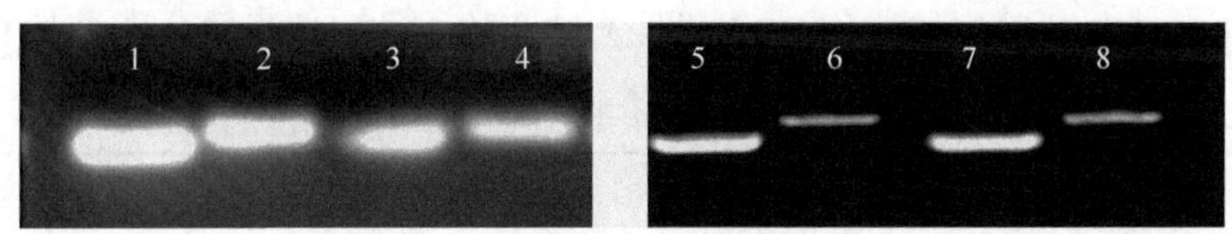

图 6-42　四次重复诱饵序列的退火产物

1，2 分别代表 AuxRR-core-TOP 和 AuxRR-core 四次重复序列退火产物；3，4 分别代表 TGA-element-TOP 和 TGA-element 四次重复序列退火产物；5，6 分别代表 ntBBF1 ARROLB-TOP 和 ntBBF1 ARROLB 四次重复序列退火产物；7，8 分别代表 G-box-TOP 和 G-box 四次重复序列退火产物

6.6.2.2　利用 AbA^r 的表达检测诱饵菌株

为了找到抑制诱饵菌株生长的最低 AbA 浓度，我们将上述成功构建的 4 个重组诱饵菌株（pBait1-AbAi、pBait2-AbAi、pBait3-AbAi 和 pBait4-AbAi）与阳性对照（p53-AbAi）菌株涂布于 SD/-Ura、SD/-Ura /AbA（Aureobasidin A）（100ng/ml）、SD/-Ura/AbA（150ng/ml）、SD/-Ura/AbA（200ng/ml）培养基上，于 30℃培养 2~3d，

观察菌落的生长情况。结果显示，4 个重组诱饵菌株与阳性对照菌株均能在 SD/-Ura 培养基上长出正常大小的单克隆菌落；pBait2-AbAi 在 SD/-Ura/AbA（200ng/ml）培养基无单菌落生长；pBait3-AbAi 和 p53-AbAi 在 SD/-Ura/AbA（150ng/ml）培养基无单菌落生长；pBait1-AbAi 和 pBait4-AbAi 在 SD/-Ura/AbA（200ng/ml）培养基上依然能长出正常大小的单菌落，即使将 AbA 浓度提高至 1000ng/ml，还是无法抑制 pBait1-AbAi 和 pBait4-AbAi 的本底表达。因此，pBait1-AbAi 和 pBait4-AbAi 存在自激活现象，无法进行下一步研究，pBait2-AbAi 和 pBait3-AbAi 本底表达的最低 AbA 浓度分别是 200ng/ml 和 150ng/ml，可进行酵母单杂交文库的筛选。

6.6.2.3 酵母单杂交筛选 cDNA 文库

利用 Yeastmaker Transformation System 2 系统，将 Y1HGold[pBait2-AbAi]、Y1HGold[pBait3-AbAi]和 cDNA 文库 Y187[pGADT7-cDNA]共转化，然后初步筛选可能互作的基因。结果显示，我们分别获得 96 个、20 个阳性克隆能够与 pBait2-AbAi、pBait3-AbAi 互作，经过再次筛选及测序表明，我们最终获得 5 个、3 个非重复且具有正确完整的开放读码框的候选 cDNA 序列与 pBait2-AbAi、pBait3-AbAi 互作。挑取这 8 个阳性克隆，提取质粒并送由公司测序，根据测序结果，在 NCBI 数据库进行序列相似性比对（BLASTX，E 值$<10^{-5}$）及 SMART 结构域预测，生物信息学分析结果表明（表 6-4，表 6-5），与 pBait2-AbAi（TGA 元件）结合的 5 种阳性蛋白分别为热响应蛋白 BpHSP90（CCG006853.1）、Bp14-3-3 蛋白（CCG008178.1）、锌指蛋白（BpC2H2）（CCG008833.1）、核糖体蛋白 L2（BpRL2）（CCG028366.1）和 BpFAR1 蛋白（CCG025388.1）；与 pBait3-AbAi（ntBBF1ARROLB 基序，简称 BBF 元件）结合的 3 种阳性蛋白分别为类 BpFAR1

表 6-4 酵母单杂交筛选出的阳性基因/蛋白序列相似性比对

诱饵载体	白桦基因组中的登录号	同源序列的 NCBI 登录号	E 值	相似性/%	参考序列的总体描述
pBait2-AbAi	CCG006853.1	refAKG50120.1	5×10^{-94}	99	Heat-shocked protein 90（*Betula luminifera*）
	CCG008178.1	refNP_001313873	2×10^{-59}	97	14-3-3 protein（*Gossypium hirsutum*）
	CCG008833.1	refXP_006385011	2×10^{-103}	92	C2H2 type zinc finger protein（*Populus trichocarpa*）
	CCG028366.1	refYP_009349586	4×10^{-143}	90	Ribosomal_L2 protein（*Betula nana*）
	CCG025388.1	refXP_018818222	6×10^{-108}	86	FAR1 protein（*Juglans regia*）
pBait3-AbAi	CCG025388.1	refXP_018818222	6×10^{-108}	86	FAR1 protein（*Juglans regia*）
	CGG036611.1	refXP_012081644	5×10^{-40}	96	14-3-3-like protein（*Jatropha curcas*）
	CCG033897.1	refXP_018806059	4×10^{-82}	89	kinesin-like protein（*Juglans regia*）

表 6-5　候选基因的对应蛋白的功能结构域预测

白桦基因组中的登录号	功能域	功能描述
CCG006853.1	HSP90	Heat shock protein 90，ATP binding[z1]，protein folding，Biological Process，response to stress
CCG008178.1	14-3-3	tyrosine 3-monooxygenase/tryptophan 5-monooxygenase activation protein，protein domain specific binding
CCG008833.1	Zinc finger	Zinc finger，C2H2 type family protein，zinc ion binding，transcription factor
CCG028366.1	Ribosomal_L2	Ribosomal protein L2，RNA binding，structural constituent of ribosome，transferase activity
CCG025388.1	FAR1	Transcription factor，FAR1-related
CGG036611.1	14-3-3 like	protein domain specific binding，tyrosine 3-monooxygenase/tryptophan 5-monooxygenase activation protein
CCG033897.1	kinesin-like protein	microtubule motor activity，ATP binding，Kinesin heavy chain

蛋白（CCG025388.1）、Bp14-3-3 like 蛋白（CCG036611.1）、驱动蛋白（BpKIN）（CCG033897.1）。筛选结果初步表明，这 7 个蛋白质可能是通过与 TGA 和 BBF 元件结合而作用于 *BpIAA10* 基因上游的转录调控因子。

6.6.3　植物细胞中验证酵母单杂交筛选结果

为了进一步验证 BpHSP90、Bp14-3-3、BpC2H2、BpRL、BpFAR、Bp14-3-3 like 及 BpKIN 蛋白与 TGA 或 BBF 元件在植物细胞环境下的结合，我们构建了相关的报告载体（reporter）和效应载体（effector）（除了 BpC2H2 未成功克隆，其他候选基因成功克隆），并通过瞬时转化实验将它们共转化至烟草细胞。GUS 染色及 GUS 酶活性测定结果表明，与阳性对照（转化 pCAMBIA1301 空载+pROKII 的烟草）相比，共转化 pCAM-TGA+pROKII、pCAM-TGA+pROKII-HSP90、pCAM-TGA+pROKII-FAR1、pCAM-BBF+pROKII 的烟草 GUS 酶活都很低，且烟草叶片在 GUS 染色后无蓝色斑点产生。而共转化 pCAM-TGA+pROKII-14-3-3、pCAM-TGA+pROKII-RL2、pCAM-BBF+pROKII-FAR1、pCAM-BBF+pROKII-14-3-3 like、pCAM-BBF+pROKII-KIN 的烟草在 GUS 染色后，叶片出现蓝色斑点，且 GUS 酶活均较高，接近阳性对照组的 GUS 酶活（图 6-43），进一步证明了在植物细胞环境下，14-3-3 和 RL2 蛋白能够特异性地与 TGA 元件相结合，类 14-3-3、FAR1 和 KIN 蛋白能与 BBF 元件结合，因此，以上 5 种转录因子参与调控 *BpIAA10* 基因的表达。其中，14-3-3 和类 14-3-3 蛋白参与调控多种激素的信号转导过程、核糖体蛋白（RL2）与 DNA 的修复、细胞的发育和分化有密切关系。FAR1 是介导光敏色素 A 响应远红光的正调控因子，推测上述 5 个转录因子通过不同的生物途径，参与 *BpIAA10* 基因对生长素信号途径的应答，调控植物的生长发育。

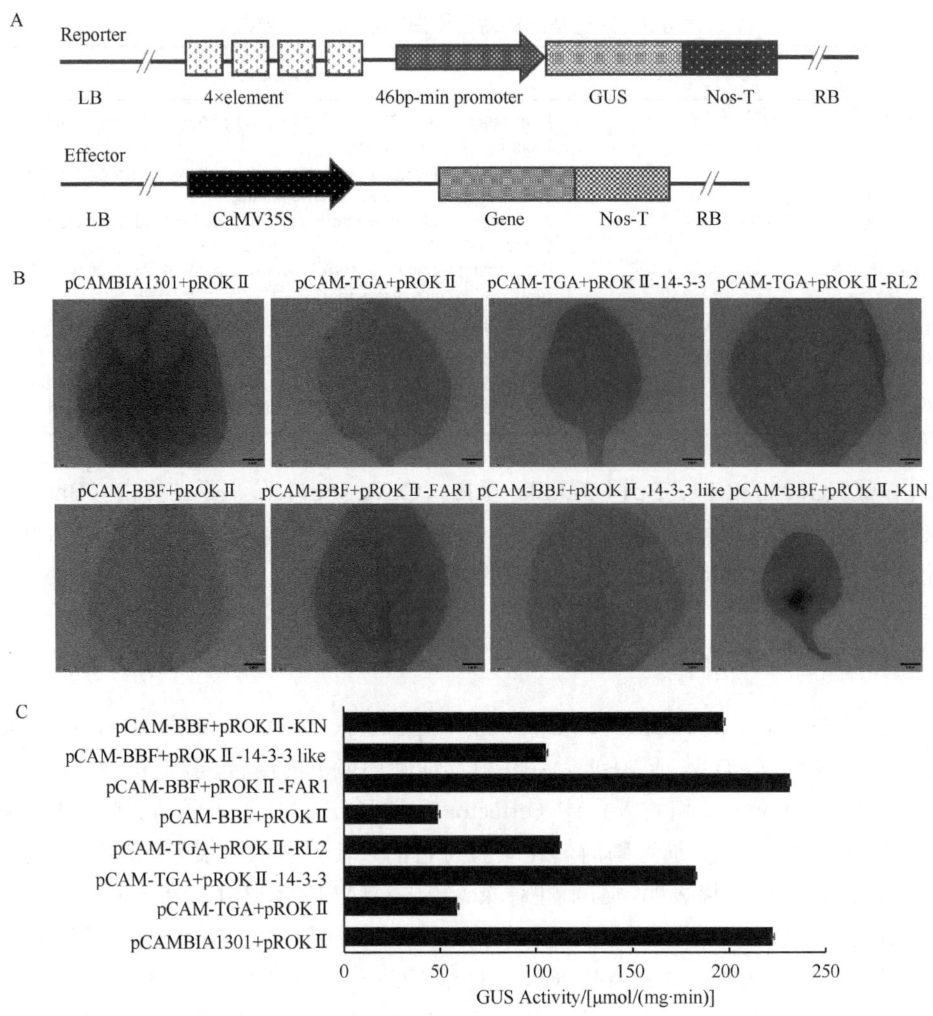

图 6-43 植物细胞环境下，验证两个生长素响应元件与候选蛋白的互作（彩图请扫封底二维码）

A. 酵母单杂交验证所需的报告载体和效应载体；B. 报告载体和效应载体共转化后的烟草 GUS 染色；C. GUS 酶活测定结果（与 B 相对应）

6.6.4 BpIAA10 互作蛋白的筛选

6.6.4.1 诱饵载体构建

本研究采用基因特异性引物扩增目的基因 *BpIAA10*，在该基因两端加上 *Bam*HⅠ和 *Eco*RⅠ酶切位点及 15bp 与载体同源的序列，In-Fusion 酶连接线性化载体和目的基因后，转入 Top10 感受态中，挑取阳性克隆并送由公司测序，比对结果显示重组载体构建成功，命名为 pGBKT7-IAA10。

6.6.4.2　诱饵载体的自激活及毒性检测

将 pGBKT7-IAA10、阳性对照 pGBKT7-53 及阴性对照 pGBKT7-Lam 质粒分别转化至酵母 Y2HGold，将阳性对照 pGADT7-T 转入 Y187，并将转化后的酵母涂布于相应的 SD 缺陷培养基上。结果显示（图 6-44，表 6-6），阳性对照 Y2HGold（pGBKT7-53）、阴性对照 Y2HGold（pGBKT7-Lam），以及稀释 10 倍、100 倍的 Y2HGold（pGBKT7-IAA10）在 SD/–Trp（SDO）培养基上均能长出正常的直径 2mm 单菌落，说明 pGBKT7-IAA10 蛋白的表达对酵母细胞没有毒性；Y2HGold（pGBKT7-IAA10）在 SD/–Trp/X-α-Gal（SDO/X）培养基上长出直径 2mm 白色单菌落；阳性对照 Y2HGold（pGBKT7-53）×Y187（pGADT7-T）在 SD/–Trp/X-α-Gal/AbA（SDO/X/A）培养基上长出直径 2mm 蓝色单菌落；阴性对照 Y2HGold

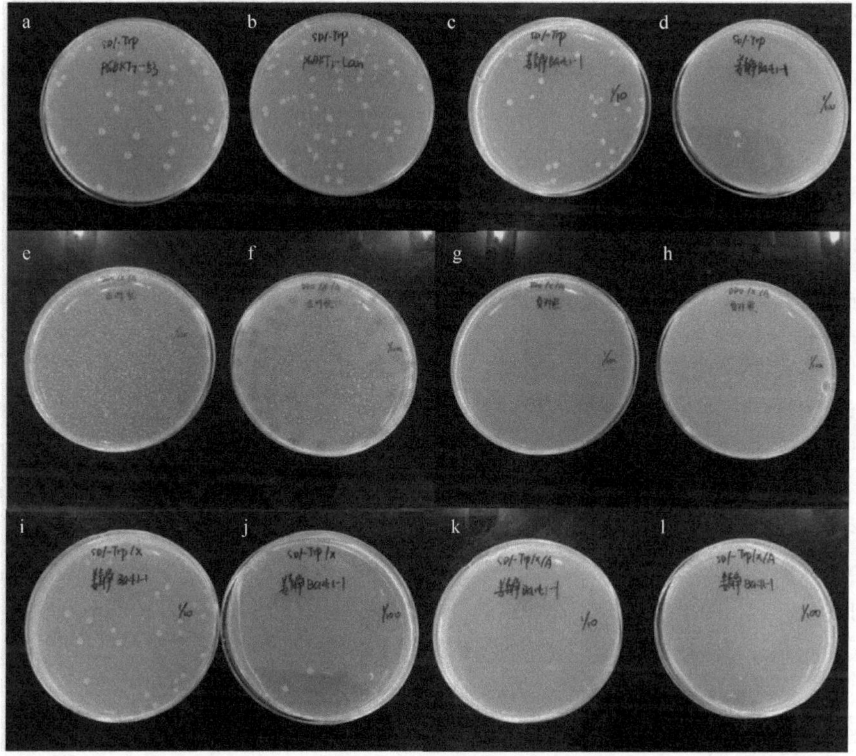

图 6-44　pGBKT7-IAA10 诱饵载体的自激活活性检测（彩图请扫封底二维码）

a~d. 生长在 SDO 培养基上的阳性对照 pGBKT7-53、阴性对照 pGBKT7-Lam、稀释 10 倍、100 倍的 pGBKT7-IAA10 酵母菌；e、f. 生长在 SDO/X/A 培养基上的稀释 100 倍、1000 倍的阳性对照 Y2HGold（pGBKT7-53）×Y187（pGADT7-T）酵母菌；g、h. 生长在 SDO/X/A 培养基上的稀释 100 倍、1000 倍的阴性对照 Y2HGold（pGBKT7-53）×Y187（pGADT7-Lam）酵母菌；i、j. 生长在 SDO/X 培养基上的稀释 10 倍、100 倍的 pGBKT7-IAA10 酵母菌；k、l. 生长在 SDO/X/A 培养基上的稀释 10 倍、100 倍的 BD-IAA10 酵母菌。结果显示，pGBKT7-IAA10 可以在 SDO 培养基上长出 2mm 的单菌落，而无法在 SDO/X/A 培养基上生长

表 6-6 **Bait 蛋白自激活及毒性检测**

菌株	选择培养基	明显的 2 mm 单菌落	颜色
Y2HGold[pGBKT7-IAA10]	SDO	有	白色
Y2HGold[pGBKT7-IAA10]	SDO/X	有	白色
Y2HGold[pGBKT7-IAA10]	SDO/X/A	无	N/A
Y2HGold[pGBKT7-53] ×Y187[pGADT7-T]	SDO/X/A	有	蓝色
Y2HGold[pGBKT7-53] ×Y187[pGADT7-Lam]	SDO/X/A	无	N/A

（pGBKT7-Lam）×Y187（pGADT7-T）及 Y2HGold（pGBKT7-IAA10）在 SD/–Trp/X-α-Gal/AbA（SDO/X/A）培养基上无法长出单菌落，说明 pGBKT7-IAA10 无自激活活性，可进行下一步研究。

6.6.4.3 pGBKT7-IAA10 与 pGADT7-cDNA 共转化后的筛选

将 pGADT7-cDNA 和 pGBKT7-IAA10 共转化后的酵母细胞涂布于 SD/–Leu/–Trp（DDO）培养基，30℃培养 3~5d，将长出的阳性克隆复制到 SD/–Trp/–Leu/X-α-Gal/AbA（DDO/X/A）平板上继续筛选，共筛选出 8 个蓝色单菌落（图 6-45），即有 8 个可能的阳性克隆，再将这些克隆接种至 SD/–Ade/–His/–Leu/–Trp/X-α-Gal/AbA（QDO/X/A）平板上进行复筛，有 7 个克隆仍可以正常生长，分别命名为 C1~C7。

6.6.4.4 阳性克隆的生物信息学分析

提取上述 7 个阳性克隆的质粒，并送由公司测序。测序结果比对白桦基因组，去除重复序列（C1~C4 重复，C5 和 C6 重复），最终获得 3 条 cDNA 片段所对应的白桦同源基因/蛋白质全长序列。结果显示，3 条序列比对 NCBI 数据库，与胡桃（*Juglans regia*）、胡杨（*Populus euphratica*）、苜蓿（*Medicago truncatula*）同源性分别达到 94%、88%、84%，3 种阳性蛋白保守结构域分析显示（表 6-7），分别是生长素响应因子（命名为 BpARF19）、生长素响应蛋白（BpIAA7）及热响应蛋白 DnaJ（BpHSP90）。亚细胞定位预测结果表明，*BpARF19* 和 *BpIAA7* 可能定位于细胞核，而 HSP90 可能定位于细胞质或细胞骨架。

6.6.5 双分子荧光互补（BiFC）在植物细胞内验证候选蛋白的互作

6.6.5.1 *BpIAA10* 基因及筛选出的基因克隆与载体构建

以白桦 cDNA 为模板，分别 PCR 扩增带有酶切位点的 *BpIAA10*、*BpARF19*、*BpIAA7* 和 *BpHSP90* 基因全长，经过 PCR 纯化，然后分别连接 pSPYNE-35S/pUC-SPYNE、pSPYCE-35S/pUC-SPYCE 载体，将 8 个重组质粒送由公司测序，比对结果显示构建成功。

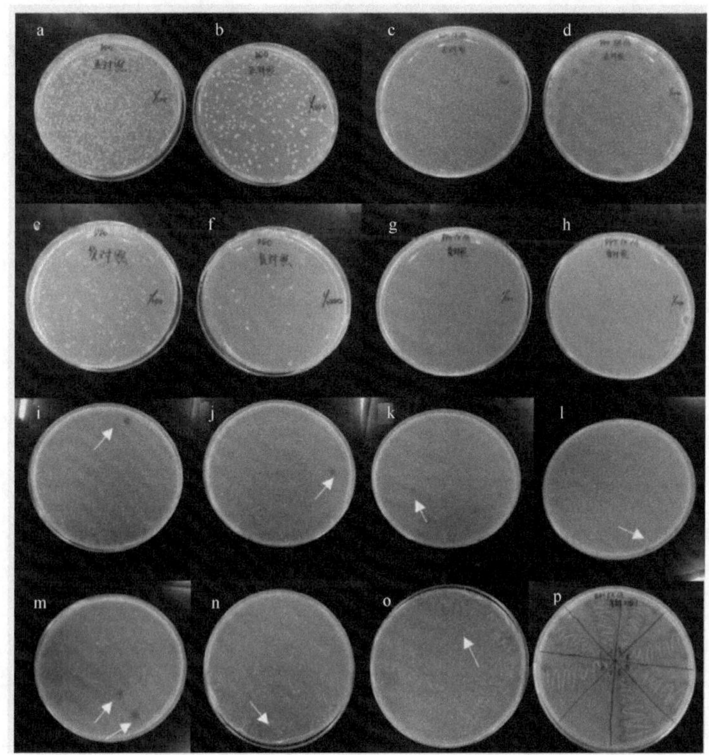

图 6-45　酵母双杂交筛选互作蛋白（彩图请扫封底二维码）

a~d. 阳性对照；e~h.阴性对照；i~o. DDO/X/A 培养基筛选 BpIAA10 的互作蛋白；p. QDO/X/A 培养基筛选 BpIAA10 的互作蛋白

表 6-7　阳性克隆的生物信息学分析

阳性克隆	白桦基因组中的同源序列号	蛋白名称	相对分子质量/kDa	亚细胞定位		理论等电点	氨基酸数目
				MultiLoc	WoLF PSORT		
C1	CCG025282.1	BpARF19	126 474.3	细胞核	细胞核	6.01	1130
C5	CCG023520.1	BpIAA7	26 919.5	细胞核	细胞核	8.52	243
C7	CCG016662.1	BpHSP90	37 370.4	细胞质	细胞质，细胞骨架	9.24	342

6.6.5.2　BiFC 验证 BpIAA10 与候选蛋白的互作

制备拟南芥原生质体后，通过双分子荧光互补的方法，根据黄色荧光蛋白质的表达，检测蛋白质互作情况。结果显示（图 6-46），IAA10-YFP^{C}/ARF19-YFP^{N} 及 IAA10-YFP^{N}/IAA7-YFP^{C} 可以在植物体内互作，发出黄色荧光，而 HSP40 无法和 IAA10 互作，阴性对照 IAA10-YFP^{N}/YFP^{C} 也无黄色荧光。因此，BpIAA10 能够和 BpIAA7 形成同源二聚体，和 BpARF19 形成异源二聚体。

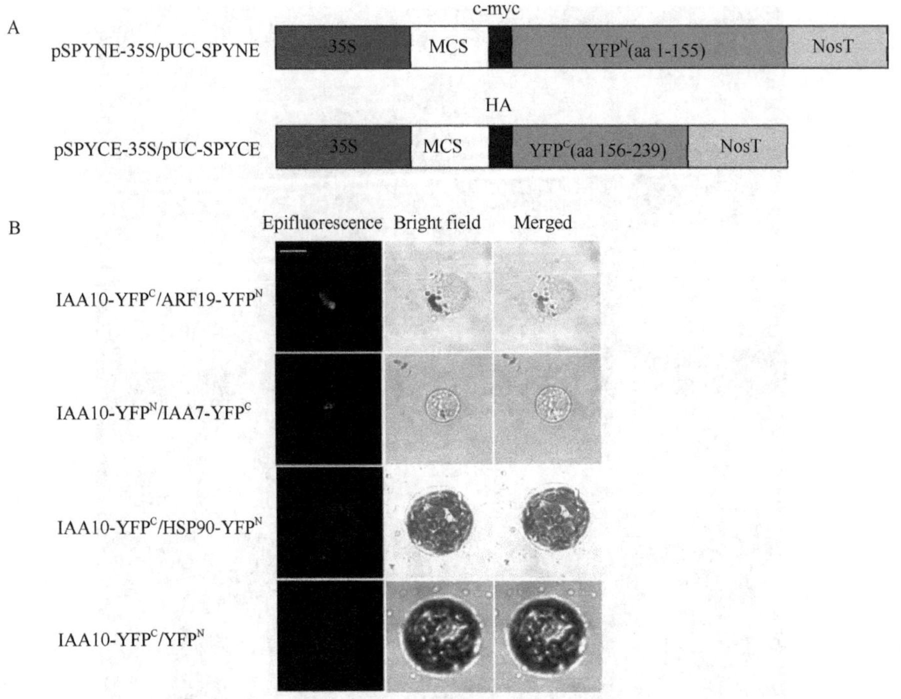

图 6-46 BIFC 法瞬时转化拟南芥原生质体验证 BpIAA10 与候选蛋白的互作
（彩图请扫封底二维码）

A. pSPYNE-35S/pUC-SPYNE 和 pSPYCE-35S/pUC-SPYCE 载体的骨架结构；c-myc，c-myc 亲和性标签；HA，血凝素亲和性标签；MCS，多克隆位点；35S，烟草花叶病毒的 35S 启动子；NosT，终止子 Nos 基因；YFP^N，YFP 的 N 端 1~155 个氨基酸；YFP^C，YFP 的 N 端 156~239 个氨基酸。B. 利用 BIFC 法瞬时转化拟南芥原生质体，验证 BpIAA10 与候选蛋白的互作。比例尺=20μm

Aux/IAA 转录因子在植物的生长发育过程中具有重要的调控作用，而白桦是具有很高经济价值和观赏价值的多年生林木。为了研究白桦 Aux/IAA 转录因子通过生长素信号途径调控白桦器官形成的机制，我们开展了本项研究。本研究中过表达 *BpIAA10* 的转基因株系如我们预想的一样，BpIAA10 蛋白大量增多，能够与 ARF19 特异地紧密结合，从而抑制下游生长素响应基因的表达；*BpIAA10* 抑制表达株系中，BpIAA10 蛋白缺失，ARF19 被释放，但生长素响应基因仍然下调表达。这可能是由于生长素响应基因的表达受到 Aux/IAA、抑制型 ARF、激活型 ARF 的共同调控，抑制型及激活型 ARF 对下游启动子的相同位置顺式作用元件竞争结合，可以调控相同的靶基因，抑制型 ARF 通过对相同靶基因的调控来减弱激活型 ARF 的活性。因此，依赖生长素信号转导的过程中，除 BpARF19 外，可能还存在其他 *BpARF* 基因受到生长素诱导，并调控上述生长素响应基因。通过挖掘白桦 *ARF* 基因家族，发现该家族有 23 个成员，包括 7 个激活型 ARF 及 16 个抑制型 ARF，由于转基因株系的 IAA 含量升高，引起 3 个激活型 ARF 上调表达，以及多达 12 个抑制型 *ARF* 上调表达。可能正是由于多个抑制型 *ARF* 上调表达的作用远远削弱了个别激活型 *ARF* 上调表达的作用，所以造成生长素响应基因的表达受到抑制。另外，在三类生长素原初响应基因中（*BpIAA*、*BpSAUR*、*BpGH3*），*BpGH3.6* 在两种转基因株系中都显著上调表达，植物 GH3 蛋白具有生长素氨基酸化合成酶活性，维持植物体内生长素的动态平衡（Westfall et al.，2016）。可能由于转基因株系生长素含量增加，株系通过调节 *BpGH3.6* 的表达以修复自身激素失衡的状态。因此，生长素信号途径中各组分间既具有高度特异性，又存在互作调控的复杂性。BpIAA10 作为该途径中最重要的转录因子，通过与 BpARF19 的特异性结合，进而对下游部分生长素响应基因、叶发育相关基因、休眠芽形成、适应性相关基因等进行高度有序的调控，参与白桦器官的分化及发育过程。

BpIAA10 转录因子不仅参与经典的生长素信号转导途径，还会反馈调节生长素合成及代谢相关基因的表达，影响生长素的含量及动态平衡，进而调控生长素信号途径基因，以及其介导的白桦生长发育相关基因的表达，影响了白桦幼叶、休眠芽、根和气孔的分化、发育及顶端优势（图 6-47）。本研究为进一步揭示林木生长发育的机制提供了一定的理论基础。

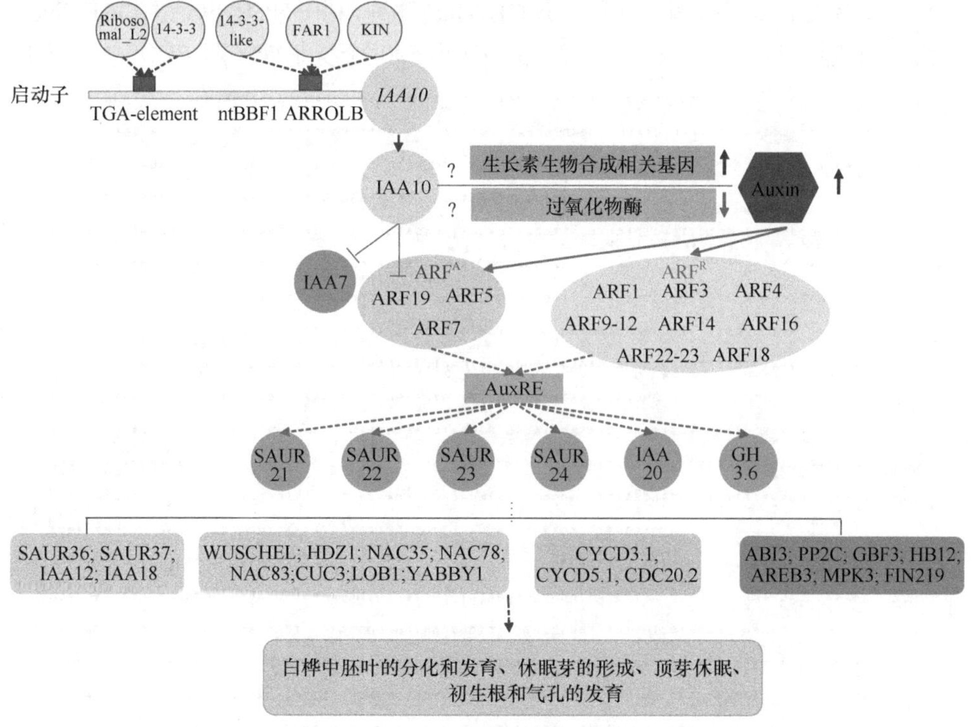

图 6-47　BpIAA10 通过生长素信号途径参与调控白桦生长发育的通路

第 7 章　白桦 *BpGH3.5* 基因的功能研究

GH3 基因是一类重要的生长素原初反应基因，具有调节植物内源吲哚-3-乙酸（indole-3-acetic acid，IAA）动态平衡的功能。拟南芥的研究发现 *GH3* 基因功能具有多样性，包括调控胚轴和根的发育、参与植物的防卫反应和光信号途径等，而其在木本植物中的功能尚不清楚。本章以白桦为试材，克隆 *BpGH3.5* 基因，通过转基因的方法获得 *BpGH3.5* 过表达及抑制表达白桦株系，进一步对转基因株系进行表型观察、内源 IAA 含量测定及 RNA-seq 分析，为揭示 *BpGH3.5* 基因在白桦生长发育中的作用提供参考。

7.1　白桦 *BpGH3.5* 基因的生物信息学分析

白桦茎尖的 Solexa 测序获得一条 GH3-like 序列，利用 NCBI 网站的 ORF Finder 工具预测该基因开放读码框为 1173bp，编码 590 个氨基酸（图 7-1）。NCBI 的

```
1     ATGGAACCAGCTGTGACAAACAACAAGACCAACGACATCATCGACTGGTTCGAGCACCTGTCTGAAAACGCCGGCCAAGTTCAAACCCAA
       M  E  P  A  V  T  N  N  K  T  N  D  I  I  D  W  F  E  H  L  S  E  N  A  G  Q  V  Q  T  Q
91    ACACTTCGCCGGATTCTTGAGCTCAACCATGGCGTCGAATATCTCAAACAATGGTTGGGGGACATCAACATCAACGACATGGATGCATGT
       T  L  R  R  I  L  E  L  N  H  G  V  E  Y  L  K  Q  W  L  G  D  I  N  I  N  D  M  D  A  C
181   GCACTTGAATCCCTTTTCACATCCATGGTTCCCCTTGCCTCACATGCAGATTTTGAGCCTTATATTCAGAGAATTGCAGATGGGGATACA
       A  L  E  S  L  F  T  S  M  V  P  L  A  S  H  A  D  F  E  P  Y  I  Q  R  I  A  D  G  D  T
271   AGTCCTTCACTCACACAACAGCCCATGACAACTCTCTCCTTAAGTTCAGGGACAACAGAAGGAAAACAAAAGTACGTACCCTTTACACGC
       S  P  S  L  T  Q  Q  P  M  T  T  L  S  L  S  S  G  T  T  E  G  K  Q  K  Y  V  P  F  T  R
361   CATAGCGCCCAGACCACTCTTCAGATTCTTAGGTTGGGAGCAGCTTACAGATCAAGGGTTTATCCAATAAGAGAAGGAGGAAGGATCCTA
       H  S  A  Q  T  T  L  Q  I  L  R  L  G  A  A  Y  R  S  R  V  Y  P  I  R  E  G  G  R  I  L
451   GAGTTGATTTACAGCAGCAAACAGTTCAAAACAAAGGGAGGCTTAGCAGTAGGAACAGCCACAACCCACTACTATGCAAGCGAAGAGTTC
       E  L  I  Y  S  S  K  Q  F  K  T  K  G  G  L  A  V  G  T  A  T  T  H  Y  Y  A  S  E  E  F
541   AAGATAAAGCAAGAAATCACAAAGTCATTCACTTGCAGCCCTGAAGAAGTAATCTCCAGTGGAGACTACAAACAATCCACCTACTGCCAT
       K  I  K  Q  E  I  T  K  S  F  T  C  S  P  E  E  V  I  S  S  G  D  Y  K  Q  S  T  Y  C  H
631   CTCCTCCTAGGCCTCTTTTTTTCCAACCAAGTAGAATTCATAACCTCCACTTTTGCCTACAGCATTGTGATGGCCTTCAGTGCATTCGAA
       L  L  L  G  L  F  F  S  N  Q  V  E  F  I  T  S  T  F  A  Y  S  I  V  M  A  F  S  A  F  E
721   GAGAATTGGAAAGACATTTGCAATGACATCAGAGAAGGCAACCTCAGTCCCAGAATCAATCTACCCAAAATGAGAAAATCTGTCTTGAAA
       E  N  W  K  D  I  C  N  D  I  R  E  G  N  L  S  P  R  I  N  L  P  K  M  R  K  S  V  L  K
811   ATCATCTCCCCAGACCCTTTTTTGGCATCAAAAATTGAAGGGTGTTGTGAGGAGTTACAAAATCTGAATTGGGGTGGTTTGATTCCAAAG
       I  I  S  P  D  P  F  L  A  S  K  I  E  G  C  C  E  E  L  Q  N  L  N  W  G  G  L  I  P  K
901   CTTTGGCCAAATGCAAAATATGTTTGTTCTATACTTACAGGGTCAATGCAAGGGTACTTGAAAAAGTTAAGGCATTATGCAGGGGAGTTG
       L  W  P  N  A  K  Y  V  C  S  I  L  T  G  S  M  Q  G  Y  L  K  K  L  R  H  Y  A  G  E  L
991   CCACTAGTGAGTGCTGACTATGGATCTACTGAGAGCTGGATTGGGGTGAATGTGGATCCTTCTTTACCCCCTGAGAAAGTTACATATGCA
       P  L  V  S  A  D  Y  G  S  T  E  S  W  I  G  V  N  V  D  P  S  L  P  P  E  K  V  T  Y  A
1081  GTAATTCCCACTTTTTCTTACTACGAGTTTATACCACTTTATAGACAGAAACAAGGTTGCATTTCCCCCATTGATGACTTGGCAGAAGAT
       V  I  P  T  F  S  Y  Y  E  F  I  P  L  Y  R  Q  K  Q  G  C  I  S  P  I  D  D  L  A  E  D
1171  GAACCAGTCCCCCTCTCAAAAGTCAAGGTTGGACAAGAGTATGAGATTGTCCTTACTACTTTTACTGGGCTATATAGGTACCGGTTAGGT
       E  P  V  P  L  S  K  V  K  V  G  Q  E  Y  E  I  V  L  T  T  F  T  G  L  Y  R  Y  R  L  G
1261  GATGTGGTGGAAGTGGCTGGTTTTCACAAAGGGACACCTAAATTGAACTTTATATGCAGGAGAAATCTAATTCTAACAGTAAACATCGAC
       D  V  V  E  V  A  G  F  H  K  G  T  P  K  L  N  F  I  C  R  R  N  L  I  L  T  V  N  I  D
1351  AAAAACACAGAAAAAGACCTTCAATTAGTAGTGGAGAGAGGATCTCAGCTGCTGAGTGAGGCTGGAACAGAGCTGGTTGATTTTACAAGC
       K  N  T  E  K  D  L  Q  L  V  V  E  R  G  S  Q  L  L  S  E  A  G  T  E  L  V  D  F  T  S
1441  CATGCAAATGTAGCCAACCATCCTGGAAACTACGTGATTTACTGGGAAATCAAGGGAGAAGTTGAGGAGAGAATTCTTGGGGAATGTTGC
       H  A  N  V  A  N  H  P  G  N  Y  V  I  Y  W  E  I  K  G  E  V  E  E  R  I  L  G  E  C  C
1531  AGTGAAATGGATGCAGCTTTTGTGGATCATGGGTATGTTGTTTCAAGAAGAACAAATTCGATTGGGCCATTAGAACTCTGCATTGTGGAG
       S  E  M  D  A  A  F  V  D  H  G  Y  V  V  S  R  R  T  N  S  I  G  P  L  E  L  C  I  V  E
1621  AGAGGAACTTTCAGGAAGATTTTGGATTATTTCATTGCAAATGGGGCAGCAATGAGCCAATTCAAGACACCAAGGTGCACTGCCAACCAA
       R  G  T  F  R  K  I  L  D  Y  F  I  A  N  G  A  A  M  S  Q  F  K  T  P  R  C  T  A  N  Q
1711  GTCATCCTTAGGATTCTCAACATGTGCACCATTAAGAGGTTTCAAAGTACAGCCTATCCTTGA
       V  I  L  R  I  L  N  M  C  T  I  K  R  F  Q  S  T  A  Y  P  *
```

图 7-1　*BpGH3.5* 基因全长 cDNA 及预测氨基酸序列

Conserved Domains 工具预测该基因序列具有典型的 GH3 保守结构域，属于 *GH3* 家族基因（图 7-2）。

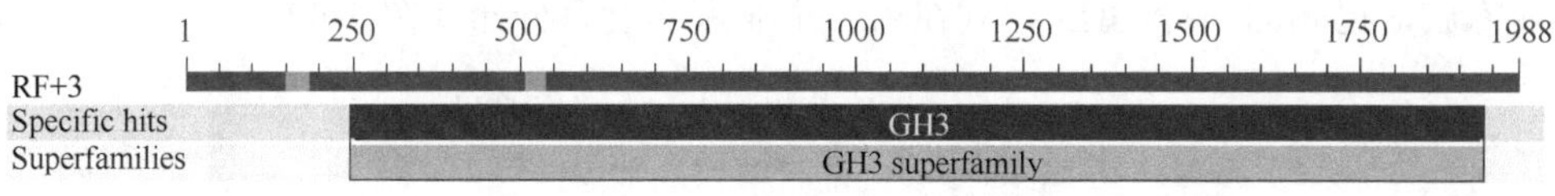

图 7-2　BpGH3.5 的蛋白保守结构域

利用 NCBI 中的 Blastp 程序对 GH3-like 编码的氨基酸序列进行比对，结果发现与该序列与蓖麻（*Ricinus communis*，EEF44482.1）、葡萄（*Vitis vinifera*，CBI28909.3）、毛果杨（*Populus trichocarpa*，EEF07589.1，EEE95291.1）、拟南芥（*Arabidopsis thaliana*，ADM21185.1，ABC87760.1）和烟草（*Nicotiana attenuata*，BAE46566.1，ABC87760.1，ABC87761.1）的相似性均高于 70%（图 7-3），表明 *GH3* 基因编码的氨基酸序在不同物种中保守性很高。由于该 GH3-like 序列与蓖麻的 GH3.5 序列同源性最高，因此将其命名为 *BpGH3.5*。

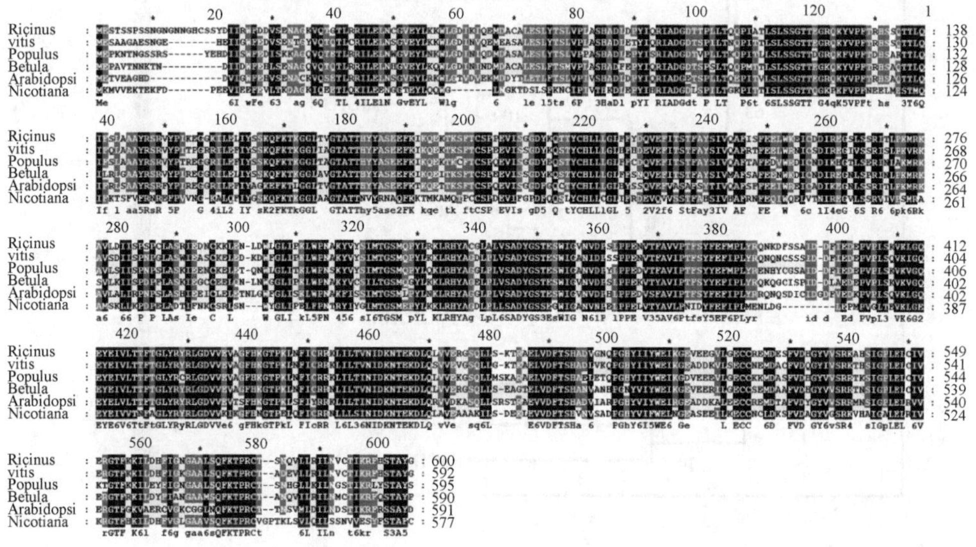

图 7-3　白桦 *BpGH3.5* 与其他物种 GH3 序列的多序列比对

在拟南芥中共发现 20 条 GH3 序列，根据序列和功能的相似程度人为地将其分为 3 个亚家族。第一亚家族包括 GH3.10 和 GH3.11 共 2 个成员；第二亚家族包括 GH3.1、GH3.2、GH3.3 和 GH3.4 等 8 个成员；第三亚家族包括 GH3.7、GH3.8、GH3.12、GH3.13 等 10 个成员。在白桦基因组数据库中共发现 8 条 GH3 全长序列，将其与拟南芥的 20 条 GH3 序列做系统进化分析，发现 BpGH3.5 与 BpGH3.7 蛋白序列属于第一亚家族，与拟南芥的 GH3.10 和 GH3.11 蛋白在进化关系上较为接近，而 BpGH3.1、pGH3.2、BpGH3.3、BpGH3.4 和 BpGH3.6 均被划分到第二个亚家族，已知的白桦 GH3 序列在第三个亚家族没有分布（图 7-4）。

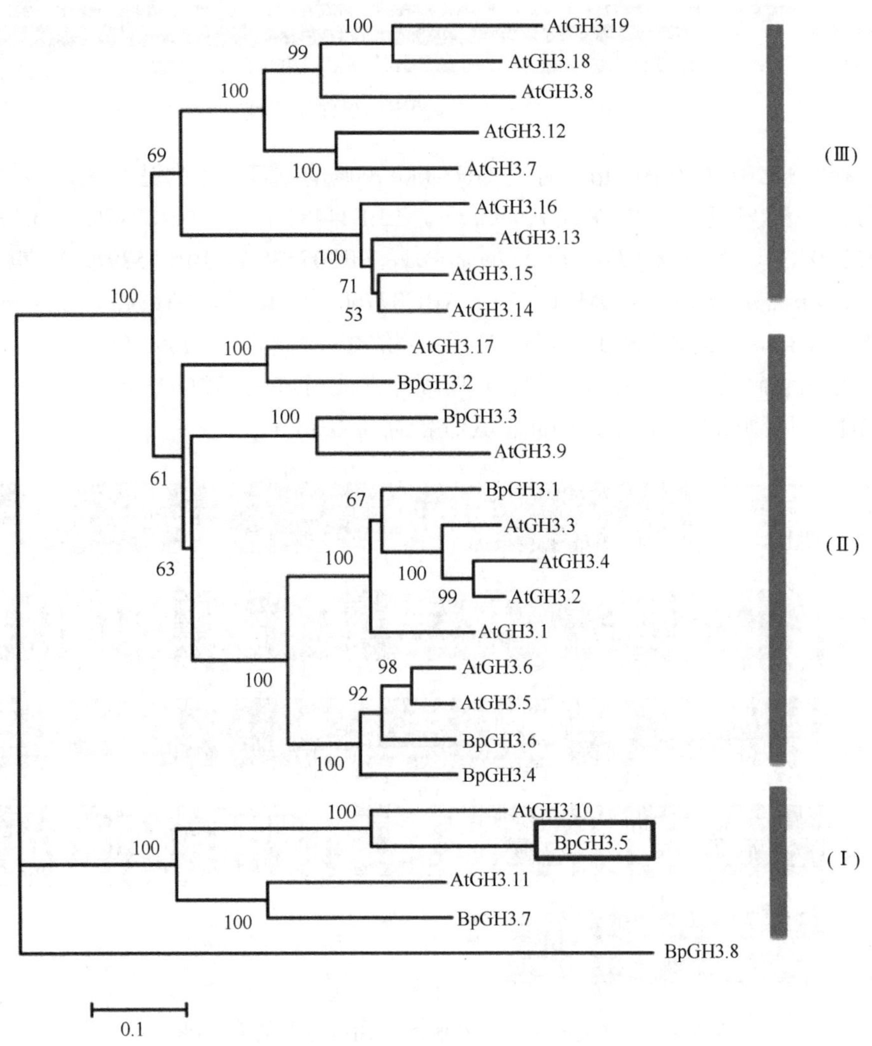

图 7-4　白桦 *BpGH3.5* 与拟南芥 GH3 序列的进化分析

以白桦总 DNA 为模板，克隆 *BpGH3.5* 基因的 DNA 序列，通过 SPIDEY 软件（NCBI 网站）将 DNA 与 cDNA 序列比对，发现该基因由 4 个外显子和 3 个内含子组成；4 个外显子分别被 259bp、789bp 和 1921bp 的内含子分隔（图 7-5）。

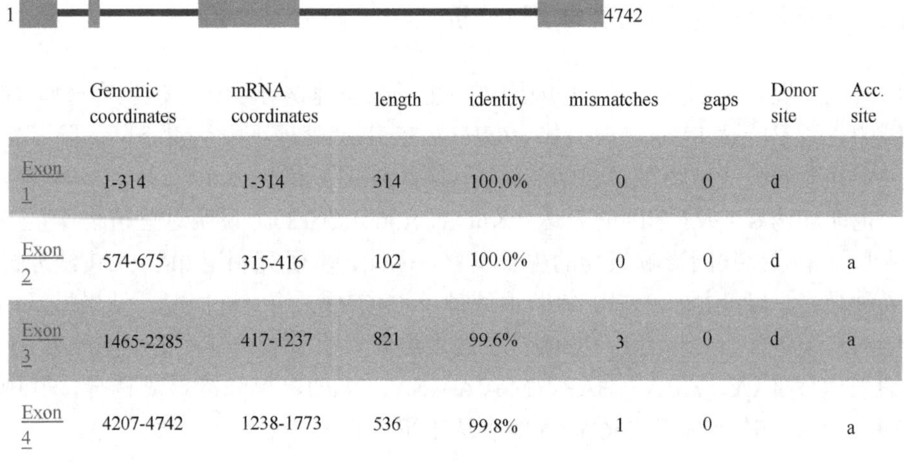

	Genomic coordinates	mRNA coordinates	length	identity	mismatches	gaps	Donor site	Acc. site
Exon 1	1-314	1-314	314	100.0%	0	0	d	
Exon 2	574-675	315-416	102	100.0%	0	0	d	a
Exon 3	1465-2285	417-1237	821	99.6%	3	0	d	a
Exon 4	4207-4742	1238-1773	536	99.8%	1	0		a

图 7-5　外显子和内含子示意图

7.2　*BpGH3.5* 基因在白桦不同组织器官表达特性

7.2.1　组织表达特异性分析

为了进一步了解白桦中 *BpGH3.5* 的功能，以正常条件下培养的普通白桦组培苗的根、茎和叶片为材料，实时荧光定量 PCR 检测该基因在白桦不同组织中的表达情况。结果表明，该基因在叶片中的表达量最高，茎中的表达量次之，在根中的相对表达量最低（图 7-6）。以上结果说明 *BpGH3.5* 具有组织表达特异性，在不同的组织部位可能发挥不同的功能。

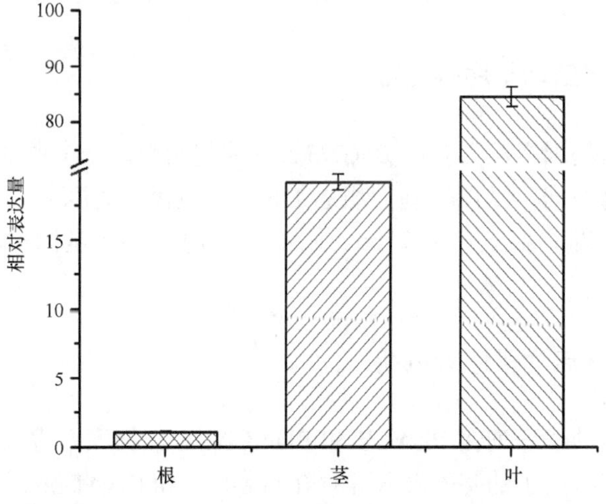

图 7-6　qRT-PCR 分析 *BpGH3.5* 基因在白桦中的表达

7.2.2 激素及非生物胁迫诱导表达分析

研究发现，大部分 *GH3* 基因均可被生长素快速诱导表达，但也有一些 *GH3* 基因的表达不能被 IAA 诱导，如 *AtGH3.9* 在 IAA 处理下表达量下降。除了生长素外，其他的一些植物激素包括 ABA、GA、Me-JA 和 SA，以及盐、干旱、冷胁迫等也能够诱导 *GH3* 基因的表达（Kumar et al.，2012），说明这些植物激素可能与生长素串联，共同影响植物的生长发育。因此，本研究利用 qRT-PCR 法分析了在 6 种激素，以及盐、干旱、冷胁迫处理下 *BpGH3.5* 的表达情况，结果显示，在设定的实验条件下，叶片中 *BpGH3.5* 的表达并未明显被诱导；根中 *BpGH3.5* 基因的表达被 IAA、ABA、BAP、Me-JA、SA、NaCl、旱和冷显著诱导，其中在 Me-JA、SA 和冷处理下 *BpGH3.5* 的表达水平增高了 5 倍以上（图 7-7）。

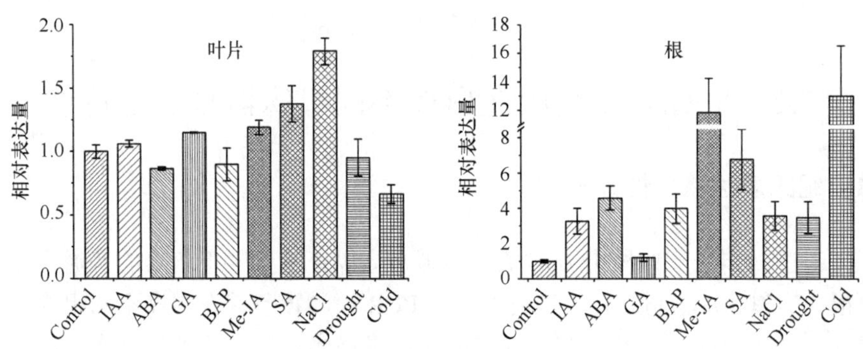

图 7-7 激素处理情况下 *BpGH3.5* 的表达分析

7.3 *BpGH3.5* 启动子的表达特性

7.3.1 *BpGH3.5* 启动子序列克隆

根据白桦的基因组数据获取 *BpGH3.5* 基因起始密码子上游的启动子序列，设计特异性的引物序列，以白桦基因组总 DNA 为模板，克隆启动子序列并进行测序，得到启动子的完整序列 1275bp。图 7-8 为 *BpGH3.5* 基因启动子片段的扩增结果。

7.3.2 *BpGH3.5* 启动子序列分析

将获得的启动子序列在 PLACE 和 PlantCARE 数据库中进行元件预测分析，发现该序列上有启动子的基本转录元件 TATA-box 和 CAAT-box，以及许多与激素

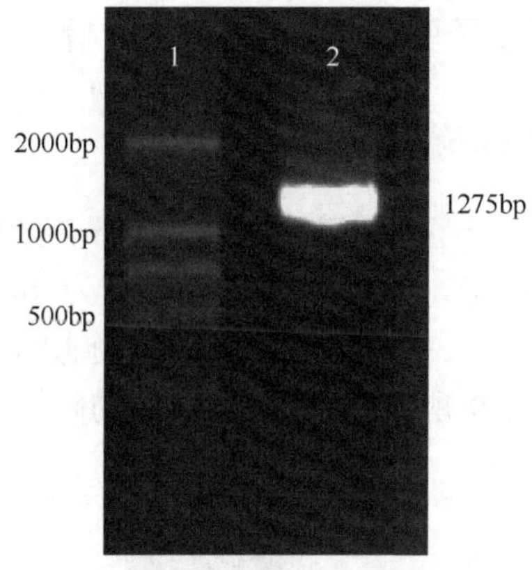

图 7-8　PCR 扩增 *BpGH3.5* 基因启动子片段

1. Marker DL2000；2. *BpGH3.5* 启动子序列的扩增

诱导相关的元件，见表 7-1。①NGATT：在水稻 NSHB 基因启动子上发现，ARR1（细胞分裂素调控转录因子）的结合原件（Ross et al.，2004）。②TGA-box：MeJA 响应相关的调控元件（Després et al.，2003）。③ARFAT：生长素响应因子 ARF（Auxin response factor）的结合位点，在拟南芥生长素响应基因的启动子中发现（Ulmasov et al.，1999）。④WBOXATNPR1：在拟南芥 *NPR1* 基因启动子中发现，与 SA 响应相关（Yu et al.，2001）。⑤CATATG：在大豆 *SAUR15A* 启动子中发现，与生长素响应相关（Xu et al.，1997）。以上结果说明，*BpGH3.5* 基因的表达可能受植物激素调控；此外，在 *BpGH3.5* 启动子序列上还发现了一些与光响应相关的作用元件，包括 G-Box（Chandrasekharan et al.，2003）、I box（Terzaghi et al.，1995）和 GT-1（Buchel et al.，1999）等，说明该基因的功能可能与光信号途径相关。

表 7-1　*BpGH3.5* 启动子中顺式作用元件

元件序列	元件名称	元件数目
CACGTG	ABA-inducible	2
NGATT	ARR1AT（cytokinin-regulated）	12
TGACG	TGA-box（MeJA-responsive）	1
TGTCTC	ARFAT（ARF binding domain）	1
TTGAC	WBOXATNPR1（SA-responsive）	4
TCTGTTG	GARE（GA-responsive）	1
CATATG	auxin-inducible	2
TTTCAAA	I box（light responsive element）	1
CACGTG	G-Box（involved in light responsiveness）	3
GGTTAA	GT-1（light responsive element）	1
GATAAGATT	I box	2

7.3.3 *BpGH3.5*基因启动子驱动 GUS 的表达分析

7.3.3.1 pGH3.5-GUS 载体构建

将 *BpGH3.5* 基因启动子序列通过亚克隆的手段，定向替换 pBI121-GUS 表达载体上的 CaMV35S 启动子，重组载体质粒命名为 pGH3.5-GUS。将重组质粒 pGH3.5-GUS 通过电击法转入 EHA105 农杆菌感受态细胞中。以菌液为模板，进行 PCR 检测，结果如图 7-9 所示。将 PCR 检测的阳性菌种送出测序，经比对无误后保存菌种。

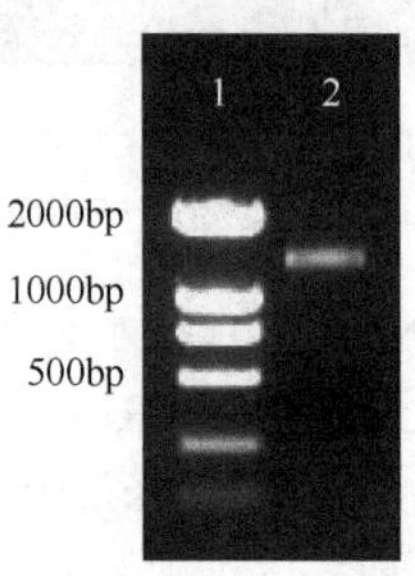

图 7-9　pBI121-BpGH3.5 启动子菌液 PCR

1. Marker DL2000；2. pBI121-BpGH3.5 菌液

7.3.3.2 BpGH3.5 启动子活性检测

将不同生长时期的白桦苗分别进行瞬时侵染后再进行 GUS 染色，结果见图 7-10。从图中可以看到，在白桦幼苗的子叶期，种苗的胚轴和子叶均被 GUS 染成蓝色（图 7-10A）；当长出两片真叶时，在叶片和真叶的位置被染成蓝色（图 7-10B、C），然而茎和根部的染色不明显。实验结果说明 *BpGH3.5* 的启动子能够启动 GUS

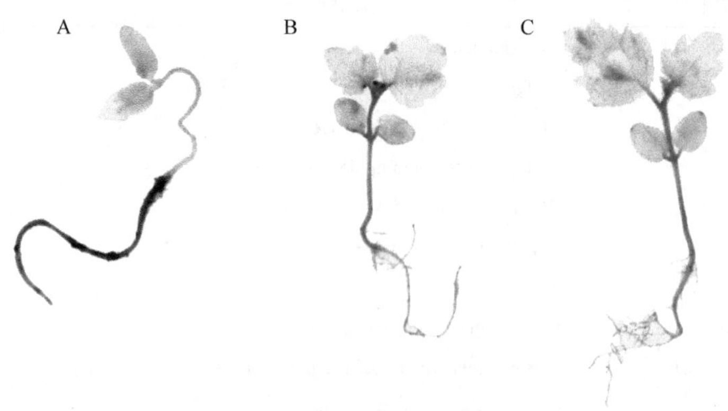

图 7-10　pBI121-BpGH3.5 启动子转基因白桦 GUS 染色（彩图请扫封底二维码）

A. 子叶期的幼苗；B、C. 长出两片真叶的幼苗

的表达，叶片中的 GUS 染色明显说明启动子的表达在叶片部位比较高，这与 *BpGH3.5* 的组织表达特异性的分析结果一致。此外，在不同的发育时期 *GH3* 基因的表达发生变化，说明其在白桦的不同发育时期可能发挥不同的功能。

7.4　*BpGH3.5* 基因的白桦遗传转化研究

7.4.1　植物过表达和抑制表达载体的构建

7.4.1.1　*BpGH3.5* 正向反向序列的克隆

以野生型白桦 cDNA 为模板进行 PCR 扩增，获得 5′端引入 cacc 的 *GH3* 基因的正向和反向特异序列，电泳图谱显示目的条带的位置在 1773bp 左右，与已知的片段大小相符，说明基因克隆成功（图 7-11）。

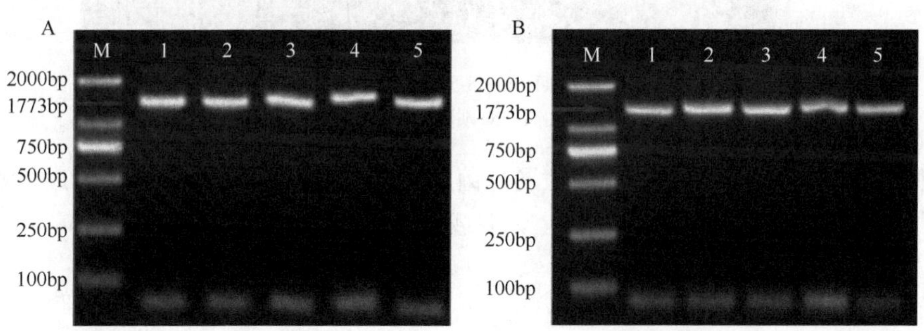

图 7-11　PCR 扩增 *BpGH3.5* 基因

M. Marker DL2000；1~5. *BpGH3.5* 基因 PCR 扩增结果

A. *GH3* 基因的正向序列克隆；B. *GH3* 基因的反向序列克隆

7.4.1.2　TOPO 反应

BpGH3.5 正向和反向基因的 PCR 产物经纯化后，与 TOPO 载体连接后转化大肠杆菌，获得中间表达载体 pTOPO-BpGH3.5 和 pTOPO-FBpGH3.5。以 BpGH3.5-F 和 BpGH3.5-R 为引物进行菌液 PCR 检测（图 7-12）。电泳图谱显示目标条带的位置正确，初步说明 *BpGH3.5* 已经成功构建到 TOPO 载体上。

7.4.1.3　LR 反应

将 TOPO 质粒与 pGWB2 质粒混合，使目的片段 BpGH3.5 和 FBpGH3.5 从 TOPO 载体转移到 pGWB2 载体上，转化大肠杆菌，获得植物表达载体 pGWB2-BpGH3.5 和 pGWB2-FBpGH3.5。以 BpGH3.5-F 和 BpGH3.5-R 为引物进行菌液 PCR 检测（图 7-13）。电泳图谱显示目标条带的位置正确，初步说明 *BpGH3.5* 已经成

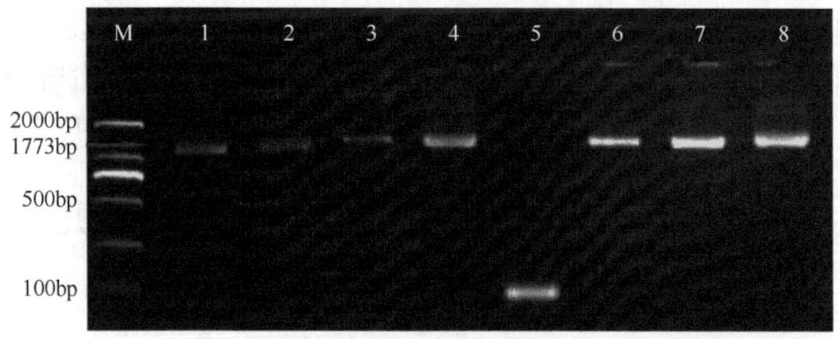

图 7-12　pTOPO-BpGH3.5 大肠杆菌菌液 PCR 检测

M. Marker DL2000；1~4、6~8. pTOPO-BpGH3.5 菌液；5. 阴性对照（水）

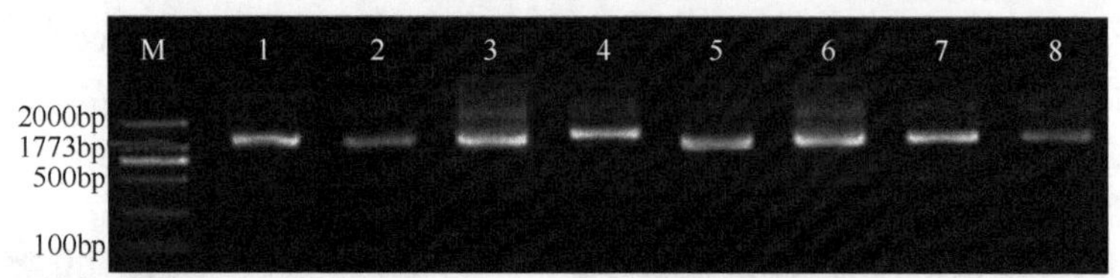

图 7-13　pGWB2-BpGH3.5 大肠杆菌菌液 PCR 检测

M. Marker DL2000；1. pTOPO 质粒；2~8. pGWB2-BpGH3.5 菌液

功构建到 pGWB2 载体上。提取大肠杆菌的质粒，送到 Invitrogen 公司测序，测序结果与目的基因的序列完全一致，说明载体构建成功。

7.4.1.4　农杆菌的转化

将构建成功的 pGWB2-BpGH3.5 质粒转化入农杆菌 EHA105 内，以 pGWB2-F 和 pGWB2-R 为引物进行 PCR 检测，同时以 pGWB2-BpGH3.5 质粒作为阳性对照、以超纯水作为阴性对照，结果如图 7-14 所示。

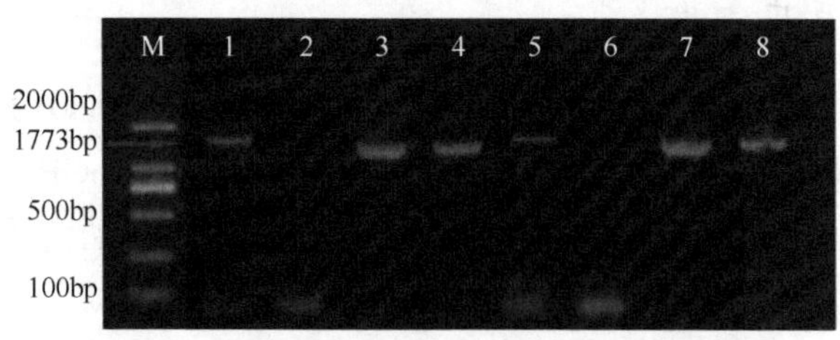

图 7-14　pGWB2-BpGH3.5 农杆菌菌液 PCR 检测

M. Marker DL2000；1. pGWB2-BpGH3.5 质粒；2. 阴性对照；3~8. pGWB2-BpGH3.5 菌液

7.4.2　转基因植株的获得

采用农杆菌介导的叶盘转化法对白桦进行遗传转化研究，工程菌液侵染后共培养，然后进行选择培养。20d 后抗性愈伤产生（图 7-15A），当愈伤组织长大后将其转移至分化培养基上培养（图 7-15B），长出抗性芽后转至继代培养基培养（图 7-15C），30d 后长出卡那抗性丛生苗（图 7-15D），剪取 2cm 高单株苗将其转移至生根培养基中生根培养（图 7-15E）。生根培养 30d 后，剪取茎叶部分转接到调配好的土壤基质中培养，图 7-15F 展示的是在温室条件下生长 2 个月的白桦苗。

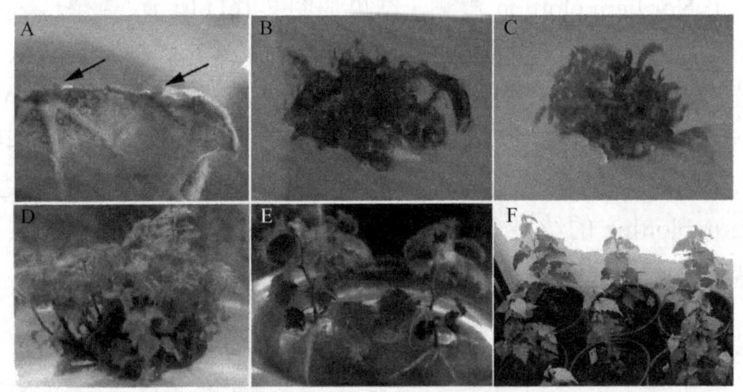

图 7-15　转基因白桦的获得（彩图请扫封底二维码）

A. 愈伤组织形成；B、C. 愈伤组织分化成不定芽；D. 生长 30d 的抗性丛生苗；E. 转基因白桦的生根培养；F. 温室生长 2 个月的转基因白桦

7.4.3　转基因株系的分子检测

转基因共获得 21 个 pGWB2-BpGH3.5 和 30 个 pGWB2-BpFGH3.5 卡纳抗性株系，进行了 PCR 检测，以 pGWB2-BpGH3.5 质粒作为阳性对照，以超纯水和非转基因株系 DNA 作为阴性对照。电泳结果显示大部分株系在 1773bp 的位置出现了特异的目的基因条带（图 7-16）。

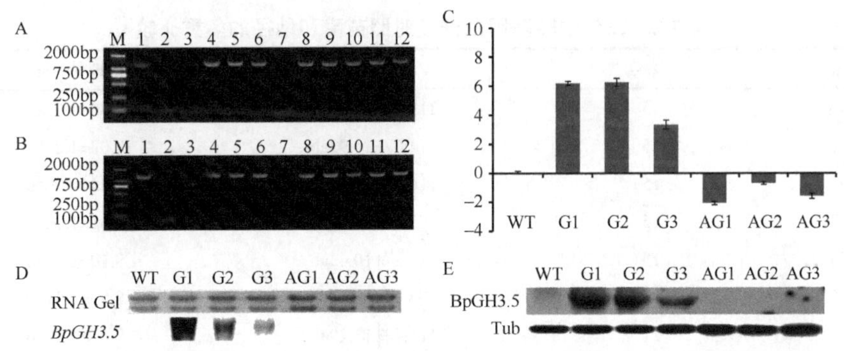

图 7-16　转基因白桦植株的分子检测

A. *BpGH3.5* 过表达株系的 PCR 检测；B. *BpGH3.5* 抑制表达株系的 PCR 检测；C. qRT-PCR 分析转基因白桦中 *BpGH3.5* 的表达量；D. 转基因白桦的 Northern blotting 分析；E. 转基因白桦的 Western blotting 分析

分别挑选3个过表达株系（G1、G2和G3）和3个抑制表达株系（AG1、AG2和AG3）进行RNA水平的检测。实时定量PCR（qRT-PCR）分析的结果如图7-16C所示：过表达白桦中*BpGH3.5*基因的表达量明显升高，其中G1中*BpGH3.5*的表达量最高，为非转基因株系的74倍；在抑制表达株系中*BpGH3.5*表达量均降低，在AG1中*BpGH3.5*的表达量最低，仅为非转基因株系的25%。进而对这些转基因株系进行了Northern blotting检测，结果如图7-16D所示：3个过表达转基因株系均出现杂交信号，并且G1的杂交信号最强，而WT和抑制表达株系均未显示出杂交信号，表明*BpGH3.5*基因已经整合到白桦的基因组中并在RNA水平表达。

Western blotting结果如图7-16E所示，*BpGH3.5*过表达株系在64kDa处均出现特异性杂交谱带，G1的杂交谱带最深，说明G1中*BpGH3.5*的表达水平最高，这与Northern blotting的结果一致，而WT和*BpGH3.5*抑制表达株系均未出现特异性杂交谱带（图7-16D，E）。

7.5 白桦*GH3.5*的功能研究

7.5.1 转基因白桦的苗高、地径调查

将获得的转基因白桦幼苗生根培养，30d后剪取生根苗的茎叶部分转接到人工配制的无菌土中，生长2个月后开盖炼苗，将幼苗移栽到大棚生长。

调查移栽到大棚生长2年的转基因及对照白桦的生长情况。苗高和地径的调查结果如表7-2所示，转基因株系的苗高为105.81~123.69cm，地茎为8.02~9.66 mm，对照株系的苗高和地径分别为119.76 cm和9.40 mm，转基因株系与对照之间没有显著性的差异。以上结果说明*BpGH3.5*的过表达和抑制表达并没有明显影响白桦的生长。

表7-2　二年生转基因白桦及对照苗高和地径的多重比较

株系	株数	苗高/cm	地径/mm
WT	45	119.76±11.38ab	9.40±1.02ab
G1	15	114.67±14.92ab	8.02±1.20b
G2	15	116.25±9.33ab	9.23±0.92ab
G3	15	123.69±14.98a	9.61±1.26a
G4	15	115.27±10.43ab	9.40±1.39ab
G5	19	108.14±12.59b	8.59±1.51ab
G6	21	116.48±13.29ab	9.01±1.40ab
G7	16	105.81±12.72b	9.10±1.45ab
G8	23	110.35±14.09ab	9.16±2.28ab
G9	27	106.56±11.27b	9.11±1.28ab

续表

株系	株数	苗高/cm	地径/mm
AG1	21	115.25±11.54ab	8.88±1.45ab
AG2	15	110.53±21.32ab	9.17±1.67ab
AG3	17	107.79±10.23b	9.06±1.08ab
AG4	28	118.79±17.29ab	9.33±0.94ab
AG5	24	111.06±12.55ab	9.66±1.12a
AG6	15	113.36±9.71ab	8.48±1.03ab
AG7	15	116.15±12.87ab	9.10±1.20ab
AG8	18	111.39±17.98ab	8.45±1.44ab
AG9	23	110.98±7.77ab	9.35±1.15ab

注：WT 为对照株系；G1~G9 为过表达株系；AG1~AG9 为抑制表达株系。不同字母表示差异显著，相同字母表示差异不显著。

7.5.2　转基因白桦生长情况分析

7.5.2.1　根长及生物量的比较

在组织培养过程中，我们发现 *BpGH3.5* 转基因白桦的根长明显短于对照株系，如图 7-17 所示。为了进一步验证观察到的表型，我们选取 3 个过表达株系、3 个抑制表达株系及对照在相同的条件下进行生根培养，30d 后调查植株的生长情况。

图 7-17　转基因白桦及对照株系根长比较（彩图请扫封底二维码）

1）根长的比较

对转基因白桦组培生根苗调查显示：在苗高生长方面，*BpGH3.5* 过表达和抑制表达株系与 WT 没有明显差别（图 7-18D）；而在根生长方面，*BpGH3.5* 过表达和抑制表达株系的初生根及侧根的长度明显短于 WT 株系（图 7-18A）。统计分析发现，WT 的初生根平均长度为 37.9 mm，而 *BpGH3.5* 过表达和抑制表达株系根平均长度仅是 WT 根长度的 23%和 36%；在次生根生长方面，WT 次生根平均长度为 8.8mm，*BpGH3.5* 过表达和抑制表达株系次生根的平均长度分别为 WT 的 22%和 37%（图 7-18C）。此外我们发现，*BpGH3.5* 过表达株系和抑制表达株系的根毛比 WT 株系更丰富，并且明显长于 WT（图 7-18B）。

2）生物量的比较

转基因及对照组培苗的生物量统计分析结果发现：除 G1 外，转基因白桦的地上部分（包括茎和叶）生物量与 WT 差异不显著（图 7-18E），而根的生物量却显著低于 WT（图 7-18F），过表达转基因株系根的平均生物量为 4.48mg、抑制表达株系为 7.10mg，仅是 WT 的 35%和 55%。由于转基因株系根部生物量的降低，从而导致根/茎生物量的比值显著低于 WT（图 7-18G）。

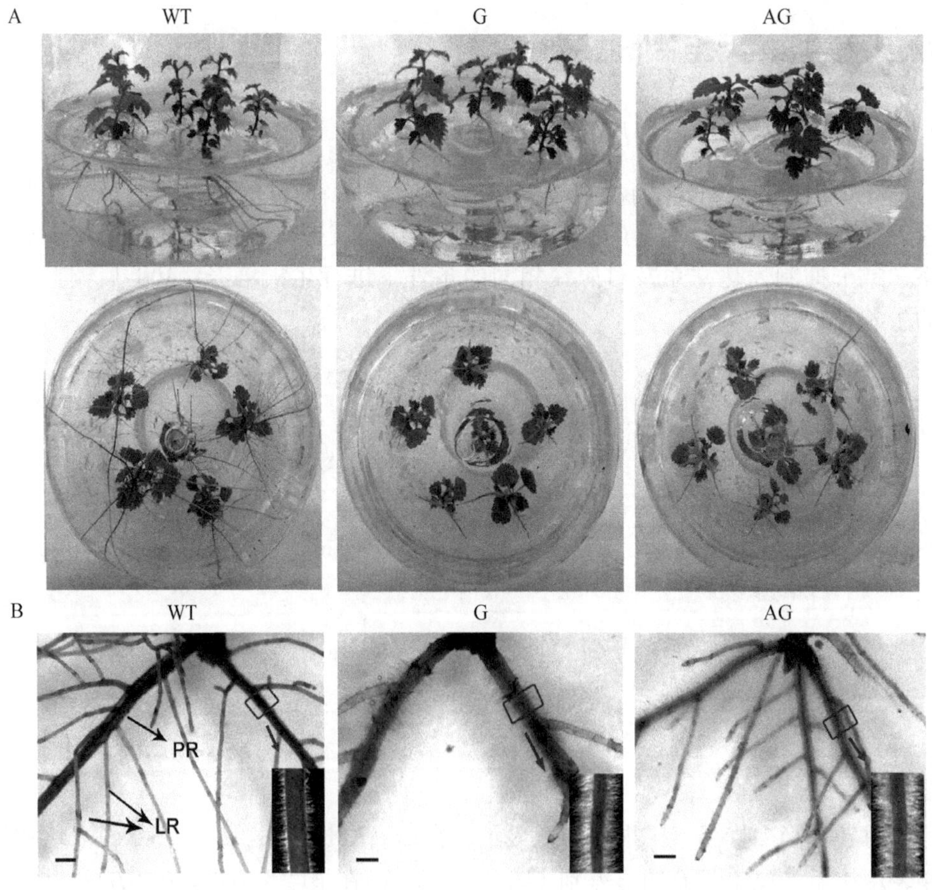

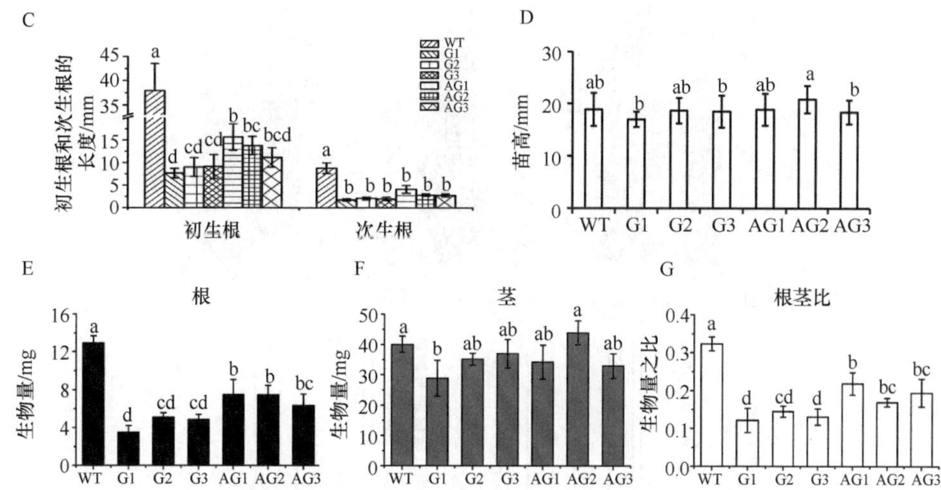

图 7-18　转基因白桦及对照根长及生物量分析（彩图请扫封底二维码）

A. 培养基中生长的 *BpGH3.5* 转基因株系及 WT；B. 实体显微镜下的根毛、初生根及侧根；C. *BpGH3.5* 转基因及 WT 株系的初生根及侧根长度；D. 生根培养 25d 的 *BpGH3.5* 转基因及 WT 株系的苗高；E~G. *BpGH3.5* 转基因及 WT 株系的根及地上部分的生物量分析

7.5.2.2　转基因白桦根尖结构

为了探究转基因白桦根生长受到抑制的原因，进一步对根尖组织进行解剖观察，结果显示：*BpGH3.5* 转基因株系的根尖分生区长度明显短于 WT（图 7-19A）。根尖分生区的长度及皮层细胞的个数统计结果显示，WT 的分生组织平均长度为 0.25mm，平均包含 25 个皮层细胞；而过表达转基因株系平均长度为 0.09mm，包含 8 个皮层细胞；抑制表达株系平均长度为 0.17mm，包含 16 个皮层细胞（图 7-19B）。根据以上结果推测根尖分生区长度变短、皮层细胞的减少可能是导致 *BpGH3.5* 转基因白桦根伸长受到抑制的原因。

7.5.2.3　转基因白桦中根生长发育相关基因的表达

通过 qRT-PCR 方法分析了转基因白桦根部组织与生长素和细胞分裂素合成、细胞周期等相关基因的表达情况，结果显示：与 WT 相比，*BpGH3.5* 过表达株系中生长素极性运输基因 *AUX1* 呈上调表达，*PIN1*、*PIN2* 和 *PIN3* 的表达量均呈下调；而 *BpGH3.5* 抑制表达株系中 *AUX1*、*PIN1*、*PIN2* 和 *PIN3* 的表达量均明显上调。生长素信号抑制因子 *SHY2-1* 基因的表达量显著高于 WT，生长素合成相关基因 *YUCCA3*、*ALD2* 和 *ALD7* 在转基因白桦中均呈上调表达的趋势（图 7-20A）。与对照相比，过表达和抑制表达转基因白桦根中细胞分裂素信号途径基因 *ARR12* 均上调表达，抑制表达株系中细胞分裂素受体基因 *AHK3* 也明显上调表达（图 7-20B）。

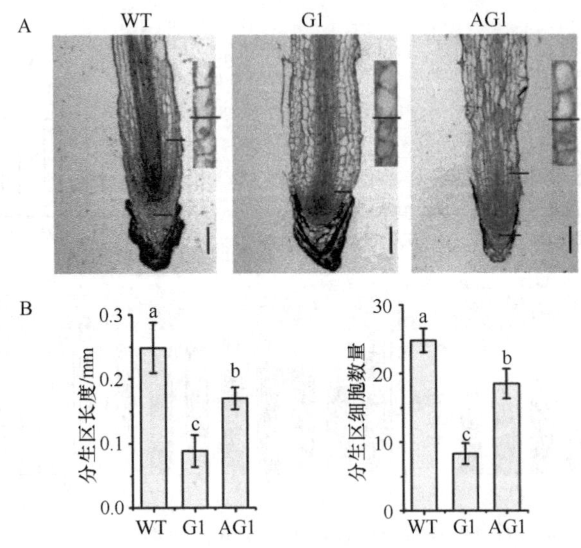

图 7-19 转基因及对照白桦根尖结构

标尺为 100 μm

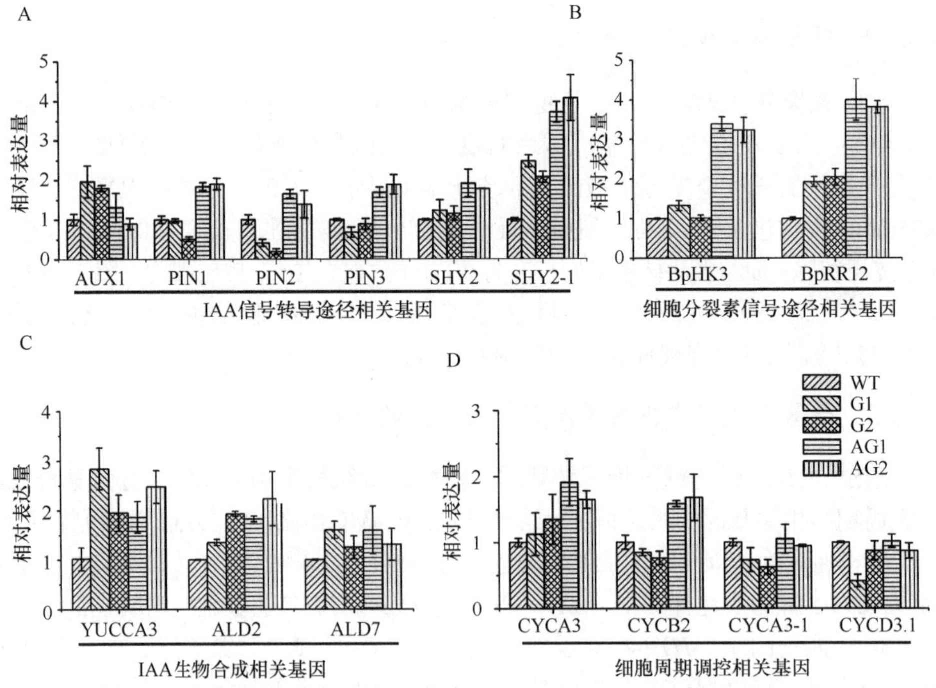

图 7-20 qRT-PCR 分析根生长发育相关基因的表达

A. IAA 信号转导途径相关基因；B. 细胞分裂素信号途径相关基因；C. IAA 生物合成相关基因；D. 细胞周期调控相关基因

此外，过表达转基因株系根中细胞周期调控相关基因 *CYCD3.1* 和 *CYCA3* 的表达量下降，而抑制表达株系中 *CYCA* 和 *CYCB2* 均有上调表达（图 7-20C）。以上数据证明转基因株系生长素信号受到抑制，细胞分裂素的信号途径均得到促进，此外细胞周期蛋白基因的表达也发生改变，这些都可能与转基因植株根伸长受到抑制相关。

7.5.2.4　IAA 及 NPA 处理下转基因白桦根的生长

采用不同浓度的生长素极性运输抑制剂（*N*-1-naphthylphthalamicacid，NPA）和 IAA 分别处理组培生根苗，在 1μmol/L 和 10μmol/L IAA 处理 25d 后调查初生根生长情况，结果显示：IAA 处理条件下，WT 组培苗的初生根生长明显受到抑制，并且随着处理浓度的增高抑制作用更明显，而 *BpGH3.5* 过表达株系（G1 和 G3）及抑制表达株系（AG1 和 AG3）的根生长并没有受到抑制，反而有微弱的增加（图 7-21A）。在 0.1μmol/L 和 1μmol/L 的 NPA 处理条件下，WT 和转基因株系初生根的生长均表现出不同程度的抑制现象（图 7-21B），其中 WT 根生长被抑制现象更明显。在两种浓度 NPA 处理下，WT 根长仅为非处理的 44%和 42%，而转基因株系根生长抑制并不明显，并且随着 NPA 处理浓度的增加略有增强（图 7-21B）。以上结果说明 *BpGH3.5* 的过表达及抑制表达白桦降低了对外源 IAA 及 NPA 处理的敏感性。

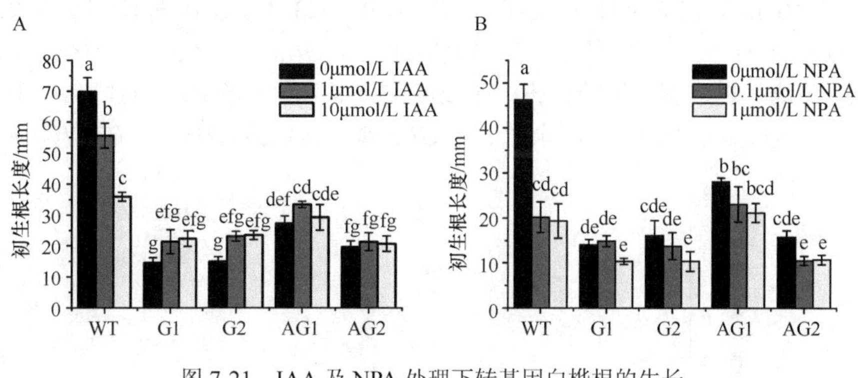

图 7-21　IAA 及 NPA 处理下转基因白桦根的生长

7.5.2.5　转基因白桦内源 IAA 含量降低

已有的研究表明 *GH3* 基因具有 IAA 氨基酸化合成酶的功能，能够影响植物内源 IAA 的含量。为了进一步解释 *BpGH3.5* 转基因白桦根尖结构的变化及根生长抑制的现象，我们测量了转基因及对照白桦内源 IAA 的含量。结果显示，*BpGH3.5* 过表达株系 G1 和 *BpGH3.5* 抑制表达株系 AG1 内源 IAA 的含量分别为 19.85pg/mg

和 16.80pg/mg，均显著低于 WT（22.52pg/mg）（图 7-22）。这个结果说明转基因白桦根长变短可能与体内 IAA 含量降低有关。

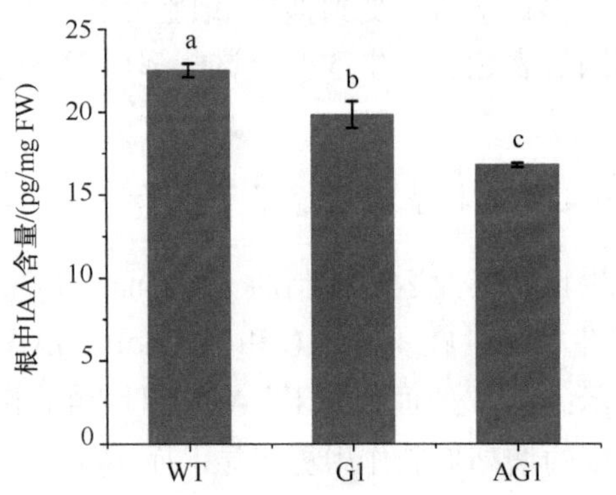

图 7-22　转基因及对照白桦中 IAA 的含量

7.5.2.6　白桦 *GH3* 基因家族的表达分析

激素含量测定的结果显示，*BpGH3.5* 过表达及抑制表达白桦根部 IAA 含量均显著低于对照。前人的研究发现 *GH3* 过表达能够引起水稻 IAA 含量降低，而 *GH3* 抑制表达导致植物体内 IAA 含量变化未见报道。为了探究 *BpGH3.5* 抑制表达白桦内源 IAA 含量降低的原因，采用 qRT-PCR 分析了 *BpGH3.5* 过表达及抑制表达白桦中 8 个 *GH3* 家族基因的表达情况，结果如图 7-23 所示。在 *BpGH3.5* 过表达株系（G1）中，*GH3.5* 基因的表达量显著增加，而 *GH3.1*、*GH3.2*、*GH3.6*、*GH3.7* 和 *GH3.8* 均呈现下调表达的趋势。在 *BpGH3.5* 抑制表达株系（AG1）中，*GH3.5* 基因的表达量显著下降，而其余的 5 个 *GH3* 基因（包括 *GH3.3*、*GH3.4*、*GH3.6*、

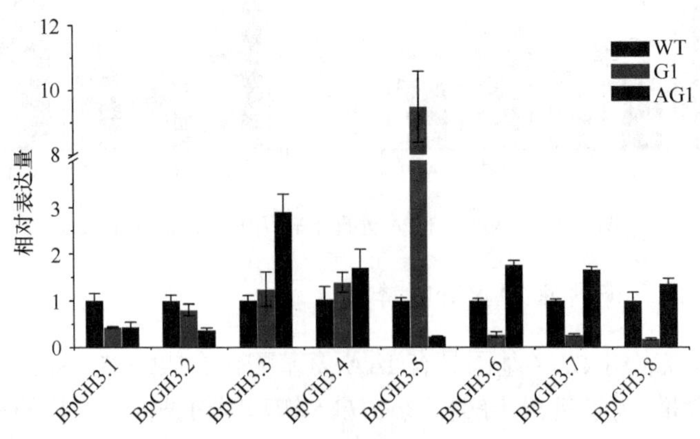

图 7-23　白桦 *GH3* 基因家族的表达分析

GH3.7 和 *GH3.8*）均表现出上调表达的趋势。这个结果说明内源 *GH3* 基因家族的表达趋势与外源基因的作用相反。

7.5.3　转基因白桦的抗旱性分析

7.5.3.1　叶片失水率

叶片失水率能代表植物的保水能力，叶片失水率越高，说明水分散失得越快，不利于干旱环境下植物的生长。调查结果显示，*BpGH3.5* 过表达转基因株系 G3 叶片水分散失比 WT 更快，其他的 5 个 *BpGH3.5* 转基因株系叶片失水速率与 WT 没有明显差别。在风干 40min 时，G3 的失水速率开始明显高于其他株系；在风干 360min 时，G3 的叶片失水率达到 62%，而其他的转基因株系及 WT 的叶片失水率为 45%~50%（图 7-24）。观察发现，G3 的叶片失水率较高可能与其叶片面积较大有关。

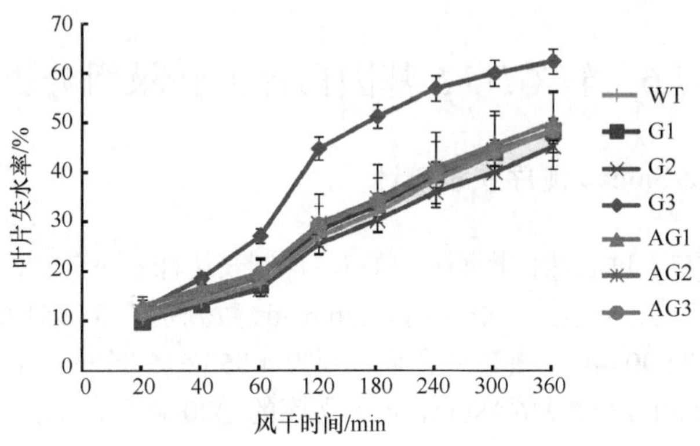

图 7-24　转基因白桦及对照叶片失水率

7.5.3.2　干旱胁迫下转基因白桦生长状况及旱害指数

调查 *BpGH3.5* 转基因及 WT 白桦在胁迫前、胁迫 12d 及停止生长后的高生长，同时调查非胁迫条件下（对照组）白桦的苗高，分别计算相对生长量。结果显示：非胁迫处理（对照组）的转基因株系与 WT 间相对高生长差异不显著；胁迫 12d 后，处理组的转基因白桦的相对高生长与对照相比差异不显著；而停止生长后，G1、G2 和 AG1 的相对生长量均低于 WT 株系，说明这些株系胁迫处理后的恢复能力比 WT 差，而其他 3 个转基因株系的相对生长量与 WT 株系差异不显著（表 7-3）。

表 7-3 干旱胁迫下的高生长及旱害指数

株系	胁迫 12d 相对高生长/%		停止生长后相对高生长/%		旱害指数
	对照组	胁迫处理组	对照组	胁迫处理组	
WT	45.34±10.52a	21.73±3.84ab	56.96±12.87ab	58.29±1.75a	0.34
G1	44.28±11.52a	20.16±5b	61.62±14.75ab	34.08±15.67b	0.39
G2	39.84±3.46a	23.76±2.89ab	44.01±9.65b	32.54±5.49b	0.34
G3	45.52±7.31a	29.04±6.74a	59.52±6.74ab	42.45±16.79ab	0.28
AG1	44.28±13.2a	20.04±2.58ab	57.04±17.18ab	29.46±4.28b	0.42
AG2	39.23±2.03a	22.41±5.46ab	47.88±11.59ab	35.9±10.11ab	0.38
AG3	53.58±7.04a	22.36±5.37ab	66.16±9.63a	38.29±12.82ab	0.31

旱害指数的调查结果显示，所有株系的旱害指数均在 0.28~0.42，其中 WT 的旱害指数为 0.34，G1 和 AG1 的旱害指数分别为 0.39 和 0.42，略高于 WT，说明这两个转基因株系的耐旱能力比 WT 差；而 G3 的旱害指数略低于 WT，说明其耐旱能力略强于 WT。

7.6 转 *GH3.5* 基因白桦的转录组分析

7.6.1 Illumina/Solexa 测序质量统计

选取 *BpGH3.5* 过表达白桦 G1 和 G5、抑制表达株系 AG1 及非转基因对照白桦 WT 构建 4 个转录组文库，得到的 clean reads 数分别为 53 951 620、51 842 970、55 017 478 和 52 099 402，核苷酸含量分别为 4 855 645 800nt、4 665 867 300nt、4 951 573 020nt 和 4 688 946 180nt，4 个文库的 Q20 百分比均高于 94%。进而对 reads 进行组装，分别获得 81 306、79 145、77 937 个和 73 405 个 Unigene，平均长度分别为 633nt、602nt、624nt 和 612nt。

4 个数据库整合到一起共得到了 87 845 个非冗余 Unigene，其平均长度为 823nt（表 7-4）。这些 Unigene 长度从 200bp 到 3000bp 不等，其中长度为 100~500bp 的 Unigene 所占的比例最大，占总数的 55.76%；501~1000bp 的 Unigene 有 15 999 个，占总数的 17.95%；1001~2000bp 的 Unigene 有 14 837 个，占总数的 6.64%；长度大于 2000bp 的有 8604 个，占总数的 9.65%（图 7-25）。

7.6.2 Unigene 注释分析

基于序列的同源性搜索和比对，将 87 845 个 Unigene 进行了功能注释。共有 47 716 个 Unigene 被注释到 5 个不同的数据库，占总 Unigene 的 54.32%（表 7-5）。

表 7-4 转基因白桦和非转基因对照白桦测序质量统计

样品	WT	BpGH3.5-OE		BpGH3.5-SE	总和
		G1	G5	AG1	
Total reads	59 276 764	57 629 922	61 034 266	60 650 700	
Total Clean reads	53 951 620	51 842 970	55 017 478	52 099 402	
Total nucleotides/nt	4 855 645 800	4 665 867 300	4 951 573 020	4 688 946 180	
Q20[a] percentage/%	97.61	97.41	97.43	94.58	
GC percentage/%	47.85	48.47	48.36	48.52	
Number of contigs	140 492	126 708	130 672	129 953	
Mean length of contigs/nt	352	363	360	347	
Number of unigenes	81 306	79 145	77 937	73 405	87 845
Total Length of unigenes/nt	51 506 383	47 637 923	48 636 404	44 926 298	7 227 56
Mean length of unigenes/nt	633	602	624	612	823
N50/nt	1121	1035	1083	1042	1418

注：WT 为非转基因对照白桦；BpGH3.5-OE 为 *BpGH3.5* 过表达转基因白桦；BpGH3.5-SE 为 *BpGH3.5* 抑制表达转基因白桦。

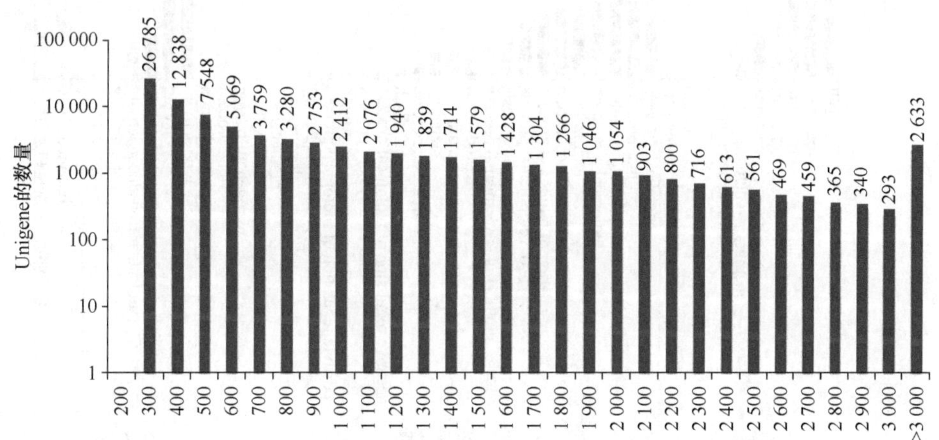

图 7-25 All-Unigene 的长度分布

表 7-5 Unigene 在不同数据库中的注释情况

数据库	数量	注释情况/个					
		总数	Nr	SwissProt	KEGG	COG	GO
所有 Unigene	87 845	47 716	47 442	34 301	27 031	17 144	22 226
所占百分比/%		54.32	54.01	39.05	30.77	19.52	25.3

其中，有 47 442 个 Unigene 注释到 Nr 数据库，占总 Unigene 的 54.01%；22 226 个 Unigene 注释到 GO 数据库，这些 Unigene 根据生物过程（biological process）、

细胞组分（cellular component）和分子功能（molecular function）进行分类（图 7-26）。在生物过程中，参与代谢过程（metabolic process）、细胞过程（cellular process）和刺激响应（response to stimulus）的 Unigene 较多，分别占 GO 注释 Unigene 的 25.16%、23.77%和 14.26%；在细胞组分中，参与细胞（cell）、细胞部分（cell part）和细胞器（organelle）的 Unigene 较多，分别占 GO 注释 Unigene 的 53.64%、47.34%和 36.21 %；在分子功能中，参与催化活性（catalytic activity）和结合（binding）的 Unigene 较多，分别占 GO 注释 Unigene 的 46.13%和 44.32%（图 7-26）。共有 27 031 个 Unigene 注释到 124 个 KEGG 途径中，最典型的代谢途径是植物病原菌互作（plant-pathogen interaction，Ko04626）、植物激素信号转导（plant hormone signal transduction，Ko04075）和 RNA 转运（RNA transport，Ko03013）。

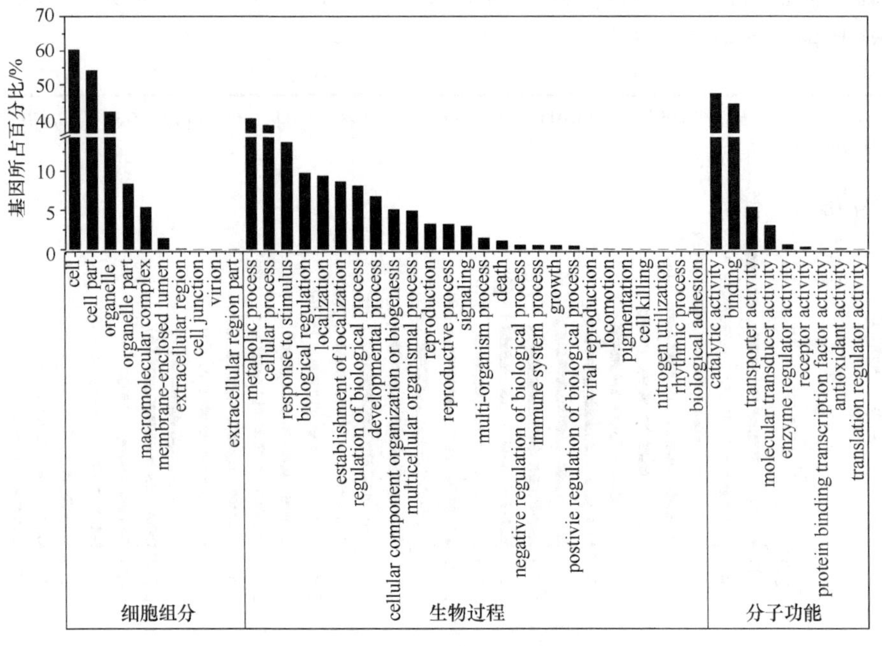

图 7-26　白桦转录组的 GO 分类

7.6.3　差异 Unigene 的确定及功能分类

7.6.3.1　差异 Unigene 的确定

采用 RPKM（reads per kb per million reads）法计算 Unigene 的表达量，将 FDR≤0.001 且倍数差异在 2 倍以上的 Unigene 定义为差异 Unigene，结果表明，与非转基因对照白桦相比，在 *BpGH3.5* 过量表达株系中有 3320 个差异 Unigene，931 个 Unigene 上调表达，2389 个 Unigene 下调表达。其中，改变倍数为 1~2

的有 577 个上调、1559 个下调，改变倍数为 2~5 的有 270 个上调、804 个下调，改变倍数为 2^5~2^{10} 的有 15 个上调、24 个下调，改变倍数为 2^{10}~2^{15} 的有 69 个上调、2 个下调（图 7-27）。在 *BpGH3.5* 抑制表达株系中有 5212 个差异 Unigene，1864 个 Unigene 上调表达、3348 个 Unigene 下调表达。其中，改变倍数为 2^1~2^2 的有 1077 个上调、2013 个下调，改变倍数为 2^2~2^5 的有 549 个上调、1090 个下调，改变倍数为 2^5~2^{10} 的有 41 个上调、40 个下调，改变倍数为 2^{10}~2^{15} 的有 197 个上调、205 个下调（图 7-27）。

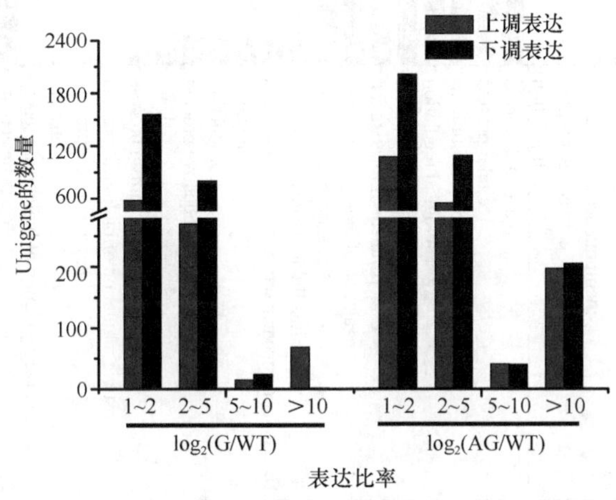

图 7-27　差异基因的表达

7.6.3.2　差异 Unigene 的分类及 GO 富集分析

为了研究差异 Unigene 的功能，进而又进行了 GO 分类，发现分别有 882 个和 1452 个差异 Unigene 得到了 GO 注释，这些 Unigene 根据生物过程（biological process）、细胞组分（cellular component）和分子功能（molecular function）进行分类（图 7-28）。在生物过程中，参与代谢过程（metabolic process）、细胞过程（cellular process）和刺激响应（response to stimulus）的 Unigene 较多，在过表达株系中分别占 GO 注释 Unigene 的 35.26%、32.31%和 15.42%；在抑制表达株系中分别占 GO 注释 Unigene 的 37.95%、33.47%和 15.36%。在细胞组分中，参与细胞（cell）、细胞部分（cell part）和细胞器（organelle）的 Unigene 较多，在过表达株系中分别占 GO 注释 Unigene 的 58.16%、48.75%和 36.96%；在抑制表达株系中分别占 GO 注释 Unigene 的 56.54%、48.42%和 34.57%。在分子功能中，参与催化活性（catalytic activity）和结合（binding）的 Unigene 较多，在过表达株系中分别占 GO 注释 Unigene 的 49.55%和 44.67%，在抑制表达株系中分别占 GO 注释 Unigene 的 49.38%和 42.49%。

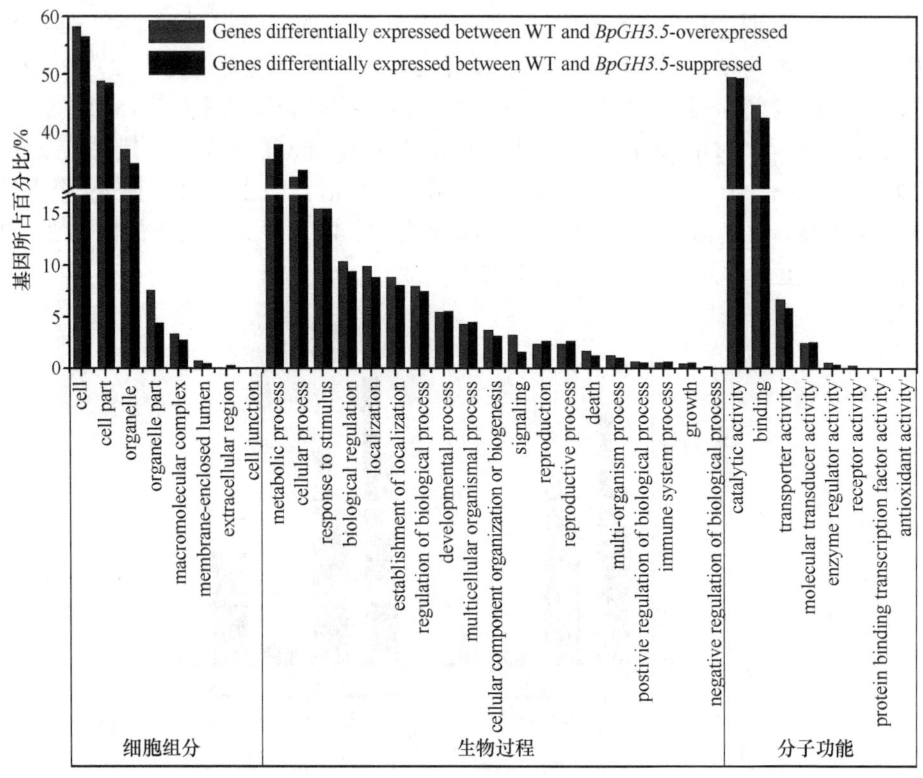

图 7-28　差异表达 Unigene 的 GO 分类分析

为了研究差异 Unigene 的功能，进而对差异表达 Unigene 进行了 GO 富集分析。在过表达株系中，铁离子绑定（iron ion binding）、有机酸跨膜转运激活（organic acid transmembrane transporter activity）、核酸绑定转录因子活性（nucleic acid binding transcription factor activity）、抗氧化剂活性（antioxidant activity）、氧化还原活性（oxidoreductase activity）、氨基转运活性（amine transmembrane transporter activity）、羧酸跨膜转运活性（carboxylic acid transmembrane transporter activity）等分子功能显著富集（$P < 0.05$）（表 7-6）。在抑制表达株系中，氧化还原酶的活性（oxidoreductase activity）、抗氧化剂活性（antioxidant activity）、铁离子绑定（iron ion binding）、多聚糖绑定（polysaccharide binding）、水解酶活性（hydrolase activity）等分子功能显著富集（$P < 0.05$）（表 7-6）。

7.6.3.3　差异 Unigene 的 pathway 富集分析

利用 KEGG 数据库对差异 Unigene 进行了 pathway 富集分析。在过表达转基因数据库和抑制表达数据库中发现分别有 1863 个和 1818 个差异表达 Unigene 富集到了 116 个代谢途径中。分析发现在两个数据库中有 22 个代谢途径与对照相比

表 7-6　转基因株系中差异表达 Unigene 的 GO 富集分析

	GO 分类（分子功能）	差异基因数目（比例）	基因组中差异基因数目（比例）	校正的 P 值
BpGH3.5-过表达株系	Iron ion binding	44（3.6%）	271（1.7%）	0.00
	Amino acid transmembrane transporter activity	11（0.9%）	26（0.2%）	0.00
	Nucleic acid binding transcription factor activity	65（5.4%）	492（3.1%）	0.00
	Antioxidant activity	23（1.9%）	111（0.7%）	0.00
	Oxidoreductase activity	166（13.8%）	1626（10.1%）	0.00
	Amine transmembrane transporter activity	18（1.5%）	81（0.5%）	0.01
	Organic acid transmembrane transporter activity	13（1.1%）	49（0.3%）	0.01
	Carboxylic acid transmembrane transporter activity	11（0.9%）	37（0.2%）	0.01
	Transferase activity，transferring glycosyl groups	61（5.1%）	511（3.2%）	0.05
BpGH3.5-抑制表达株系	Oxidoreductase activity	189（16.5%）	1562（10.2%）	0.00
	Antioxidant activity	27（2.4%）	114（0.7%）	0.00
	Iron ion binding	43（3.8%）	278（1.8%）	0.00
	Oxidoreductase activity，acting on the CH-OH group of donors，NAD or NADP as acceptor	30（2.6%）	167（1.1%）	0.00
	Polysaccharide binding	8（0.7%）	16（0.1%）	0.00
	Pattern binding	8（0.7%）	17（0.1%）	0.00
	Oxidoreductase activity，acting on CH-OH group of donors	34（3.0%）	208（1.4%）	0.00
	Hydrolase activity，acting on glycosyl bonds	48（4.2%）	362（2.4%）	0.02
	Hydrolase activity，hydrolyzing O-glycosyl compounds	38（3.3%）	265（1.7%）	0.02
	Oxidoreductase activity，acting on single donors with incorporation of molecular oxygen	18（1.6%）	91（0.6%）	0.03

均达到显著差异（Q 值 < 0.05），包括以下途径：苯丙素生物合成（phenylpropanoid biosynthesis），次生代谢产物生物合成（biosynthesis of secondary metabolites），植物生理节律（circadian rhythm-plant），类黄酮生物合成（flavonoid biosynthesis），二芳基庚酸类化合物和姜辣素的生物合成（stilbenoid，diarylheptanoid and gingerol biosynthesis），玉米素生物合成（zeatin biosynthesis），类胡萝卜素生物合成（carotenoid biosynthesis），淀粉蔗糖新陈代谢（starch and sucrose metabolism），柠檬烯和蒎烯的分解（limonene and pinene degradation），亚麻酸新陈代谢（alpha-linolenic acid metabolism），苯基丙氨酸（phenylalanine metabolism），植物激素信号转导（plant hormone signal transduction），ABC 转运（ABC transporters），黄酮类黄酮生物合成（flavone and flavonol biosynthesis）等（图 7-29）。

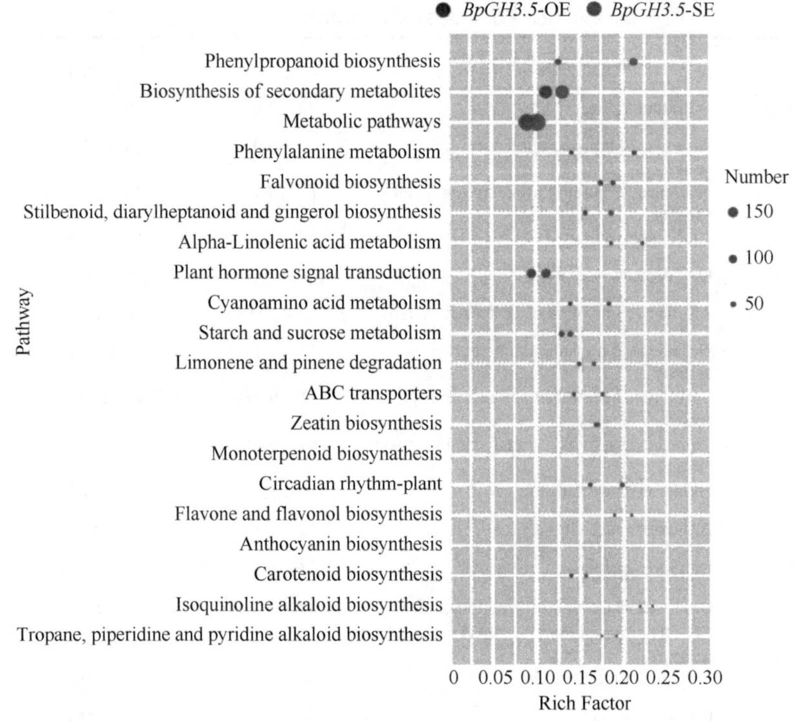

图 7-29　差异 Unigene 的 pathway 显著性富集（彩图请扫封底二维码）

BpGH3.5-OE 为 *BpGH3.5* 基因过表达转基因株系；*BpGH3.5*-SE 为 *BpGH3.5* 基因抑制表达转基因株系

7.6.4　差异 Unigene 分析

7.6.4.1　细胞增殖和生长相关的基因差异表达

差异基因分析结果表明，与细胞的生长增殖相关的基因表达发生了显著改变，包括 5 个编码与细胞壁松弛相关的糖基水解酶基因下调表达，4 个 UDP-葡萄糖葡糖转移酶基因表达量增加，2 个伸展蛋白基因及 4 个果胶酯酶基因下调表达，2 个果胶酯酶抑制剂基因上调表达，6 个编码纤维素合酶的基因下调表达，2 个葡糖脱氢酶表达量减少。此外我们发现 3 个编码 Cyclin-like 蛋白的基因下调表达（图 7-30）。

7.6.4.2　IAA 合成及信号途径相关基因差异表达

转录组测序发现，编码 IAA 生物合成基因下调表达。例如，色氨酸依赖的 IAA 合成途径的 11 个基因均下调表达，包括 1 个醛氧化酶基因、3 个醛脱氢酶基因、4 个细胞色素 P450 基因、2 个黄素单加氧酶基因及 1 个腈氧化酶基因（图 7-31~

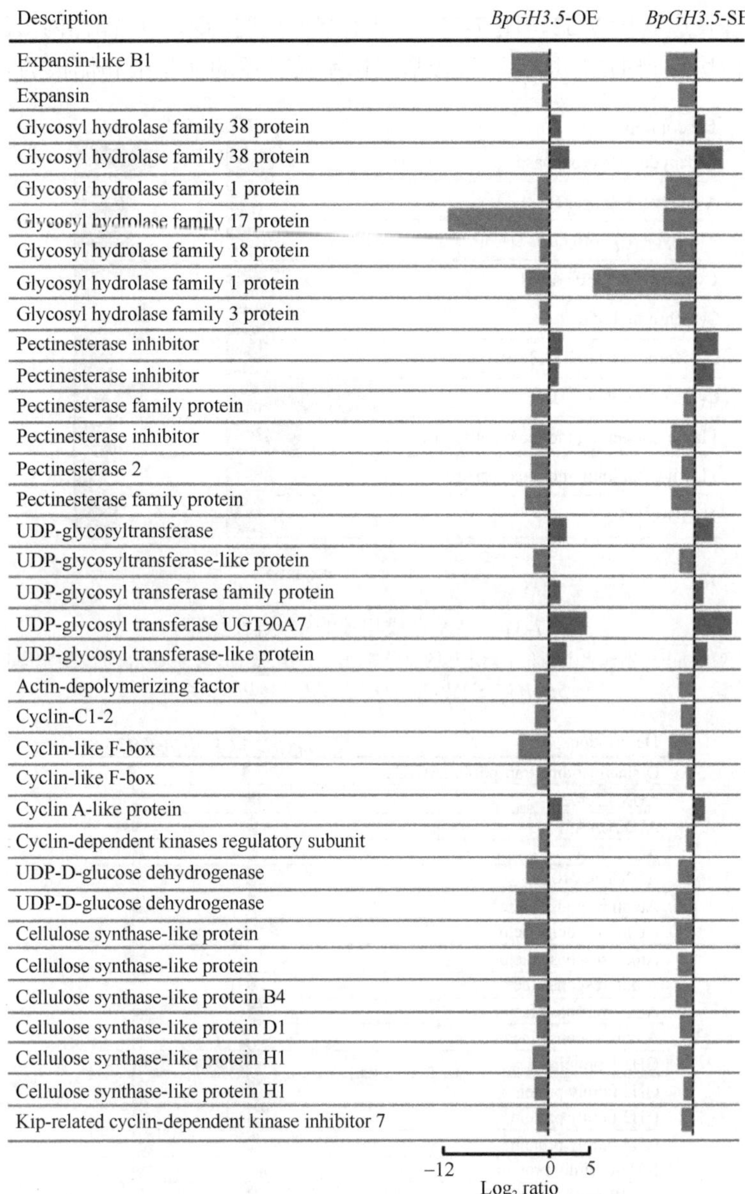

图 7-30　细胞增殖和生长相关的差异表达基因

黑色和灰色的柱子分别代表上调和下调表达的差异基因。*BpGH3.5*-OE 为 *BpGH3.5* 基因过表达转基因株系；*BpGH3.5*-SE 为 *BpGH3.5* 基因抑制表达转基因株系

图 7-33）。此外，IAA 信号途径相关基因在转基因白桦中也是下调表达的。例如，5 个对生长素信号途径具有调节作用的 *ARF* 基因表达量发生改变，其中 3 个上调表达，2 个下调表达。5 个生长素诱导基因 *Aux/IAA*、3 个 *GH3* 基因及 5 个 *SAUR*

基因均下调表达（图 7-32，图 7-33）。以上结果说明转基因白桦体内 IAA 的合成及信号途径均受到抑制，这可能与转基因株系具有短的初生根和侧根的表型相关。

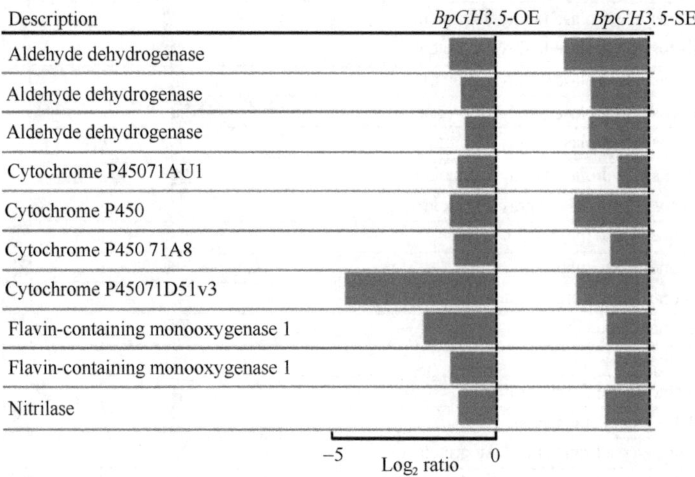

图 7-31　IAA 合成相关的差异表达基因

黑色和灰色的柱子分别代表上调和下调表达的差异基因。*BpGH3.5*-OE 为 *BpGH3.5* 过表达转基因株系；*BpGH3.5*-SE 为 *BpGH3.5* 抑制表达转基因株系

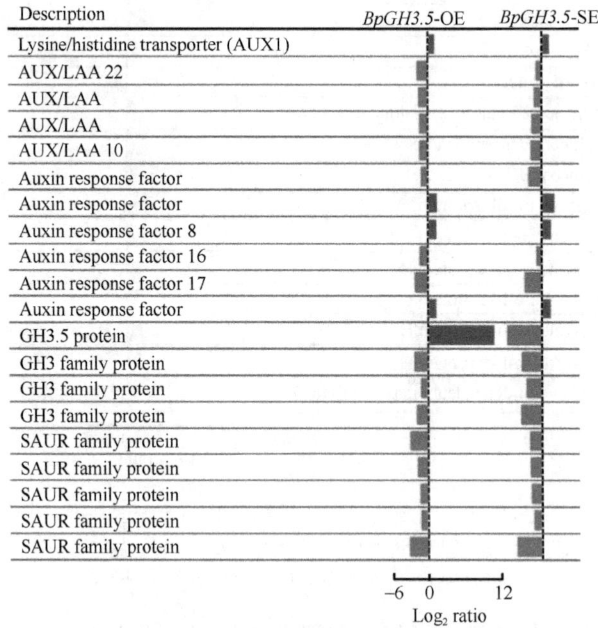

图 7-32　IAA 信号途径相关的差异表达基因

黑色和灰色的柱子分别代表上调和下调表达的差异基因。*BpGH3.5*-OE 为 *BpGH3.5* 过表达转基因株系；*BpGH3.5*-SE 为 *BpGH3.5* 抑制表达转基因株系

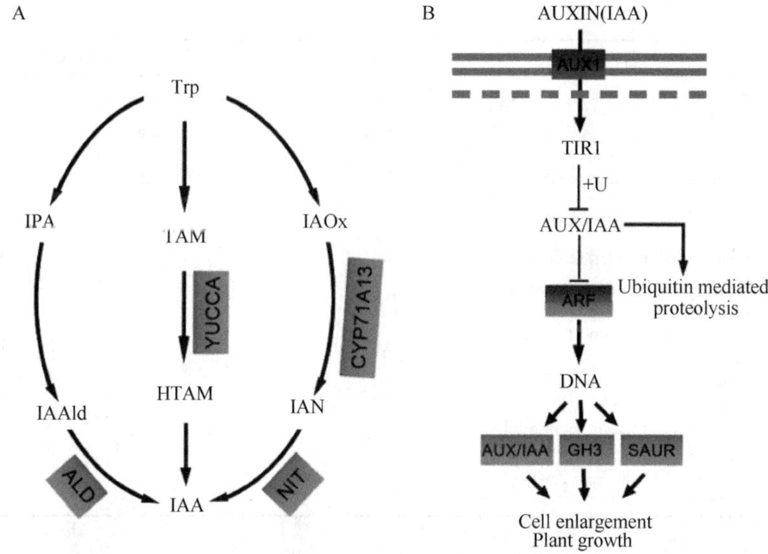

图 7-33　IAA 合成及信号转导途径（彩图请扫封底二维码）

A. IAA 合成途径；B. IAA 信号转导途径。红色和绿色的柱子分别代表上调和下调表达的差异基因

7.6.4.3　活性氧（ROX）清除相关基因差异表达

已有的研究表明植物根尖的 ROX 种类和含量影响植物根的伸长（Ivanchenko et al.，2013；Tsukagoshi et al.，2011）。差异表达基因的分析发现在 *BpGH3.5* 转基因株系中编码 ROX 清除酶的基因表达显著改变（表 7-7），包括：能够使超氧阴离子 $O_2^{\cdot-}$ 转变为 H_2O_2 的超氧化物歧化酶（SOD），与 H_2O_2 的清除相关的过氧化物酶（POD）和抗坏血酸过氧化物酶（APX），谷胱甘肽转移酶（GST），调控抗氧化剂谷胱甘肽和抗坏血酸含量的谷氨酰半胱氨酸（GCS），脱氢抗坏血酸还原酶（DHAR）。以上的结果说明 *BpGH3.5* 转基因白桦根变短的表型可能与根尖 ROX 的积累有关。

表 7-7　转基因白桦中活性氧（ROX）清除相关基因差异表达

登录号	基因名称/描述	$\log_2$（G/WT RPKM）	$\log_2$（AG/WT RPKM）	E 值
38228697	Superoxide dismutase（SOD）	1.08	1.63	2.00×10^{-81}
15226975	Peroxidase 20（POD）	−1.25	−0.99	1.00×10^{-120}
19110911	Peroxidase（POD）	2.47	4.35	3.00×10^{-47}
538502	Peroxidase（POD）	1.12	0.27	9.00×10^{-51}
224069224	Peroxiredoxin（Prx）	−1.42	0.16	1.00×10^{-74}
15220463	Peroxiredoxin 3（Prx）	−1.99	−1.47	7.00×10^{-41}
115345280	Peroxiredoxin 15（Prx）	2.57	2.37	2.00×10^{-64}
45268437	Ascorbate peroxidase（APX）	0.96	1.20	5.00×10^{-79}

续表

登录号	基因名称/描述	log_2（G/WT RPKM）	log_2（AG/WT RPKM）	E 值
225430293	Ascorbate peroxidase 6（APX）	1.11	2.30	3.00×10^{-29}
42558486	Ascorbate peroxidase（APX）	–1.63	–0.82	1.00×10^{-56}
15228853	Glutathione transferase GST	–2.17	–1.58	4.00×10^{-48}
2853219	Glutathione transferase GST	–1.59	–0.60	1.00×10^{-100}
283136126	Glutathione transferase GST	–1.01	–1.24	3.00×10^{-99}
283135898	Zeta class glutathione transferase GSTZ2	0.88	1.02	3.00×10^{-91}
283136114	Tau class glutathione transferase GSTU52	0.67	1.34	1.00×10^{-93}
50058088	Gamma-glutamylcysteine synthetase（GCS）	–1.25	–1.82	2.00×10^{-32}
218117601	Dehydroascorbate reductase（DHAR）	–1.59	–1.97	1.00×10^{-109}
15232273	Dehydroascorbate reductase（DHAR）	–2.21	–3.17	0

7.6.5 RNA-seq 结果的验证

随机挑选 12 条 Unigene，包括 10 条差异表达基因和 2 条非差异表达基因，进行转录组测序结果的验证。同时选择了 10 条与生长素的合成及代谢途径相关的基因进行相同的验证，结果见图 7-34。从图中可以发现定量 PCR 的结果与转录组测序的结果基本一致，说明转录组测序结果真实可信。

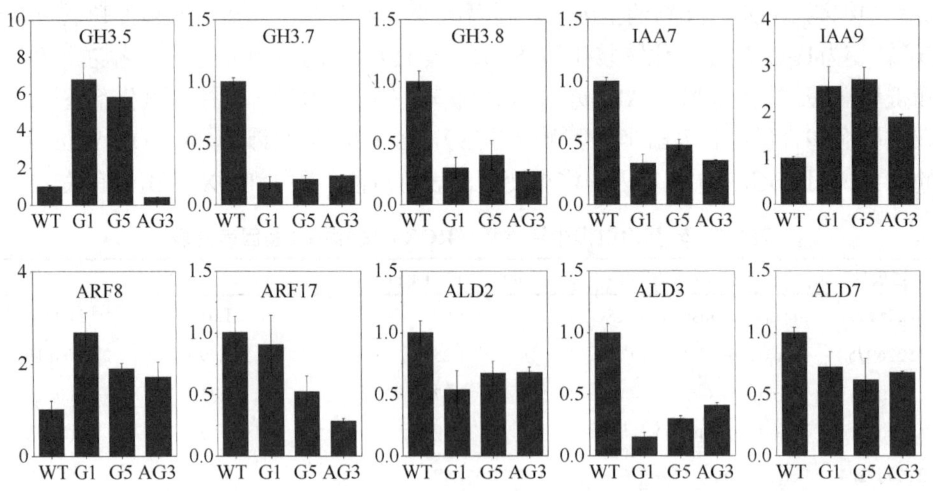

图 7-34 荧光定量 PCR 验证

从图 7-34 中可以看到，定量 PCR 的结果与转录组测序的结果基本一致。这些随机挑选的基因包括一些与木质素和纤维素的合成相关的酶、细胞壁的组成成分相关的果胶酶（pectinesterase），以及一些与植物逆境胁迫相关的基因。

GH3 是一类重要的生长素原初响应基因，对植物的生长发育具有重要的调控作用。对拟南芥的研究发现，*GH3* 主要影响胚轴和根的发育。拟南芥 *YDK1/GH3.2* 过量表达突变体 *ydk1-D* 具有短的胚轴、初生根及矮化的表型（Takase et al.，2004）。*DFL1/GH3.6* 的过量表达突变体 *dfl1-D*，胚轴和侧根的生长受到抑制，也具有矮化的表型（Nakazawa et al.，2001）。拟南芥 *gh3.9-1* 基因的 T-DNA 插入突变体，表现出较长的初生根（Khan and Stone，2007），而拟南芥 *FIN219*（*AtGH3.11*）功能缺失突变体在远红光下产生长的胚轴（Hsieh et al.，2000）。在本研究中，*BpGH3.5* 过表达和抑制表达转基因白桦，无论是组培生根苗还是移栽的二年生苗木，在高生长方面与 WT 白桦均没有显著差异。*BpGH3.5* 过表达和抑制表达的组培生根苗初生根及侧根的长度均明显短于对照，同时富有较长的根毛。植物根的数量、长度及生长速度能够决定植物地上部分生长发育的快慢，转基因白桦根的生长受到抑制，然而没有影响地上部分的生长，推测由于转基因白桦密布的根毛扩大了根的表面积，增强了根吸收营养的能力，从而弥补了根变短的缺陷。对 *BpGH3.5* 过表达及抑制表达的白桦根尖组织切片观察发现，根尖分生区的范围均变小，分生组织细胞变少，这可能是导致转基因白桦根的生长受到抑制的原因之一。

第 8 章　白桦 *BpPIN* 基因的功能研究

PIN 蛋白是 IAA 的极性输出载体，该家族成员主要参与植物胚胎发育、芽及侧生器官的发育过程，尤其在植物叶序、叶脉的形成及维管组织的分化过程中起关键作用。研究团队对欧洲白桦及裂叶桦的叶片转录组测序分析发现，*BpPIN* 基因在两种桦树中的相对表达量差异显著，且 IAA 在叶片的形成过程中起重要作用，推测 *BpPIN* 可能参与裂叶桦的叶裂形成。白桦 BpPIN 蛋白家族由 6 个成员组成，目前对该家族成员的功能研究尚未见报道。为此，本章以白桦为试材，开展 BpPIN 蛋白家族表达特性分析，并对 *BpPIN3* 基因功能进行了初步研究。

8.1　白桦 *BpPIN* 基因的生物信息学分析

根据白桦基因组和转录组测序的数据，比对分析已有物种的 *PIN* 基因。目前在白桦基因组中仅找到 6 条 *PIN* 基因，对比白桦与拟南芥 *PIN* 基因之间的亲缘关系，将白桦中的 *PIN* 基因分别命名为 *BpPIN1~6*，本文选取白桦 6 条 *BpPIN* 基因进行研究。

8.1.1　构建 BpPIN 家族进化树

采用 ClustalW 程序对 PIN 蛋白的氨基酸序列进行比对分析（图 8-1），发现 *PIN* 基因编码的氨基酸序列在不同物种中保守性很高。

由系统进化树分析发现（图 8-2），与其他物种相比，白桦与杨树 *PIN* 亲缘关系较近。在包含 6 条 *BpPIN* 的分组中，*BpPIN1*、*BpPIN4*、*BpPIN5*、*BpPIN6* 等首先与毛果杨的 *PtrPIN* 聚在一起，而拟南芥的 *AtPIN* 在这些分组中均为后来者。白桦的 6 条 *BpPIN* 基因中序列相似性较高的是 *BpPIN1* 与 *BpPIN6*，达到 68%，故在进化树中这两条基因距离较近，并且分别与毛果杨的 *PtrPIN1a* 和 *PtrPIN1b*、*PtrPIN1c* 和 *PtrPIN1d* 聚到一起。

8.1.2　*BpPIN* 基因理化性质分析

BpPIN 基因的 ORF 在 1071~1953bp 长度范围，编码的氨基酸数目为 356~650，相对分子质量为 38.98~70.65kDa，理论等电点的范围为 6.24~9.37，而不稳定系数、

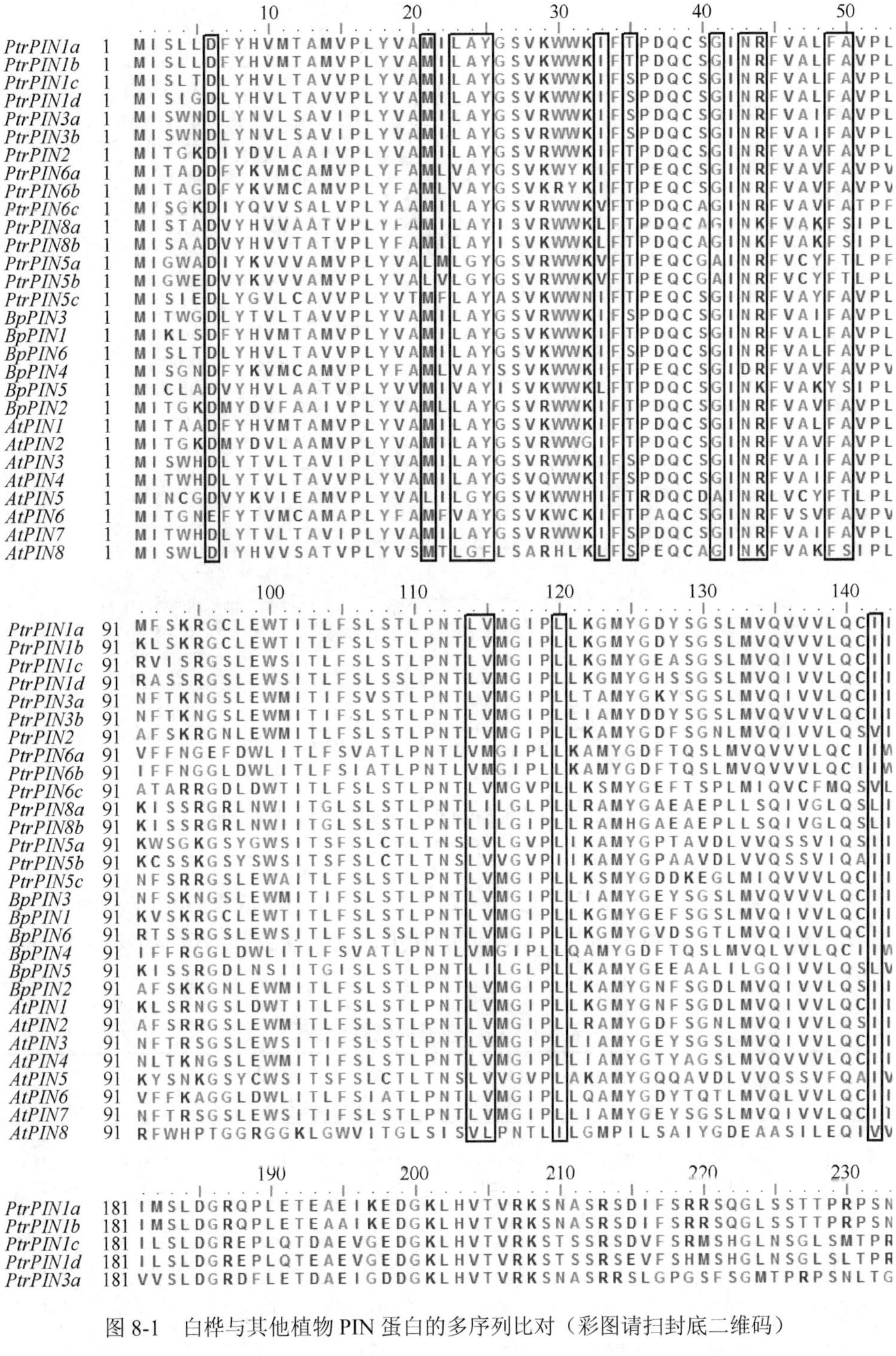

```
                 10        20        30        40        50
PtrPIN1a  1  MISLLDFYHVMTAMVPLYVAMILAYGSVKWWKIFTPDQCSGINRFVALFAVPL
PtrPIN1b  1  MISLLDFYHVMTAMVPLYVAMILAYGSVKWWKIFTPDQCSGINRFVALFAVPL
PtrPIN1c  1  MISLTDLYHVLTAVVPLYVAMILAYGSVKWWKIFSPDQCSGINRFVALFAVPL
PtrPIN1d  1  MISIGDLYHVLTAVVPLYVAMILAYGSVKWWKIFSPDQCSGINRFVALFAVPL
PtrPIN3a  1  MISWNDLYNVLSAVIPLYVAMILAYGSVRWWKIFSPDQCSGINRFVAIFAVPL
PtrPIN3b  1  MISWNDLYNVLSAVIPLYVAMILAYGSVRWWKIFSPDQCSGINRFVAIFAVPL
PtrPIN2   1  MITGKDIYDVLAAIVPLYVAMILAYGSVRWWKIFTPDQCSGINRFVAVFAVPL
PtrPIN6a  1  MITADDFYKVMCAMVPLYFAMLVAYGSVKWYKIFTPEQCSGINRFVAVFAVPV
PtrPIN6b  1  MITAGDFYKVMCAMVPLYFAMLVAYGSVKRYKIFTPEQCSGINRFVAVFAVPV
PtrPIN6c  1  MISGKDIYQVVSALVPLYAAMILAYGSVRWWKVFTPDQCAGINRFVAVFATPF
PtrPIN8a  1  MISTADVYHVVAATVPLYFAMILAYISVRWWKLFTPDQCAGINKFVAKFSIPL
PtrPIN8b  1  MISAADVYHVVTATVPLYFAMILAYISVKWWKLFTPDQCAGINKFVAKFSIPL
PtrPIN5a  1  MIGWADIYKVVVAMVPLYVALMLGYGSVRWWKVFTPEQCGAINRFVCYFTLPF
PtrPIN5b  1  MIGWEDVYKVVVAMVPLYVALVLGYGSVRWWKVFTPEQCGAINRFVCYFTLPL
PtrPIN5c  1  MISIEDLYGVLCAVVPLYVTMFLAYASVKWWNIFTPEQCSGINRFVAYFAVPL
BpPIN3    1  MITWGDLYTVLTAVVPLYVAMILAYGSVRWWKIFSPDQCSGINRFVAIFAVPL
BpPIN1    1  MIKLSDFYHVMTAMVPLYVAMILAYGSVKWWKIFTPDQCSGINRFVALFAVPL
BpPIN6    1  MISLTDLYHVLTAVVPLYVAMILAYGSVKWWKIFSPDQCSGINRFVALFAVPL
BpPIN4    1  MISGNDFYKVMCAMVPLYFAMLVAYSSVKWWKIFTPEQCSGIDRFVAVFAVPV
BpPIN5    1  MICLADVYHVLAATVPLYVVMIVAYISVKWWKLFTPDQCSGINKFVAKYSIPL
BpPIN2    1  MITGKDMYDVFAAIVPLYVAMLLAYGSVRWWKIFTPDQCSGINRFVAVFAVPL
AtPIN1    1  MITAADFYHVMTAMVPLYVAMILAYGSVKWWKIFTPDQCSGINRFVALFAVPL
AtPIN2    1  MITGKDMYDVLAAMVPLYVAMILAYGSVRWWGIFTPDQCSGINRFVAVFAVPL
AtPIN3    1  MISWHDLYTVLTAVIPLYVAMILAYGSVRWWKIFSPDQCSGINRFVAIFAVPL
AtPIN4    1  MITWHDLYTVLTAVVPLYVAMILAYGSVQWWKIFSPDQCSGINRFVAIFAVPL
AtPIN5    1  MINCGDVYKVIEAMVPLYVALILGYGSVKWWHIFTRDQCDAINRLVCYFTLPL
AtPIN6    1  MITGNEFYTVMCAMAPLYFAMFVAYGSVKWCKIFTPAQCSGINRFVSVFAVPV
AtPIN7    1  MITWHDLYTVLTAVIPLYVAMILAYGSVRWWKIFSPDQCSGINRFVAIFAVPL
AtPIN8    1  MISWLDIYHVVSATVPLYVSMTLGFLSARHLKLFSPEQCAGINKFVAKFSIPL

                100       110       120       130       140
PtrPIN1a  91  MFSKRGCLEWTITLFSLSTLPNTLVMGIPLLKGMYGDYSGSLMVQVVVLQCII
PtrPIN1b  91  KLSKRGCLEWTITLFSLSTLPNTLVMGIPLLKGMYGDYSGSLMVQVVVLQCII
PtrPIN1c  91  RVISRGSLEWSITLFSLSTLPNTLVMGIPLLKGMYGEASGSLMVQIVVLQCII
PtrPIN1d  91  RASSRGSLEWSITLFSLSSLPNTLVMGIPLLKGMYGHSSGSLMVQIVVLQCII
PtrPIN3a  91  NFTKNGSLEWMITIFSVSTLPNTLVMGIPLLTAMYGKYSGSLMVQIVVLQCII
PtrPIN3b  91  NFTKNGSLEWMITIFSLSTLPNTLVMGIPLLIAMYDDYSGSLMVQVVVLQCII
PtrPIN2   91  AFSKRGNLEWMITLFSLSTLPNTLVMGIPLLKAMYGDFSGNLMVQIVVLQSVI
PtrPIN6a  91  VFFNGEFDWLITLFSVATLPNTLVMGIPLLKAMYGDFTQSLMVQVVVLQCIIM
PtrPIN6b  91  IFFNGGLDWLITLFSIATLPNTLVMGIPLLKAMYGDFTQSLMVQVVVLQCIIM
PtrPIN6c  91  ATARRGDLDWTITLFSLSTLPNTLVMGVPLLKSMYGEFTSPLMIQVCFMQSVL
PtrPIN8a  91  KISSRGRLNWIITGLSLSTLPNTLILGLPLLRAMYGAEAEPLLSQIVGLQSLI
PtrPIN8b  91  KISSRGRLNWIITGLSLSTLPNTLILGIPLLRAMHGAEAEPLLSQIVGLQSLI
PtrPIN5a  91  KWSGKGSYGWSITSFSLCTLTNSLVLGVPLIKAMYGPTAVDLVVQSSVIQSII
PtrPIN5b  91  KCSSKGSYSWSITSFSLCTLTNSLVVGVPIIKAMYGPAAVDLVVQSSVIQAII
PtrPIN5c  91  NFSRRGSLEWAITLFSLSTLPNTLVMGIPLLKSMYGDDKEGLMIQVVVLQCII
BpPIN3    91  NFSKNGSLEWMITIFSLSTLPNTLVMGIPLLIAMYGEYSGSLMVQVVVLQCII
BpPIN1    91  KVSKRGCLEWTITLFSLSTLPNTLVMGIPLLKGMYGEFSGSLMVQIVVLQCII
BpPIN6    91  RTSSRGSLEWSITLFSLSSLPNTLVMGIPLLKGMYGVDSGTLMVQIVVLQCII
BpPIN4    91  IFFRGGLDWLITLFSVATLPNTLVMGIPLLQAMYGDFTQSLMVQLVVLQCIIM
BpPIN5    91  KISSRGDLNSIITGISLSTLPNTLILGLPLLKAMYGEEAALILGQIVVLQSLV
BpPIN2    91  AFSKKGNLEWMITLFSLSTLPNTLVMGIPLLKAMYGNFSGDLMVQIVVLQSII
AtPIN1    91  KLSRNGSLDWTITLFSLSTLPNTLVMGIPLLKGMYGNFSGDLMVQIVVLQCII
AtPIN2    91  AFSRRGSLEWMITLFSLSTLPNTLVMGIPLLRAMYGDFSGNLMVQIVVLQSII
AtPIN3    91  NFTRSGSLEWSITIFSLSTLPNTLVMGIPLLIAMYGEYSGSLMVQIVVLQCII
AtPIN4    91  NLTKNGSLEWMITIFSLSTLPNTLVMGIPLLIAMYGTYAGSLMVQVVVLQCII
AtPIN5    91  KYSNKGSYCWSITSFSLCTLTNSLVVGVPLAKAMYGQQAVDLVVQSSVFQAIV
AtPIN6    91  VFFKAGGLDWLITLFSIATLPNTLVMGIPLLQAMYGDYTQTLMVQLVVLQCII
AtPIN7    91  NFTRSGSLEWSITIFSLSTLPNTLVMGIPLLIAMYGEYSGSLMVQIVVLQCII
AtPIN8    91  RFWHPTGGRGGKLGWVITGLSISVLPNTLILGMPILSAIYGDEAASILEQIVV

                190       200       210       220       230
PtrPIN1a  181 IMSLDGRQPLETEAEIKEDGKLHVTVRKSNASRSDIFSRRSQGLSSTTPRPSN
PtrPIN1b  181 IMSLDGRQPLETEAAIKEDGKLHVTVRKSNASRSDIFSRRSQGLSSTTPRPSN
PtrPIN1c  181 ILSLDGREPLQTDAEVGEDGKLHVTVRKSTSSRSDVFSRMSHGLNSGLSMTPR
PtrPIN1d  181 ILSLDGREPLQTEAEVGEDGKLHVTVRKSTSSRSEVFSHMSHGLNSGLSLTPR
PtrPIN3a  181 VVSLDGRDFLETDAEIGDDGKLHVTVRKSNASRRSLGPGSFSGMTPRPSNLTG
```

图 8-1　白桦与其他植物 PIN 蛋白的多序列比对（彩图请扫封底二维码）

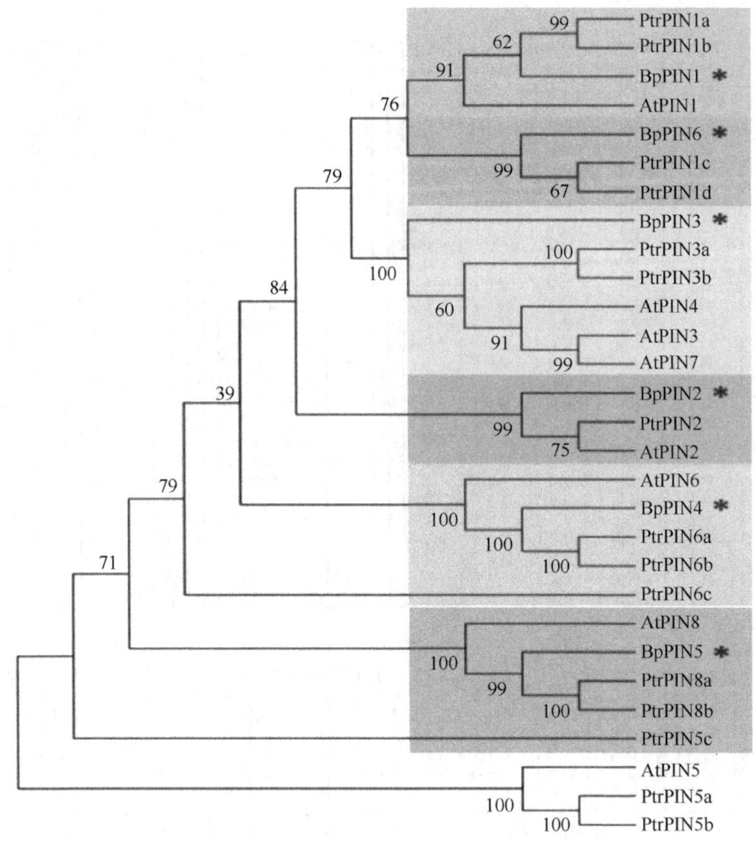

图 8-2　白桦与其他植物 PIN 序列的家族进化分析

*代表 6 条白桦的 PIN 序列

脂肪系数、亲水性平均值相差也较大（表 8-1）。由于白桦 6 条 *BpPIN* 基因序列长度存在较大差异，可能导致其具有不同的功用，暗示着该基因可能参与不同的发育过程。

表 8-1　*BpPIN* 基因特性分析

基因名称	ORF 长度/bp	氨基酸数目	相对分子质量/Da	理论等电点	不稳定指数	脂肪系数	亲水性平均值
BpPIN1	1 830	609	66 510.81	9.02	32.88	89.38	0.109
BpPIN2	1 833	610	66 034.36	9.37	39.05	89.25	0.121
BpPIN3	1 953	650	70 648.39	7.15	39.10	91.23	0.126
BpPIN4	1 263	420	46 389.43	6.24	40.47	90.81	0.147
BpPIN5	1 071	356	38 984.82	8.94	37.61	120.56	0.645
BpPIN6	1 791	596	63 966	9.17	33.48	96.34	0.227

8.1.3　保守结构域分析

利用 NCBI 的 Conserved Domains 工具预测了 6 条 *BpPIN* 保守区及蛋白质结构域。由蛋白质结构域的预测结果可以看出，6 条 *BpPIN* 基因都具有膜转运蛋白（membrane transport protein）这一结构域，该结构即多序列比对中的保守部位。该家族包括生长素运输载体和其他转运蛋白，其中 *BpPIN1*、*BpPIN2*、*BpPIN3*、*BpPIN6* 基因均有 2 个 Mem_trans superfamily 结构域，而 *BpPIN4*、*BpPIN5* 基因只有 1 个（图 8-3）。

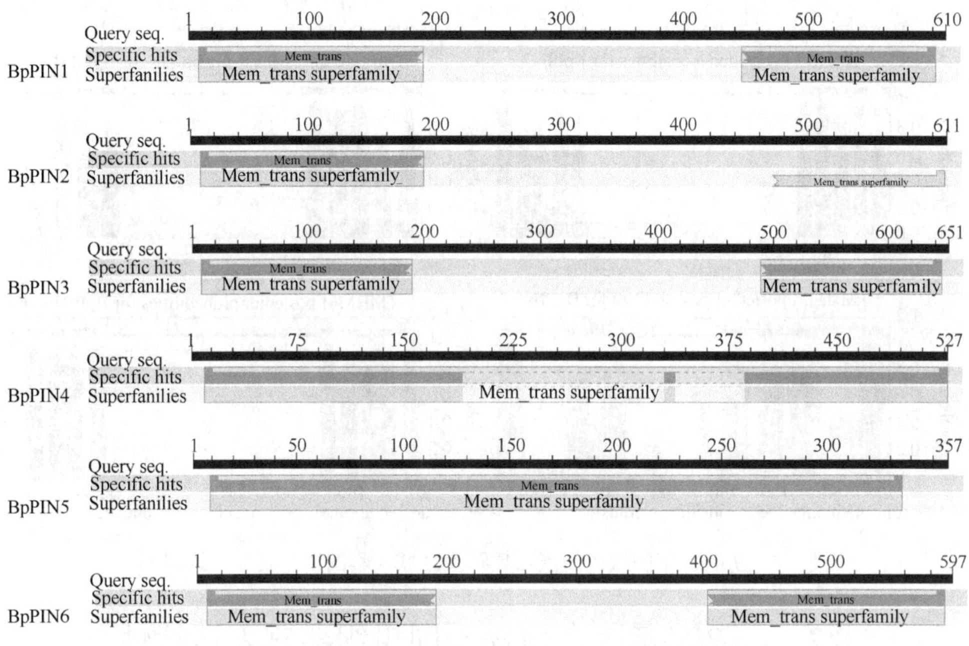

图 8-3　*BpPIN* 基因保守区及蛋白质结构域分析

8.1.4　跨膜结构域分析

白桦 6 个 BpPIN 蛋白具有相似的结构，蛋白质的两端各有一个疏水区，中间为亲水区（图 8-4）。依据各 PIN 蛋白质氨基酸残基数、疏水区跨膜折叠次数及功能，又可将其划分为两个亚家族。一个亚家族由 BpPIN1、BpPIN2、BpPIN3、BpPIN6 等 4 个蛋白质组成，该家族蛋白质氨基酸残基在 600 个左右，在蛋白质两端的疏水区分别有 4~5 次跨膜折叠，而中间的亲水区较长，属于长亲水结构域亚家族。根据对拟南芥 AtPIN 的研究结果，该亚家族蛋白的功能是负责细胞间的 IAA 运输（李巧娟，2015）。另外一个亚家族由 BpPIN4、

BpPIN5 蛋白组成，其蛋白质氨基酸残基分别为 400 个、350 个，中间亲水区更短，属于短亲水结构域亚家族，该类蛋白亚家族的功能可能为负责细胞内的 IAA 运输。

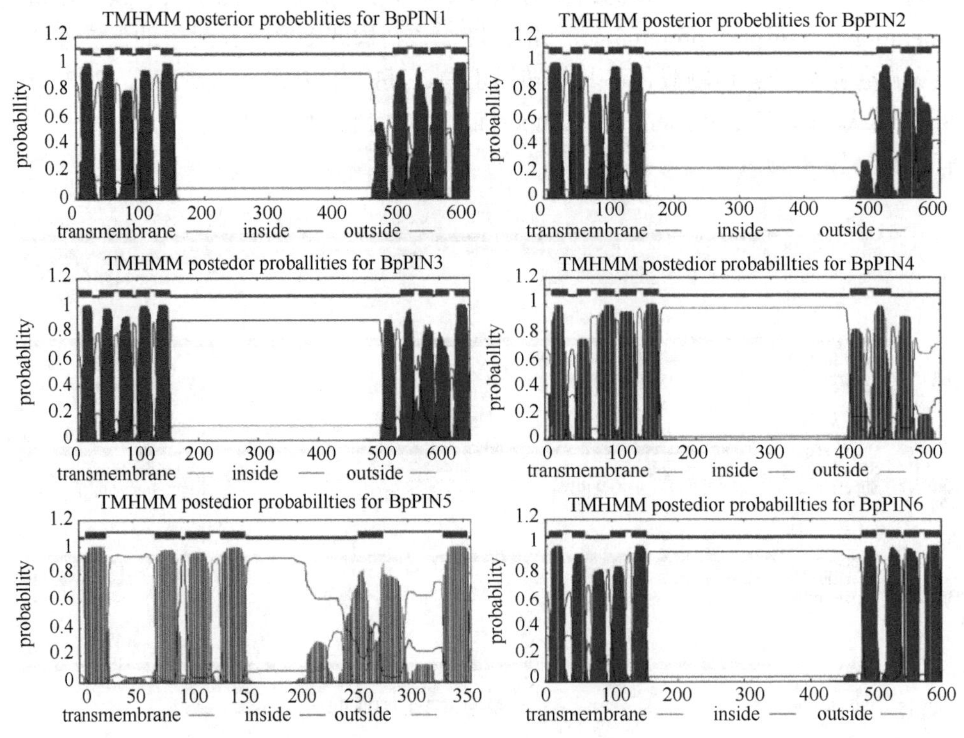

图 8-4 *BpPIN* 基因编码的蛋白质跨膜区域（彩图请扫封底二维码）

8.2 *BpPIN* 基因在白桦不同组织器官表达特性

8.2.1 *BpPIN* 基因在白桦叶片不同组织部位中的表达特性

6 条 *BpPIN* 基因在两种白桦的叶片及组织中均存在类似的三种表达模式（图 8-5）。第一种是显著上调表达模式，包括的基因有 *BpPIN1*、*BpPIN5*、*BpPIN6*；第二种是显著下调表达模式，仅有 *BpPIN2* 基因；第三种是 *BpPIN3*、*BpPIN4* 基因的既有上调又有下调表达模式，但以下调表达为多数。

在两种白桦发育相同的叶片及组织中进行 *BpPIN* 基因家族表达的差异性研究发现，基因表达大多呈现差异显著或极显著水平（$P<0.05$ 或 $P<0.01$）。统计 *BpPIN* 基因家族的表达量，在裂叶桦的多数叶片及组织中高于欧洲白桦。

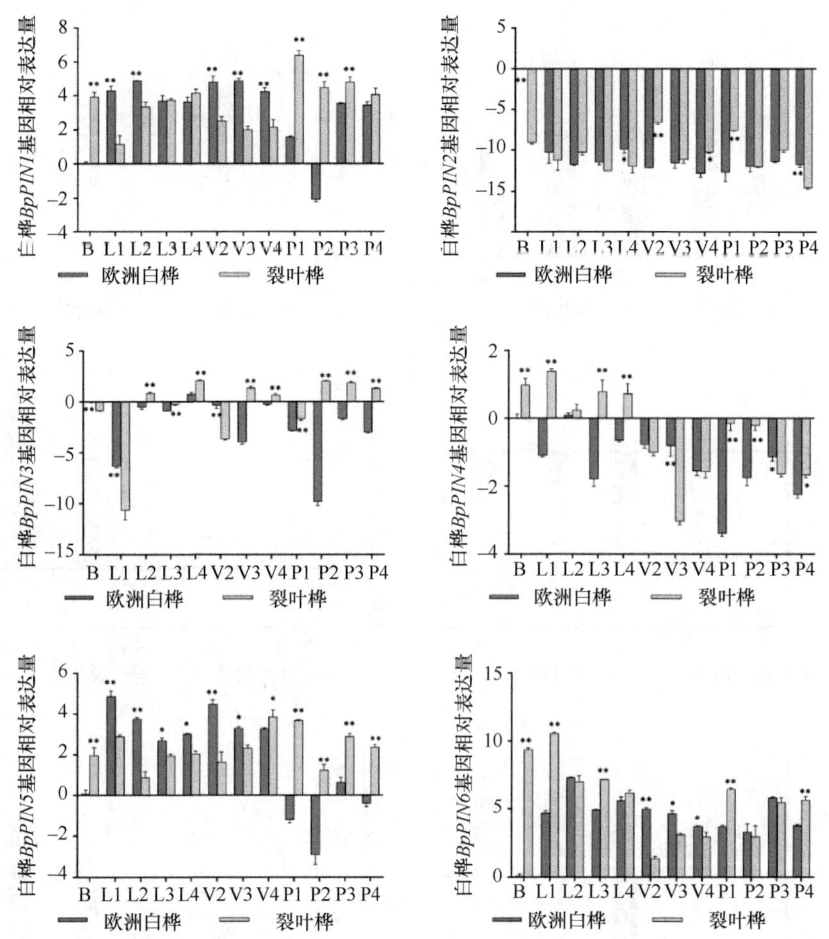

图 8-5　*BpPIN* 基因在两种白桦叶片及组织中的表达

B 为顶芽，L1~L4 代表第 1~4 片叶，V2~V4 为第 2~4 片叶的叶脉，P1~P4 为第 1~4 片叶叶柄；**代表差异极显著（$P<0.01$），* 代表差异显著（$0.01<P<0.05$），下同

8.2.2　*BpPIN* 基因在白桦不同组织器官中的表达特性

在两种白桦的茎尖、嫩茎、形成层及根等组织和器官中，6 条 *BpPIN* 基因的表达模式与叶片中的一致（图 8-6）。*BpPIN1*、*BpPIN5*、*BpPIN6* 大多呈上调表达，*BpPIN2* 在所有器官中均呈现下调表达，*BpPIN3* 和 *BpPIN4* 的表达量有上调和下调。

6 条 *BpPIN* 基因的表达在裂叶桦与欧洲白桦同一部位的含量具有显著的差异，各个组织部位具有不同的表达量，且相互之间差异较大，推测可能具有不同的作用，行使不同的功能。

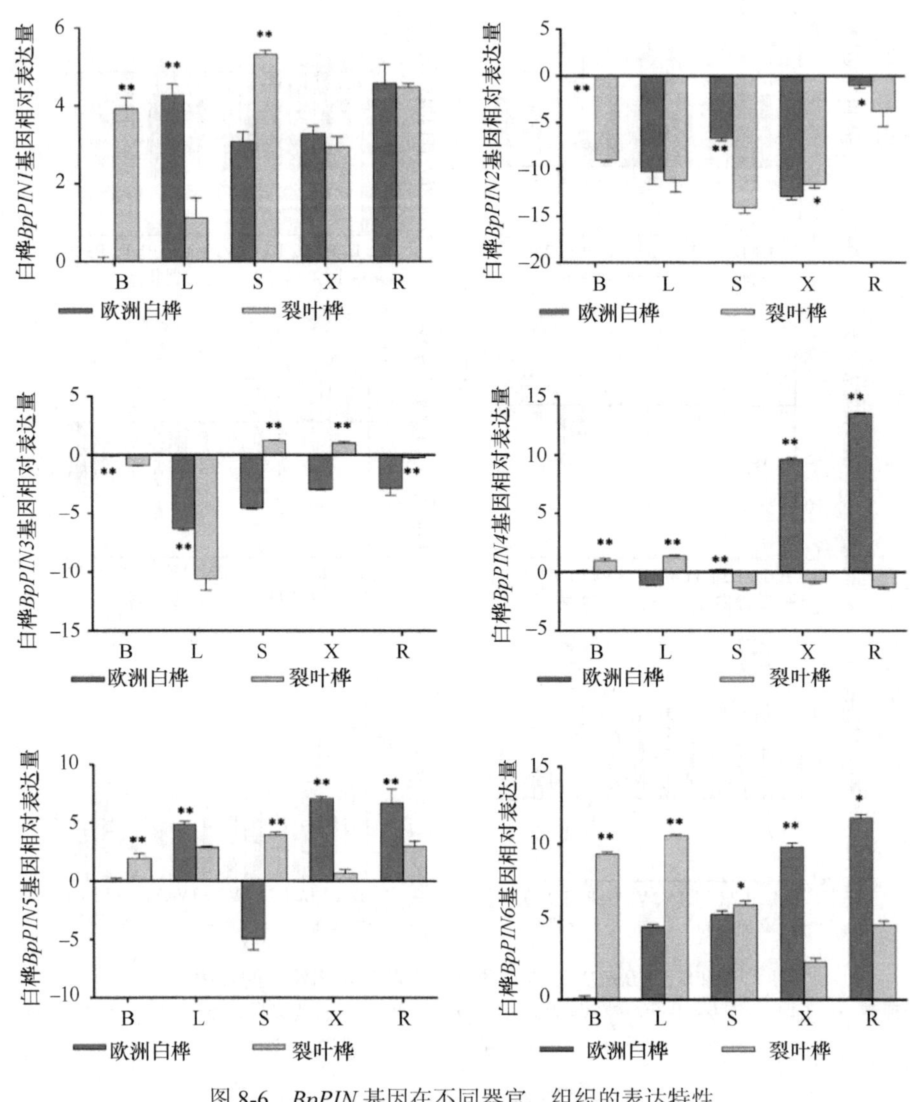

图 8-6 *BpPIN* 基因在不同器官、组织的表达特性

B，顶芽；L，叶片；S，嫩茎；X，形成层；R，根

8.2.3 IAA 含量与 *BpPIN* 表达的相关性分析

8.2.3.1 白桦 IAA 组织染色定位

为了观察 IAA 组织表达特性，采用农杆菌介导的合子胚转化法将启动子 DR5 驱动 GUS 基因转入白桦基因组中（渠畅等，2017），对转基因白桦株系进行 GUS 染色（图 8-7）。结果显示，幼嫩叶片染色较深，成熟叶片染色较浅，第一片叶叶

柄明显较第二、三、四片叶叶柄染色深，GUS 染色的深浅可表示 IAA 分布的多少（胡佳等，2017），即 IAA 主要分布于幼嫩的组织器官中。

图 8-7 转 pro-DR5:: GUS 白桦的 GUS 染色（彩图请扫封底二维码）
WT 为对照，DR5:: GUS 为转基因株系

8.2.3.2 两种白桦叶片组织的 IAA 含量测定

两种白桦叶片组织及器官 IAA 含量的比较发现（表 8-2），在裂叶桦大多数组织或器官中的 IAA 含量较欧洲白桦高。裂叶桦各器官及组织 IAA 含量的平均值为 69.97ng/gFW，而欧洲白桦为 48.31ng/g FW，裂叶桦较欧洲白桦高出 44.8%。尤为突出的是两种桦树第一片叶的叶柄中 IAA 含量明显较其他器官及组织高很多，裂叶桦和欧洲白桦分别为 495.25ng/g FW、276.89ng/g FW，分别是其他器官及组织平均含量的 16.6 倍和 10.6 倍。

此外还可以发现，在裂叶桦的前 3 个叶片，中随着叶片由小变大，IAA 含量也随之增加，当叶片发育为形状、大小稳定后的功能叶（第 4 片叶片）时，IAA 的含量却显著降低。在欧洲白桦中没有这样的规律。

8.2.3.3 两种白桦叶片及组织中 *BpPIN* 表达量与 IAA 含量的相关性分析

BpPIN1、*BpPIN5*、*BpPIN6* 在裂叶桦中的表达与叶片发育及 IAA 含量变化具有相关性（表 8-2）。其中，*BpPIN1* 的表达量随着叶片变大及 IAA 含量增加而增加，前 3 个叶片中 *BpPIN1* 的表达量与 IAA 含量的相关系数为 r=0.69（P=0.04），达到显著正相关关系；而在叶柄中，却随着发育 IAA 含量及基因表达量均逐渐减

表 8-2　裂叶桦和欧洲白桦的 IAA 含量及 *BpPIN1*、*BpPIN5*、*BpPIN6* 的表达

组织及器官		B	L1	L2	L3	L4	V2	V3	V4	P1	P2	P3	P4	均值
裂叶桦	IAA	33.12±0.05	27.49±0.06	34.14±0.06	67.97±0.06	14.20±0.06	53.36±0.12	16.32±0.07	12.58±0.11	495.25±0.11	37.47±0.08	34.88±0.12	12.87±0.09	69.97
	BpPIN1	3.92±0.28	0.70±0.91	3.34±0.27	3.73±0.11	4.14±0.24	2.51±0.25	2.01±0.19	2.14±0.45	6.36±0.31	4.46±0.36	4.79±0.32	4.06±0.38	3.51
	BpPIN5	1.96±0.41	2.90±0.09	0.86±0.32	1.94±0.08	2.02±0.16	1.63±0.53	2.33±0.16	3.85±0.34	3.68±0.05	1.25±0.28	2.89±0.16	2.37±0.15	2.31
	BpPIN6	9.38±0.13	10.56±0.09	7.01±0.46	7.17±0.02	6.18±0.21	1.35±0.17	3.07±0.12	2.93±0.33	6.45±0.10	2.93±0.85	5.46±0.36	5.64±0.27	5.68
欧洲白桦	IAA	25.12±0.04	20.76±0.04	11.47±0.01	33.37±0.02	5.06±0.02	30.17±0.02	4.12±0.01	0.12±0.02	276.89±0.07	39.95±0.04	32.17±0.05	100.50±0.01	48.31
	BpPIN1	0.00	4.28±0.28	4.88±0.02	3.67±0.34	3.62±0.29	4.79±0.36	4.87±0.19	4.21±0.25	1.56±0.06	–2.06±0.15	3.52±0.06	3.44±0.21	3.07
	BpPIN5	0.00	4.86±0.28	3.75±0.09	2.70±0.14	3.03±0.03	4.48±0.22	3.31±0.08	3.27±0.05	–1.17±0.17	-2.90±0.48	0.63±0.27	–0.40±0.17	1.80
	BpPIN6	0.00	4.68±0.18	7.31±0.05	4.92±0.05	5.59±0.28	4.97±0.13	4.65±0.22	3.72±0.03	3.68±0.11	3.27±0.63	5.81±0.09	3.78±0.10	4.37

注：以欧洲白桦顶芽 *BpPIN* 各基因为对照计算的基因相对表达量。B 为顶芽，L1~L4 代表第 1~4 片叶，V2~V4 为第 2~4 片叶的叶脉，P1~P4 为第 1~4 片叶叶柄。IAA 单位为 ng/g FW。

少，相关系数为 r=0.85（P=0.001），达到极显著的正相关关系。

在裂叶桦叶片中 *BpPIN6*、叶柄中 *BpPIN5* 的表达量与 *BpPIN1* 相反（表 8-2），与 IAA 的含量呈现负相关。其相关系数分别为 r=–0.59（P=0.094）、r=–0.66（P=0.054）。

8.3 *BpPIN1*、*BpPIN3*、*BpPIN5* 启动子克隆及遗传转化

8.3.1 pro-BpPIN∷GUS 表达载体构建

8.3.1.1 pro-BpPIN 启动子序列的克隆

以白桦总 DNA 为模板，扩增启动子序列（连接酶切位点），PCR 扩增产物电泳图谱见图 8-8。目的条带的位置分别在 2179bp、1791bp、1318bp 左右，与已知的片段大小相符，说明基因克隆成功。

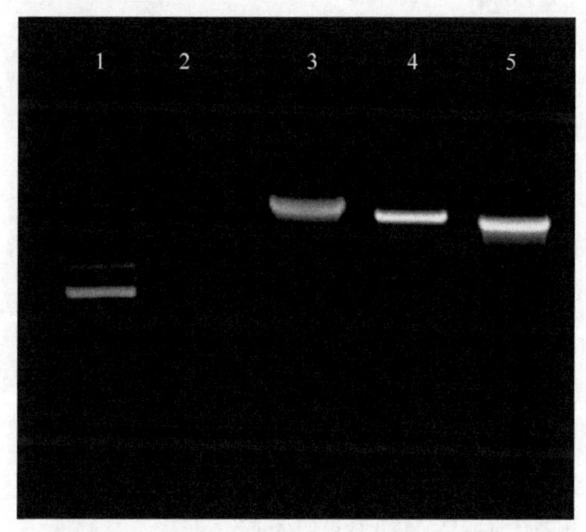

图 8-8　白桦 *BpPIN1*、*BpPIN3*、*BpPIN5* 启动子的克隆

1. DL 2000 DNA Marker；2.水；3. *BpPIN1* 启动子；4. *BpPIN3* 启动子；5. *BpPIN5* 启动子

8.3.1.2 *BpPIN1*、*BpPIN3*、*BpPIN5* 启动子序列分析

在克隆获得了 3 条 *BpPIN* 启动子序列的基础上，采用在线分析软件 PLACE，分别对上述获得的 2179bp、1791bp 及 1318bp 启动子序列进行响应元件预测（表 8-3）。分析结果显示，3 条 *BpPIN* 基因启动子序列在 1300~2000bp 范围内包含了 30 多种响应元件，其中 *BpPIN3* 基因启动子序列的激素响应元件最多，如赤霉素响应、水杨酸、茉莉酸甲酯、脱落酸及乙烯应答等顺式作用元件；*BpPIN5* 基因启动子序列的激素响应元件仅有赤霉素与水杨酸响应元件；*BpPIN1* 基因启动子序列的顺式作用元件主要是光响应等元件。

表 8-3 启动子顺式作用元件分析

元件名称	功能	元件		
		PIN1	PIN3	PIN5
GARE-motif	赤霉素响应元件		√	√
TCA-element	参与水杨酸反应的顺式作用元件		√	√
CGTCA-motif	顺式调控元件参与茉莉酸甲酯的反应		√	
ERE	乙烯应答元件		√	
TGACG-motif	顺式调控元件参与茉莉酸甲酯的反应		√	
ABRE	脱落酸反应中的顺式作用元件		√	
Box 4	与光反应有关的一个保守的 DNA 模块的一部分			√
GA-motif	光响应元件的一部分			√
TCT-motif	光响应元件的一部分			√
AE-box	光响应模块的一部分	√	√	√
Box I	光响应元件	√	√	√
G-Box	参与光反应的顺式作用调节元件	√	√	
I-box	光响应元件的一部分	√	√	
GT1-motif	光响应元件		√	√
CATT-motif	光响应元件的一部分	√		√
MNF1	光响应元件		√	
ACE	参与光反应的顺式作用元件		√	
ATCC-motif	与光反应有关的一个保守的 DNA 模块的一部分	√		
GAG-motif	光响应元件的一部分	√		
MRE	MYB 结合位点在光反应	√		
5UTR Py-rich stretch	具有高转录水平的顺式作用元件	√	√	√
AAGAA-motif		√	√	√
CAAT-box	启动子和增强子区共同顺式作用元件	√	√	√
HSE	热应激反应中的顺式作用元件	√	√	√
LTR	参与低温反应的顺式作用元件	√	√	√
TATA-box	核心启动元件	√	√	√
ARE	用于厌氧诱导的顺式作用调节元件	√	√	
MBS	MYB 结合位点参与干旱诱导/ MYB 结合位点		√	√
Skn-1_motif	胚乳表达所需的顺式调控元件		√	√
Box-W1	真菌激发子应答元件	√		√
TC-rich repeats	参与防御和应激反应的顺式作用元件	√		√
W box		√		√
circadian	控制昼夜节律的顺式作用调节元件	√		√
ATGCAAAT motif	与 TGAGTCA 顺式调控元件相关联			√
Box III	蛋白结合位点			√
CAT-box	与分生组织表达相关的顺式调控元件			√
GCN4_motif	胚乳表达的顺式调控元件			√
O2-site	玉米醇溶蛋白代谢调控中的顺式调控元件			√
TCCACCT-motif		√		

8.3.1.3　pro-BpPIN：：GUS 表达载体的获得

将双酶切纯化后的载体质粒 pCMBIA1300 分别与上述扩增 3 条 *BpPIN* 启动子序列通过 T4 连接酶连接，在 50mg/L 潮霉素抗性平板上筛选阳性重组质粒。将筛选获得阳性重组质粒 pro-BpPIN：：GUS 送往公司测序，通过 BioEdit 进行多序列比对，结果确定获得的序列分别为位于 *BpPIN1*、*BpPIN3*、*BpPIN5* 基因起始密码子上游 2348bp、2092bp、1447bp 的启动子序列。

分别将已构建成功的 pro-BpPIN1：：GUS、pro-BpPIN3：：GUS、pro-BpPIN5：：GUS 表达载体质粒转化入农杆菌 EHA105 内，挑取 3~5 个农杆菌工程菌阳性单克隆，接种于含有抗生素的液体 LB 培养基中，28℃恒温振荡培养过夜，以去离子水及上述质粒为模板，以载体引物进行 PCR 检测。结果显示，pro-BpPIN1：：GUS、pro-BpPIN3：：GUS、pro-BpPIN5：：GUS 阳性质粒均扩增出单一的特异性条带，以水为模板的 PCR 反应并未扩增出有效条带（图 8-9）。这说明重组质粒已经成功转入 EHA105 农杆菌体内，成功获得 EHA105（pro-BpPIN1：：GUS）、EHA105（pro-BpPIN3：：GUS）、EHA105（pro-BpPIN5：：GUS）工程菌。

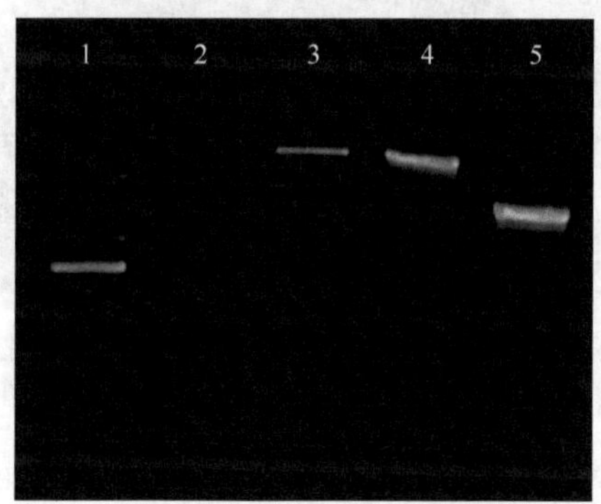

图 8-9　*BpPIN1*、*BpPIN3*、*BpPIN5* 启动子载体构建农杆菌质粒的检测

1. DL 2000 DNA Marker；2.水；3. *BpPIN1* 启动子农杆菌质粒；4. *BpPIN3* 启动子农杆菌质粒；5. *BpPIN5* 启动子农杆菌质粒

8.3.2　转 *BpPIN* 启动子白桦的获得

采用根癌农杆菌介导的白桦成熟合子胚遗传转化法进行白桦基因转化（杨洋，2016；姜晶，2017），即用农杆菌菌液侵染无菌的白桦合子胚，将侵染后的白桦合子胚置于不含抗生素的 WPM 培养基上进行暗培养（图 8-10A），期间视农杆菌的生长状况对其进行脱菌处理。2~3d 后将脱菌后的合子胚置于含有 200mg/L 头孢霉素和 50mg/L 卡那霉素或 50mg/L 潮霉素的 WPM 培养基，倒置培养（图 8-10B），该过程中不定期脱菌。选择培养一段时间后，在合子胚的伤口处会长出白色（卡那霉素）或绿色（潮霉素）的球状愈伤组织（图 8-10C），待愈伤组织大小为 5mm

左右时转入新的含抗生素的 WPM 继代培养基中。一段时间后，愈伤组织长出不定芽，经过 20~30d，不定芽会逐渐分化成丛生苗（图 8-10D），长出的丛生苗在琼脂生根培养基上生根 15~20d（图 8-10E），移栽至土中（图 8-10F）。最终获得 1 个 pro-BpPIN1：：GUS、3 个 pro-BpPIN3：：GUS 和 7 个 pro-BpPIN5：：GUS 白桦转化子（图 8-10）。

图 8-10 转 pro-BpPIN：：GUS 白桦的获得（彩图请扫封底二维码）

A. 合子胚转化；B. 种子开始形成愈伤；C. 愈伤组织；D. 抗性丛生苗；E. 转基因白桦生根苗；F. 土瓶培养生根苗

分别以上述转 pro-BpPIN1：：GUS、pro-BpPIN3：：GUS 和 pro-BpPIN5：：GUS 启动子白桦叶片的 DNA 为模板进行 PCR 检测，PCR 产物在 1%的琼脂糖凝胶中进行电泳，结果显示，目的片段位置分别为 2348bp、2092bp、1447bp，证明已经成功获得 pro-BpPIN：：GUS 表达株系（图 8-11）。

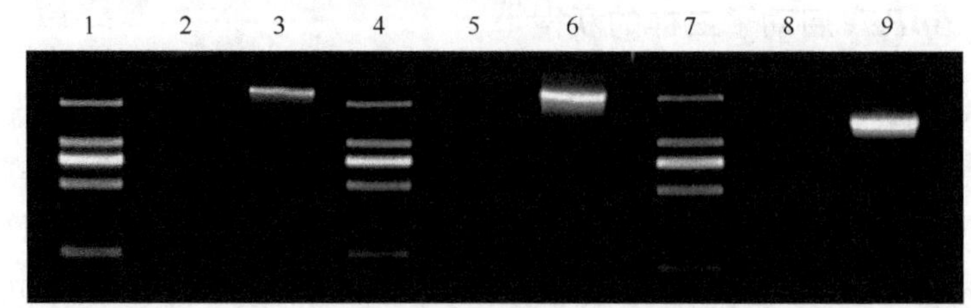

图 8-11 转 *BpPIN1*、*BpPIN3* 及 *BpPIN5* 启动子植株 PCR 检测

1、4、7. Marker DL 2000；2、5、8. WT；3. 转 *BpPIN1* 启动子植株；6. 转 *BpPIN3* 启动子植株；9. 转 *BpPIN5* 启动子植株

8.3.3 转 *BpPIN* 启动子白桦的 GUS 染色

将对照及转基因白桦的幼苗在生根的培养基培养，20d 后长到 5cm 左右，每个转基因选 5 株放在 GUS 染液中进行染色。由图 8-12 可见，WT（非转基因）白桦未被 GUS 染色；而 3 个转基因的株系根部 GUS 染色程度类似，在叶部的染色呈现幼叶染色深、老叶染色浅的规律，但不同株系间差异明显，其中 pro-BpPIN1∷GUS 及 pro-BpPIN5∷GUS 等染色较深，表明 *BpPIN1*、*BpPIN5* 基因表达量较高，而 pro-BpPIN3∷GUS 的染色较浅，表明 *BpPIN3* 基因表达量较低。GUS 染色的结果与白桦 BpPIN 基因的定量结果一致。

图 8-12 转 pro-BpPIN∷GUS 启动子白桦的 GUS 染色（彩图请扫封底二维码）
WT 为对照，pro-BpPIN∷GUS 为转基因株系

8.3.4 pro-BpPIN3∷GUS 白桦对 IAA 及 TIBA 的应答

拟南芥中的研究表明，生长素及生长素运输抑制剂（TIBA 和 NPA）均对 PIN 蛋白的活性起到重要的调控作用。为了了解白桦 *BpPIN3* 基因对 IAA 、TIBA 的响应情况，以转 pro-BpPIN3∷GUS 白桦生根苗为试材，分别进行不同浓度的 IAA、TIBA 处理。GUS 染色结果显示，未进行任何处理的 pro-BpPIN3∷GUS 白桦幼苗，GUS 显色主要分布于顶芽及幼叶（图 8-13，对照），顶芽及幼叶组织也是内源 IAA 含量最高的部位，故此认为 *BpPIN3* 基因伴随着 IAA 的高含量而高表达。

若采用不同浓度 IAA 处理，结果发现，1mg/L 和 5mg/L 的 IAA 处理与未进行 IAA 处理株系比较，GUS 显色表现为随浓度升高其染色逐渐变深，而 IAA 为 10mg/L 时，GUS 显色与对照相比变浅，说明 1~5mg/L 的外源 IAA 能够诱导 *BpPIN3* 基因的表达，当 IAA 浓度达到 10mg/L 时，则抑制 *BpPIN3* 基因在幼叶的表达；

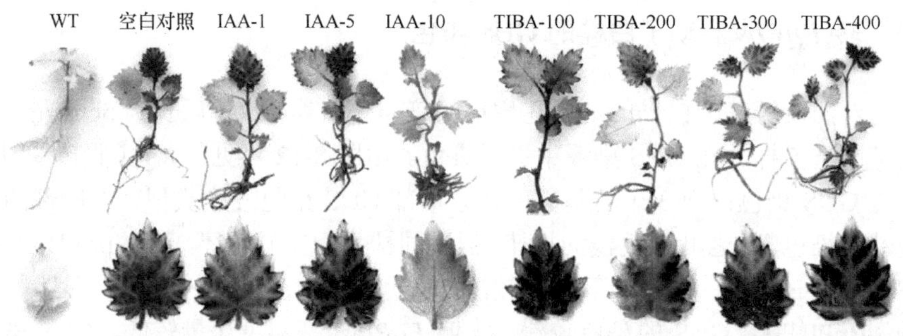

图 8-13　不同浓度激素处理转 pro-BpPIN3∷GUS 白桦生根苗（彩图请扫封底二维码）

WT 为非转基因对照株系；空白对照为未进行激素处理株系；IAA-1~IAA-10 表示 IAA 处理浓度分别为 1mg/L、5mg/L、10mg/L；TIBA-100~TIBA-400 表示 TIBA 处理浓度分别为 100mg/L、200mg/L、300mg/L、400mg/L

当采用 TIBA 生长素抑制剂处理后，发现随着 TIBA 浓度的升高，GUS 染色的叶片逐渐加深，推测 *BpPIN3* 基因启动子区可能具有与 TIBA 结合的顺式作用元件。

8.4　*BpPIN3* 基因的白桦遗传转化研究

8.4.1　*BpPIN3* 基因的获得与分析

从白桦基因组中获得 *BpPIN3* 序列，预测该基因开放阅读框为 1953bp，编码 650 个氨基酸（图 8-14）。该蛋白质的相对分子质量为 70 634.37Da，理论等电点为 7.15，分子式为 $C_{3189}H_{4971}N_{831}O_{920}S_{30}$，不稳定系数为 39.1，脂肪系数为 91.23，亲水性平均值为 0.126。利用 *BpPIN3* 基因的开放读码框（ORF）、对应的基因组序列及 Gene Structure Display Server（GSDS）对基因进行外显子和内含子的预测，结果显示：*BpPIN3* 基因由 6 个外显子及 5 个内含子串联排布（图 8-15）。由蛋白质结构域的预测结果（图 8-2）可以看到，BpPIN3 蛋白具有 2 个 Mem_trans superfamily（Membrane transport protein）结构，即多序列比对（见图 8-1）中的保守部位。该蛋白质的两端各有一个疏水区，中间为亲水区（见图 8-4）。分别有 5 次跨膜折叠位于两端疏水区，中间的亲水区较长，与拟南芥的聚类分析（见图 8-2）推测该蛋白质属于长亲水结构域亚家族，功能是负责细胞间的 IAA 运输。

8.4.2　植物表达载体的获得

8.4.2.1　*BpPIN3* 基因全长和正向、反向特异序列的克隆

以白桦顶芽 cDNA 为模板，通过 PCR 扩增 *BpPIN3* 基因的全长和特异序列，PCR 扩增产物电泳图谱分别见图 8-16，目的条带的位置分别在 1953bp、200bp 左右，与已知的片段大小相符，说明已克隆成功。

```
   1 M I T W G D L Y T V L T A V V P L Y V A
   1 ATGATCACCTGGGGAGACCTGTACACCGTGTTGACGGCGGTGGTCCCTCTTTACGTAGCG
  21 M I L A Y G S V R W W K I F S P D Q C S
  61 ATGATTTTAGCCTACGGGTCGGTCCGGTGGTGGAAGATCTTCTCCCCGGACCAGTGCTCC
  41 G I N R F V A I F A V P L L S F H P I S
 121 GGCATCAACCGGTTCGTGGCCATCTTCGCCGTCCCTCTCCTCTCCTTCCACTTCATCTCC
  61 T N N P Y A M N F R F I A A D T L Q K I
 181 ACCAACAACCCCTACGCCATGAACTTCCGCTTCATCGCCGCCGACACTCTCCAGAAGATC
  81 I M L V V L T I W T N F S K N G S L E W
 241 ATCATGCTCGTCGTCCTCACCATCTGGACTAACTTCTCCAAGAACGGTAGCCTCGAGTGG
 101 M I T I F S L S T L P N T L V M G I P L
 301 ATGATCACCATCTTCTCTCTTTCGACGCTACCAAATACACTGGTGATGGGTATCCCTCTA
 121 L I A M Y G E Y S G S L M V Q V V V L Q
 361 CTCATTGCCATGTACGGCGAGTACTCGGGGAGCCTCATGGTCCAGGTGGTGGTCTTGCAG
 141 C I I W Y T L L L F L F E Y R G A K M L
 421 TGCATCATCTGGTACACCCTGCTGCTCTTCCTCTTCGAGTACCGCGGCGCCAAGATGCTG
 161 I M E Q F P E T A A S I V S F K V D S D
 481 ATCATGGAGCAGTTCCCGGAGACGGCAGCGTCGATAGTGTCGTTCAAGGTTGACTCGGAT
 181 V V S L D G R D F L E T D A E I G E D G
 541 GTGGTCTCATTGGACGGTCGCGATTTTCTGGAGACCGACGCGGAAATCGGCGAGGACGGG
 201 K L H V T V R K S N A S R R S L G G S A
 601 AAGCTCCACGTGACGGTGAGGAAGTCGAACGCGTCGAGACGGTCCCTCGGGGGCTCGGCA
 221 L T P R P S N L T G A E I Y S L S S S R
 661 TTGACGCCTCGGCCTTCGAATCTCACCGGGGCCGAGATATACAGTTTGAGCTCCTCGAGG
 241 N P T P R G S N F N N S D F Y S M M G Y
 721 AACCCCACTCCTAGAGGCTCCAATTTCAACAACTCCGACTTCTACTCCATGATGGGTTAC
 261 Q G F P A R H S N F G P S D L Y S V Q S
 781 CAGGGCTTCCCGGCGAGGCATTCGAATTTTGGTCCCTCTGACTTGTATTCCGTGCAGTCC
 281 S R G P T P R P S N F E E N S A P M A Q
 841 TCTAGGGGTCCAACTCCGAGACCGTCGAATTTCGAAGAGAATTCTGCACCCATGGCTCAG
 301 N V N V S S P R F G F Y P A Q T V P A P
 901 AACGTCAACGTCTCTTCACCTAGGTTTGGATTTTATCCGGCGCAGACTGTTCCGGCGCCG
 321 S Y P A P N P E F S S A I T K T V K N Q
 961 TCGTACCCTGCGCCCAACCCAGAGTTCTCGTCCGCTATTACTAAGACAGTCAAGAATCAG
 341 Q Q Q Q Q Q P Q A P N S K V N H D A K E
1042 CAGCAACAGCAACAGCAACCTCAGGCTCCTAACAGCAAGGTGAACCATGATGCTAAGGAG
 361 L H M F V W S S S A S P V S D G G G L H
1081 TTGCACATGTTTGTGTGGAGTTCCAGCGCATCACCTGTGTCCGATGGAGGTGGGCTCCAC
 381 V F G G T E F C S S E Q S G R S D Q G A
1141 GTATTCGGCGGGACCGAGTTCTGCTCGTCGGAGCAATCCGGACGGTCCGACCAGGGCGCC
 401 K E I R M L V A D N P Q N G E N K A M A
1201 AAGGAGATCCGGATGTTGGTTGCTGATAACCCACAAAACGGGGAAAATAAAGCAATGGCG
 421 E S E G F G V E N L S F S G K G D L E G
1261 GAAAGTGAGGGATTCGGTGTGGAAAACTTGAGCTTTAGTGGGAAGGGAGATCTAGAAGGT
 441 E G D Q D E R E K E G P T G L N K L G S
1321 GAAGGAGATCAGGATGAGAGAGAGAAGGAGGGCCCCACTGGACTCAACAAGCTGGGGTCC
 461 S S T A E L H P K S S V G A P D L G G G
1381 AGTTCCACGGCTGAGCTGCACCCGAAATCCTCCGTCGGAGCTCCGGATTTGGGTGGCGGA
 481 K Q M P P A S V M T R L I L I M V W R K
1441 AAACAAATGCCTCCAGCCAGTGTAATGACCCGTCTCATCTTAATCATGGTCTGGCGCAAG
 501 L I R N P N T Y S S L I G L V W S L V A
1501 CTTATCCGCAACCCCAACACCTATTCCAGCCTCATTGGCCTTGTTTGGTCTCTCGTCGCC
 521 Y R W H L A M P K I L S K S I S I L S D
1561 TATAGGTGGCATCTGGCTATGCCGAAGATACTTTCGAAGTCGATCTCGATACTCTCCGAT
 541 A G L G M A M F S L G L F M A L Q P K I
1621 GCCGGGCTTGGAATGGCTATGTTCAGCTTAGGTCTGTTTATGGCTCTGCAACCCAAGATA
 561 I A C G N S I A S F A M A V R F L T G P
1681 ATCGCGTGTGGGAACTCAATCGCTTCTTTTGCTATGGCCGTTAGATTCCTCACCGGCCCA
 581 A V M A A A S I A V G L R G T L L H I A
1741 GCGGTCATGGCCGCCGCCTCGATTGCCGTTGGCTTGCGTGGCACCCTCCTCCATATAGCT
 601 I V Q A A L P Q G I V P P V F A K E Y N
1801 ATTGTCCAGGCTGCACTTCCACAAGGAATTGTTCCGTTTGTGTTCGCTAAAGAATACAAT
 621 V H P A I L S T A V I F G M L I A L P I
1361 GTTCATCCAGCCATTCTTAGCACTGCGGTTATATTTGGAATGTTAATAGCACTACCAATT
 641 T L V Y Y I V L G L *
1921 ACTCTTGTCTACTACATCGTTCTGGGATTGTGA
```

图 8-14　*BpPIN3* 基因全长 cDNA 及预测氨基酸序列

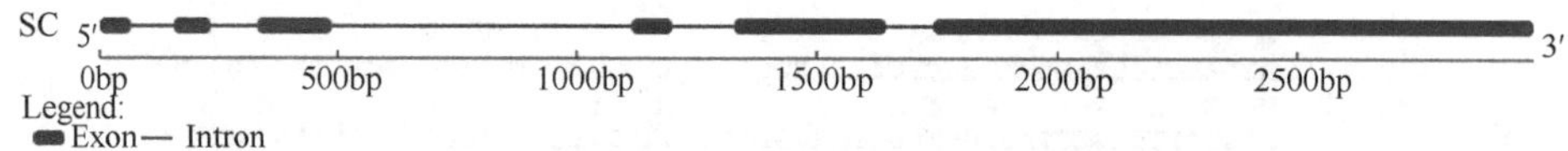

图 8-15 *BpPIN3* 基因结构分析

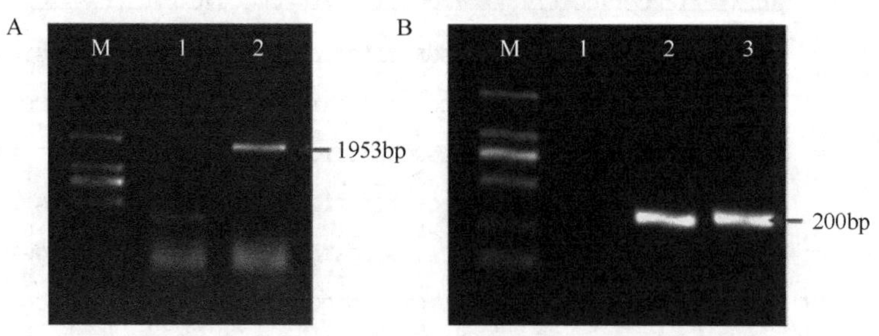

图 8-16 白桦 *BpPIN3* 基因全长及特异序列克隆

A. M，DL 2000；1. 水；2. *BpPIN3* 基因全长。B. M，DL 2000；1. 水；2. *BpPIN3* 基因正向特异序列；3. *BpPIN3* 基因反向特异序列

8.4.2.2 BpPIN3 过表达载体的获得

将构建成功的表达载体 pROKII-BpPIN3 质粒转化入工程菌农杆菌 EHA105 内，挑取阳性单克隆，180r/min 于 28℃恒温振荡培养 36~48h。分别以水、所得农杆菌质粒为模板，以 BpPIN3F、BpPIN3F 为引物进行 PCR 检测。结果显示：以阳性克隆质粒为模板的 PCR 反应扩增出了特异性条带，且大小为 1953bp；以水为模板的 PCR 反应并未扩增出有效条带（图 8-17）。结果表明，重组质粒 pROKII-BpPIN3 过表达载体构建成功并成功转入农杆菌 EHA105 中。

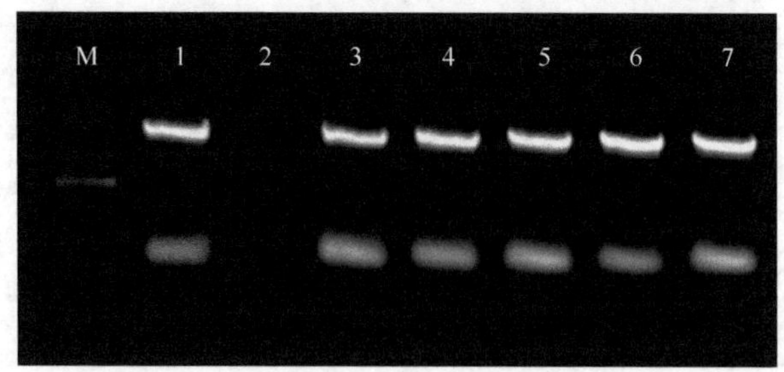

图 8-17 *BpPIN3* 过表达载体 PCR 检测图谱

M. DL 2000；1. 阳性对照；2. 水；3~7. 重组载体转入农杆菌后阳性单克隆质粒

8.4.2.3 白桦 35S：：anti-BpPIN3 抑制表达载体的获得

抑制表达载体 35S：：anti-BpPIN3 按照相同方法转入农杆菌体内。同样以水、所得农杆菌质粒为模板，进行 PCR 检测。阳性克隆质粒为模板的 PCR 反

应扩增出了特异性条带，为 200bp；以水为模板的 PCR 反应中并未扩增出有效条带（图 8-18），说明重组质粒 35S：anti-BpPIN3 载体构建成功并转入农杆菌中。

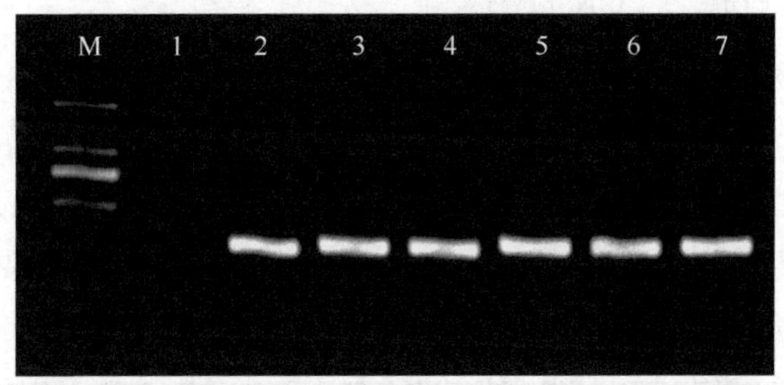

图 8-18　*BpPIN3* 抑制表达载体 PCR 检测图谱

M. DL 2000；1. 水；2~7. 重组载体转入农杆菌后阳性单克隆质粒正向检测

8.4.3　转基因植株的获得

通过白桦的遗传转化（徐焕文，2016），用已构建好的过表达载体 pROKⅡ-BpPIN3 和抑制表达载体 35S：：anti-BpPIN3 的农杆菌菌液分别侵染无菌的白桦合子胚，操作过程同 8.3.2 节。过表达转基因植株分别命名为 PIN3-1、PIN3-2、PIN3-3；抑制表达转基因植株分别命名为 P3Ri1~30。转基因株系获得过程如图 8-19 所示。

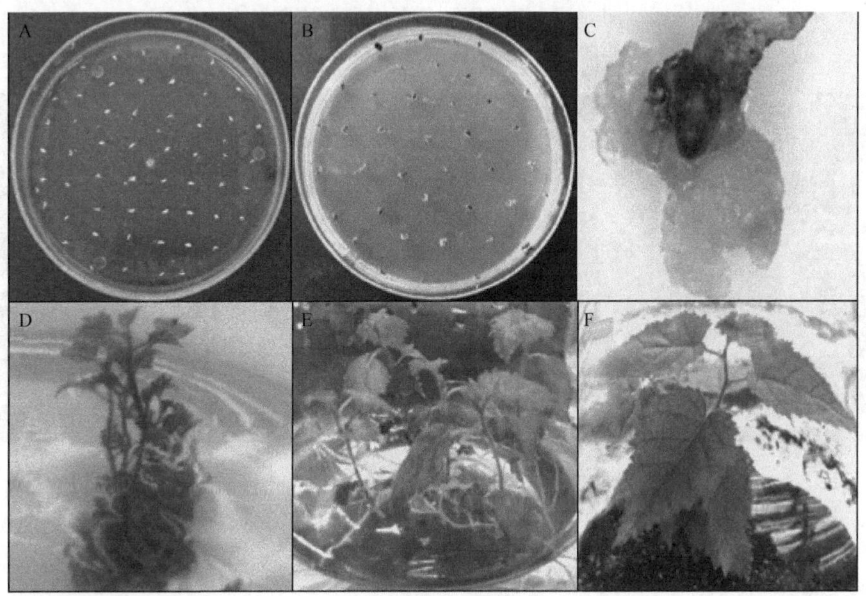

图 8-19　*BpPIN3* 基因过表达及抑制表达白桦的获得（彩图请扫封底二维码）

A. 合子胚转化；B. 种子开始形成愈伤；C. 愈伤组织；D. 抗性丛生苗；E. 转基因白桦生根苗；F. 土瓶培养生根苗

8.4.4 转基因株系的分子检测

8.4.4.1 转基因白桦的 PCR 检测

以转基因植株叶片 DNA 为模板、以载体质粒为阳性对照进行 PCR 检测。琼脂糖电泳结果显示（图 8-20，图 8-21）：过表达株系中能够扩增获得 1953bp 目的条带，并与阳性对照谱带位置一致；抑制表达株系中能够扩增 350bp（特异条带 200bp+载体序列 150bp）的检测片段。初步证明已经成功获得 *BpPIN3* 过表达及抑制表达转基因白桦。

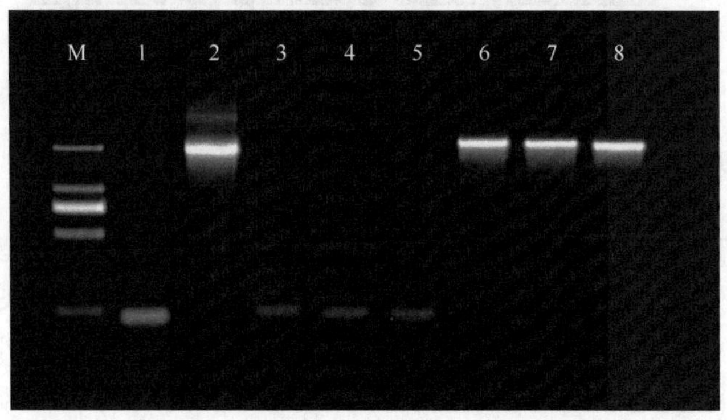

图 8-20 *BpPIN3* 过表达植株 PCR 检测

M. Marker DL 2000；1. 水；2. 阳性对照；3～5. WT；6~8. 过表达植株

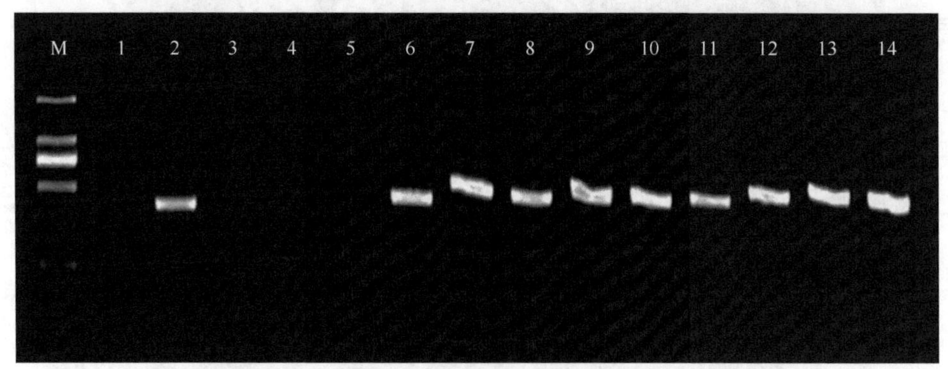

图 8-21 *BpPIN3* 抑制表达植株 PCR 检测

M. Marker DL 2000；1. 水；2. 阳性对照；3~6. WT；7~14. 抑制表达植株

8.4.4.2 转基因白桦中 *BpPIN3* 基因的表达水平检测

分别提取过表达、抑制表达转基因白桦株系第 3~4 片叶的总 RNA 并反转录为 cDNA，以其为模板进行 qRT-PCR 检测，结果如图 8-22 所示。从图中可以看到，

在过表达白桦中 *BpPIN3* 基因的表达量明显升高，其中 PIN3-3 株系中该基因的表达量最高，为非转基因对照株系的 2.09 倍；而抑制表达株系中，大部分株系的 *BpPIN3* 表达量降低，P3Ri1 株系中该基因的表达量最低，为对照株系的 4.79 倍。

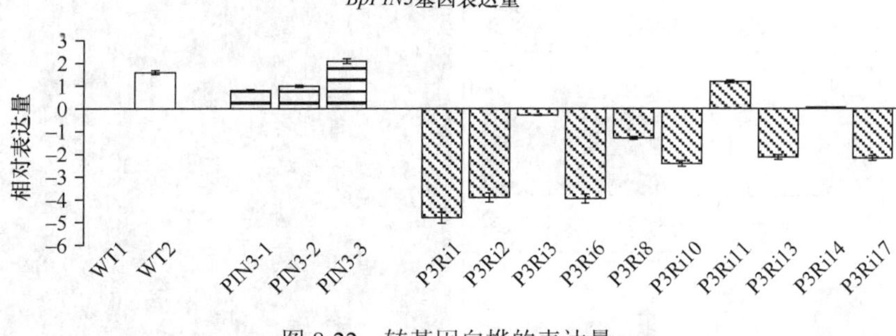

图 8-22　转基因白桦的表达量

8.5　转 *PIN3* 基因白桦的功能分析

8.5.1　转基因白桦的苗高、地径比较

分别调查一年生转基因白桦苗高和地径（图 8-23）。在苗高生长方面，多数转基因株系与对照株系的差异达到了显著水平（$P \leqslant 0.05$），过表达株系 PIN3-2 和 PIN3-3 低于或显著低于对照株系，分别低于对照均值的 13.92%、28.6%；抑制表达株系中有 7 个株系显著低于 3 个对照株系，尤其是 P3Ri-14 苗高仅为 17.59cm，仅是对照株系均值的 36.68%。在地径生长方面，只有抑制表达株系 P3Ri-8、P3Ri-10 显著高于 3 个对照株系（$P \leqslant 0.05$），分别高于对照株系均值的 18.08%、35.72%，其他株系及过表达株系的地径生长与对照株系的差异未达到显著水平。进一步分析高径比，结果表明过表达株系 PIN3-2 和 PIN3-3 低于或显著低于对照株系，抑制表达株系中 P3Ri-2、P3Ri-3、P3Ri-10、P3Ri-13、P3Ri-14 等 5 个株系显著低于 3 个对照株系，上述 5 个株系的高径比均值仅是对照均值的 54.42%。总之，对转基因白桦苗期生长分析发现，该基因的过量表达或抑制表达均对生长产生影响，尤其是 PIN3 的低表达明显导致苗期生长减缓，个别株系地径生长较快，最终使 50%的抑制表达株系高径比值显著降低。

8.5.2　转基因白桦叶型指数比较

选取一年生转基因白桦幼苗第 3 片叶进行叶长、叶宽、叶面积等叶片特征调查，差异显著性分析结果显示，上述 3 个性状多数株系间的差异未达到显著水平（图 8-24）。在叶长方面，对照株系、过表达株系 PIN3、抑制表达株系 P3Ri 的平

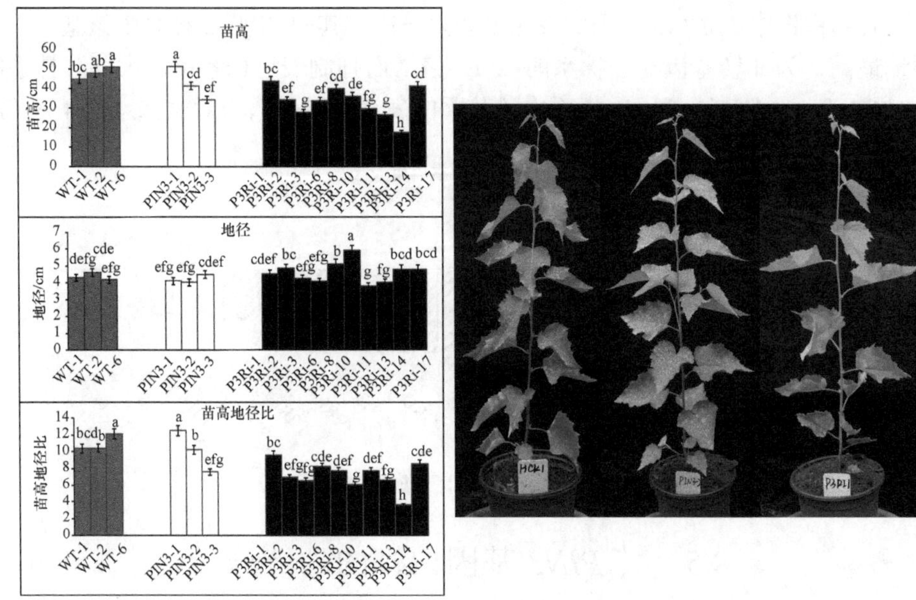

图 8-23　*BpPIN3* 基因过表达及抑制表达植株苗高和地径的测量

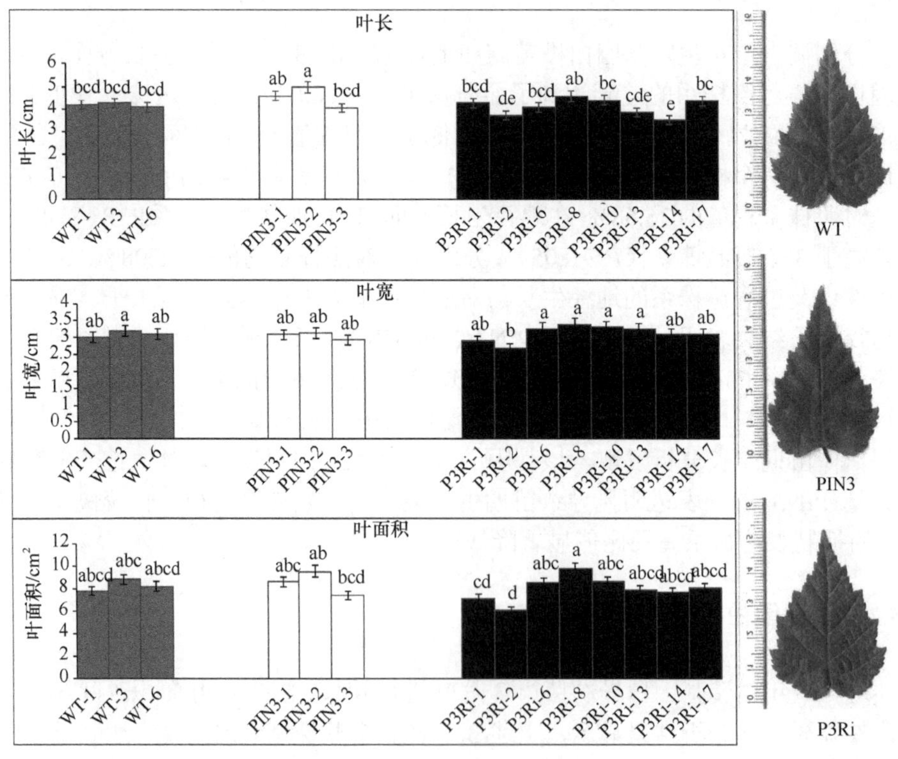

图 8-24　转基因白桦叶型指数特征

均值分别为 4.17cm、4.53cm、4.08cm，过表达株系中只有 PIN3-2 株系叶长大于对照株系，是对照叶长平均值的 1.19 倍，而抑制表达株系的叶多数株系与对照株系差异不显著，只有 P3Ri-14 株系显著低于对照株系；在叶宽及叶面积方面，过表达株系、抑制表达株系与对照株系的差异不显著，叶宽平均值为 3.06~3.13cm，叶面积平均值为 1.31~1.49cm。由于参试苗木仅为一年生，*BpPIN3* 基因是否对白桦叶片大小有一定影响还需后续观察测定。

8.5.3　转基因白桦根生长特征比较

拟南芥中曾报道，*AtPIN3* 基因与根发育有关（Robert and Friml，2009），对此，我们选取 3 个过表达株系、5 个抑制表达株系及 3 个对照株系，在相同条件下进行生根培养，30d 后观察植株不定根及侧根的生长情况。对转基因白桦组培生根苗调查显示（图 8-25），转基因株系与对照株系相比，其主根数目显著减少，

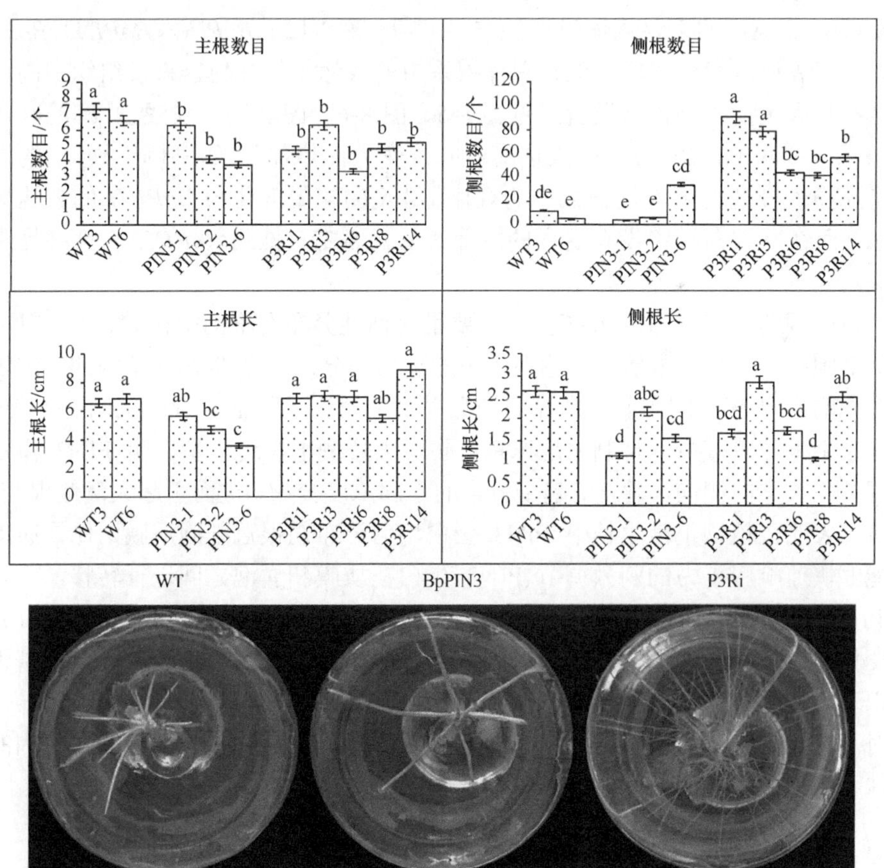

图 8-25　转基因白桦主、侧根数量及根长比较

过表达株系平均主根 5 条，抑制表达株系平均主根 5 条，二者均显著低于对照株系的不定根数量；对侧根数目的统计分析显示，过表达株系与对照株系的侧根数差异不显著，而抑制表达株系侧根数显著高于对照株系，其 5 个株系的侧根数均值为 63 条，而对照株系侧根数均值仅为 9 条，尤其是 P3Ri-1 株系侧根数目多达 91 条，高于对照株系均值的 10 倍，推测 *BpPIN3* 基因低水平表达能够促进侧根根的形成和生长，该实验结果还需后续进一步验证。

PIN 蛋白具有组织或细胞特异性的特点，不同的 PIN 家族成员表达的部位不尽相同。这些 *PIN* 基因时空表达的特异性与生长素的极性运输高度相关（Okada et al.，1991；朱占伟等，2013），而且多个高度保守的 *PIN* 基因的存在，表明生长素在植物体内的运输存在多条路径，反映了生长素极性运输的复杂性，也从另一个侧面证实 *PIN* 家族调控着植物不同的生长发育过程。白桦 *BpPIN* 家族基因的时空表达也具有组织特异性，例如，*BpPIN1*、*BpPIN5*、*BpPIN6* 基因在大多数器官及组织中明显上调表达，表明这些基因在白桦的生长发育过程中起主导作用，是生长发育所需 IAA 的主要载体（见图 8-5、图 8-6、图 8-12）。*BpPIN2*、*BpPIN3*、*BpPIN4* 基因虽然表达量相对较低，但在白桦根系中的表达量较其他器官及组织中高，推测这些基因主要影响根系发育（见图 8-5、图 8-6、图 8-12）。在裂叶桦的叶片及组织发育过程中，*BpPIN1* 的表达随着叶片变大而增加，而在叶脉、叶柄的表达却呈现随着叶片变大而逐渐减少的规律，IAA 的含量变化与 *BpPIN1* 的表达规律相似，而在欧洲白桦中没有这样的规律（见表 8-2），推测 *BpPIN1* 与裂叶桦裂片有关。

拟南芥的研究表明，PIN3 蛋白主要呈对称性分布在根的中柱鞘、下胚轴的内皮层细胞中，是生长素横向运输系统中的重要部分。白桦 *BpPIN* 基因的组织表达特性表明，*PIN3* 基因主要在白桦的幼嫩根系中表达（见图 8-6）。转基因白桦过表达株系主根数量减少，抑制表达株系产生了大量侧根，进一步证明 PIN3 蛋白主要调节生长素的侧向运输，引起生长素的不同浓度分布，进而引起大量侧根产生。有研究表明，植物正常生长中 PIN3 蛋白均匀分布在根冠细胞质膜两侧，肌动蛋白能够快速响应重力的刺激调节 PIN3 蛋白在质膜和囊泡之间进行转移，重新定位 PIN3 蛋白，通过控制细胞中生长素的侧向分配从而控制植物的向性生长。*pin3* 突变体向地性和向光性性状部分缺失，同时植株生长减弱。白桦 *BpPIN3* 基因的组织表达特性染色分析表明，该基因在茎尖及幼叶的叶缘处有较高的表达，说明其对高生长有一定影响（见图 8-12），这也解释了为什么抑制表达 PIN3 基因的白桦株系高生长较对照低的原因。

第 9 章　白桦 *BpCUC2* 基因的功能研究

CUC2（*CUP-SHAPED COTYLEDON 2*）属于植物特有的 NAC 家族 NAM 超家族成员。该基因在植物顶端分生组织的形成、器官原基的形成及边界的建立、叶边缘形态建成、花的形态建成及生长发育等过程中发挥作用，并受 *miR164* 的调控。以往对该基因的研究主要集中在模式植物拟南芥、水稻中，在木本植物中的研究鲜有报道。本研究以白桦为遗传转化受体，进行白桦 *BpCUC2* 基因的表达特性分析及遗传转化研究，为人们进一步了解该基因的功能奠定基础。

9.1　*BpCUC2* 启动子的表达分析

9.1.1　*BpCUC2* 基因启动子的获得

以欧洲白桦生根组培苗叶片 DNA 为模板，PCR 扩增获得 *BpCUC2* 启动子片段，PCR 扩增产物电泳图谱见图 9-1。结果表明，PCR 产物条带单一且清晰，产物大小与预测大小一致。

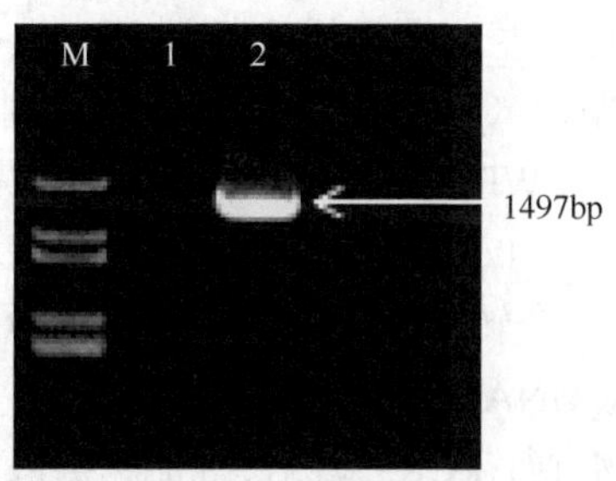

图 9-1　Pro-CUC2 序列的克隆

M. DL 2000 DNA Marker；1. 水；2. Pro-CUC2

9.1.2　Pro-CUC2：：Luc 载体的构建

含有重组质粒 Pro-CUC2：：Luc 的 EHA105 工程菌制备完成后，挑取工程菌阳性单克隆，于 28℃恒温振荡培养过夜。分别以所得菌液、去离子水为模板，以 Luc-F、Luc-R 为引物进行 PCR 检测。琼脂糖凝胶电泳结果显示，以阳性克隆菌液为模板的 PCR 反应均扩增出了特异性条带，且大小与阳性对照大小一致，为

1497bp；以水为模板的PCR反应并未扩增出有效条带（图9-2）。结果表明，重组质粒Pro-CUC2::Luc已经成功转入EHA105细菌体内，重组质粒Pro-CUC2::Luc载体构建成功。

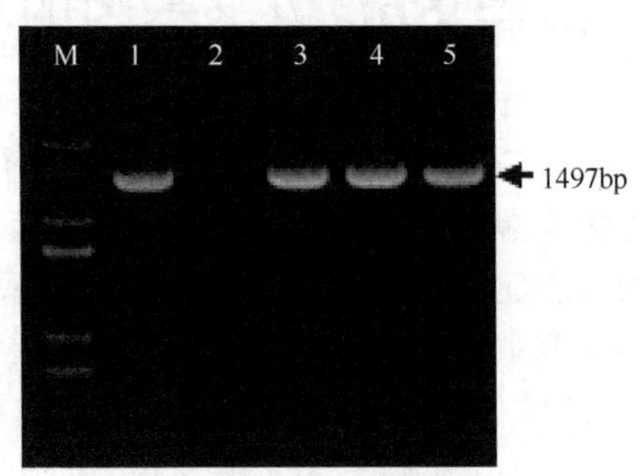

图9-2 Pro-CUC2::Luc农杆菌菌液的PCR检测

M. Marker DL2000；1. 启动子片段阳性对照；2.水；3~5. 重组载体电击转化入农杆菌后的3个单菌落

9.1.3 转Pro-CUC2::Luc白桦的获得及分子检测

采用农杆菌介导的白桦合子胚法进行遗传转化，用含有重组质粒Pro-CUC2::Luc的EHA105工程菌液侵染无菌的白桦合子胚，将侵染后的白桦合子胚置于不含抗生素的WPM培养基上暗培养，期间视农杆菌的生长情况而对其进行脱菌处理。2~3d过后将脱菌后的合子胚置于含有200mg/L头孢霉素和50mg/L潮霉素的WPM培养基上，倒置培养，期间不定期脱菌，选择培养一段时间后合子胚切口处长有绿色的愈伤颗粒（图9-3A）；待愈伤长到直径5mm的大小，将小愈伤切下，放置含抗生素的WPM培养基上，数日后可发现愈伤组织会慢慢形成不定芽（图9-3C）；再经过20~30d，不定芽会逐渐分化长大形成丛生苗，长出的丛生苗经二次分化，最终获得3个转化子，依次命名为Pro-CUC21~Pro-CUC23。

以转基因植株叶片总DNA作为模板，Pro-CUC2::Luc质粒载体为阳性对照，以Luc-F和Luc-R为引物进行PCR检测，琼脂糖凝胶电泳结果见图9-4：3个转化子均能扩增出1653bp的Luc谱带，且条带位置与阳性对照的位置一致，证明已成功获得了转基因植株。

9.1.4 Pro-CUC2驱动的Luc表达特性

转Pro-CUC2::Luc白桦中*Luc*的表达部位即白桦中*CUC2*的表达部位，因此可以通过分析Luc的表达部位及表达强弱指示*CUC2*的表达特性。对转Pro-CUC2::Luc白桦喷施D-Luciferin标准工作液后，植株在328nm激发波长下发出明显的黄绿色荧光（533nm），且荧光强度随组织部位不同而差异明显，利用

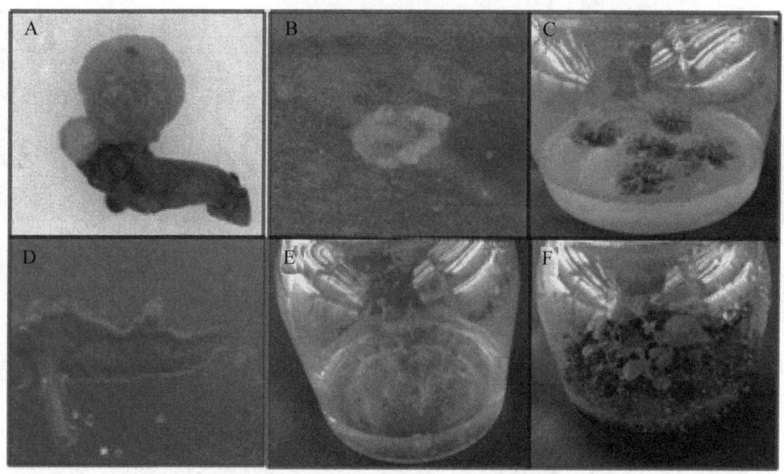

图 9-3　转 Pro-CUC2∷Luc 白桦的获得过程（彩图请扫封底二维码）

A、B. 愈伤组织；C. 继代苗；D. 二次分化；E、F. 生根苗

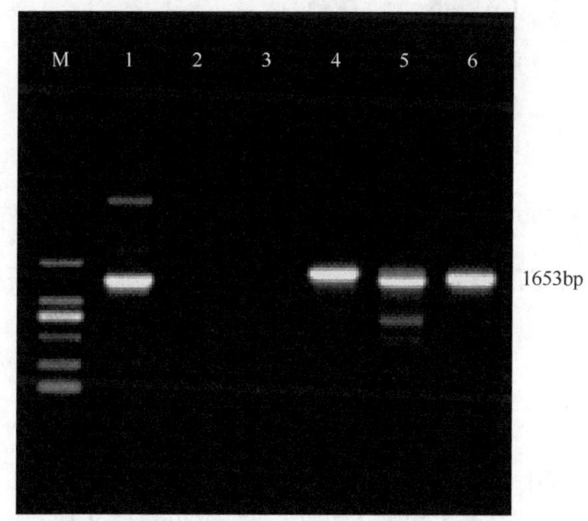

图 9-4　Pro-CUC2∷Luc 白桦的 Luc PCR 检测

M. Marker DL 2000；1. Pro-CUC2∷Luc 质粒载体；2.水；3. WT；4~6. 转基因植株

植物活体成像系统成像，输出伪彩色照片，进而分析 Pro-CUC2 驱动下的 Luc 组织表达特性。伪彩色图见图 9-5。结果显示，在转 Pro-CUC2∷Luc 白桦的顶芽、叶、茎和根中，均有荧光信号检出。

同时取材对转 Pro-CUC2∷Luc 白桦各组织部位进行实时定量 PCR。以 *BpUBC* 和 *BpSAND* 为内参基因，选取转基因白桦根中 *Luc* 基因表达量为基值 0，计算转 Pro-CUC2∷Luc 白桦其他组织部位的 *Luc* 基因的相对表达量，结果如图 9-6 所示：*Luc* 在顶芽中的表达量最高，其次是叶，在根中的表达量最低，说明 Pro-CUC2

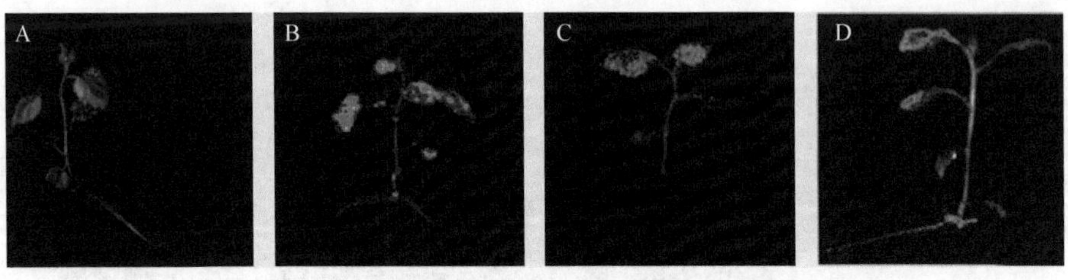

图 9-5　转 Pro-CUC2∶∶Luc 白桦的生根苗荧光强度检测（彩图请扫封底二维码）

A. WT；B. 35S∶∶Luc；C、D. Pro-CUC2∶∶Luc

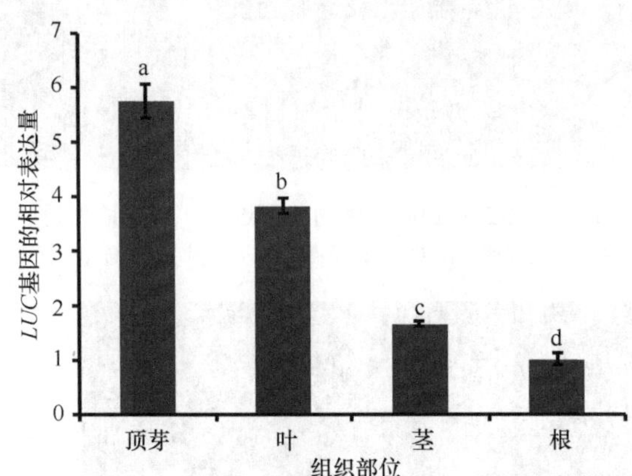

图 9-6　转 Pro-CUC2∶∶Luc 白桦各组织部位中 *Luc* 基因的相对表达量

驱动 *BpCUC2* 基因在白桦各组织部位中表达量显著不同，顶芽中的相对表达量最高。

9.1.5　转 Pro-CUC2∶∶Luc 白桦对激素的应答分析

分别用 100μmol/L ABA、100μmol/L MeJA、50μmol/L GA、50μmol/L IAA 喷施转 Pro-CUC2∶∶Luc 白桦生根苗，2h 后，按组织部位（顶芽、茎、叶、根）进行取材，并以喷施激素前的各组织部位作为对照，进行实时定量 PCR，按照 $2^{-\Delta\Delta Ct}$ 方法计算喷施激素后各组织部位 *Luc* 基因的相对表达量（图 9-7）。结果显示，同一组织部位对不同激素的响应不同。例如，在顶芽中，MeJA 和 IAA 处理后 *Luc* 的相对表达量比对照分别低 6%、10%，ABA 和 GA 处理后 *Luc* 的相对表达量分别显著高于对照 30%、20%；在茎中，4 种激素处理后 *Luc* 的相对表达量均显著低于对照的 15%、41%、62%、32%；在叶片中，MeJA 处理后 *Luc* 的相对表达量仅比对照高 3%，ABA、IAA 和 GA 处理后 *Luc* 的相对表达量分别显著低于对照的 42%、34%、74%；在根中，MeJA、ABA 和 GA 处理后 *Luc* 的相对表达量均显著高于对照的 94%、168%、45%，ABA 处理后 *Luc* 的相对表达量仅高于对照的

17%。

不同组织部位对同一激素的响应情况各有不同。例如，MeJA 显著促进根中 *Luc* 的表达，显著抑制茎中 *Luc* 的表达；ABA 显著促进顶芽和根中 *Luc* 的表达，显著抑制茎和叶中的表达；IAA 显著抑制顶芽、茎和叶中 *Luc* 的表达，促进根中 *Luc* 的表达；GA 显著促进顶芽和根中 *Luc* 的表达，显著抑制茎和叶中的 *Luc* 的表达。

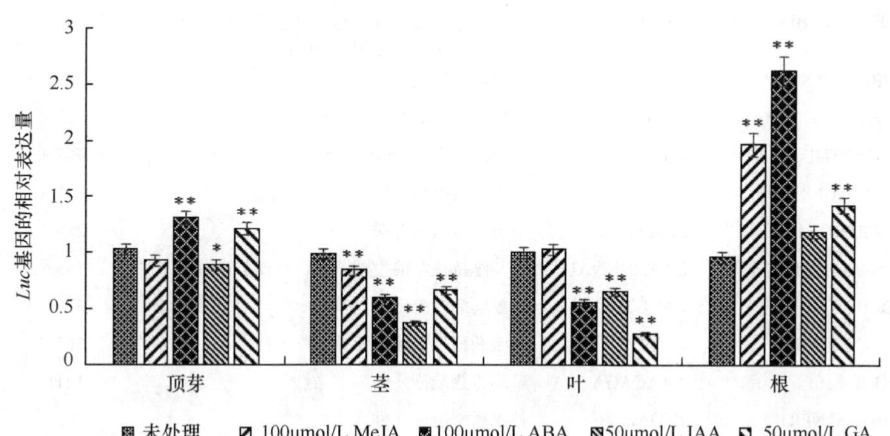

图 9-7　转 Pro-CUC2∷Luc 白桦生根苗顶芽、叶、茎、根对 100μmol/L ABA、100μmol/L MeJA、50μmol/L IAA、50μmol/L GA 激素在 2h 的应答变化

9.1.6　生长素响应元件的上游调控基因的获得

9.1.6.1　Pro-CUC2 序列含有的顺式作用元件预测

将 Pro-CUC2 进行 PLACE 数据库分析预测（表 9-1），得知 *BpCUC2* 启动子包含真核生物启动子的基本转录调控元件 TATA-box 和 CAAT-box；也存在许多响应元件，如生长素响应元件 CATATGGMSAUR、脱落酸响应元件 ABRE、茉莉酸甲酯响应元件 CGTCA-motif、赤霉素响应元件 GARE-motif、水杨酸响应元件 WBOXATNPR1、热激蛋白相关元件 CCAATBOX1、缺水优先响应元件 ABRELATERD1，以及维持正常生理节奏、昼夜节律相关元件 CIACADIANLELHC。

根据前人的研究发现，*CUC2* 调控植物体内的生长素，因此选择 *BpCUC2* 启动子中生长素响应元件 CATATGGMSAUR（以下简写为 GMSAUR）进行上游调控基因的筛选。

9.1.6.2　报告载体的构建及酵母单杂交分析

将 GMSAUR 元件 4 次串联重复后，进行退火反应，合成双链目的片段，将其与双酶切后的 pAbAi 载体连接后转化大肠杆菌 DH5α，提取质粒，进行 PCR 检测和测序。测序结果比对正确，说明重组质粒 pAbAi-GMSAUR 构建成功正确。

表 9-1 Pro-CUC2 序列中包含的主要顺式作用元件

名称	核心序列	功能	位置
TATABOX	TATATAA	决定基因的起始转录，为 RNA 聚合酶的结合处之一	607（+）
CAATBOX1	CAAT	控制转录起始的频率，能增强转录活性	290（+）
–10PEHVPSBD	TATTCT	与光系统 II 反应中心叶绿素结合蛋白有关，可被蓝光、白光和紫外光激活	5（–）
ABRELATERD1	ACGTG	对缺水环境优先响应元件	371（+）
ARFAT	TGTCTC	生长素（IAA）响应元件	122（+）
ASF1MOTIFCAMV	TGACG	*ASF-1* 基因的结合位点	767（–）
CATATGGMSAUR	CATATG	生长素响应元件	578（+）
CCAATBOX1	CCAAT	与热激蛋白有关	289（+）
CIACADIANLELHC	CAANNNNATC	与维持正常的生理节奏、昼夜节律有关	198（–）
ABRE	CACGTG	脱落酸响应元件	370（+）
CGTCA-motif	CGTCA	茉莉酸甲酯响应元件	767（+）
GARE-motif	AAACAGA	赤霉素响应元件	1211（+）
WBOXATNPR1	TTGAC	水杨酸响应元件	733（–）

重组质粒 pAbAi-GMSAUR 经 *Bbs* I 酶切线性化后转化 Y187 酵母细胞，菌液 PCR 检测结果见图 9-8。琼脂糖凝胶电泳结果显示：目的条带大小为 1000~1500bp（1350+34），说明重组质粒 pAbAi-GMSAUR 成功转入到 Y187 酵母细胞体内。取 100μL 菌液分别涂布于含有 0ng/mL（图 9-9 A）、100ng/mL（图 9-9 B）、150ng/mL

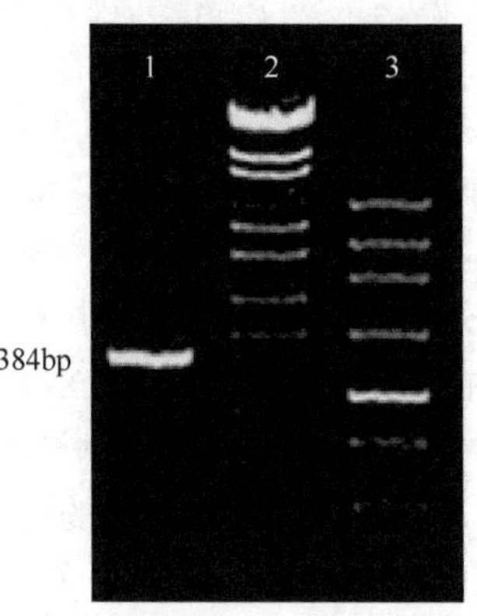

图 9-8 报告载体 pAbAi-GMSAUR 的构建检测

1. 报告载体 pAbAi-GMSAUR 质粒转化 Y187 酵母细胞后的 PCR 条带；2. DNA Marker（19 329bp、7743bp、6223bp、4254bp、3472bp、2690bp、1882bp、1489bp、925bp）；3. DNA Marker（4500bp、3000bp、2250bp、1500bp、1000bp、750bp、500bp、250bp）

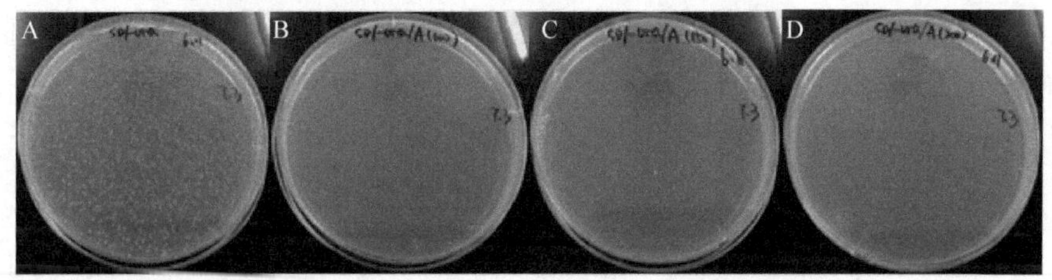

图 9-9　抑制菌株生长的 ABA 浓度的确定（彩图请扫封底二维码）

图中 4 个平板均为缺乏尿嘧啶的 SD 培养基，由左至右使用的 ABA 浓度分别为 0ng/mL、100ng/mL、150ng/mL、200ng/mL

（图 9-9C）、200ng/mL（图 9-9D）ABA 的 SD/-Ura 培养基进行自激活检测，30℃倒置培养。2~3d 后发现 0ng/mL ABA 的 SD/-Ura 培养基上长满单菌落，而 100ng/mL、150ng/mL、200ng/mL ABA 的 SD/-Ura 培养基上无菌落生长。因此确定 300ng/mL ABA 浓度为抑制报告载体菌株生长的最低浓度。

将 pAbAi-GMSAUR、白桦 cDNA 文库及 *Bbs* Ⅰ线性化 pGADT7-Rec AD 共转化 Y187，通过 300ng/mL ABA 的 SD/-Leu 筛选分别获得 96 个阳性酵母互作单菌落进行二次筛选，提取酵母质粒，以 pGADT7-RecAD 为引物进行测序，对测序结果进行分析，获得 20 条非重复性 cDNA 序列，进行后续分析。

挑取 300ng/mL ABA SD/-Leu 培养基上生长的酵母单菌落于 SD/-Leu 液体培养基中，30℃ 250r/min 培养至 OD_{600}=0.8~1.0，取菌液分别按 1/10、1/100、1/1000、1/10 000 的比例稀释，分别取 100μL 涂布于含有 300ng/mL ABA 的 SD/-Leu 培养基上筛选，结果见图 9-10。结果表明，各稀释倍数的酵母菌液在含有 300ng/mL ABA 的 SD/-Leu 培养基上均有元件与候选上游调控基因互作，且菌落数量随比例减少。

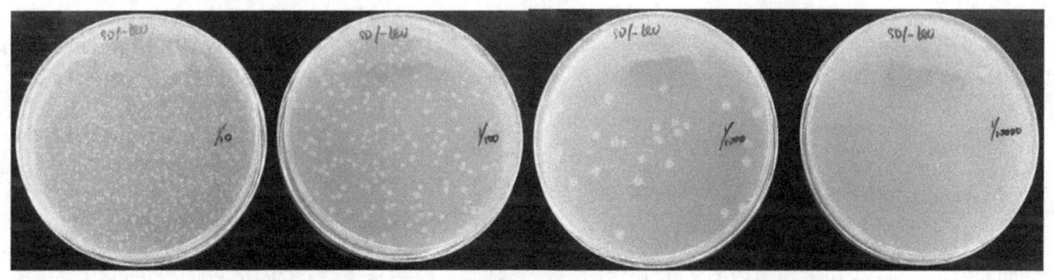

图 9-10　特异识别 CATATGGMSAUR 元件的二次筛选和确认（彩图请扫封底二维码）

由左至右分别是按 1/10、1/100、1/1000、1/10 000 的比例稀释

9.1.6.3　酵母单杂交阳性克隆的序列分析

20 条非重复性 cDNA 序列均具有正确、完整的开放读码框。将其 cDNA 序列应用 NCBI 数据库进行 Blastx 同源性的序列比对分析（表 9-2）。11 个 cDNA 序列与木本棉、雷蒙德氏棉、光皮桦、麻风树、百脉根、蓖麻、玉米、葡萄、芝麻、

大豆的蛋白质具有高度同源性（90%以上）。将 cDNA 序列推演为氨基酸序列，通过 SMART 在线数据库预测蛋白质结构功能域，20 个阳性克隆均具有转录因子特性的蛋白质结构功能域（表 9-3），包含了 small_GTPase、RRM、Thioredoxin、14_3_3 型结构域等。

表 9-2　应用 NCBI 对测序结果的同源性分析

编号	Blast X 结果	E 值	最大相似/%	描述
CCG036708.1	gb KHG10894.1	5×10^{-82}	91	木本棉的 RAS 相关蛋白 Rab11A（木本棉）Ras-related protein Rab11A [Gossypium arboreum]
CCG021844.1	refXP_010661497.1	1×10^{-88}	63	叶绿体核糖核蛋白 A（葡萄）29 kDa ribonucleoprotein A，chloroplastic isoform X2 [Vitis vinifera]
CCG028564.1	refXP_011042212.1	0.0	84	假定蛋白二硫化物异构酶 A6（胡杨）probable protein disulfide-isomerase A6 [Populus euphratica]
CCG008178.1	refXP_012445595.1	2×10^{-170}	92	14-3-3 蛋白 B（雷蒙德氏棉）14-3-3-like protein B [Gossypium raimondii]
CCG030672.1	gbAJA29690.1	0.0	99	核糖体蛋白 L3（光皮桦）ribosomal protein L3 [Betula luminifera]
CCG006853.1	refXP_012078471.1	0.0	96	热激同源蛋白 80（麻风树）heat shock cognate protein 80 [Jatropha curcas]
CCG017827.1	refXP_007214609.1	0.0	69	假定蛋白（碧桃）hypothetical protein PRUPE_ppa000115mg [Prunus persica]
CCG024888.1	refXP_007222234.1	0.0	81	假定蛋白 ppa007910mg（碧桃）hypothetical protein PRUPE_ppa007910mg [Prunus persica]
CCG025529.1	gbAFK48886.1	2×10^{-111}	92	未知（百脉根）unknown [Lotus japonicus]
CCG006860.1	refXP_002519633.1	0.0	92	果糖二磷酸醛缩酶（蓖麻）fructose-bisphosphate aldolase，putative [Ricinus communis]
CCG021769.1	refXP_008221570.1	9×10^{-127}	79	囊泡运输 v-SNARE 12（梅花）vesicle transport v-SNARE 12 [Prunus mume]
CCG004733.1	refXP_008378619.1	0.0	82	三角状五肽重复序列蛋白质 At1g09900（苹果）pentatricopeptide repeat-containing protein At1g09900-like [Malus domestica]
CCG036611.1	refXP_010444527.1	8×10^{-157}	87	14-3-3 蛋白 GF14 同类型 X1（亚麻荠）14-3-3-like protein GF14 kappa isoform X1 [Camelina sativa]
CCG004587.1	refXP_006384967.1	2×10^{-84}	81	假定蛋白 POPTR_0004s22660g（毛果杨）hypothetical protein POPTR_0004s22660g [Populus trichocarpa]
CCG006139.1	gbAFW86019.1	2×10^{-75}	98	假定蛋白 ZEAMMB73_433257（玉米）hypothetical protein ZEAMMB73_433257，partial [Zea mays]
CCG017061.2	refXP_012436869.1	2×10^{-143}	91	可溶性无极焦磷酸酶（雷蒙德氏棉）soluble inorganic pyrophosphatase-like isoform X1 [Gossypium raimondii]
CCG001664.1	refXP_002279922.1	1×10^{-116}	95	LIM 结构域包含蛋白 WLIM2b（葡萄）LIM domain-containing protein WLIM2b [Vitis vinifera]

续表

编号	Blast X 结果	E 值	最大相似/%	描述
CCG015817.1	refXP_011071605.1	0.0	96	高灵敏诱导响应蛋白 1（芝麻）hypersensitive-induced response protein 1 [Sesamum indicum]
CCG021645.1	refXP_008221708.1	6×10^{-132}	78	谷胱甘肽-*S*-转移酶（梅花）glutathione S-transferase U17-like [Prunus mume]
CCG013266.1	refXP_006584778.1	0.0	91	输入蛋白（大豆）importin subunit beta-1 [Glycine max]

表 9-3　应用 SMART 对蛋白质结构功能域的测序

编号	结构域	区域	功能
CCG036708.1	small_GTPase	2~88	蛋白转运、GTP 结合
CCG021844.1	RRM	108~181	核苷酸结合蛋白，RNA 识别模体结构域
CCG028564.1	Thioredoxin	25~130	丙三醇代谢过程、电子载体活动、蛋白质二硫键异构酶、氧化还原酶
CCG008178.1	14_3_3	11~251	蛋白结构域的特殊结合位点、酪氨酸单氧酶和色氨酸单氧酶的激酶
CCG030672.1	Ribosomal_L3	1~370	核糖体结构成分、核糖体蛋白
CCG006853.1	HSP90	183~698	ATP 结合、蛋白折叠、生物过程、逆境响应、展开蛋白结合、热激蛋白
CCG017827.1	HARE-HTH	728~797	DNA 结合的特异序列转录因子的激活、调控转录、生物过程、DDT 结构域超家族
CCG024888.1	WD40	54~96	组蛋白结合蛋白、细胞结合蛋白
CCG025529.1	PGK	1~165	磷酸甘油酸激酶活性、糖酵解
CCG006860.1	Glycolytic	11~357	二磷酸果糖酶活性、糖酵解
CCG021769.1	V-SNARE	9~91	参与细胞内蛋白转运、与 SANRe 相互作用参与囊泡的运输
CCG004733.1	PPR_2	256~305	细胞分裂蛋白
CCG036611.1	14_3_3	7~251	特异结合蛋白结构域、酪氨酸单氧酶和色氨酸单氧酶的激活蛋白
CCG004587.1	Ribosomal_L9_N	48~93	核糖体结构成分、核糖体蛋白
CCG006139.1	H3	13~115	核小体的装配、DNA 结合、组蛋白核心
CCG017061.2	Pyrophosphatase	54~206	镁离子结合、磷酸盐新陈代谢过程、无机焦磷酸酶
CCG001664.1	LIM	9~61	锌离子蛋白、花粉特异蛋白、半胱氨酸和甘氨酸富集蛋白
CCG015817.1	PHB	5~165	与液泡参与蛋白 SLP-2 类似
CCG021645.1	GST_N	4~77	蛋白结合、谷胱甘肽转移酶、氯离子通道
CCG013266.1	HEAT_EZ	381~437	蛋白结合、胞内蛋白运输、蛋白运输过程、输入蛋白

9.2 *BpCUC2*基因的生物信息学分析

9.2.1 *BpCUC2*基因的获得

以白桦 cDNA 为模板、BpCUC2-F 和 BpCUC2-R 为引物进行 PCR 扩增，琼脂糖电泳结果见图 9-11。PCR 产物进行测序，测序的结果与白桦基因组数据库进行比对，比对结果正确。

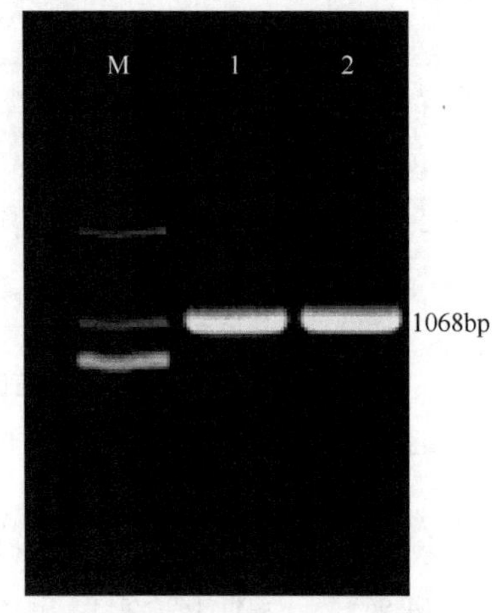

图 9-11　*BpCUC2* 基因的 PCR 扩增电泳图谱

M. Marker DL2000；1、2. 目的条带

9.2.2 *BpCUC2*基因的生物信息学分析

利用生物信息学手段检索 NCBI 等数据库，对 *BpCUC2* 序列进行分析、预测，结果如下：*BpCUC2* 基因包含一个 1068bp 的开放读码框（ORF）序列，编码 355 个氨基酸（图 9-12）。

用 NCBI 的 Blastx 进行序列同源性比对，选择 E 值数量级在 130 以上的 14 条基因。运用 BioEdit 软件进行多序列比对，结果见图 9-13。蛋白质的 N 端含有高度保守的、15~167 个氨基酸组成的 NAM 结构域，该结构域是以几个螺旋元件包围着一个扭曲的β折叠片层结构，代替了典型的螺旋-转角-螺旋结构。将 14 条同源关系近的序列与 *BpCUC2* 用 MEGA5.2 进行系统进化树的构建（图 9-14），结果表明，白桦 BpCUC2 蛋白与葡萄 CUC2 蛋白亲缘关系最近。

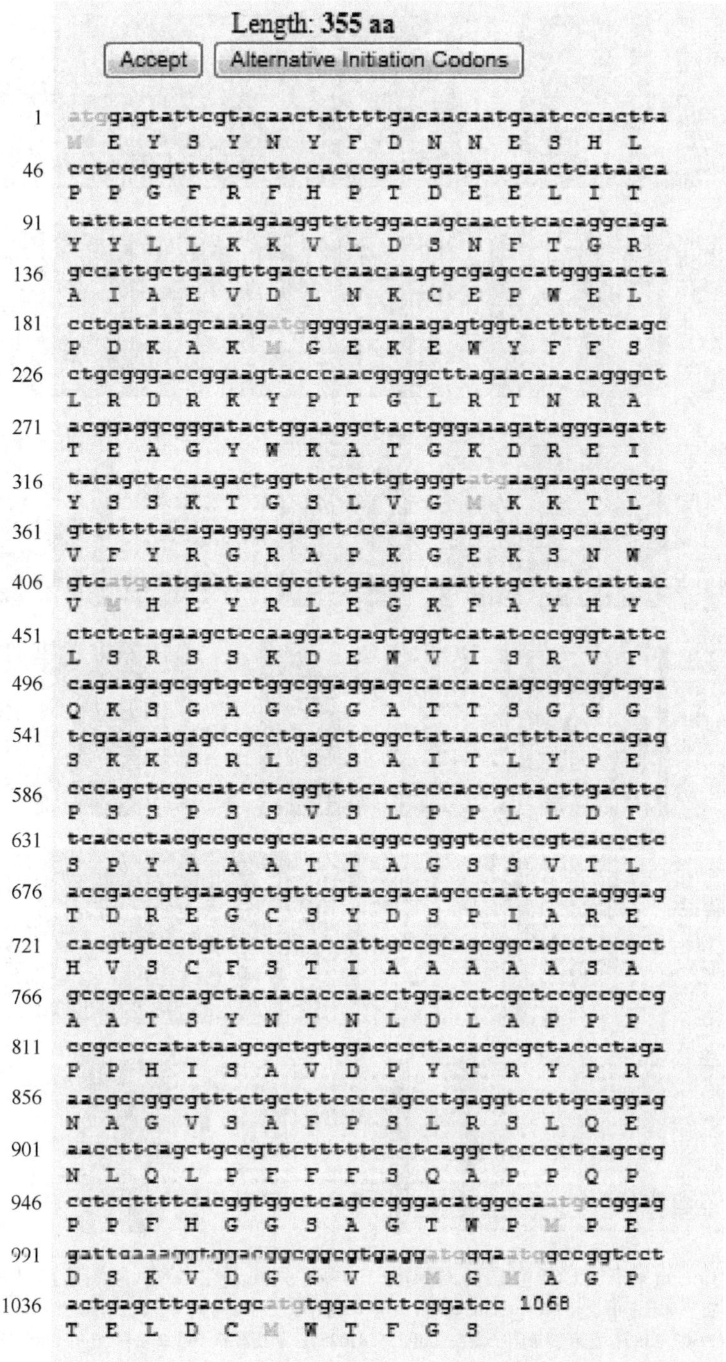

```
Length: 355 aa
Accept   Alternative Initiation Codons

1    atggagtattcgtacaactattttgacaacaatgaatcccactta
     M  E  Y  S  Y  N  Y  F  D  N  N  E  S  H  L
46   cctcccggttttcgcttccacccgactgatgaagaactcataaca
     P  P  G  F  R  F  H  P  T  D  E  E  L  I  T
91   tattacctcctcaagaaggttttggacagcaacttcacaggcaga
     Y  Y  L  L  K  K  V  L  D  S  N  F  T  G  R
136  gccattgctgaagttgacctcaacaagtgcgagccatgggaacta
     A  I  A  E  V  D  L  N  K  C  E  P  W  E  L
181  cctgataaagcaaagatggggagaaagagtggtactttttcagc
     P  D  K  A  K  M  G  E  K  E  W  Y  F  F  S
226  ctgcgggaccggaagtacccaacggggcttagaacaaacagggct
     L  R  D  R  K  Y  P  T  G  L  R  T  N  R  A
271  acggaggcgggatactggaaggctactgggaaagatagggagatt
     T  E  A  G  Y  W  K  A  T  G  K  D  R  E  I
316  tacagctccaagactggttctcttgtgggtatgaagaagacgctg
     Y  S  S  K  T  G  S  L  V  G  M  K  K  T  L
361  gtttttacagagggagagctcccaagggagagaagagcaactgg
     V  F  Y  R  G  R  A  P  K  G  E  K  S  N  W
406  gtcatgcatgaataccgccttgaaggcaaatttgcttatcattac
     V  M  H  E  Y  R  L  E  G  K  F  A  Y  H  Y
451  ctctctagaagctccaaggatgagtgggtcatatcccgggtattc
     L  S  R  S  S  K  D  E  W  V  I  S  R  V  F
496  cagaagagcggtgctggcggaggagccaccaccagcggcggtgga
     Q  K  S  G  A  G  G  G  A  T  T  S  G  G  G
541  tcgaagaagagccgcctgagctcggctataacactttatccagag
     S  K  K  S  R  L  S  S  A  I  T  L  Y  P  E
586  cccagctcgccatcctcggtttcactcccaccgctacttgacttc
     P  S  S  P  S  S  V  S  L  P  P  L  L  D  F
631  tcaccctacgccgccgccaccacggccgggtcctccgtcaccctc
     S  P  Y  A  A  A  T  T  A  G  S  S  V  T  L
676  accgaccgtgaaggctgttcgtacgacagcccaattgccagggag
     T  D  R  E  G  C  S  Y  D  S  P  I  A  R  E
721  cacgtgtcctgtttctccaccattgccgcagcggcagcctccgct
     H  V  S  C  F  S  T  I  A  A  A  A  A  S  A
766  gccgccaccagctacaacaccaacctggacctcgctccgccgccg
     A  A  T  S  Y  N  T  N  L  D  L  A  P  P  P
811  ccgccccatataagcgctgtggacccctacacgcgctaccctaga
     P  P  H  I  S  A  V  D  P  Y  T  R  Y  P  R
856  aacgccggcgtttctgctttccccagcctgaggtccttgcaggag
     N  A  G  V  S  A  F  P  S  L  R  S  L  Q  E
901  aaccttcagctgccgttctttttctctcaggctccccctcagccg
     N  L  Q  L  P  F  F  F  S  Q  A  P  P  Q  P
946  cctccttttcacggtggctcagccgggacatggccaatgccggag
     P  P  F  H  G  G  S  A  G  T  W  P  M  P  E
991  gattcaaaggtggacggcggcgtgaggatgggaatggccggtcct
     D  S  K  V  D  G  G  V  R  M  G  M  A  G  P
1036 actgagcttgactgcatgtggaccttcggatcc 1068
     T  E  L  D  C  M  W  T  F  G  S
```

图 9-12　*BpCUC2* 基因序列及其预测氨基酸序列

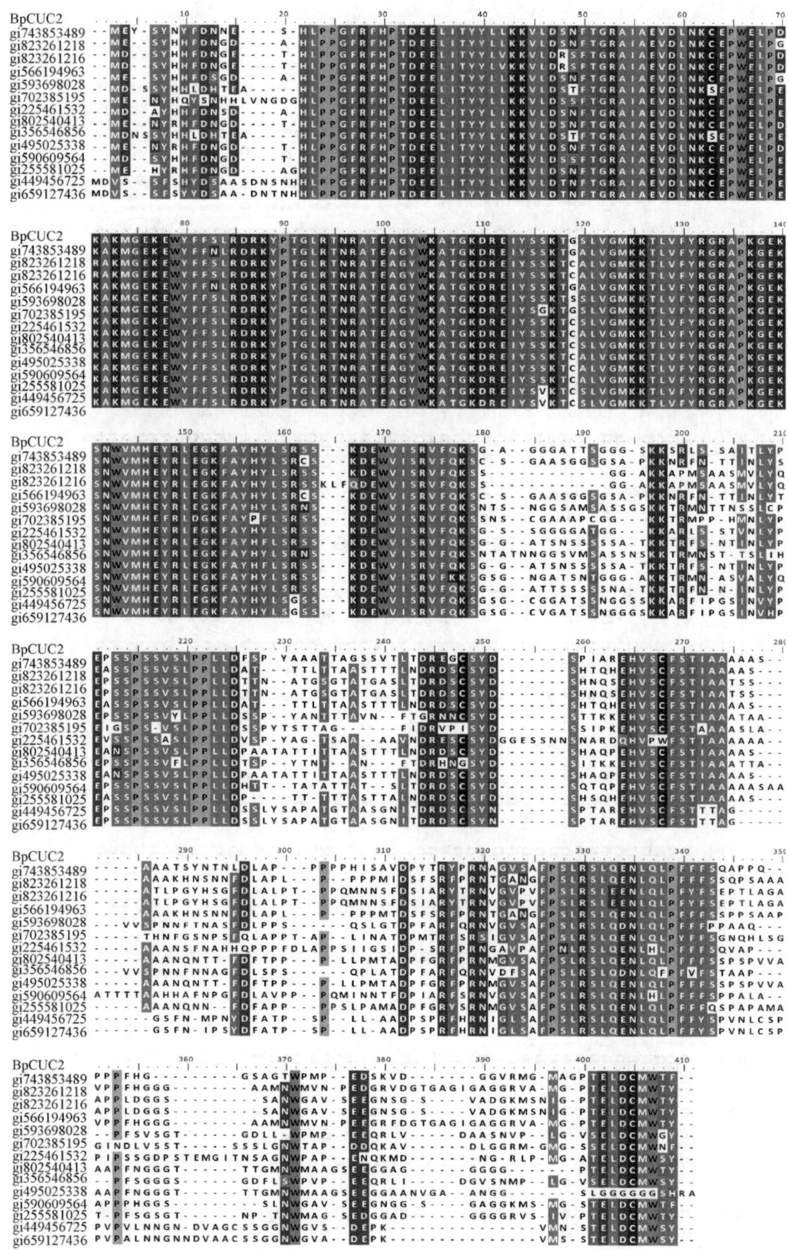

图 9-13 BioEdit 软件 CUC2 蛋白的同源蛋白的多序列同源性比对（彩图请扫封底二维码）

比对蛋白是：黄豆杯状子叶 2 蛋白（gi/356546856）；麻风树杯状子叶 2 蛋白（gi/802540413）；麻风树 NAC 转录因子蛋白（gi/495025338）；蓖麻转录因子蛋白（gi/255581025）；胡杨杯状子叶 2 蛋白（gi/743853489）；胡杨假设蛋白（gi/566194963）；可可 NAC 结构域蛋白（gi/590609564）；棉花杯状子叶 2 蛋白（gi/823261218）；棉花杯状子叶 2 蛋白（gi/823261216）；葡萄杯状子叶 2 蛋白（gi/225461532）；黄瓜杯状子叶 2 蛋白（gi/449456725）；香瓜杯状子叶 2 蛋白（gi/659127436）；巨桉杯状子叶 2 蛋白（gi/702385195）；菜豆假设蛋白（gi/593698028）；黄豆杯状子叶 2 蛋白（gi/356546856）

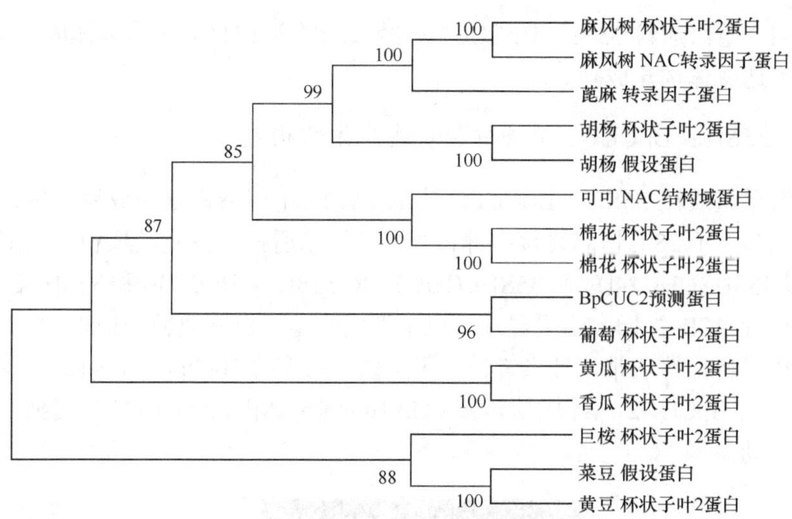

图 9-14　白桦 BpCUC2 蛋白的相似性序列系统进化树

9.3 *BpCUC2* 基因的白桦遗传转化研究

9.3.1 植物表达载体的构建

9.3.1.1 35S∷BpCUC2 植物过表达载体的构建

含有重组质粒 35S∷BpCUC2 的 EHA105 工程菌制备完成后，挑取工程菌阳性单克隆，于 28℃恒温振荡培养过夜。分别以所得菌液、去离子水为模板，以 BpCUC2-F、BpCUC2-R 为引物进行 PCR 检测。琼脂糖凝胶电泳结果显示，以阳性克隆菌液为模板的 PCR 反应扩增出了特异性谱带，且大小符合预期（图 9-15）。

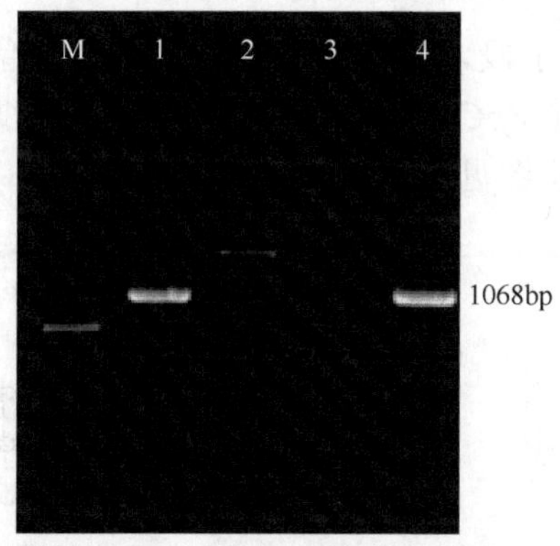

图 9-15　35S∷BpCUC2 植物表达载体 PCR 检测电泳图谱

M. Marker DL 2000；1. 35S∷BpCUC2 质粒；2、3. 阴性对照；4. *BpCUC2* 基因

结果表明，重组质粒 35S：：BpCUC2 已经成功转入 EHA105 细菌体内，*BpCUC2* 基因过表达载体构建成功。

9.3.1.2 35SI：：BpCUC2 植物抑制表达载体的构建

含有重组质粒 35SI：：BpCUC2 的 EHA105 工程菌构建完成后，挑取工程菌阳性单克隆，于 28℃恒温振荡培养过夜。分别以所得菌液及其质粒、去离子水为模板，以 35SI：：CUC2-1F 和 35SI：：CUC2-1R、35SI：：CUC2-2F 和 35SI：：CUC2-2R 为引物进行 PCR 扩增。结果显示，以阳性克隆菌液及其质粒为模板的 PCR 反应均扩增出了特异性条带，且二者长度无差别，均大约 200bp（图 9-16），表明重组质粒 35SI：：BpCUC2 已经成功转入 EHA105 细菌体内，*BpCUC2* 基因抑制表达载体构建成功。

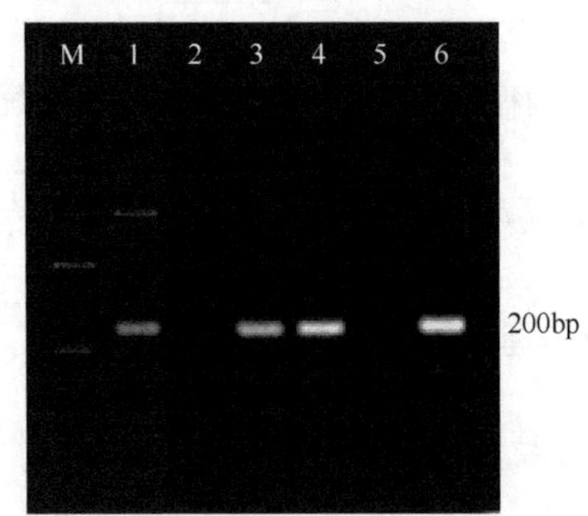

图 9-16 35SI：：BpCUC2 转化 EHA105 工程菌后 PCR 检测

M. DL 2000 DNA Marker；1. 正向序列的阳性对照；2.水；3. 工程菌中检测的正向序列；4. 反向序列的阳性对照；5.水；6. 工程菌中检测的反向序列

9.3.1.3 35S：：BpCUC2-m 植物过表达载体的构建

采用生物信息学的手段，预测 *miR164* 的靶位点位于 *BpCUC2* 基因的第 717~739bp，共 22bp。在 *BpCUC2* 基因编码的氨基酸不变的前提下进行靶位点的碱基突变，碱基突变示意图见图 9-17。

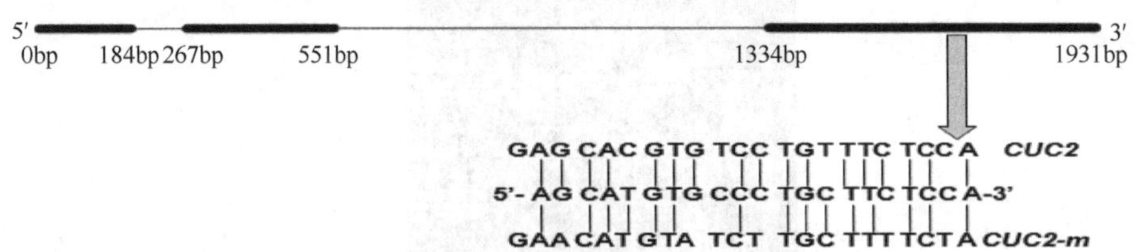

图 9-17 *BpCUC2* 基因上 *miR164* 靶位点的碱基突变图

含有重组质粒 35S∷BpCUC2-m 的 EHA105 工程菌构建完成后，挑取工程菌阳性单克隆，于 28℃恒温振荡培养过夜。分别以所得菌液、去离子水为模板，以 BpCUC2-F、BpCUC2-R 为引物进行 PCR 检测。琼脂糖凝胶电泳结果显示，以阳性克隆菌液为模板的 PCR 反应均扩增出了特异性条带，且大小与阳性对照相同（图 9-18），表明重组质粒 35S∷BpCUC2-m 已经成功转入 EHA105 细菌体内，*BpCUC2-m* 基因过表达载体构建成功。

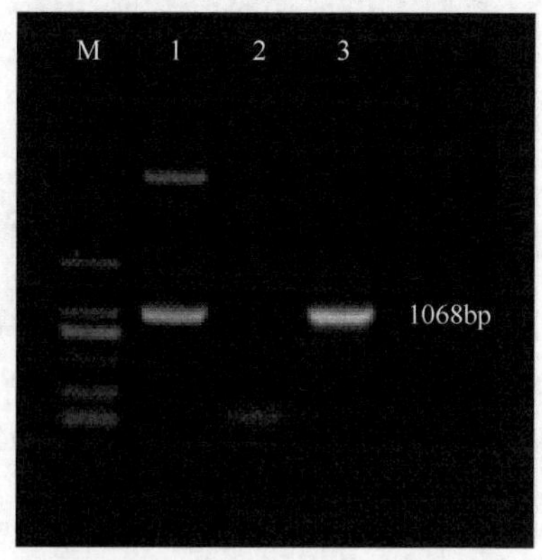

图 9-18　35S∷BpCUC2-m 植物表达载体 PCR 检测电泳图谱

M. Marker DL2000；1. 35S∷BpCUC2-m 质粒；2.水；3. 工程菌中 *BpCUC2-m* 基因

9.3.2　转基因植株的获得

采用农杆菌介导的白桦合子胚法进行遗传转化，用含有重组质粒 35S∷BpCUC2 的 EHA105 工程菌菌液侵染无菌的白桦合子胚，将侵染后的白桦合子胚置于不含抗生素的培养基上暗培养，期间视农杆菌的生长情况对其进行脱菌处理。2~3d 后将脱菌后的合子胚置于含有 200mg/L 头孢霉素和 50mg/L 潮霉素的 WPM 培养基上，倒置培养，期间不定期脱菌，选择培养一段时间后合子胚切口处长有绿色的愈伤颗粒（图 9-19A）；待愈伤长到直径 5mm 的大小，将小愈伤切下，放置含抗生素的 WPM 培养基上，数日后可发现愈伤组织会慢慢形成不定芽（图 9-19C）；再经过 20~30d 时间，不定芽会逐渐分化长大形成丛生苗，长出的丛生苗经二次分化，形成丛生的继代苗，最终获得 2 个转化子，依次命名为 OC1、OC2。再将继代苗进行生根培养，组培苗获得的整个培养过程如图 9-19 所示，同时大量扩繁所获得的转基因株系，为后续的鉴定实验提供充足的材料。

9.3.3　转基因株系的分子检测

分别以转基因白桦和对照白桦的总 DNA 为模板、重组质粒 35S∷BpCUC2

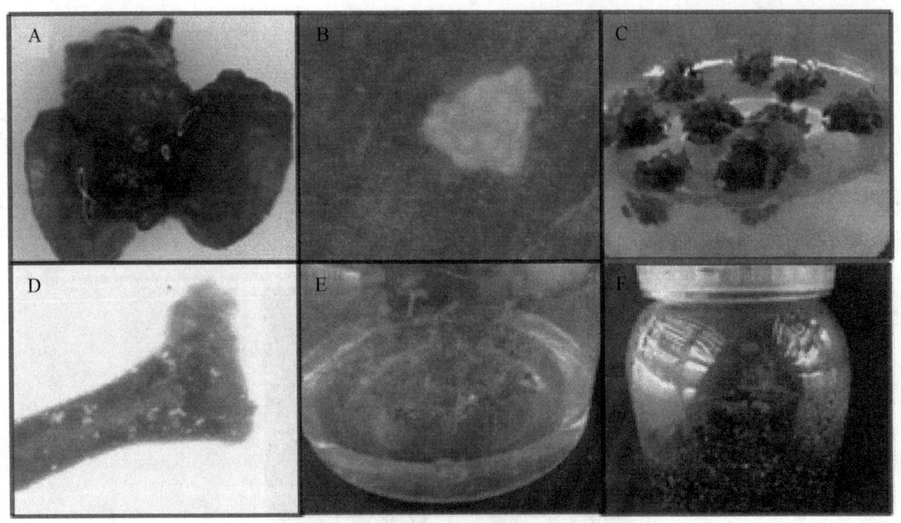

图 9-19 转 35S::BpCUC2 白桦的获得过程（彩图请扫封底二维码）

A、B. 转基因愈伤组织的获得；C. 继代苗；D. 二次分化产生的愈伤组织；E、F. 生根苗

为阳性对照，以 BpCUC2-F、BpCUC2-R 为引物进行 PCR 检测。琼脂糖凝胶电泳结果显示，目的基因 *BpCUC2* 在这两个转化子中都能够检测出来，且目的条带位置与阳性对照的位置一致（图 9-20A），从而证明已成功获得转 35S::BpCUC2 白桦。

分别以转基因株系 OC1、OC2 和 WT 的 cDNA 为模板，对 *BpCUC2* 进行实时定量 PCR。结果表明，OC1 和 OC2 中 *BpCUC2* 的相对表达量分别是 WT 的 14 倍、10 倍。NT、OC1 和 OC2 中 *BpCUC2* 相对表达量的方差分析结果表明，*BpCUC2* 的相对表达量在不同株系间的差异达到极显著水平（$P<0.01$）。置信区间为 95%，用 Duncan 多重比较方法，OC1 和 OC2 株系中 *BpCUC2* 的相对表达量显著高于 WT，而 OC1 和 OC2 株系之间未达到显著水平（图 9-20B）。Northern blotting 检

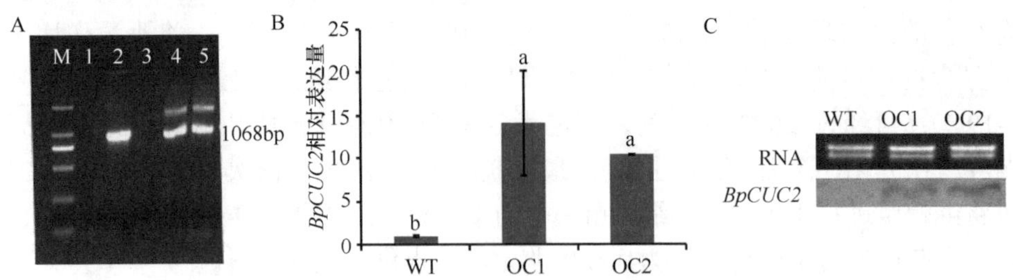

图 9-20 转 35S::BpCUC2 白桦的 PCR 检测

A. M 为 DL 2000 DNA Marker；1 为水；2 为重组质粒 35S::BpCUC2；3 为 WT；4、5 为模板为转基因植株 OC1 和 OC2 的叶片总 DNA。B. 转 *BpCUC2* 基因在不同株系中的定量 PCR 分析。C. 转基因白桦 Northern 杂交检测，其中 WT 为转空载对照白桦；OC1、OC2 为 35S::BpCUC2 转基因白桦

测结果表明，两个转 35S::BpCUC2 白桦株系 *BpCUC2* 在 mRNA 水平上均有很明显的表达，转空载对照白桦没有杂交信号（图 9-20C），进一步证明 *BpCUC2* 基因已经成功导入到白桦植株基因组 DNA 中。

9.4　转 *BpCUC2* 基因白桦的功能研究

将转 35S::BpCUC2 白桦及对照白桦大量扩繁并移栽至室内土盆中，观察其在生长过程中的表型差异。结果发现，转 35S::BpCUC2 白桦植株比对照白桦生长缓慢、植株矮小、叶间距不规则（图 9-21），进而对相应的生长性状进行具体测定。

图 9-21　转 35S::BpCUC2 白桦与对照白桦的表型分析（彩图请扫封底二维码）
从左至右分别是非转基因对照白桦（WT）、转空载对照白桦（WT-0）、转 35S::BpCUC2 白桦株系（OC1 和 OC2）

9.4.1　转 35S::BpCUC2 白桦的苗高分析

测定转 35S::BpCUC2 白桦与对照白桦的苗高并进行分析（表 9-4，图 9-22），结果显示，苗高在各株系间达到差异极显著的水平（$P<0.01$）。转空载白桦的苗高与非转基因白桦的苗高差异不显著，OC1 和 OC2 株系的苗高分别显著低于转空载白桦苗高的 34.03%、47.53%。

9.4.2　转 35S::BpCUC2 白桦的叶片数量分析

转 35S::BpCUC2 白桦与对照白桦的叶片数量分析结果显示：转 35S::BpCUC2

表 9-4　转 35S∷BpCUC2 白桦与对照白桦的苗高方差分析

变异来源	SS	*df*	MS	*F*	*P*
株系间	407.568	3	135.856	16.765**	0.001
株系内	64.83	8	8.104		
总变异	472.398	11			

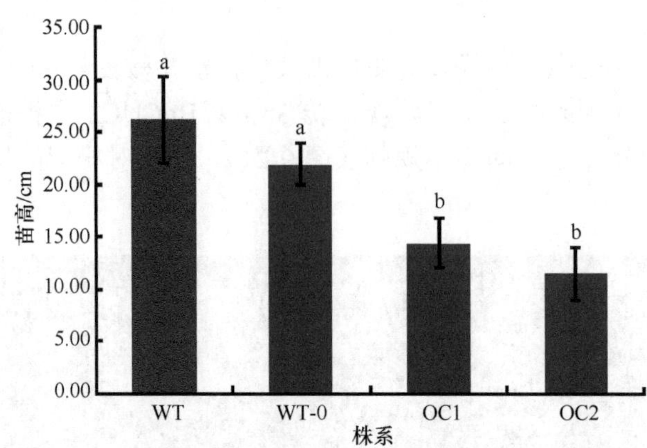

图 9-22　转 35S∷BpCUC2 白桦与对照白桦的苗高

相同字母表示差异不显著，不同字母表示差异显著（n=4，P<0.01，Duncan 多重比较分析）。误差线表示标准偏差

白桦的叶片数量均比对照白桦多，但各个株系间的每株苗木的叶片数量差异不显著（P>0.05）（表 9-5，图 9-23）。由 9.4.1 节可知，转 35S∷BpCUC2 白桦的苗高显著低于对照白桦，可能是因为转 35S∷BpCUC2 白桦的叶间距平均值比对照白桦小，才会导致转 35S∷BpCUC2 白桦的叶片数量与对照差异不显著，因此对转 35S∷BpCUC2 白桦的叶间距进行调查、统计。

表 9-5　转 35S∷BpCUC2 白桦与对照白桦的叶片数量方差分析

变异来源	SS	*df*	MS	*F*	*P*
株系间	10.175	3	3.392	1.183	0.376
株系内	22.942	8	2.868		
总变异	33.118	11			

9.4.3　转 35S∷BpCUC2 白桦的节间距分析

转 35S∷BpCUC2 白桦与对照白桦的节间距统计结果显示（图 9-24）：WT 和 WT-0 的多数节间距为 0.8~2.0cm，而转 35S∷BpCUC2 白桦的节间距多数落在 0~1.2，表明转 35S∷BpCUC2 白桦的节间距变短。

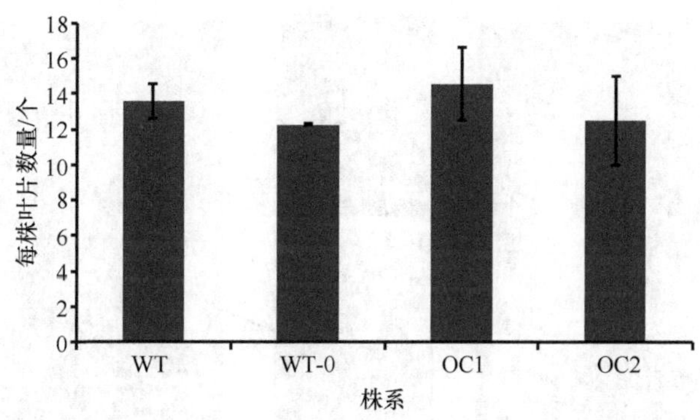

图 9-23　转 35S::BpCUC2 白桦与对照白桦的叶片数量

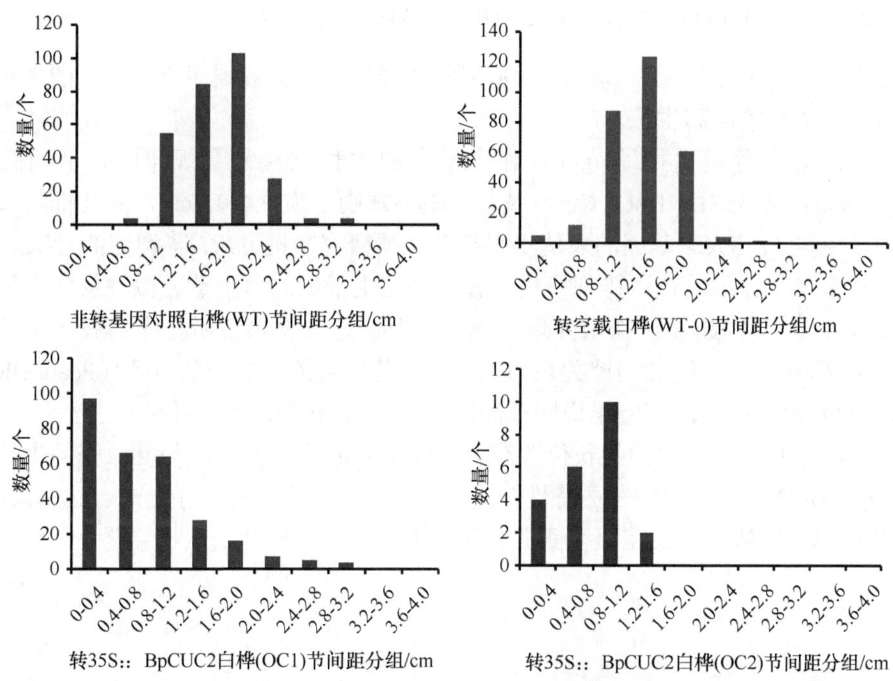

图 9-24　转 35S::BpCUC2 白桦与对照白桦的节间距

通过观察发现（图 9-25），转 35S::BpCUC2 白桦叶片在主干上的着生点不规则，进而导致节间距异于对照白桦。

为探讨 *BpCUC2* 基因的功能，本研究采用转基因技术获得转 35S::BpCUC2 白桦，表型观察发现转 35S::BpCUC2 白桦植株矮小。然而 *BpCUC2* 基因的超表达是如何抑制植株的生长呢？研究表明，*CUC2* 基因主要参与植物的顶端分生组织、器官原基边缘、器官边缘的生长发育过程（Aida et al.，1997；Bilsborough et al.，2011；Mallory et al.，2004；Nikovics et al.，2006）。*BpCUC2* 基因超表达后，植株

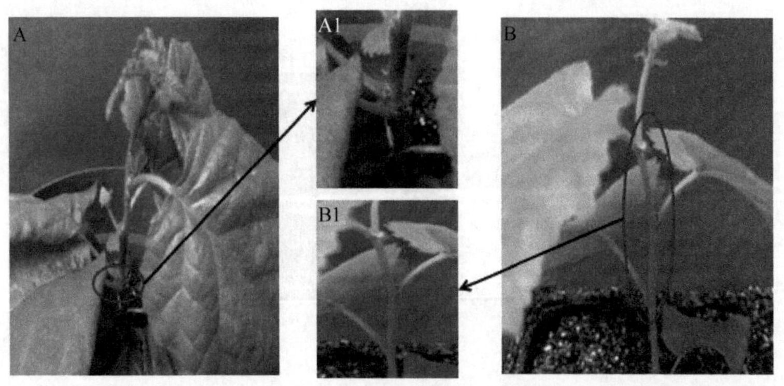

图 9-25 转 35S∷BpCUC2 白桦（A）和 WT（B）的表型观察（彩图请扫封底二维码）

A1 为转 35S∷BpCUC2 白桦叶片在主干上的着生点放大图；B1 为 WT 叶片在主干上的着生点放大图

矮化这一现象可能是因为 *BpCUC2* 基因的超表达影响植物顶端分生组织的生长，进而影响植株的苗高生长。

本研究中普通白桦幼苗叶片在主干上的生长位置是有规律的，节间距为 0.8~2.0cm；转 35S∷BpCUC2 白桦节间距不规则，为 0.4~1.2cm，由此推测节间距的长短与 *BpCUC2* 基因的表达水平有关。据研究，抗 *miR164* 调控的 *CUC2* 超表达株系产生异常的花序排列模式，各花序在主干上的着生点近似于簇状生长，然而 *CUC2* 基因超表达株系并未出现该表型，这一现象说明花序的簇状生长与 *miR164* 和 *CUC2* 之间的调控关系相关，还与花原基的生长位置有关（Peaucelle et al.，2007）。根据以上研究结果说明节间距的长短与 *BpCUC2* 基因的表达水平有关，同时与叶原基在顶芽中的生长位置有关，推测 *BpCUC2* 基因参与叶原基的生长定位。*BpCUC2* 基因的组织表达特性分析结果显示，该基因在顶芽中的表达量最高，说明 *BpCUC2* 基因主要在顶芽侧翼表达，进而影响叶原基的生长位置。

第 10 章　白桦 *BpCUC2a* 基因的功能研究

CUC2（CUP-SHAPED COTYLEDON 2）是植物特有的 NAC 家族转录因子的一员。该基因在植物的顶端分生组织（shoot apical meristem，SAM）的建立、侧生器官的发育、叶缘边界的形成等过程中都发挥不同的作用。目前，该基因的研究还局限于模式植物拟南芥及经济作物水稻等作物中，而在木本植物中的研究报道还不完全。本研究以转录组数据中发现的 *CUC2a* 基因及其 *CUC2at* 突变基因为研究对象，分别构建 35S：：BpCUC2at 和 ProCUC2：：BpCUC2at 表达载体，利用白桦（*Betula platyphylla* Suk.）为转基因受体进行遗传转化，通过对转基因植株的表型观察、生长特性分析、内源 IAA 含量测定及相关基因分析研究，进一步揭示了该基因的功能，为后续的研究提供参考。

10.1　白桦 *BpCUC2a* 基因的生物信息学分析

10.1.1　白桦 *BpCUC2a* 基因的获得

根据测序得到的 *BpCUC2a* 基因的序列，利用 NCBI 数据库中的 ORF Finder，进行一系列的分析、预测，结果如下：*BpCUC2a* 基因包含一个 906bp 的开放读码框（ORF）序列，该基因的开放读码框为+3，起始于 ATG，终止于 TAA，共编码 301 个氨基酸（图 10-1）。

氨基酸序列如下：MSNISMVEAKLPPGFRFHPRDEELVCDYLMKKVTNCGSPLLIEVDLNKCEPWDIPETACVGGKEWYFYTQRDRKYATGLRTNRATASGYWKATGKDRPILRKGSLVGMRKTLVFYQGRAPKGRKTDWVMHEFRLEGPLAPPPLSSPKEDWVLSKVFYKSRELVAAKQGMGSCYETGSSSLPALMDSYITFDQTQTHVDDQSSQQVPCFSIFNQNPIFPHIAASSMHMEPNDVTYKGIPNMGTCLVDDQYSCDKKVLKAVLSQLSSMDSNPNNLKGSSSLGEGSTSESYLSDVGMPNFWNHY。

我们团队在白桦基因库中找到另一条命名为 *BpCUC2* 的基因，利用 NCBI 的 Conserved Domains 工具分别预测 *BpCUC2a* 和 *BpCUC2* 基因的保守区及蛋白质结构域（图 10-1）。蛋白质预测结果显示，BpCUC2a 和 BpCUC2 分别在 11~158aa 和 15~167aa 位置含有一个相同的 NAM（no apical meristem）结构域，该结构域是 NAC domain 典型结构域特征，其 N 端高度保守而 C 端是转录调控区，由此可以初步判断两条白桦 *BpCUC2* 基因是 NAC 家族转录因子的成员，NAC 转录因子能够在植物胚胎发育时期及器官分化的过程中调节茎尖的分生组织生长。

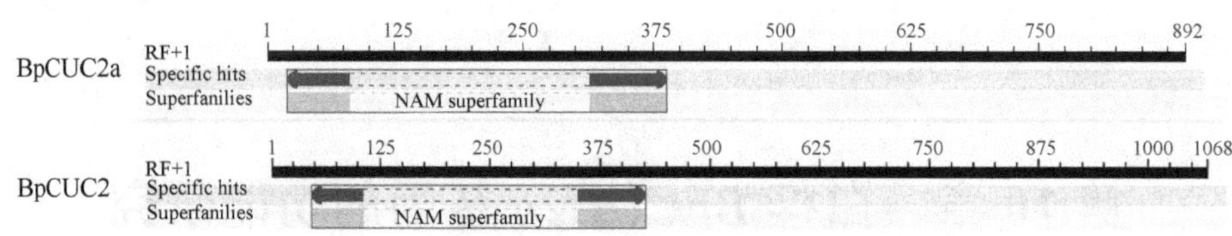

图 10-1　BpCUC2a 及 BpCUC2 的蛋白保守结构域

10.1.2　白桦 *BpCUC2a* 基因序列分析

10.1.2.1　白桦 *BpCUC2a* 基因相关参数

通过 ProtParam 在线预测软件预测蛋白质序列及相关理化参数，结果见表 10-1。该蛋白质相对分子质量为 33 789.40Da；不稳定系数为 47.1，由于＞40，可能为不稳定蛋白；理论等电点为 7.55，说明为中性氨基酸，其总平均亲水性（grand average of hydropathicity）为–0.509，猜测其为亲水性蛋白。在整个氨基酸序列中，组氨酸（His）和色氨酸（Trp）的数量最少，均为 6 个，各占总数的 2.0%；丝氨酸（Ser）的数量最多，为 31 个，占总数的 10.3%；此外，氨基酸序列中，亮氨酸（Leu）、甘氨酸（Gly）、半胱氨酸（Lys）和脯氨酸（Pro）的数量也较大，共占总数的 29%。

表 10-1　*BpCUC2a* 蛋白理化常数

分析类别	值
相对分子质量/Da	33 789.40
氨基酸数目	301
分子式	$C_{1494}H_{2309}N_{40}O_{452}S_{20}$
总原子数目	4678
理论等电点 pI	7.55
pH7 处的电荷	2.98
不稳定系数	47.1
脂肪系数	64.75
总平均亲水性	–0.509

10.1.2.2　疏水性/亲水性的预测和分析

20 种氨基酸的侧链极性不同，导致组成的蛋白质有一定的疏/亲水性。Prot Scale 预测结果表明，*y* 轴上正值越大，疏水性强，负值越大，亲水性强。图 10-2 表明，在 50~250 区域上均有明显的峰值，存在明显亲水域，显示 BpCUC2a 有亲水趋势，为亲水性蛋白，这与 10.1.2.1 节中理化性质分析结果一致。

10.1.2.3　BpCUC2a 蛋白翻译后修饰位点预测

蛋白质翻译后修饰是指氨基酸翻译后加入一些生物化学官能团，从而使其在

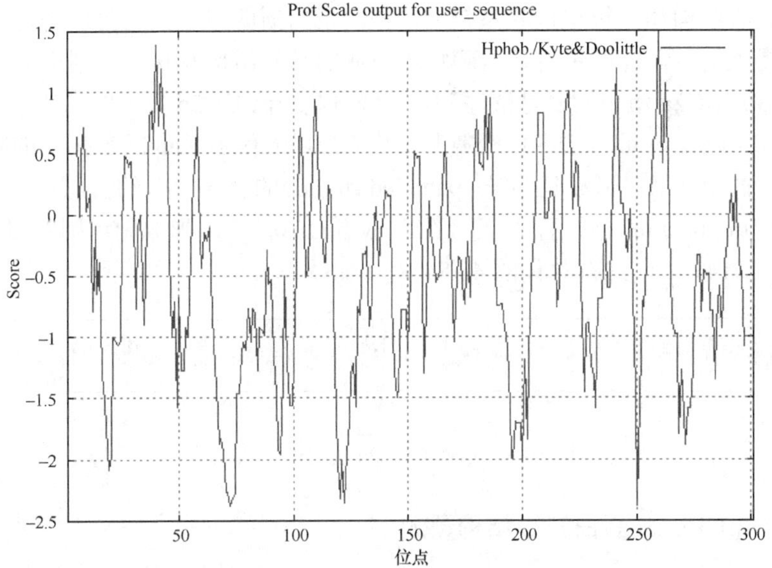

图 10-2　白桦 CUC2a 蛋白亲水性/疏水性预测

化学性质或者结构上发生改变，其中修饰的方式有很多，最主要的化学修饰包括磷酸化修饰和糖基化修饰。

蛋白质磷酸化对蛋白质活力和功能能够起到一个基本的调节和控制，主要作用于丝氨酸（Ser）和酪氨酸（Tyr），在细胞信号转导过程中是必不可少的一个重要环节。KinasePhos 是一款利用支持向量机算法的激酶磷酸位点的预测软件，用该软件可以在线预测未知蛋白的磷酸化位点和修饰激酶。BpCUC2a 蛋白含有多种修饰性位点，通过 KinasePhos 对 BpCUC2a 蛋白序列进行预测，结果显示有 30 个丝氨酸激酶、16 个苏氨酸激酶、12 个酪氨酸激酶潜在的磷酸化位点（表 10-2）。

表 10-2　激酶磷酸化修饰位点预测

蛋白质名称	丝氨酸	苏氨酸	酪氨酸	组氨酸
BpCUC2a	30	16	12	0

生物体中 50%的蛋白质都存在糖基化现象，参与细胞免疫、信号转导等多种生命进程。可以把蛋白质糖基化的修饰形式分成四类：O 位糖基化、N 位糖基化、C 位糖基化和糖基磷脂酰肌醇（Blom et al.，2004）。利用 NetNGlyc 在线分析软件对 BpCUC2a 蛋白的 *N*-连接糖基化位点进行预测，结果表明 BpCUC2a 蛋白可能含有 1 个 *N*-连接糖基化位点，位于 3~6aa 的位置。

10.1.3　BpCUC2a 蛋白二级结构预测

蛋白质的二级结构主要包括 α 螺旋、β 转角、β 折叠和无规则卷曲，二级结构能够将一级结构和三级结构联系起来，预测蛋白质的二级结构可以为蛋白质的三级结构提供信息，能够更有效地确定蛋白质的空间结构及功能。利用 SOPMA 软件输入 BpCUC2a 蛋白的氨基酸序列，在线分析 BpCUC2a 蛋白的二级结构，结果如图 10-3 所示。在编码的 301 个氨基酸中，形成 α 螺旋（alpha helix）的有 60 个，约占总体的 19.93%；形成延伸链（extended strand）的有 62 个，约占总体的 20.60%；形成 β 转角（beta turn）的有 32 个，约占总体的 10.63%；形成无规则卷曲（random coil）的有 147 个，约占总体的 48.84%。

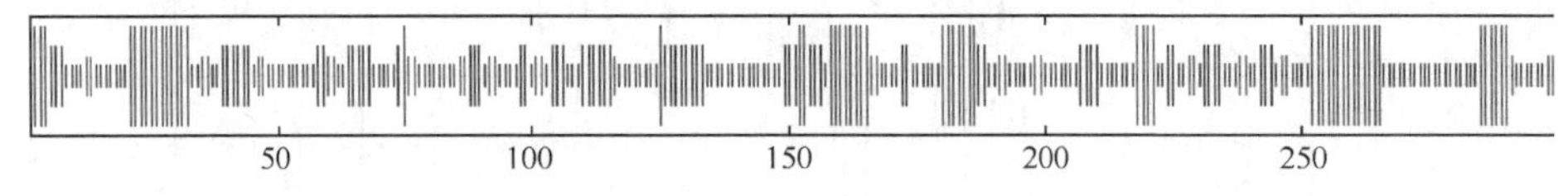

图 10-3　白桦 CUC2a 蛋白的二级结构

10.1.4　BpCUC2a 蛋白三级结构预测

蛋白质的三级结构是以原有的二级结构为基础，通过盘曲、折叠等多种方式形成的，它主要靠侧链基团相互作用形成次级连接（Arnold et al.，2006）。通过 SWISS-MODEL 对 CUC2a 蛋白的三级结构进行预测，结果见图 10-4。图中为不同角度观察到的 CUC2a 蛋白的三级结构预测模型，模型蛋白预测结构中显示残基建模范围为 8~160，参考模板为 NAC1 转录因子模型，比对序列的一致性达到 52.26%，GMEAN 模型质量评估见图 10-5。

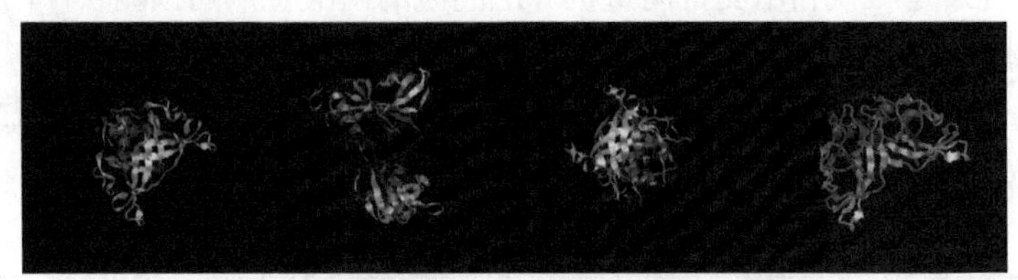

图 10-4　白桦 CUC2a 蛋白的三级结构预测模型

10.1.5　*BpCUC2a* 基因的系统发育树

利用的 TAIR 拟南芥数据库中的 BlastP 进行搜索，在数据库中共找到 100 条与之相配的序列，根据序列比对结果的相似性挑选出相应的 25 条拟南芥序列，随后通过 Phytozome 毛果杨数据库中选择毛果杨序列，进行 BlastP 的搜索，通过筛选在数据库中选取了 18 条相应的杨树序列，利用 BioEdit 软件进行多序列比较，结果如图 10-6 所示，蛋白质的 N 端含有高度保守的 15~167 氨基酸组成的 NAM 结构域，并通过 MEGA5 软件 Neighbor-Joining 方法绘制系统发育进化树（图 10-7）。

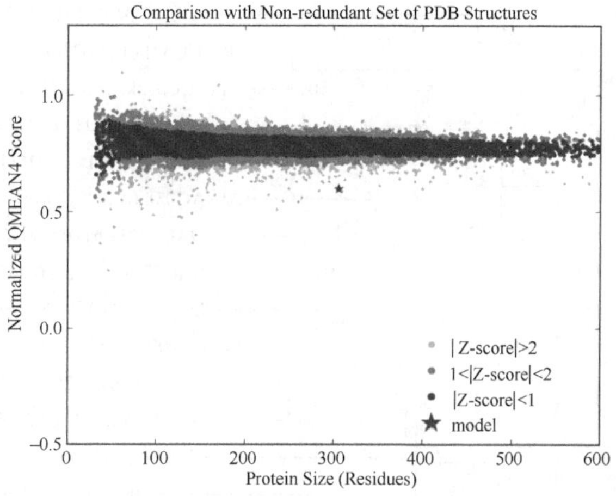

图 10-5　GMEAN Z-score 模型质量评估

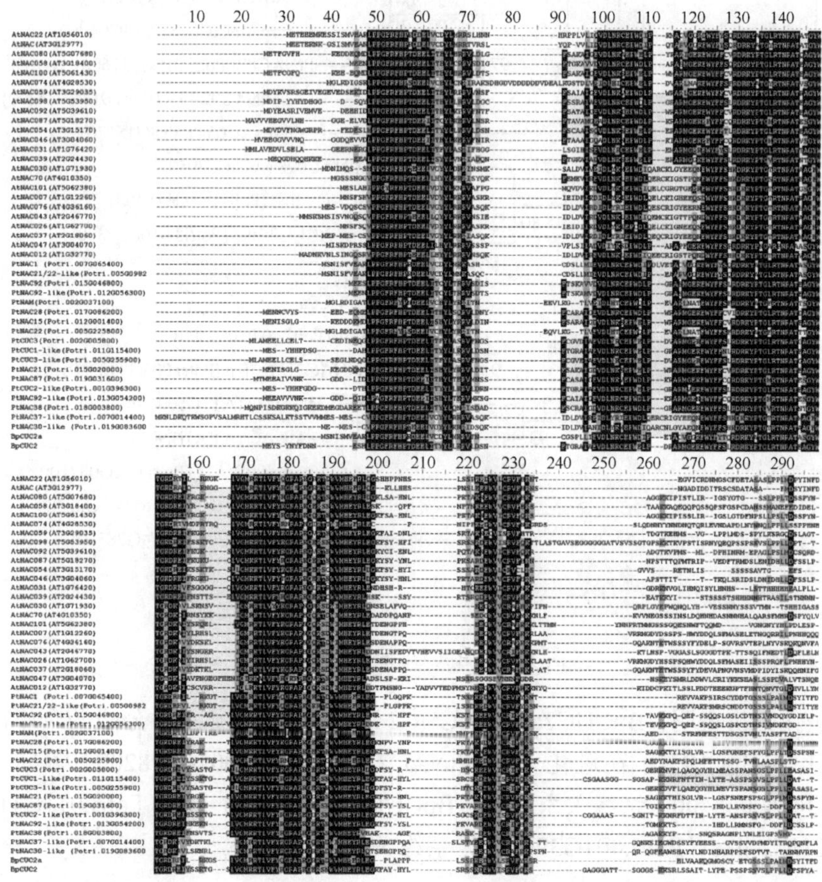

图 10-6　BpCUC2a 及 BpCUC2 多序列同源性比较（彩图请扫封底二维码）

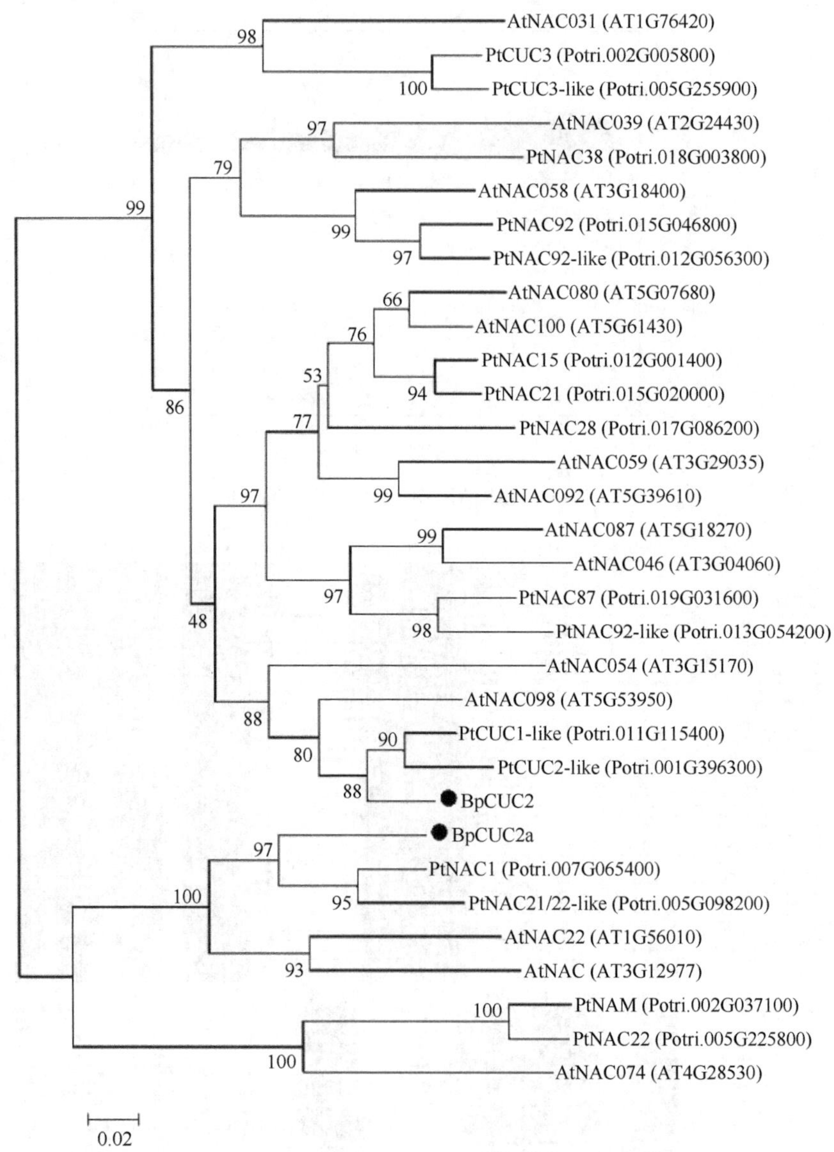

图 10-7 BpCUC2a 系统发育树

进化分析表明，BpCUC2a 和 BpCUC2 均在 NAC 家族中，分成两个不同的亚族，其中 BpCUC2a 在进化上与 PtNAC21/22（Potri.005G098200）及 PtNAC1（Potri.007G065400）亲缘关系最近；BpCUC2 与 PtCUC1-like（Potri.011G115400）及 PtCUC2-like（Potri.001G396300）亲缘关系较为亲近。

10.2　*BpCUC2at* 基因的白桦遗传转化研究

10.2.1　植株表达载体构建

10.2.1.1　目的基因的获得

根据转录组测序得到的白桦 *BpCUC2at* 序列，由金唯智生物试剂公司电子合成该基因。以合成的基因为模板，根据 *BpCUC2at* 序列设计特异引物，进行重叠延伸 PCR 扩增，即分别设计两对引物扩增，最终对两段序列片段进行拼接。PCR 扩增结束后，产物于 1%琼脂糖凝胶中进行凝胶电泳检测，结果如图 10-8 所示。在 2574bp 处获得特异条带，并与目标条带大小一致。送至生物试剂公司检测后进一步进行确认，为目的片段。

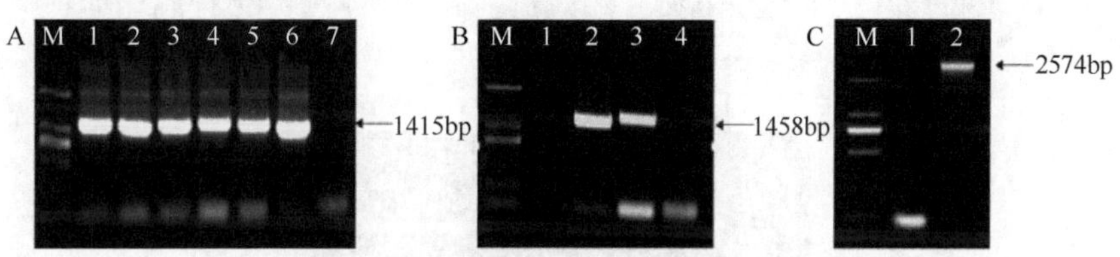

图 10-8　白桦 *BpCUC2at* 基因克隆

A. 白桦 *BpCUC2at-1* 序列片段克隆；B. 白桦 *BpCUC2at-2* 序列片段克隆；C. 白桦 *BpCUC2at* 全长克隆

10.2.1.2　植物表达载体构建

1）35S 启动子驱动的 *BpCUC2at* 载体获得

以合成的白桦 *BpCUC2at* 基因为模板，利用设计的带有 *Pst* Ⅰ、*Hin*dⅢ酶切位点的特异性引物 PCR 扩增该序列，分别双酶切 pROKⅡ载体质粒及扩增序列，经 T4 连接酶连接，在 50mg/L 卡那霉素抗性平板上筛选阳性重组质粒，对阳性质粒 35S:：BpCUC2at 测序后，通过 BioEdit 比对，确定获得了 35S 启动子驱动的 *BpCUC2at* 基因植物表达载体，35S:：BpCUC2at 载体构建简图见图 10-9。

2）*BpCUC2* 基因启动子驱动的 *BpCUC2at* 载体获得

在获得 35S:：BpCUC2at 载体基础上，利用设计的带有 *Hin*dⅢ和 *Xba* Ⅰ酶切位点的特异性引物 PCR 扩增 *BpCUC2* 基因启动子序列，采用 *Hin*dⅢ和 *Xba* Ⅰ酶切 35S:：BpCUC2at 载体，胶回收带有 *BpCUC2at* 及载体片段，同时将扩增序列也用 *Pst* Ⅰ、*Hin*dⅢ双酶切，酶切产物经 T4 连接酶连接，在 50mg/L 卡那霉素抗性平板上筛选阳性重组质粒，PCR 检测后确认获得 ProCUC2:：BpCUC2at 植物表达载体构建（图 10-10）。

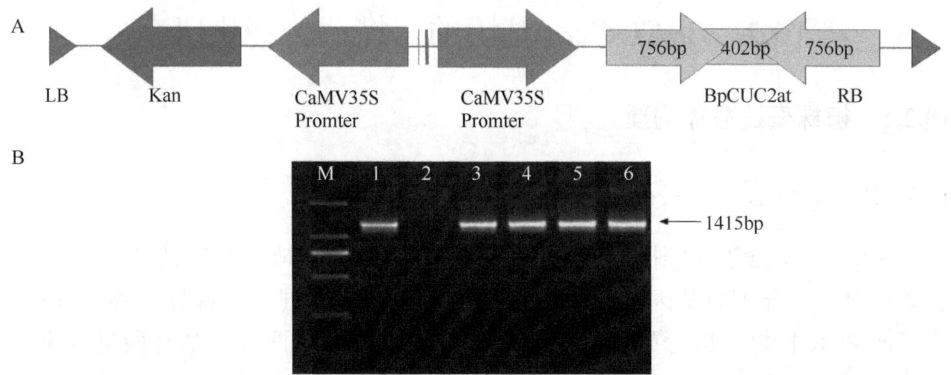

图 10-9　35S：：BpCUC2at 载体构建简图及 PCR 检测电泳图谱

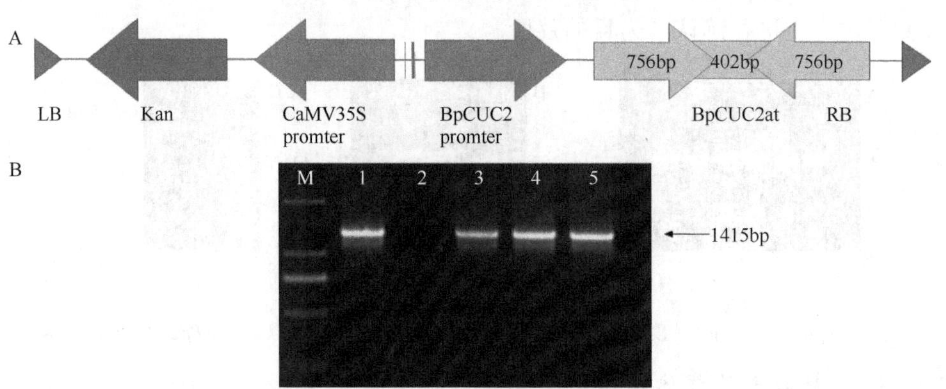

图 10-10　ProCUC2：：BpCUC2at 载体构建简图及 PCR 检测电泳图谱

10.2.1.3　转基因工程菌的获得

1）EHA105（35S：：BpCUC2at）工程菌的获得

含有重组质粒 35S：：BpCUC2at 的 EHA105 工程菌制备完成后，挑取工程菌阳性单克隆，于 28℃恒温振荡培养过夜。分别以所得菌液、去离子水为模板，以 BpCUC2at-F、BpCUC2at-R 为引物进行 PCR 检测。琼脂糖凝胶电泳结果显示，以阳性克隆菌液为模板的 PCR 反应扩增出了特异性谱带，且大小符合目的基因长度（图 10-11A），表明重组质粒 35S：：BpCUC2at 已经成功转入 EHA105 细菌体内。

2）EHA105（ProCUC2：：BpCUC2at）工程菌的获得

ProCUC2：：BpCUC2at 载体构建方法与 35S：：BpCUC2at 载体构建方法相同，获得的 EHA105（ProCUC2：：BpCUC2at）工程菌进行 PCR 检测，结果见图 10-11B。

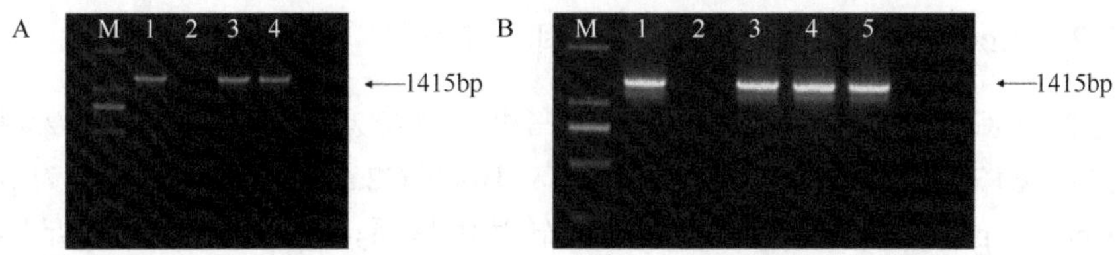

图 10-11　*BpCUC2at* 农杆菌菌液 PCR 检测

A. EHA105（35S：：BpCUC2at）PCR 电泳检测；B. EHA105（pProCUC2：：BpCUC2at）PCR 电泳检测

10.2.2　转基因植株的获得

10.2.2.1　35S：：BpCUC2at 转基因白桦获得

选取消毒过后充分吸收水分的完整白桦种子，将纵切后的种子放入含有 *BpCUC2at* 的工程菌液侵染，随后将浸染过的白桦合子胚置于共培养基上暗培养处理 3d，如图 10-12A 所示；暗培养处理结束后将其置于含有卡那霉素抗性选择培养基，待其长出抗性愈伤（图 10-12B）；将抗性愈伤绿色部分切下后，放置于分化培养基（图 10-12C），待其分化出不定芽（图 10-12D）；不定芽生长成丛生苗后从中挑选生长状况良好的抽茎苗剪断连接的愈伤，放置于生根培养基中进行生根培养（图 10-12E）。所得到的转化子需放入高浓度卡那霉素抗性选择培养基二次筛选，以保证所获得的遗传转化子均为阳性，长出的不定芽发育成丛生苗（图 10-12F），剪下生长状态良好的幼茎插入生根培养基中进行生根培养，待其生根 2 次后获得健壮生根苗。共获得 7 个 BpCUC2at 遗传转化子，其中 2 个 35S：：BpCUC2at 转化子分别命名为 35S-1、35S-2。

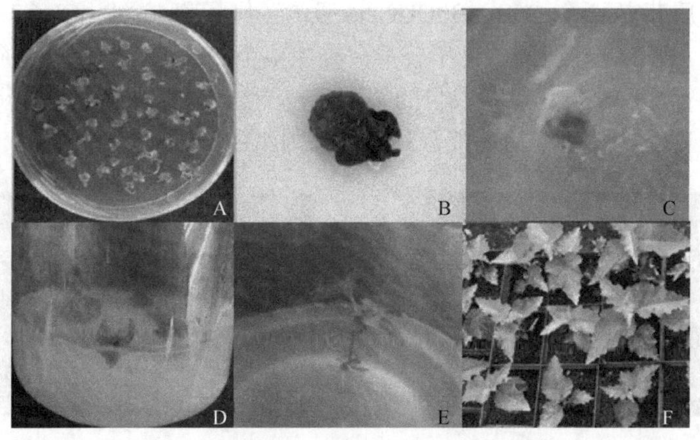

图 10-12　转 35S：：BpCUC2at 白桦株系的获得（彩图请扫封底二维码）

A. 含有 35S：：BpCUC2at 农杆菌侵染白桦种子；B、C. 抗性愈伤组织；D. 抗性继代苗；E. 组培生根苗；F. 移栽苗

10.2.2.2 ProCUC2::BpCUC2at 转基因白桦获得

4 个 ProCUC2::BpCUC2at 转基因白桦的获得方式与上述所示方法相同，获得过程见图 10-13。获得的 ProCUC2::BpCUC2at 转化子分别命名为 pc-1、pc-2、pc-3、pc-4。大量扩繁 *BpCUC2at* 转基因株系，为后续实验提供足够的实验材料。

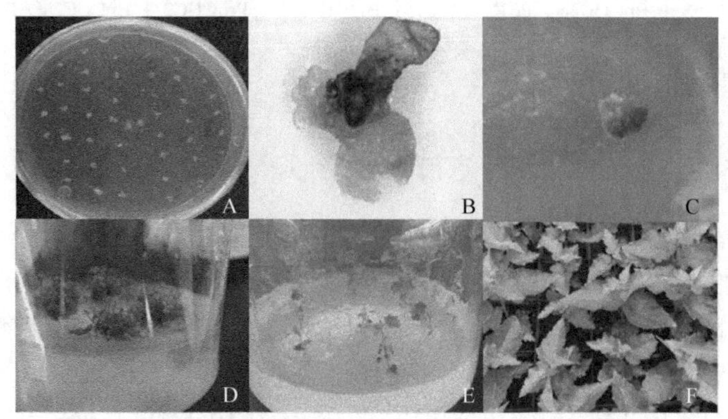

图 10-13 转 ProCUC2::*BpCUC2at* 白桦株系的获得（彩图请扫封底二维码）
A. 含有 ProCUC2::*BpCUC2at* 农杆菌侵染白桦种子；B、C. 抗性愈伤组织；D. 抗性继代苗；E. 组培生根苗；F. 移栽苗

10.2.3 转基因株系的分子检测

10.2.3.1 转基因白桦 PCR 检测

实验先后获得 2 个 35S::BpCUC2at 遗传转化子和 4 个 ProCUC2::BpCUC2at 遗传转化子，提取这些遗传转化子获得白桦生根苗的总 DNA。以上述得到的 DNA 为模板，进行 PCR 检测以获取目的基因。检测结果如图 10-14 所示，因此可初步判断外源目的基因已成功地整合到白桦基因组中。

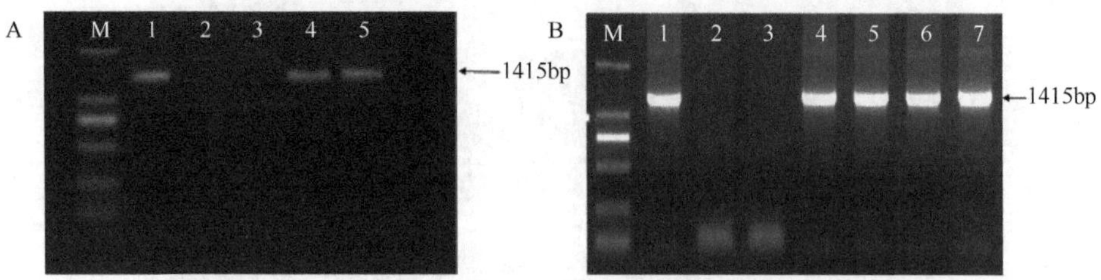

图 10-14 白桦转基因株系 PCR 检测电泳图谱
A. 转 35S::BpCUC2at 白桦株系 PCR 检测；B. 转 ProCUC2::BpCUC2at 白桦株系 PCR 检测；M. Marker DL2000；1. 阳性对照；2. 水；3. 阴性对照；4~7. 转基因株系

10.2.3.2　转基因白桦 qRT-PCR 检测

分别以二年生 35S：：BpCUC2at 和 ProCUC2：：BpCUC2at 转基因株系及对照白桦为试材，摘取从顶端数第 3 片叶提取叶片的总 RNA，利用实时荧光定量 PCR 检测叶片中 *BpCUC2at* 基因的表达量（图 10-15）。以对照 WT 基因表达量为基数，除 pc-2 株系外，相对 WT 株系其他 5 个转基因株系的 *BpCUC2at* 表达量均显著上调，尤其是 35s-1 株系，相对表达量约为 WT 株系的 5.74 倍。

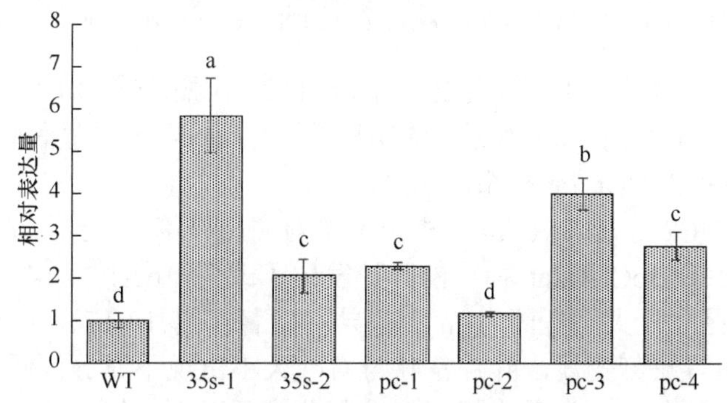

图 10-15　转基因白桦 qRT-PCR

WT 为非转基因对照株系；35s-1、35s-2 为 35S：：BpCUC2at 转基因株系；pc-1~pc-4 为 ProCUC2：：BpCUC2at 转基因株系

10.3　转 *BpCUC2at* 基因白桦的功能分析

10.3.1　转基因白桦表型特征比较

10.3.1.1　转 35S：：BpCUC2at 白桦的表型鉴定

将获得的 p35S：：BpCUC2at 白桦及 WT 对照白桦移栽到土盆中放置于种子强化园进行培养，获得的两个株系分别命名为 35s-1 和 35s-2。观察转基因白桦发现，35S：：BpCUC2at 的植株苗高较 WT 株系而言并没有明显的差距（图 10-16A），观察 35s-1 和 35s-2 转基因株系及 WT 的株系第一片叶到第五片叶，叶缘、叶面积没有特别的变化。

10.3.1.2　转 ProCUC2：：BpCUC2at 白桦的表型鉴定

将获得的 ProCUC2：：*BpCUC2at* 白桦及 WT 对照白桦移栽到土盆中放置于种子强化园进行培养，获得的 4 个株系分别命名为 pc-1、pc-2、pc-3 和 pc-4。将 pProCUC2：：BpCUC2at 的植株与 WT 株系的苗高比较，发现 ProCUC2：：BpCUC2at

图 10-16 转 35S：：*BpCUC2at* 基因植株叶形态特征观察（彩图请扫封底二维码）

A. 转 35S：：BpCUC2at 白桦株系苗高比较；B. 35S：：BpCUC2at 白桦叶片形态比较

株系明显比 WT 株系生长缓慢，植株矮小，叶间距不规则（图 10-17A），其中 pc-1、pc-2、pc-3 这 3 种株系的苗高株系并无明显差异，而 pc-4 植株显著低于 WT 株系和其他 ProCUC2：：BpCUC2at 株系。

比较 ProCUC2：：*BpCUC2at* 白桦及 WT 对照白桦第一片到第五片叶片，可以发现 ProCUC2：：BpCUC2at 白桦的叶片发生了改变，pc-1、pc-2、pc-3、pc-4 4 个转基因株系在叶片大小方面与 WT 差异不显著（图 10-17），叶缘处锯齿变光滑，较 WT 而言缺刻变浅，叶片左叶与右叶大小出现不对等，叶基部向叶柄位置凸出（图 10-17F），顶端分生组织多个部分出现融合，但在叶片形态方面变化较大。而且，pc-4 转基因株系具有多个 SAM 组织，主干与侧枝相融合，无明显区分（图 10-17F）。

图 10-17 转 ProCUC2：：BpCUC2at 基因植株叶形态特征观察（彩图请扫封底二维码）

A. 转 ProCUC2：：BpCUC2at 白桦株系苗高比较；B. 转 ProCUC2：：BpCUC2at 白桦叶片形态比较；C、D. 转 ProCUC2：：BpCUC2at 白桦叶缘处观察；E、F. 转 ProCUC2：：BpCUC2at 白桦顶端分生组织观察

10.3.2 转基因白桦苗高及节间数比较

10.3.2.1 转 *BpCUC2at* 白桦苗高测量

分别调查转基因白桦 35s-1、35s-2 和 WT 白桦 5~9 月的苗高数据，绘制成折

线图观察其生长趋势（图 10-18），发现植株在 5 月并无太大差异，从 6 月白桦株系的苗高开始产生了差异，进入 9 月生长停止后，35s-1 株系略低于 WT 对照植株。而调查 pc-1、pc-2、pc-3、pc-4 苗高数据可以发现，从 5 月开始 WT 对照要显著高于转 ProCUC2：：BpCUC2at 白桦，这种差异持续发生在整个生长时期，并且差距逐渐增大，其中 pc-4 株系在生长结束时期的高度只有 WT 植株高度的 1/3。这说明转基因植株表现出明显的生长缓慢的特性。

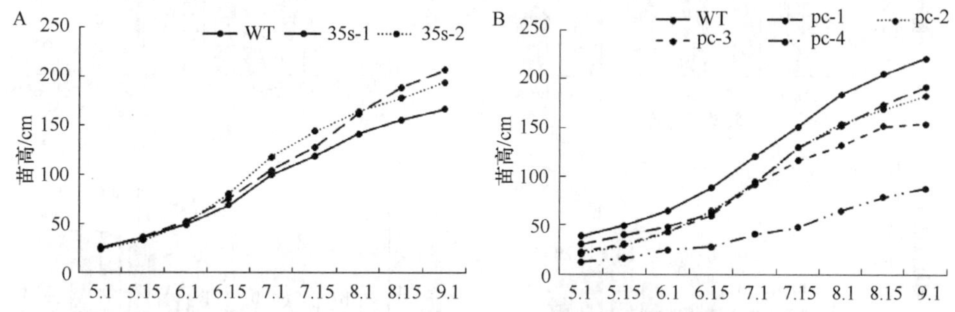

图 10-18　转 *BpCUC2at* 基因植株苗高测量数据

A. 转 35S：：BpCUC2at 白桦株系苗高数据；B. 转 ProCUC2：：BpCUC2at 白桦株系苗高数据

苗高的具体测量数据见表 10-3 和表 10-4。

表 10-3　转 35S：：BpCUC2at 白桦与 WT 白桦苗高测量数据

株系＼日期	5.1	5.15	6.1	6.15	7.1	7.15	8.1	8.15	9.1
WT	24.38 ±4.01a	36.15 ±5.92a	51.76 ±5.93a	75.69 ±7.23ab	104.38 ±7.44b	127.76 ±11.46b	161.76 ±12.31a	188.83 ±18.22a	206.5 ±12.14a
35s-1	25.35 ±5.39a	35.23 ±6.43a	48.87 ±8.4b	68.68 ±5.31b	99.45 ±6.38b	118.61 ±16.24b	141.23 ±18.20b	155.83 ±16.90c	166.35 ±16.9b
35s-2	23.86 ±4.02a	32.93 ±7.05b	49.74 ±6.18ab	80.45 ±5.68a	117.79 ±8.28a	144.02 ±15.79a	163.77 ±17.01a	177.79 ±12.98b	193.71 ±15.45ab

表 10-4　转 ProCUC2：：BpCUC2at 白桦与 WT 白桦苗高测量数据

株系＼日期	5.1	5.15	6.1	6.15	7.1	7.15	8.1	8.15	9.1
WT	36.82 ±8.34a	48.82± 12.09a	64.76 ±11.23a	88.23 ±10.69a	120.47 ±10.06a	150.88 ±9.80a	184.41 ±12.97a	205.82 ±13.98a	221.24 ±13.97a
pc-1	30.3913 ±6.35b	39.69 ±7.27b	48.69 ±6.83b	62.41 ±9.27b	94.34 ±10.55b	129.79 ±19.52b	151.42 ±26.90b	173.43 ±19.59b	191.57 ±20.24b
pc-2	20.9375 ±4.62c	29.56 ±5.47c	42.81 ±5.08b	64.68 ±8.08b	93.5 ±11.05b	129.67 ±16.83b	154.13 ±22.34b	168.8 ±27.43b	182.13 ±33.93b
pc-3	22.8333 ±4.07c	30.42 ±8.48c	43.37 ±11.28b	59.83 ±10.60b	92.16 ±9.10b	116.17 ±15.48c	131.67 ±26.39c	151.4 ±26.67c	153.75 ±27.19c
pc-4	9.7647± 2.86d	12.35 ±3.14d	18.82 ±3.06c	23.82 ±4.87c	33.94 ±6.99c	40.52 ±9.93d	45.88 ±11.88d	44.57 ±17.22d	50.64 ±11.58d

10.3.2.2　转基因植株节间距变化

通过上述测量我们发现转基因白桦苗高产生了变化，对照白桦的节间距统计结果如图 10-19 所示：所有转基因株系的侧枝数量要显著少于 WT 的侧枝数量；WT 多数节间距为 16~50cm，而转 35S：：BpCUC2at 和 ProCUC2：：BpCUC2at 白桦的节间距多数为 40~60cm，表明转 35S：：BpCUC2at 白桦的节间距变长；而 P3

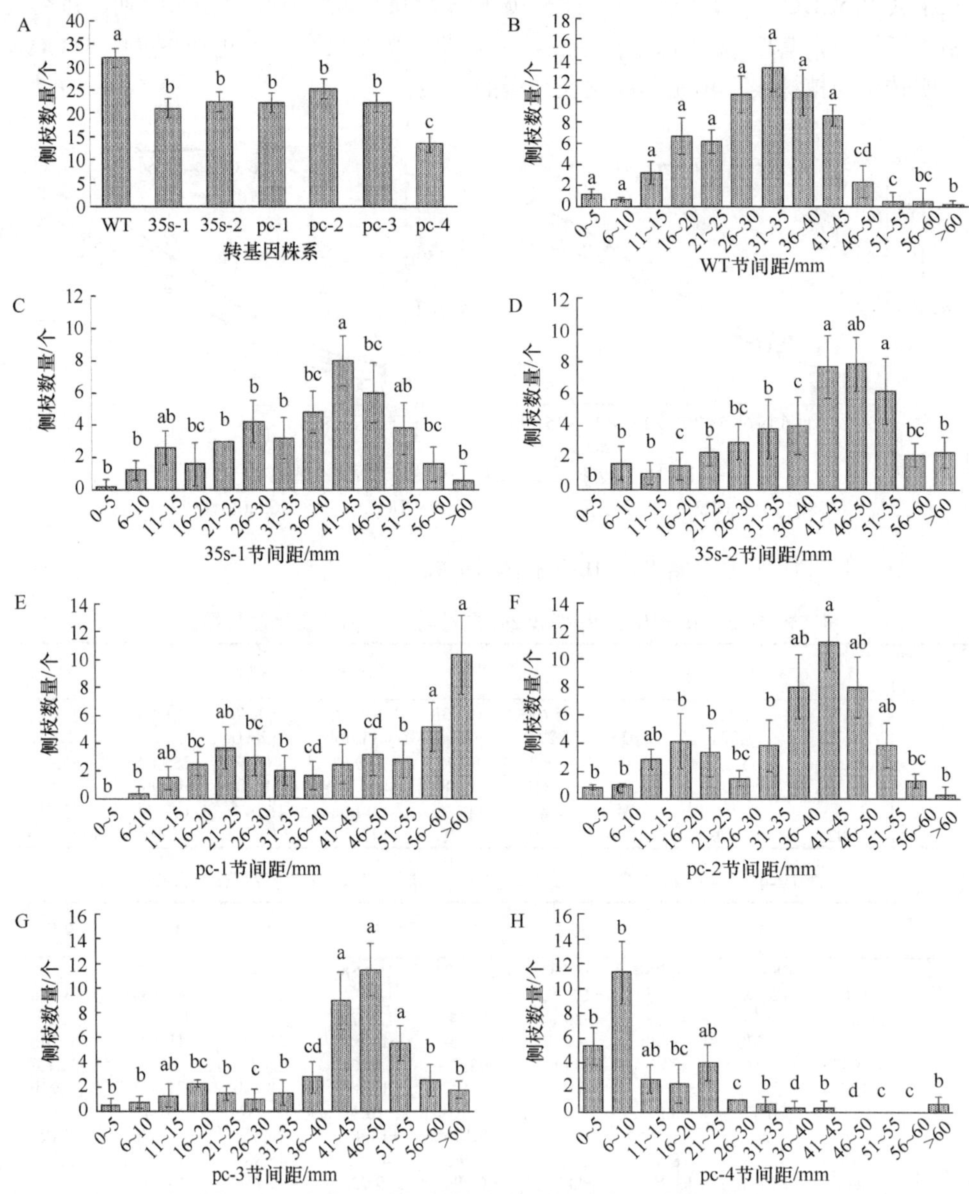

图 10-19　转基因白桦苗节间距比较及侧枝数量

A. 转 *BpCUC2at* 白桦侧枝数量比较；B. WT 白桦节间距比较；C. 35s-1 白桦节间距比较；D. 35s-2 白桦节间距比较；E. pc-1 白桦节间距比较；F. pc-2 白桦节间距比较；G. pc-3 白桦节间距比较；H. pc-4 白桦节间距比较

白桦的节间距多数为 6~10cm，说明 P3 植株节间距变短。上述测量结果表明 *BpCUC2at* 基因在影响植物纵向生长的同时，也导致节间距不同程度的改变，影响了侧枝的生长。

10.3.3　转基因株系白桦叶表面特征及叶面积比较

10.3.3.1　转 *BpCUC2at* 基因白桦叶长、叶宽及叶面积比较

测量转基因株系及 WT 株系叶片相关参数（如叶长、叶宽、叶面积等），结果发现 35s-1、35s-2 及 pc-1 转基因株系在叶片大小方面与 WT 差异显著（图 10-20），而 pc-2、pc-3、pc-4 在叶片形态及大小等性状均与 WT 株系明并不显著，35s-1、35s-2 等 2 个转基因株系的叶长、叶宽及叶面积等性状均显著大于 WT，如 35s-2 株系的叶面积是 WT 的 2 倍。其中 pc-4 的左右叶片不对称生长。转基因植株叶绿素的含量除个别株系（35s-2）在 28-31 之间外，普遍小于 WT 植株的叶绿素含量（表 10-5）。

表 10-5　转 ***BpCUC2at*** 白桦叶片参数数据

编号	叶长	叶宽	叶面积	叶绿素
WT	8.939±1.286c	5.927±1.186c	31.752±10.277c	30.77±2.651ab
35s-1	10.536±0.779b	7.339±0.659b	44.601±6.66b	27.16±2.955d
35s-2	12.136±1.398a	9.141±1.03a	63.543±11.34a	31.77±2.044a
pc-1	11.668±0.767a	8.265±1.14a	56.235±10.048a	28.1±1.48cd
pc-2	8.841±0.907c	6.093±0.717c	30.533±6.325c	30.24±2.078ab
pc-3	8.544±0.887c	5.446±0.562c	26.176±4.84c	29.2±1.095bc
pc-4	9.362±0.564c	5.267±0.616c	28.371±5.435c	29.68±1.887b

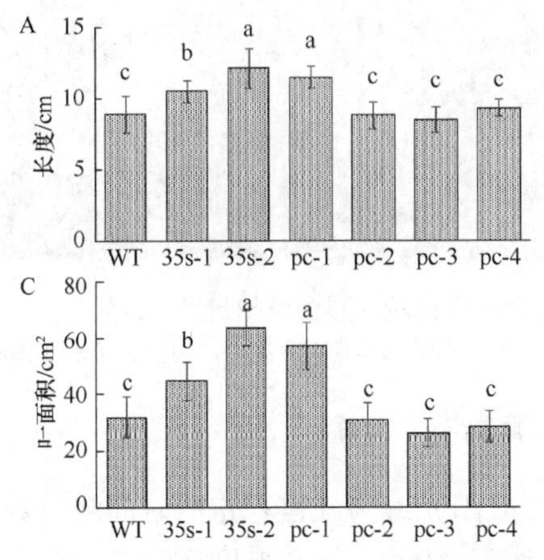

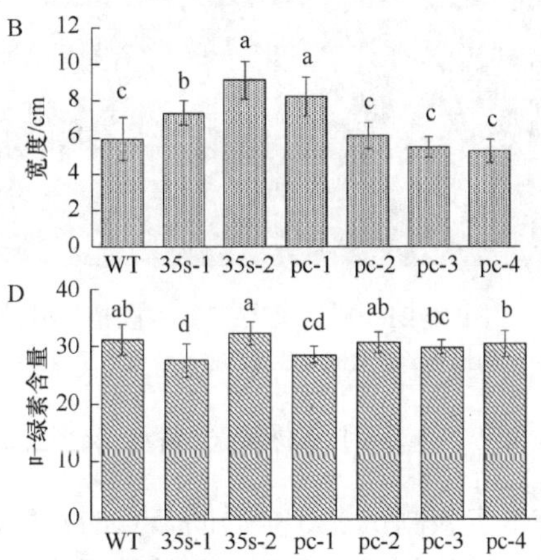

图 10-20　转 *BpCUC2at* 基因植株叶片参数比较

A. 转 *BpCUC2at* 白桦叶片长度比较；B. 转 *BpCUC2at* 白桦叶片宽度比较；C. 转 *BpCUC2at* 白桦叶面积大小比较；D. 转 *BpCUC2at* 白桦叶片叶绿素含量比较

10.3.3.2 转 *BpCUC2at* 基因白桦叶片扫描电镜观察及实体显微镜观察

气孔细胞普遍分布在植物表皮由保卫母细胞（GMC）分化成成熟的保卫细胞，负责植物与外界环境交换水分和气体，通过影响光合作用、蒸腾作用等生化过程能够使植物不断进行调节从而适应外界环境的变化（商业绯等，2017；杨洋等，2011）。生长素 IAA 能够对这一进程产生影响，不同程度地促进或抑制气孔的发育，而与 IAA 相关的众多基因都可以间接影响气孔的发育。因此，我们测定转 *BpCUC2at* 基因白桦的气孔参数，从而探究它们之间的关系。

利用扫描电子显微镜和实体显微镜观察转 *BpCUC2at* 基因白桦及对照白桦（WT）的叶片气孔和保卫细胞，结果如图 10-21 所示。首先 WT 的气孔呈分散式均匀排布，35S∷BpCUC2at 植株的气孔局部表现不均匀出现了分区聚集的状态，并且气孔数量明显少于 WT 植株；ProCUC2∷BpCUC2at 植株的气孔排布虽然较为均匀，但是气孔数量也明显少于 WT 植株。实体显微镜观察也显示出类似的结果。

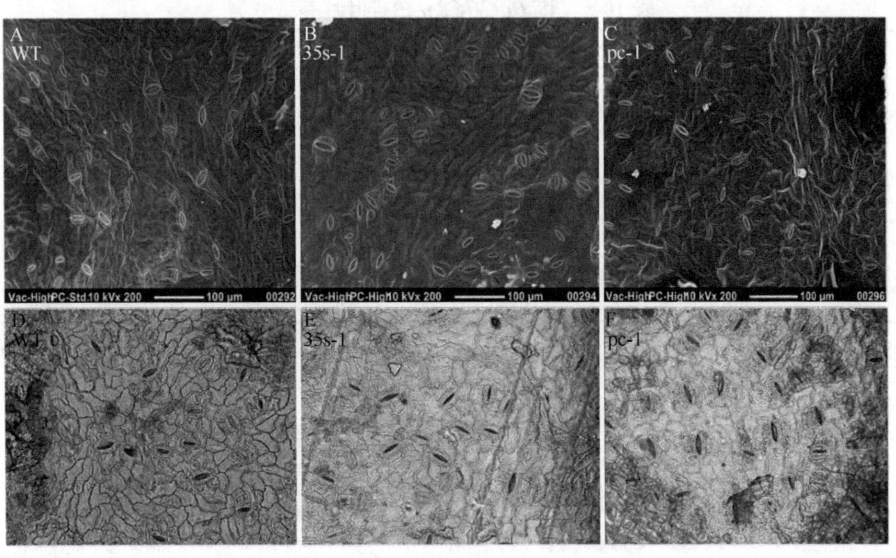

图 10-21 转 *BpCUC2at* 基因植株叶片光合特性比较（彩图请扫封底二维码）

A~C. 扫描电子显微镜观察各株系叶片气孔及保卫细胞；D~F. 实体显微镜观察各株系叶片气孔及保卫细胞

10.3.3.3 转基因白桦光合特性及叶绿色荧光参数比较

本实验测试了 3 个时间节点的数值，选取阳光最为旺盛稳定的时间测量数值，记录 2 种转基因株系及 WT 植株系净光合速率（Pn）、气孔导度（Gs）、胞间 CO_2 浓度（Ci）、蒸腾速率（Tr）等参数（表 10-6，图 10-22）。由这些结果可知：转基因株系的净光合速率和气孔导度的数值要显著低于 WT 非转基因对照白桦，胞间

CO_2 浓度的数值三者之间差距并不明显，而转基因株系的蒸腾速率均不同程度的高于对照 WT。

表 10-6　转 *BpCUC2at* 基因植株叶片光合特性

株系	净光合速率（Pn）/［μmol CO_2/（m^2·s）］	气孔导度（Gs）/［mol H_2O/（m^2·s）］	胞间 CO_2 浓度（Ci）/（μmol CO_2/mol）	蒸腾速率（Tr）/［mmol H_2O/（m^2·s）］
WT	20.833±2.470a	0.5733±0.012ab	283.666±12.220a	7.23±0.232ab
35s-1	18.8±3.304a	0.545±0.055b	290.333±4.509a	8.256±0.9503a
35s-2	17.03±4.56b	0.446±0.034bc	289.333±10.785a	7.806±1.382a
pc-1	18.66±3.711ab	0.458±0.057bc	283±13.453a	8.2233±0.547a
pc-2	18.33±3.611ab	0.462±0.065bc	283.333±11.547a	8.22±0.7480a
pc-3	17.6±3.758ab	0.378±0.038c	274.666±14.977ab	7.336±0.464ab
pc-4	18.1±2.116ab	0.435±0.0218bc	283.666±12.013a	7.823±0.516a

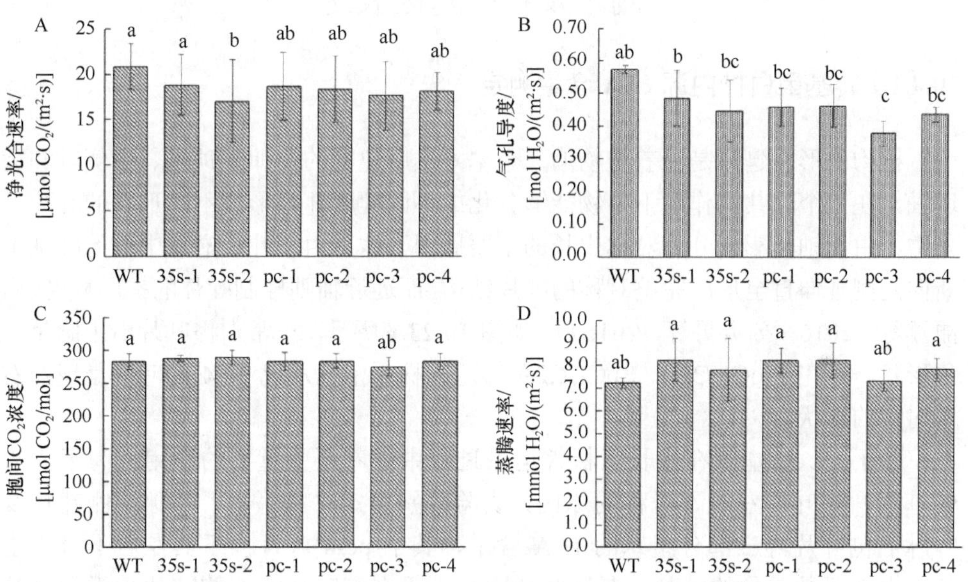

图 10-22　转 *BpCUC2at* 基因植株叶片光合特性比较

A. 转 *BpCUC2at* 白桦叶片净光合速率；B. 转 *BpCUC2at* 白桦叶片气孔导度；C. 转 *BpCUC2at* 白桦叶片胞间 CO_2 浓度；D. 转 *BpCUC2at* 白桦叶片蒸腾速率

同一时期对两种转基因株系及 WT 植株系非光化学猝灭系数（NPQ）、光化学猝灭系数（qP）、PSⅡ最大光化学效率（Fv/Fm）和 PSⅡ实际光化学效率（Φ_{PSII}）进行测定。结果如表 10-7 显示，三种植株的 PSⅡ最大光化学效率（Fv/Fm）差异不大，而 35S：：BpCUC2at 和 ProCUC2：：BpCUC2at 转基因植株的 PSⅡ实际光化学效率（Φ_{PSII}）、非光化学猝灭系数（NPQ）、光化学猝灭系数（qP）不同程度地高于 WT，说明转 *BpCUC2at* 基因植株光合能力较普通白桦要高。

表 10-7　转 ***BpCUC2at*** 基因植株叶绿素荧光参数

株系	Fv/Fm	$\Phi_{PS\,II}$	NPQ	qP
WT	0.733±0.025a	0.473±0.60bc	0.226±0.03c	0.849±0.089b
35s-1	0.778±0.034a	0.673±0.039a	0.266±0.041c	0.914±0.045a
35s-2	0.764±0.31a	0.637±0.081a	0.401±0.082b	0.913±0.012a
pc-1	0.743±0.089a	0.647±0.021a	0.227±0.015c	0.923±0.087a
pc-2	0.754±0.54a	0.657±0.049a	0.264±0.019c	0.928±0.065a
pc-3	0.741±0.75a	0.646±0.047a	0.315±0.028bc	0.95±0.073a
pc-4	0.739±0.39a	0.537±0.029b	0.233±0.014c	0.774±0.025c

10.4　转 *BpCUC2at* 基因白桦的内源 IAA 含量测定及相关基因表达

10.4.1　转基因白桦内源 IAA 含量测定

植物的形态建成是沿着植物的三个基本轴所建立的，即基顶轴、中侧轴和远近轴，在三个轴共同作用下植物能够分化成不同程度并且形成不同形状的叶片。其中，中侧轴是影响叶片对称生长的主要原因，这是由于叶片沿着中侧的叶脉不断向两侧延伸直至形成完整对称的叶片结构，而远近轴则控制叶片的扩展程度（乐丽娜等，2016；孙贝贝等，2016）。如图 10-23A 所示，正常白桦叶片沿中脉呈对称形状，而在 ProCUC2：：BpCUC2at 转基因株系中就发现 pc-4 的叶片呈现左右不对称的形状。

由于 *CUC2* 基因在生长素极性运输过程中起着至关重要的作用，为了弄清转基因白桦叶片左右不对称的原因，实验分别测定叶脉、位于叶脉左侧叶片及叶脉右侧叶片等三部分组织的 IAA 含量，其中 pc-4 叶片由于其左右不对称生长，出现两种差异的叶片，左侧叶片明显大于右侧叶片或右侧叶片大于左侧叶片（图 10-23B、C），因此将其按照左右叶面积大小不同分成 pc-4a、pc-4b 两组。

左侧叶片 IAA 含量分析发现，转基因株系（除 pc-2 外）IAA 含量均显著高于 WT 株系，其中 pc-4A 最高，是 WT 的 28.41 倍，其他转基因株系间差异不显著；右侧叶片 IAA 含量分析发现，转基因株系（pc-1 株系除外）IAA 含量显著高于 WT（$P<0.01$），其中 pc-4B 的 IAA 含量最高，是 WT 的 4 .74 倍，是 pc-4A 的 2.57 倍；叶脉 IAA 含量分析发现，IAA 含量均值为 372.39ng/g，高于叶片部位的含量，是叶片含量的 3.7 倍，转基因株系间的 IAA 含量差异不显著，只有 pc-4 的两组叶脉含量显著高于 WT 及其他转基因株系，分别是 WT 的 1.79 倍和 3.0 倍。由此初步可见，*BpCUC2at* 基因能够影响生长素含量的分布（图 10-24）。

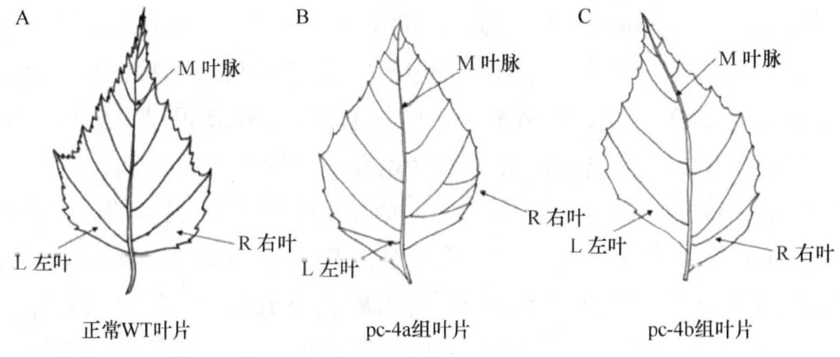

图 10-23　叶片结构简图

A. WT 白桦叶片简图；B. pc-4a 白桦叶片简图；C. pc-4b 白桦叶片简图

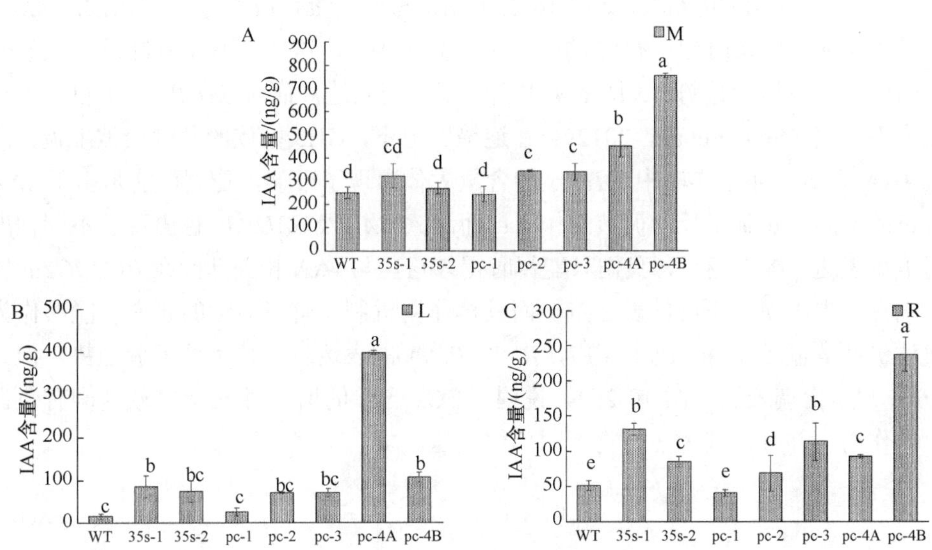

图 10-24　转 *BpCUC2at* 基因白桦 IAA 含量测定

A. 转 *BpCUC2at* 基因白桦叶脉 IAA 含量测定；B. 转 *BpCUC2at* 基因白桦左侧叶片 IAA 含量测定；C. 转 *BpCUC2at* 基因白桦右侧叶片 IAA 含量测定

10.4.2　转基因白桦 IAA 运输及代谢相关基因表达特性分析

生长素合成分为依赖色氨酸和非依赖色氨酸两种途径。依赖色氨酸途径主要包含 4 个部分：吲哚乙醛肟（indole-3-acetaldoxime）途径、色胺（tryptamine）途径、吲哚乙酰胺（indole-3-acetamide）途径及吲哚丙酮酸（indole-3-pyruvic）途径（王家利等，2012；Woodward and Bartel，2005）。其中，*YUCCA* 基因家族与其他基因可以共同作用于吲哚丙酮酸途径，催化吲哚丙酮酸生成 IAA（Won et al.，2011）；*ALD* 基因主要与生长素的合成相关；*AUX/IAA* 是首个被发现的生长素输入载体基因（Kasprzewska et al.，2015；胡晓等，2017），该基因主要作用于生长素信号转导途径；GH3 蛋白主要将吲哚乙酸的氨基酸化，调控 IAA 的动态平衡（Pasternak et al.，2005），属于 IAA 早期应答基因；*SAUR* 可以调节生长素的转运情况从而影响植物细胞向边界扩增（朱宇斌等，2014）。

由于叶片各部位的 IAA 分布不均匀，为了研究突变体表型具体的作用机制，因此选取了以下基因进行研究：与生长素合成相关的 *ALD2*、*ALD7*、*YUCCA4*，生长素响应基因 *AUX*、*IAA12*、*GH3.6*、*SAUR21*、*SAUR24*，与生长素极性运输相关 *AUX* 及 *PIN* 基因家族。利用 qRT-PCR 的方法研究以上基因表达含量的变化情况，从而寻找生长素与这些基因之间的联系。

分析其 qRT-PCR 结果，如图 10-25 所示，与生长素合成相关基因 *ALD2*、*ALD7* 生长素响应基因 *IAA12*、*AUX* 的表达量均高于 WT，这 4 个基因都随着生长素升高出现上调表达的趋势；*SAUR24* 也出现了上调表达，而 *AtSAUR19-24* 自身表达较为不稳定（Spartz et al.，2012）；在逆境胁迫下，GH3 家族的基因会被上调，降低 IAA 含量。而本实验中 *GH3.6* 的含量大体出现了下调，猜测可能是由于 IAA 含量的增高，起到了反向调节的作用；而 *YUCCA4* 及 *SAUR36* 也出现了不同程度的下调表达，综上结果，我们只能暂时得知这些与 IAA 相关基因在 *BpCUC2at* 转基因株系中出现了不同的表达量，而具体作用机制还有待后续的研究。能够作为载体极性运输 IAA 的 PIN 家族，*PIN1~PIN5* 的表达量大体呈现下调趋势，但是 *PIN6* 却呈上调表达（图 10-26），说明 *CUC2* 含量的增多对 PIN 家族基因有负调控的作用，并且该基因在植物不同部位表达。

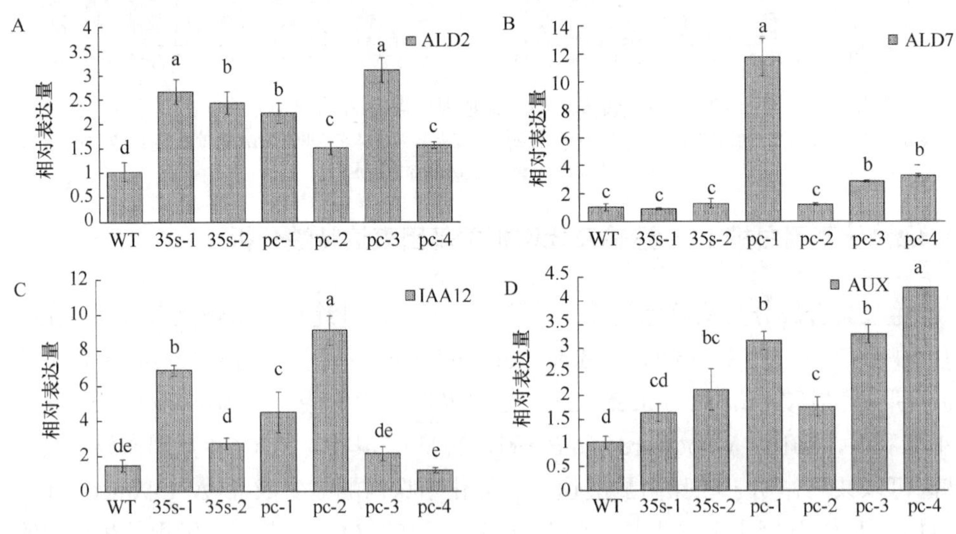

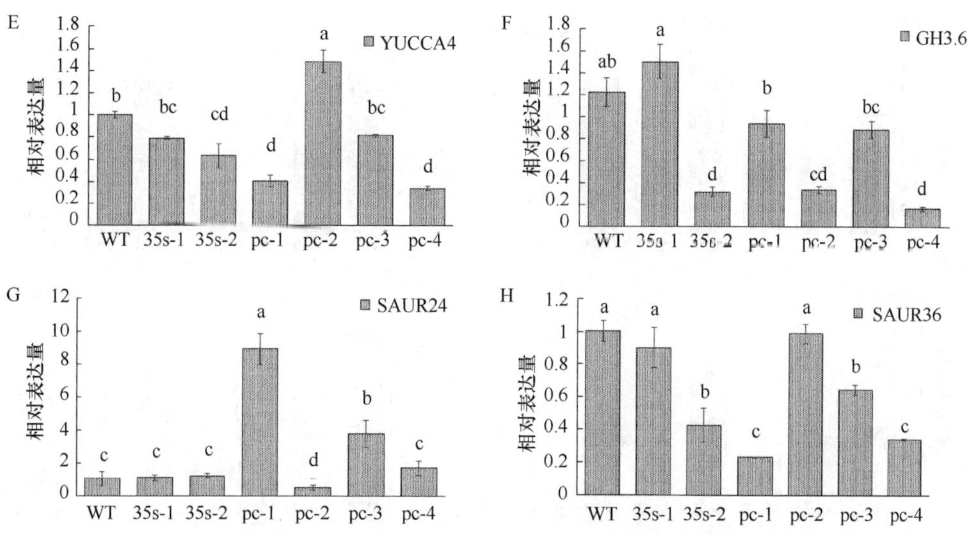

图 10-25　与 IAA 相关基因相对表达量

WT 为非转基因对照株系；35s-1、35s-2 为 35S:：BpCUC2at 转基因株系；pc-1~pc-4 为 ProCUC2:：BpCUC2at 转基因株系

为了研究 *CUC2a* 基因的功能，本研究构建了两个不同的载体：35S:：BpCUC2at 和 ProCUC2:：BpCUC2at。获得了两个转基因白桦株系，通过表型我们初步发现 35S:：BpCUC2at 和 ProCUC2:：BpCUC2at 表现与 WT 无异，但是 pc-4 植株出现了植株矮化的现象，并且该植株的表型与 *CUC2* 基因的白桦株系表型所相似，因此，我们深入研究其他表型。首先根据其生长周期追踪两种转基因植株的长势，随着日期的推移植物的苗高的差距逐渐表现明显，其中 pc-4 的高度仅为 WT 的 30%，并且出现多个顶端分生组织，部分 SAM 发生不同程度的节间距变短等明显表型，这些差异均与 *BpCUC2* 基因的超表达植株的表型相似，这一系列的现象可能由于基因之间的相似性导致具有类似的功能，*CUC2* 基因有调控 SAM 的作用（Bowman and Eshed，2000），现有的有关 *BpCUC2* 基因研究表明，*BpCUC2* 超表达的确能够影响植物顶端分生组织的生长与表达（徐焕文，2016），从而间接影响植物的株高生长及节间距的变化。

CUC2 基因还能够调节侧生器官的形态与发育情况（任杨柳，2017），参与叶边缘形态、侧枝发育、花的形态建成等多方面的调控，我们的研究发现 pc-4 的叶片叶边缘锯齿退化逐渐变平滑，同一片叶以叶脉为分界线左右大小不同，叶基部分也出现了不对称的现象（Bilsborough et al.，2011；Rast-Somssich et al.，2015）。在拟南芥中发现，抑制表达 *AtCUC2* 基因使叶缘锯齿变浅，而锯齿的产生正是由于 *AtPIN1* 基因与 *AtCUC2* 基因的相互作用，协同影响生长素在叶缘位置的浓度梯度，从而形成多样的叶边缘形态。

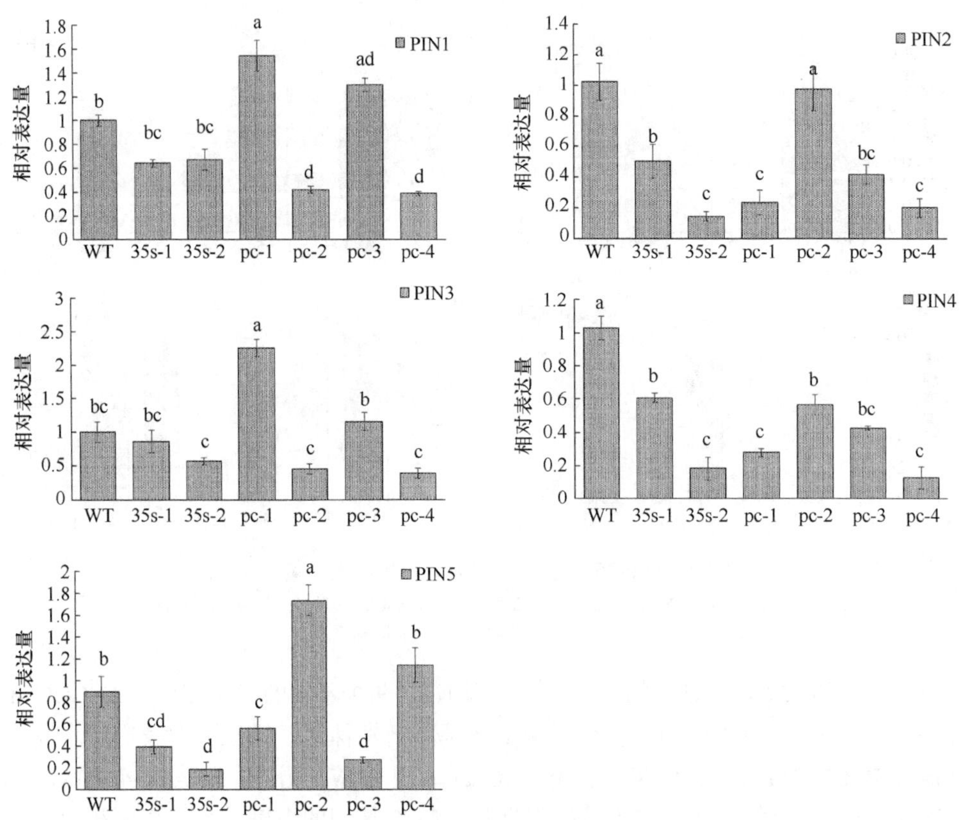

图 10-26　*BpPIN* 家族基因相对表达量

WT 为非转基因对照株系；35s-1、35s-2 为 35S：：BpCUC2at 转基因株系；pc-1~pc-4 为 ProCUC2：：BpCUC2at 转基因株系

不同植物横向器官的形成发育都离不开激素之间的综合作用，如生长素和细胞分裂素，这些激素能够控制器官的发育过程（商业绯等，2017）。*PIN* 基因表达和 PIN 蛋白定位也受细胞分裂素的控制，细胞分裂素调控细胞间的生长素转运从而调控生长素水平，部分生长素影响因子可以直接结合 *CUC2* 促进其转录水平（Ruzicka et al.，2009）。基于以上研究结果，本实验对 2 种转基因植株内源 IAA 含量进行测定，结果发现 35S：：BpCUC2at 和 ProCUC2：：BpCUC2at 白桦转基因株系叶片的生长素含量均高于 WT，并且 pc-4 叶片较大的一侧 IAA 含量更多；由于 IAA 含量发生了改变，进一步研究与 IAA 基因的表达含量，发现与之相关的合成、响应等基因如 *YUCCA4*、*IAA12*、*AUX* 等出现了不同程度的上调或下调表达，而与运输相关的 *PIN* 基因家族出现了明显的下调表达，这一系列变化说明过表达 *BpCUC2at* 转基因白桦造成叶片内源激素含量发生改变，BpCUC2 启动子在白桦的不用组织部位对生长素有不同的响应，证实该基因可能参与了激素的生物合成或信号转导途径（Liu et al.，2018）。

第 11 章　白桦 *BpTOPP1* 基因的功能研究

蛋白磷酸酶 1（protein phosphatase type 1，PP1）是真核生物中普遍存在的、高度保守的一类主要的 Ser/Thr 型蛋白磷酸酶，在细胞周期、糖代谢、基因转录、蛋白质合成等过程中起着关键作用，它也可以参与调控植物的信号网络，从而大幅度提高了植物的适应性和抗逆性。本章主要介绍白桦 *BpTOPP1* 基因的表达特性和遗传转化的研究。

11.1　*BpTOPP* 基因的生物信息学分析

根据白桦转录组测序结果进行数据分析得到 9 条 *TOPP* 基因片段，并在白桦基因组中进行 Blastn 比对，分别命名为 *BpTOPP1*、*BpTOPP2*、*BpTOPP4*、*BpTOPP5-1*、*BpTOPP5-2*、*BpPPX2*、*BpBEST*、*BpTOPP8* 和 *BpTOPP3*。与白桦基因组进行比对，获得 *BpTOPP1*、*BpTOPP2*、*BpTOPP4*、*BpTOPP5-1*、*BpTOPP5-2*、*BpPPX2*、*BpBEST*、*BpTOPP8* 和 *BpTOPP3* 基因的 ORF 全长序列。本章选取 *BpTOPP1* 基因进行白桦的遗传转化研究。

11.1.1　*BpTOPP* 与其他物种相似性比较及系统发育分析

通过 NCBI 选取拟南芥和其他几个物种的 TOPPS 氨基酸序列，与白桦 *BpTOPP* 基因家族中的 9 条全长的氨基酸序列进行比较并绘制系统进化树（图 11-1，图 11-2），结果显示：白桦 BpTOPP1 氨基酸序列与桑树 PP1 氨基酸序列同源性最高；BpTOPP5-2 和 BpTOPP4 氨基酸序列与拟南芥 AtTOPP4 氨基酸序列同源性最高；白桦 BpTOPP2 氨基酸序列与拟南芥 AtTOPP2 氨基酸序列同源性最高；白桦 BpTOPP5-1 氨基酸序列与拟南芥 AtTOPP7 氨基酸序列同源性最高；BpTOPP3 氨基酸序列与拟南芥 AtTOPP3 氨基酸序列同源性最高；BpTOPP8 氨基酸序列与拟南芥 AtTOPP8 氨基酸序列同源性最高；BpPPX2 和 BpBEST 氨基酸序列与拟南芥 AtBEST 氨基酸序列同源性最高。

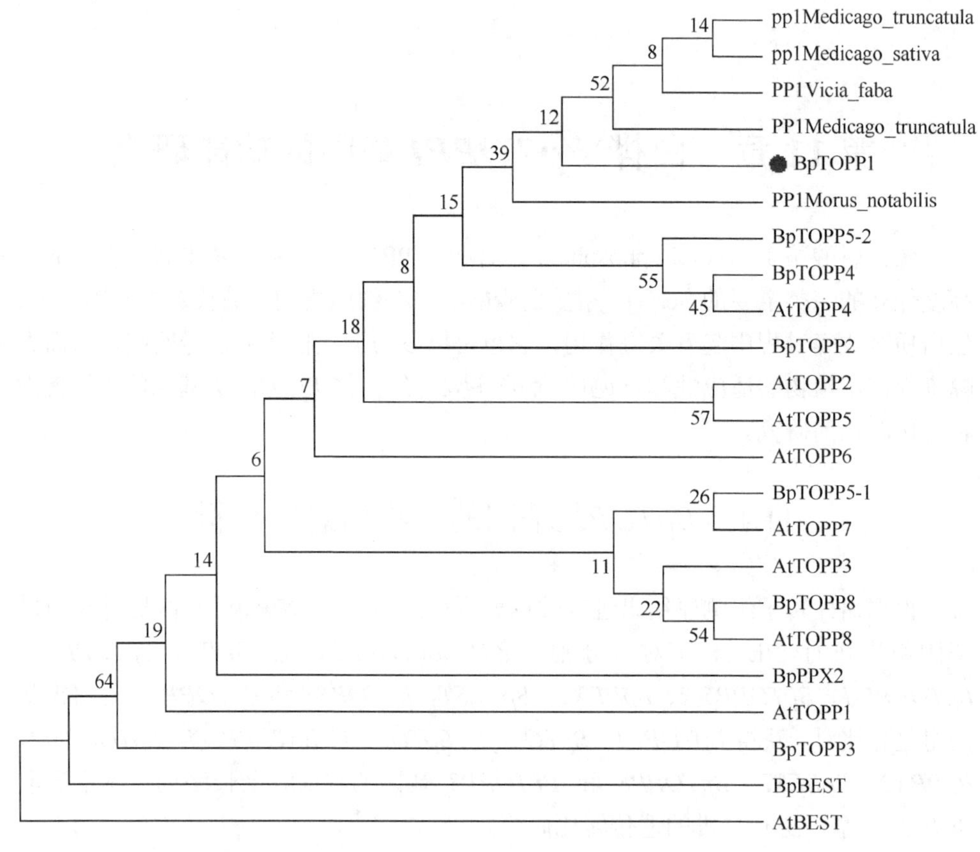

图 11-1 BpTOPP 系统进化树

11.1.2 BpTOPP 蛋白特性分析

利用 ExPASy 网站（http：//web.expasy.org/protparam/）对 *BpTOPP* 基因及其基因家族进行氨基酸的理化性质分析，结果表明 *BpTOPP* 转录因子基因编码氨基酸的数目在 89~887，相对分子质量为 10.35~96.38kDa，理论等电点的范围 4.5~8.72，原子总数为 4998。*BpTOPP1* 转录因子基因编码氨基酸的数目为 313，分子式为 $C_{1603}H_{2487}N_{427}O_{461}S_{20}$，不稳定系数为 40.18，脂肪系数为 88.15，氨基酸种类为 20 种，正电荷数为 37，负电荷数为 41，总的平均亲水性为-0.225。通过白桦转录组测序得到 *BpTOPP1* 基因的全长序列，用 NCBI 上的 ORF finder 对该序列进行分析，该基因包含 1 个 942bp 的开放读码框，终止密码子为 UGA，该基因包含 4 个外显子和 3 个内含子。可见白桦 9 条 *BpTOPP* 基因序列长度差别较大，这一差别可能导致其具有不同的功能（表 11-1）。

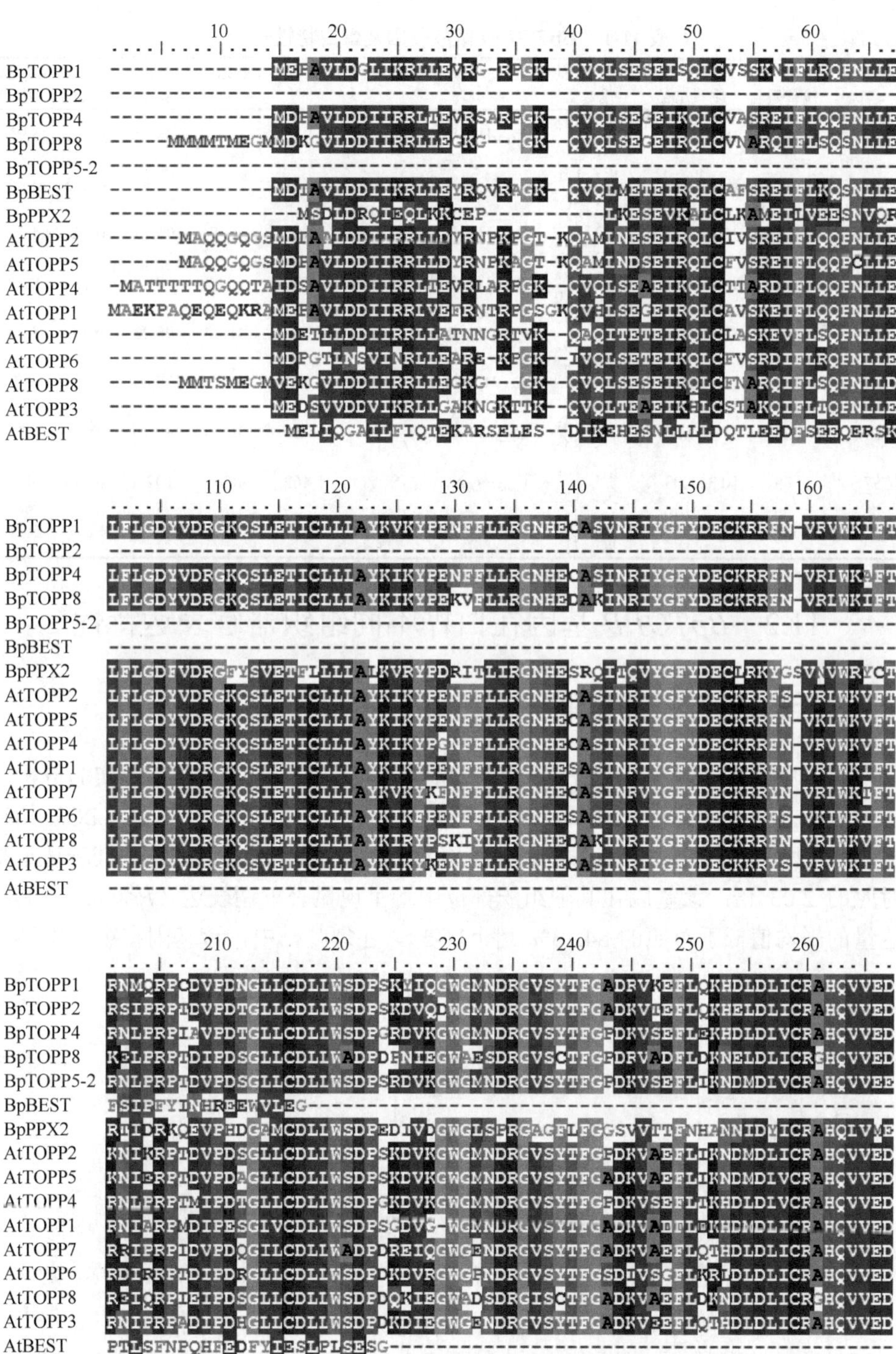

图 11-2　BpTOPP 多序列比对分析（彩图请扫封底二维码）

表 11-1　*BpTOPP1* 家族基因及蛋白特性分析

基因名称	氨基酸残基数目	相对分子质量/Da	正负电荷残基数	分子式	原子总数	不稳定系数	脂肪系数	总平均亲水性	理论等电点
TOPP1	313	35 758.16	正：37；负：41	$C_{1603}H2487N_{427}O_{461}S_{20}$	4 998	40.18	88.15	–0.225	5.92
TOPP2	178	19 640.21	正：15；负：23	$C_{878}H_{1342}N_{226}O_{268}S_{9}$	2 723	25.99	73.37	–0.275	4.84
TOPP4	308	35 057.35	正：35；负：43	$C_{1571}H_{2443}N_{419}O_{453}S_{19}$	4 905	39.8	91.17	–0.169	5.27
TOPP3	887	96 377.51	正：95；负：110	$C_{4721}H_{6773}N_{1183}O_{1269}S_{43}$	13 539	45.07	81.8	–0.189	8.72
TOPP8	344	38 905.87	正：42；负：49	$C_{1736}H_{2739}N_{467}O_{507}S_{20}$	5 469	41.22	95.23	–0.206	5.44
TOPP5-2	135	15 129.11	正：12；负：21	$C_{666}H_{1024}N_{176}O_{207}S_{10}$	2 083	27.23	75.04	–0.301	4.5
TOPP5-1	628	71 490.36	正：74；负：84	$C_{3230}H_{5028}N_{870}O_{911}S_{27}$	10 066	36.15	95.76	–0.18	6.05
BEST	89	10 351.03	正：10；负：15	$C_{463}H_{737}N_{121}O_{135}S_{6}$	1 462	48.01	107.3	0.01	4.8
PPX2	305	34 838.79	正：32；负：41	$C_{1566}H_{2405}N_{415}O_{455}S_{16}$	4 587	41.16	88.2	0.197	5.33

11.2　*BpTOPP* 基因在白桦不同组织器官表达特性

11.2.1　白桦 *BpTOPP1* 基因的组织部位表达分析

为了更好地了解 *BpTOPP1* 基因在白桦生长发育过程中的作用，实验分析了 *BpTOPP1* 基因在欧洲白桦和裂叶桦中的表达模式。不同组织器官 qRT-PCR 结果显示，在欧洲白桦中，只有 L2 叶片的 *BpTOPP1* 基因呈现上调表达，其表达量是对照的 2.03 倍；该基因在其他组织部位中均呈现显著下调表达（$P<0.05$），其表达量的平均值低于对照的 84.13%（图 11-3）。在裂叶桦中，该基因在第 3 幼茎及

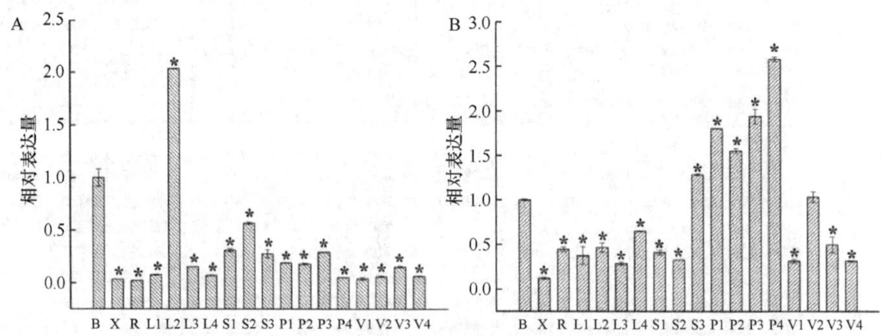

图 11-3　*BpTOPP1* 基因在不同组织部位表达特异性分析

A. *BpTOPP1* 基因在欧洲白桦不同组织部为表达特性分析；B. *BpTOPP1* 基因在裂叶桦不同组织部为表达特性分析。B，顶芽；X，木质部；R，根；L，叶片；S1~S3，第 1~4 片叶之间的嫩茎；L1~L4，第 1~4 片叶叶片；P1~P4，第 1~4 片叶叶柄；V2~V4，第 2~4 片叶的叶脉

L1~L4 叶柄呈上调表达，其表达量平均值是对照的 1.83 倍，在 V2 叶脉中该基因的表达量无明显差异（$P<0.05$）；而在其他组织部位均呈现下调表达，其表达量的平均值低于对照的 62.88%。通过测定 *BpTOPP1* 基因在两种桦树中的表达量，推测该基因与白桦叶片的生长发育相关。

11.2.2　白桦 *BpTOPP1* 基因的时序表达分析

为了能更进一步了解 *BpTOPP1* 基因在白桦生长发育过程中的作用，实验又分析了不同时期 *BpTOPP1* 基因在裂叶桦和欧洲白桦叶片中的表达，结果见图 11-4。若以 5 月 5 日两种桦树的第 4 片叶为对照，测定 *BpTOPP1* 基因的表达量。qRT-PCR 结果显示，在不同的时期，*BpTOPP1* 基因在两种桦树中均表达，在 5 月 5 日和 8 月 22 日时，裂叶桦中该基因的表达量显著高于欧洲白桦，分别是欧洲白桦的 4.24 倍和 11.1 倍；而在 7 月 21 日时，该基因的表达量在欧洲白桦中显著高于裂叶桦，是裂叶桦的 10.72 倍。

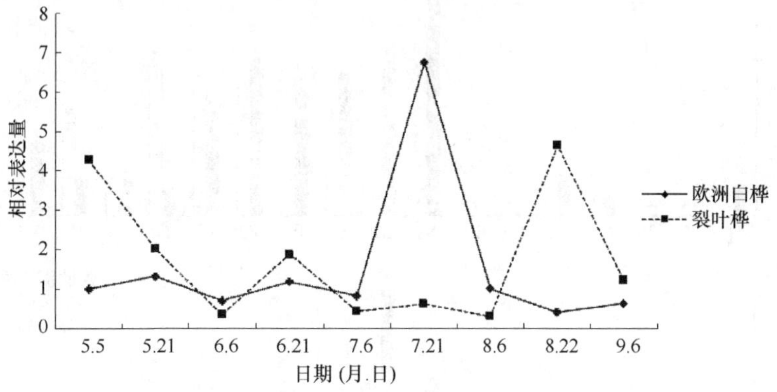

图 11-4　*BpTOPP1* 基因不同时期在叶片中的表达特异性分析

11.2.3　白桦 *BpTOPP1* 基因家族的组织部位表达分析

利用 qRT-PCR 的方法，以欧洲白桦的芽为对照，研究 *BpTOPP1* 基因家族在欧洲白桦和裂叶桦不同组织部位的表达模式。结果显示，*BpTOPP1* 基因家族在两种桦树中的表达规律有所不同，所有家族基因在欧洲白桦茎中呈上调表达，大部分基因在裂叶桦叶柄中呈上调表达，只有 *BpTOPP5-1* 在欧洲白桦和裂叶桦叶柄中呈下调表达，如图 11-5 所示。

在芽中，这 6 条 *BpTOPP1* 基因家族表达差异不大，*BpTOPP8*、*BpBEST*、*BpTOPP5-2*、*BpTOPP5-1* 和 *BpPPX2* 基因表达模式相同，这些基因在裂叶桦中都呈现下调表达，其中只有 *BpTOPP8* 基因在裂叶桦中的表达量与欧洲白桦差异不显

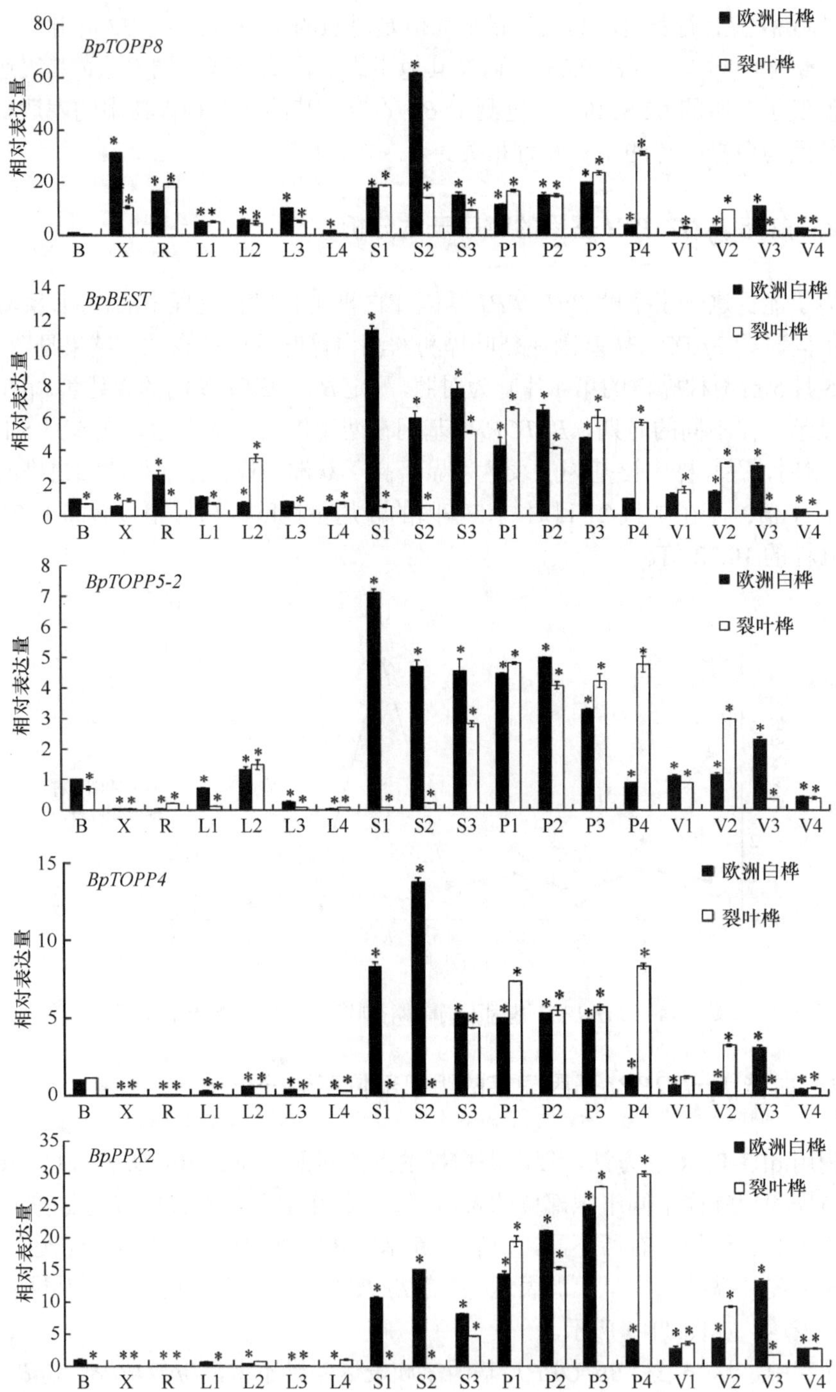
BpTOPP8
BpBEST
BpTOPP5-2
BpTOPP4
BpPPX2
相对表达量
欧洲白桦
裂叶桦
B X R L1 L2 L3 L4 S1 S2 S3 P1 P2 P3 P4 V1 V2 V3 V4

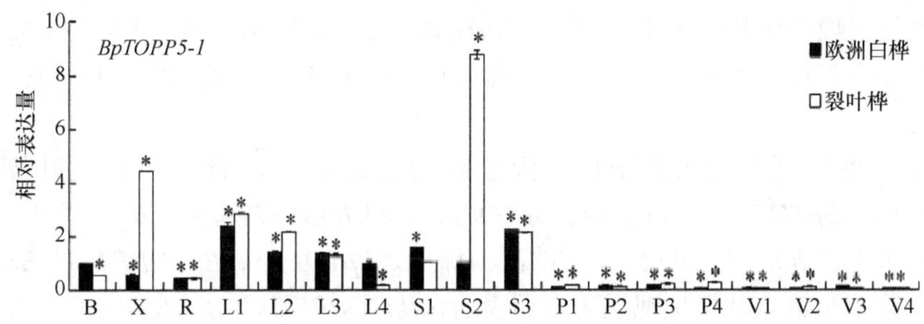

图 11-5　*BpTOPP1* 家族基因在不同组织部位表达特异性分析

B，顶芽；X，木质部；R，根；L，叶片；S1~S3，第 1~4 片叶之间的嫩茎；L1~L4，第 1~4 片叶片；P1~P4，第 1~4 片叶叶柄；V1~V4，第 1~4 片叶的叶脉。*表示差异显著，**表示差异极显著

著（*P*<0.05），为对照的 0.53 倍，其他 4 条基因在裂叶桦中的表达量均与欧洲白桦呈现显著差异；*BpTOPP4* 基因在裂叶桦中呈上调表达，与欧洲白桦差异不显著。

在欧洲白桦和裂叶桦的木质部中，*BpTOPP1* 基因家族的表达模式不相同，*BpTOPP5-1* 和 *BpBEST* 基因在裂叶桦中表达量比较高，*BpTOPP8* 基因在欧洲白桦中表达量比较高，*BpTOPP5-2*、*BpPPX2* 和 *BpTOPP4* 在欧洲白桦和裂叶桦中的表达模式相同。在裂叶桦中，*BpTOPP8* 基因和 *BpTOPP5-1* 基因与对照相比呈现显著上调表达（*P*<0.05），其中 *BpTOPP8* 基因表达量最高，为对照的 31.5 倍，*BpBEST* 基因、*BpTOPP5-2* 基因、*BpPPX2* 基因和 *BpTOPP4* 基因与对照相比呈现下调表达，其中 *BpBEST* 基因在裂叶桦中的表达量同对照相比差异不明显，其他 3 条基因在裂叶桦中的表达量均与对照差异显著。

从欧洲白桦和裂叶桦根中的表达可以看出，*BpTOPP8* 基因在裂叶桦中的表达量相对于对照呈显著上调模式（*P*<0.05），在欧洲白桦中 *BpTOPP8* 和 *BpBEST* 的表达量相对于对照呈现上调表达，*BpTOPP5-1*、*BpPPX2*、*BpTOPP5-2* 和 *BpTOPP4* 在两种桦树中均呈现显著下调表达。

BpTOPP1 基因家族在两种桦树第 1 至第 4 片叶中的表达量可以看出：在裂叶桦中，*BpTOPP8* 和 *BpTOPP5-1* 基因第 1 至第 3 片叶中呈显著上调表达（*P*<0.05），在第 4 片叶中呈下调表达，*BpTOPP5-2* 和 *BpBEST* 基因在第 2 片叶中呈现显著上调表达，在其他叶片中呈显著下调表达；在欧洲白桦中，*BpTOPP8* 在 4 片叶中均呈现显著上调表达；在第 3 片叶中表达量最高，为对照的 5.25 倍，*BpTOPP5-1* 基因在第 1 至第 3 片叶中呈显著上调表达，在第 4 片叶中呈下调表达，*BpTOPP5-2* 基因在第 2 片叶中呈现显著上调表达，在其他叶片中呈现显著下调表达，*BpBEST* 在第一片中上调表达，在其他叶片中呈下调表达；*BpTOPP4* 和 *BpPPX2* 在两种桦树的第一片至第四片叶中均呈下调表达。

在茎中的表达，*BpTOPP1* 基因家族在欧洲白桦第一段至第三段中的表达趋势相同，与对照相比均呈上调表达；在裂叶桦中，*BpTOPP8* 和 *BpTOPP5-1* 基因在第一至第三段茎中均呈现上调表达，*BpTOPP5-2*、*BpBEST*、*BpTOPP4* 和 *BpPPX2* 基因在第一和第二段茎中呈现显著下调表达（$P<0.05$），在第三段茎中呈现显著上调表达。

在叶柄中观察 *BpTOPP1* 基因家族的表达量可以看出：在裂叶桦中的 *BpTOPP8*、*BpTOPP4*、*BpPPX2*、*BpTOPP5-2* 和 *BpBEST* 基因在第 1 至第 4 叶柄呈现显著上调表达（$P<0.05$）；在欧洲白桦中，*BpTOPP8*、*BpTOPP4* 和 *BpPPX2* 基因在第 1 至第 4 叶柄呈现显著上调表达，*BpTOPP5-2* 和 *BpBEST* 基因在第 1 片至第 3 叶柄中呈现显著地上调表达，在第 4 叶柄中，这两条基因呈现下调表达；*BpTOPP5-1* 基因在欧洲白桦和裂叶桦的第 1 至第 4 叶柄中均呈现显著下调表达。

在叶脉中的表达，与对照相比：*BpTOPP8* 和 *BpPPX2* 基因在欧洲白桦和裂叶桦第 1 至第 4 叶脉中呈上调表达，*BpTOPP5-1* 基因在欧洲白桦和裂叶桦的第 1 至第 4 叶脉中均呈现显著下调表达；在裂叶桦中，*BpTOPP4* 和 *BpBEST* 基因在第 1 和第 2 叶脉中呈上调表达，在第 3 和第 4 叶脉中呈显著下调表达（$P<0.05$），*BpTOPP5-2* 基因在第 2 叶脉中的表达量上调，在其他叶脉中呈下调表达；在欧洲白桦中，*BpBEST* 和 *BpTOPP5-2* 基因在第 1 至第 3 叶脉中的表达量升高，在第 4 叶脉中的表达量降低，*BpTOPP4* 基因在第 3 叶脉中的表达量显著上调，在其他叶脉中的表达量显著下调。

11.2.4 白桦 *BpTOPP1* 基因家族的时序表达分析

为了了解 *BpTOPP1* 家族基因在欧洲白桦和裂叶桦不同时期生长发育过程中表达量的变化，实验分析了不同时期 *BpTOPP1* 基因家族在裂叶桦和欧洲白桦叶片中的表达量，结果见图 11-6。若以 5 月 5 日欧洲白桦的第 4 片叶为对照，测定 *BpTOPP1* 家族基因的表达量，qRT-PCR 结果显示，在不同的时期，*BpTOPP8*、*BpTOPP5-1*、*BpTOPP5-2*、*BpBEST*、*BpTOPP4* 和 *BpPPX2* 基因在两种桦树中均表达，但基因间的表达规律不相同。

BpTOPP8 基因在欧洲白桦和裂叶桦中的表达模式不同，在裂叶桦中，该基因的表达水平较低，只有在 5 月 5 日时，表达量高于对照，其他时期的表达量均低于对照，在 6 月 21 日至 9 月 6 日期间，该基因的表达量基本无变化；在欧洲白桦中，该基因表达量的最高值出现在 7 月 21 日，在 8 月 22 日和 9 月 6 日两个时期，该基因的表达量趋于稳定状态。

BpTOPP5-2 和 *BpBEST* 基因在两种桦树中的表达模式基本相同。7 月 21 日，两种桦树中该基因的表达量最高；5 月 5 日、6 月 21 日、8 月 22 日和 9 月 6 日时，*BpBEST* 基因在裂叶桦中的表达量高于欧洲白桦，其他时期均低于欧洲白桦；*BpTOPP5-2* 基因在裂叶桦 5 月 5 日、8 月 22 日和 9 月 6 日这三个时期的表达

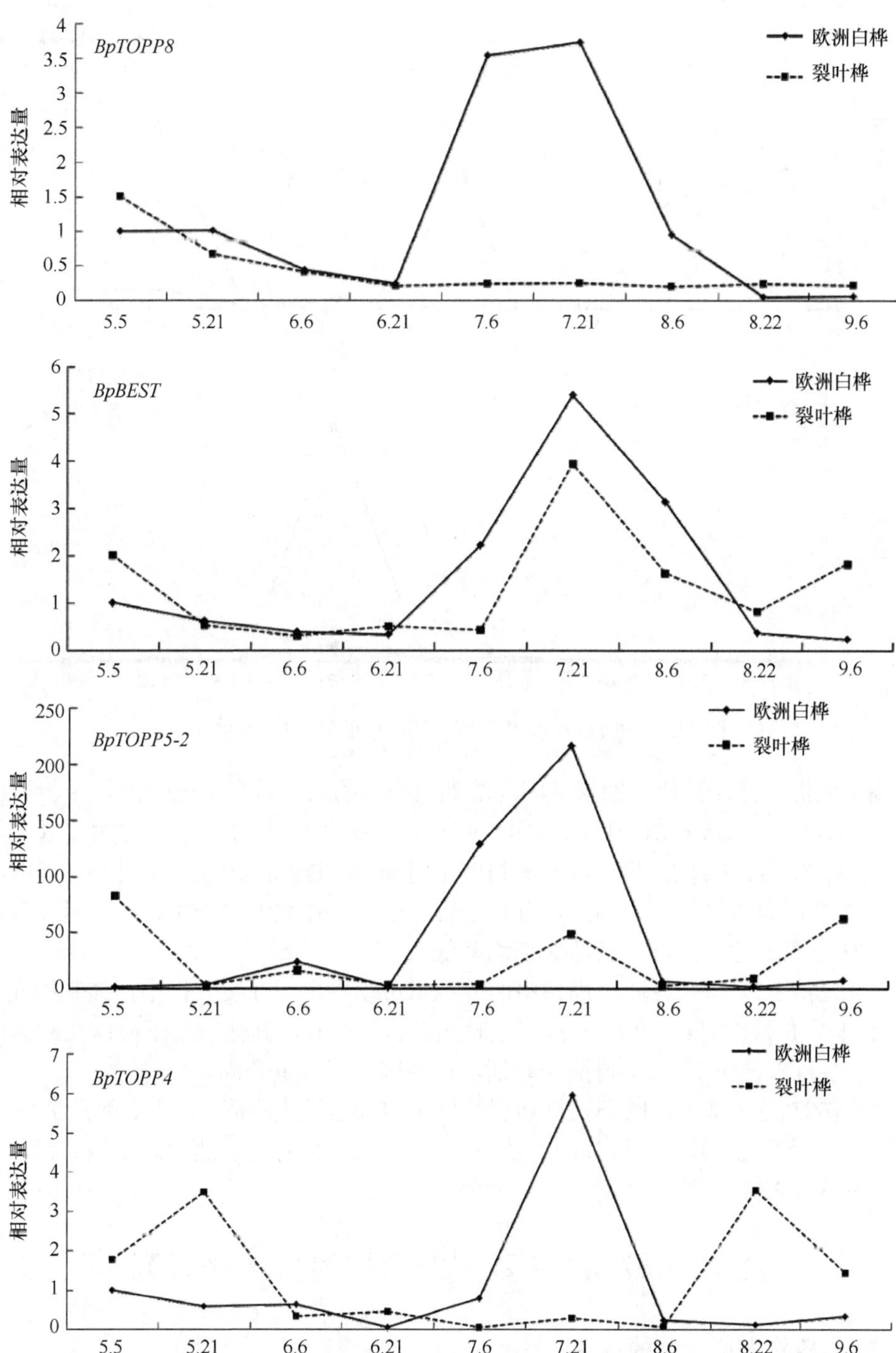
BpTOPP8
BpBEST
BpTOPP5-2
BpTOPP4
欧洲白桦
裂叶桦
相对表达量
5.5
5.21
6.6
6.21
7.6
7.21
8.6
8.22
9.6

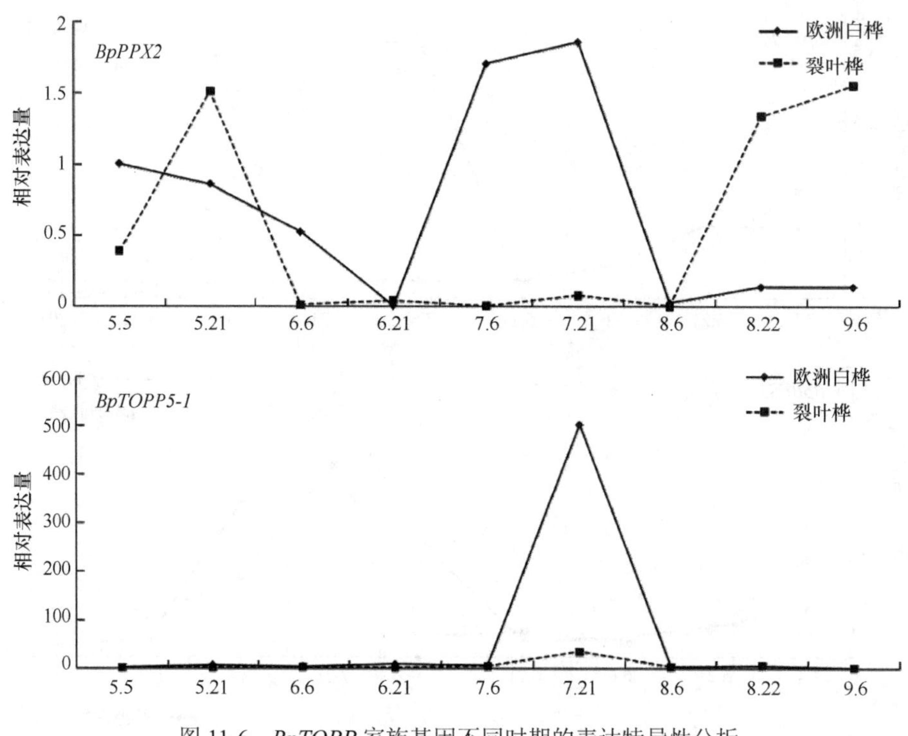

图 11-6 *BpTOPP* 家族基因不同时期的表达特异性分析

量高于欧洲白桦，其他时期该基因在欧洲白桦中的表达量高于裂叶桦。

BpTOPP4 基因在两种桦树不同时期的表达规律不相同，在裂叶桦中，5 月 5 日、5 月 21 日、8 月 22 日和 9 月 6 日四个时间段，该基因的表达量升高，其中在 8 月 22 日时表达量达到最高点，为对照的 3.53 倍；在欧洲白桦中，该基因只有在 7 月 21 日时表达量升高，其他时期均降低。

由 *BpPPX2* 基因在两种桦树中的表达量可以看出，在裂叶桦中，该基因在 5 月 21 日、8 月 22 日和 9 月 6 日三个时期表达量上升，其他时期下降；在欧洲白桦中，7 月 6 日和 7 月 21 日两个时期，该基因的表达量升高。

BpTOPP5-1 基因在欧洲白桦和裂叶桦中的表达模式相同，表达量都在 7 月 21 日是达到最高点，其中，该基因在欧洲白桦 7 月 21 日时的表达量高于裂叶桦，为对照的 501.2 倍。

11.3 *BpTOPP1* 基因的白桦遗传转化研究

11.3.1 植物表达载体的构建

BpTOPP1 基因的克隆以野生型继代组培白桦苗 cDNA 为模板，分别以

BpTOPP1-F、BpTOPP1-R 为上、下游引物，使用高保真 *Pfu* 酶对目的基因进行 PCR 扩增。1%琼脂糖凝胶电泳检测：以 DL2000 为 Marker，PCR 产物分两个孔上样，每孔 25μL，紫外凝胶成像仪照相，最终在 1000bp 附近出现两条长度相同的清晰条带，与目的基因长度（966bp）一致，后期实验证明其为目的条带（图 11-7）。

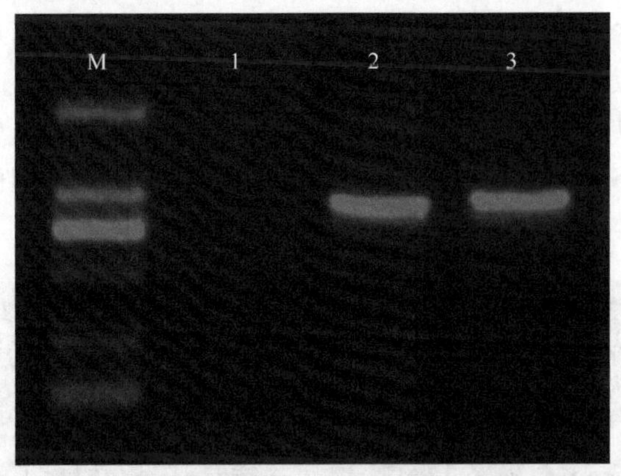

图 11-7　*BpTOPP1* 基因扩增电泳图

M. Marker DL2000；1. 水；2、3. *BpTOPP1* 基因的 PCR 产物

11.3.1.1　35S∷BpTOPP1 植物过表达载体的获得

含有重组质粒 35S∷BpTOPP1 的 EHA105 工程菌制备完成后，挑取工程菌阳性单克隆，于 28℃恒温振荡培养过夜。分别以所得菌液和去离子水为模板，以 BpTOPP1-F、BpTOPP1-R 为引物进行 PCR 检测。琼脂糖凝胶电泳结果显示：以阳性克隆菌液为模板的 PCR 反应扩增出了特异性条带，且大小符合基因的长度，该基因的长度为 942bp；以水为模板的 PCR 产物并未扩增出有效条带（图 11-8）。结果表明，重组质粒 35S∷BpTOPP1 已经成功转入 EHA105 细菌体内，*BpTOPP1* 基因过表达载体构建成功。

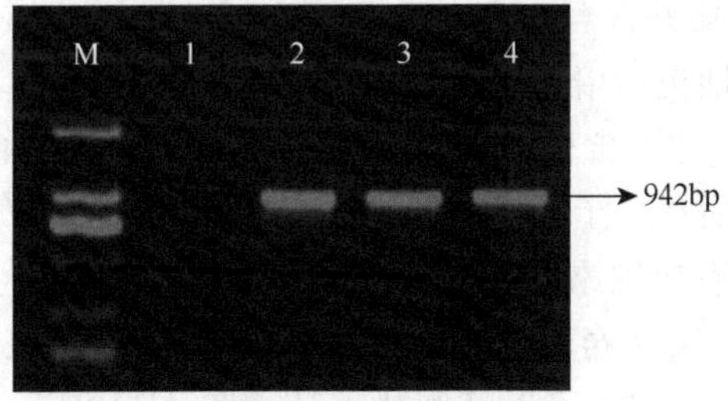

图 11-8　*BpTOPP1* 过表达载体构建的 PCR 检测

M. Marker DL2000；1. 水对照；2. 阳性对照；3、4. *BpTOPP1* 上下游引物

11.3.1.2 35S∷anti-BpTOPP1 植物抑制表达载体的获得

含有重组质粒 35S∷anti-BpTOPP1 的 EHA105 工程菌构建完成后，挑取工程菌阳性单克隆，于 28℃恒温振荡培养过夜。分别以所得菌液及其质粒、去离子水为模板，以 35S∷anti-TOPP1-1F 和 35S∷anti-TOPP1-1R、35S∷anti-TOPP1-2F 和 35S∷anti-TOPPI-2R 为引物进行 PCR 扩增。结果显示，两对引物以阳性克隆菌液及其质粒为模板的 PCR 反应均扩增出了特异性条带，且二者长度无差别，均大约 200bp；以水为模板的 PCR 反应并未扩增出有效条带（图 11-9）。结果表明，重组质粒 35S∷anti-BpTOPP1 已经成功转入 EHA105 细菌体内，*BpTOPP1* 基因抑制表达载体构建成功。

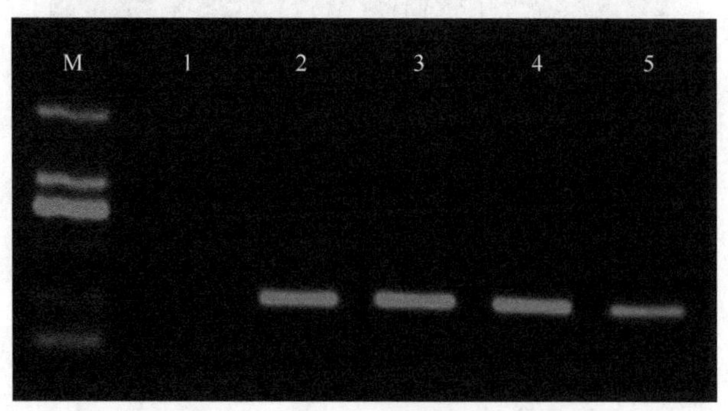

图 11-9 *BpTOPP1* 基因干扰表达载体构建的 PCR 检测结果

M. Marker DL2000；1. 水对照；2. 阳性对照；3~5. 阳性克隆质粒

11.3.2 转 35S∷BpTOPP1 植株的获得

BpTOPP1 基因过表达载体的遗传转化采用农杆菌介导合子胚的方法，将选取的种子在自来水下冲洗 2~3d，待种子充分吸水饱满后，即将露出芽点时，在超净工作台中对种子进行表面消毒。在无菌培养皿中纵切合子胚，去掉种皮，将切好的合子胚置于已经活化并含有 35S∷BpTOPP1 的工程菌液中，侵染白桦合子胚后共培养，期间要不断地更换培养基对其脱菌处理，更换培养基的频率视农杆菌的生长情况而定，2~3d 后导入含有潮霉素抗性的培养基进行选择培养，倒置培养，期间不定期脱菌。20d 后在合子胚切口处将获得绿色的抗性愈伤组织（图 11-10A），将小愈伤切下转至含有抗生素的分化培养基上培养（图 11-10B），10~15d 长出抗性不定芽后转至继代培养基培养（图 11-10C），30d 后长出潮霉素抗性丛生苗（图 11-10D），再过 10~15d 可以获得生根苗（图 11-10E），将生根苗移栽至育苗盘中（图 11-10F），共获得 35S∷BpTOPP1 转基因白桦 6 个株系，命名为 TO-1~TO-6。

图 11-10　BpTOPP1 基因过表达载体的遗传转化（彩图请扫封底二维码）

A、B. 侵染后的白桦合子胚形成抗性愈伤组织；C. 抗性愈伤分化出抗性芽；D. 转基因白桦的继代培养；E. 转基因生根苗；F. 转基因株系的生长

11.3.3　转 35S∷anti-BpTOPP1 植株的获得

采用农杆菌介导的白桦合子胚法进行遗传转化，用含有重组质粒 35S∷anti-BpTOPP1 的 EHA105 工程菌菌液侵染无菌的白桦合子胚，置于不含抗生素的共培养基上，期间对其进行一次脱菌处理，如果菌体繁殖速度比较快，可以增加脱菌的次数，以免导致合子胚致死，2~3d 后将脱菌后的合子胚置于含有 200mg/L 头孢霉素和 50mg/L 潮霉素的选择培养基上（图 11-11A），倒置培养，期间不定期脱菌。选择培养 20d 左右，合子胚切口处长有绿色的愈伤颗粒（图 11-11B）；待愈伤长到直径 5mm 的大小，将其切下，放置在含抗生素的分化培养基上，10~15d 后可发现愈伤组织会慢慢形成不定芽（图 11-11C）；再经过 20d，不定芽会逐渐分化长大形成丛生苗（图 11-11D），长出的丛生苗经二次分化，形成丛生的继代苗，最终获得 9 个转化子，再将丛生继代苗进行生根培养（图 11-11E）。组培苗获得的整个培养过程如图 11-11 所示，同时大量扩繁所获得的转基因株系（图 11-11F）为后续的鉴定实验提供了充足的材料。

11.3.4　转基因株系的分子检测

11.3.4.1　转基因白桦的 PCR 检测

提取过表达和抑制表达转基因白桦及非转基因白桦 WT 的叶片 DNA。分别以过表达和抑制表达转基因白桦 DNA、WT 的 DNA 和去离子水为模板，以 BpTOPP1-F、

BpTOPP1-R 为引物进行 PCR 检测。1%的琼脂糖凝胶电泳结果显示：*BpTOPP1* 基因的编码区（ORF）在白桦过表达株系中特异性表达（图 11-12）；人工 RNAi 干扰表达载体的特异性引物能在抑制表达株系中扩增出特异性条带（图 11-13）；以上这些结果说明本实验所筛选出的转化子均为真阳性。

图 11-11　抑制表达载体的遗传转化（彩图请扫封底二维码）

A、B. 侵染后的白桦合子胚形成抗性愈伤组织；C. 抗性愈伤分化出抗性芽；D. 转基因白桦的继代养；E. 转基因生根苗；F. 转基因株系的生长

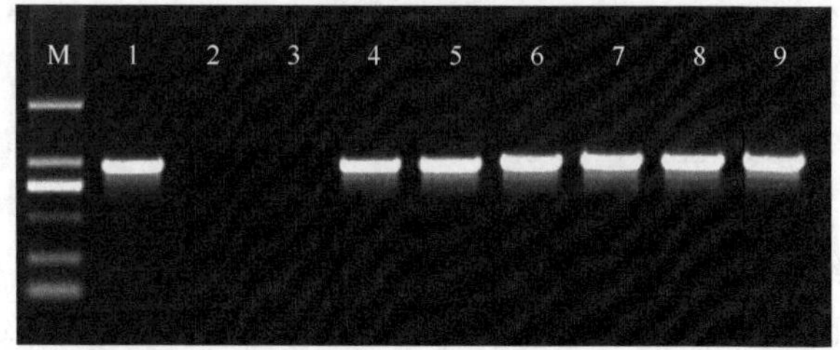

图 11-12　转 35S：：BpTOPP1 植株的 PCR 检测

M. Marker DL2000；1. 阳性对照；2. 水；3. 阴性对照；4~9. 转化子

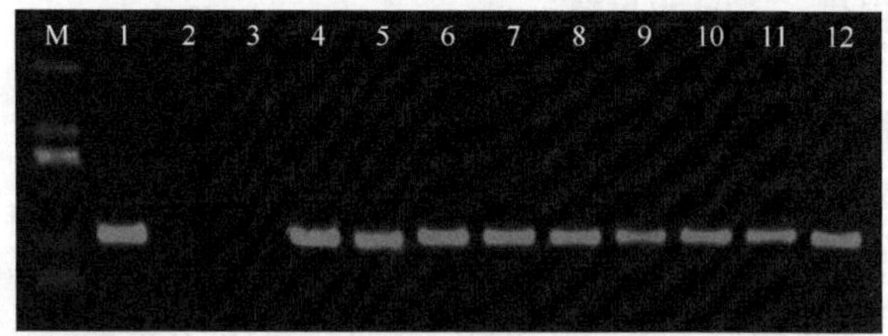

图 11-13　转 35S：：anti-BpTOPP1 植株的 PCR 检测

M. Marker DL2000；1. 阳性对照；2. 水；3. 阴性对照；4~12. 转化子

11.3.4.2　转基因白桦的定量 PCR 检测

为了检测外源基因在转基因白桦体内的遗传稳定性，对一年生的过表达转基因白桦和 3 个月生的抑制表达转基因白桦进行 RT-PCR 检测，分别以 35S：：BpTOPP1、35S：：anti-BpTOPP1 转基因株系 cDNA 为模板，对 *BpTOPP1* 基因进行定量检测，以野生型白桦为对照，白桦转化子中 *BpTOPP1* 基因相对表达量的结果如图 11-14 所示。35S：：BpTOPP1 转基因白桦中 *BpTOPP1* 基因的相对表达量均显著高于 WT，6 个株系中该基因的平均表达量是 WT 的 8.12 倍，其中 TO-6 株系中 *BpTOPP1* 基因的相对表达量最高，表达量是 WT 的 18.75 倍（图 11-14A）；抑制表达白桦中 *BpTOPP1* 基因的表达量相对于 WT 都下调表达，但下调幅度是不同的，9 个株系中该基因的平均表达量是 WT 的 0.47 倍，其中 YTO-5 中 *BpTOPP1* 基因的表达量最低，为非转基因株系的 0.15 倍，YTO-7 中 *BpTOPP1* 基因的表达量最高，为非转基因株系的 0.83 倍（图 11-14B）。通过以上结果可以进一步说明外源 *BpTOPP1* 基因已经整合到白桦基因组中。

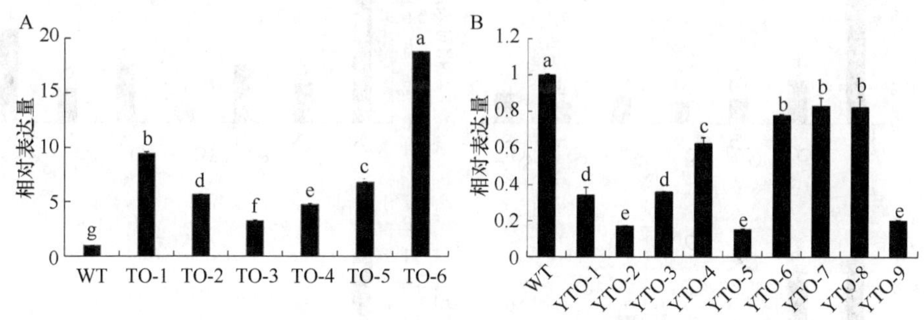

图 11-14　*BPTOPP1* 基因在转基因和非转基因株系中的表达量

A. 过表达转基因株系和对照株系中 *BPTOPP1* 基因的表达量；B. 抑制表达转基因株系和对照株系中 *BPTOPP1* 基因的表达量。其中，WT 为野生型株系，TO-1~TO-6 为超表达 1~6 号株系，YTO-1~YTO-9 为抑制表达 1~9 号株系

11.3.4.3　*BpTOPP1* 基因家族在转基因白桦的定量 PCR 检测

为了检测 *TOPP1* 基因家族在转 35S：：BpTOPP1、35S：：anti-BpTOPP1 基因白桦中的表达量，对转基因白桦进行 qRT-PCR 检测，分别取 35S：：BpTOPP1、35S：：anti-BpTOPP1 转基因的三个株系及野生型株系，提取其 cDNA 为模板，对 *BpTOPP1* 基因家族进行定量检测，以野生型白桦为对照，白桦转基因株系中 *BpTOPP1* 基因家族相对表达量的结果如图 11-15 所示：*BpPPX2*、*BpTOPP8*、*BpTOPP4*、*BpTOPP5-1*、*BpTOPP5-2* 和 *BpBEST* 在转 35S：：BpTOPP1、35S：：anti-BpTOPP1 白桦株系中的表达量均显著低于 WT（$P<0.05$），*TOPP5-1* 和 *BEST* 在两种转基因白桦中的表达量低于其他基因的表达量，其中 *TOPP5-1* 在两种转基

因白桦中表达量是最低的，其总的平均值为 WT 的 15%；*BpTOPP2* 在转 35S∷BpTOPP1 白桦中 TO-1 株系中的表达量显著高于对照白桦，是 WT 的 1.4 倍，在转 35S∷BpTOPP1 白桦的其他株系和转 35S∷anti-BpTOPP1 白桦全部株系中的表达量均显著低于 WT，该基因在 TO-6 中的表达量最低，是 WT 的 2%。

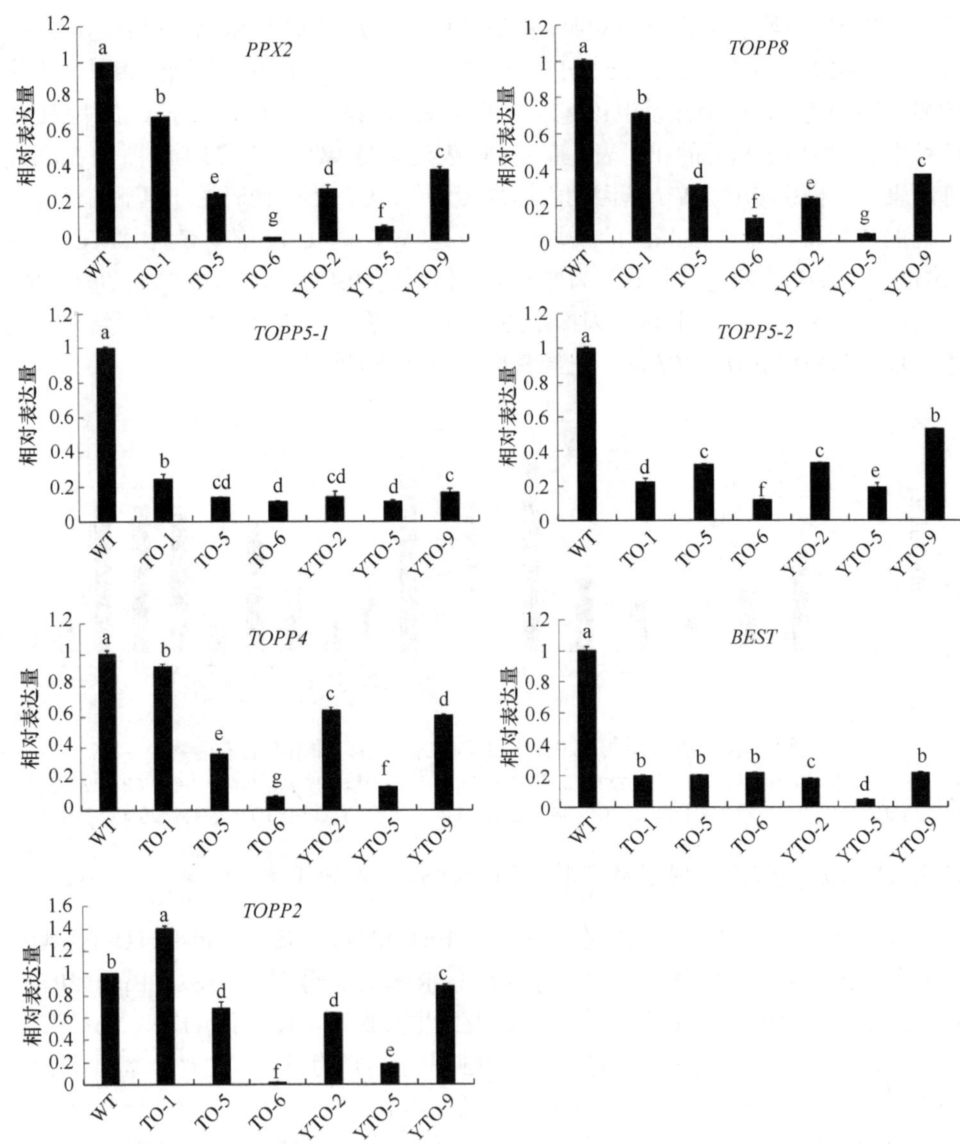

图 11-15 *BpTOPP* 基因家族在转基因株系和野生株系中的相对表达量

11.4　转 *BpTOPP* 基因白桦的功能初探

11.4.1　转基因白桦的生长特性分析

获得 6 个转 35S::BpTOPP1 和 9 个转 35S::anti-BpTOPP1 基因的白桦转化子，过表达转基因白桦于 2017 年 6 月移栽至大棚，抑制表达转基因白桦于 2017 年 12 月移栽至育苗室，每个转化子移栽 50 株。转 35S::BpTOPP1 基因的白桦株系命名为 TO-1~TO-6，转 35S::anti-BpTOPP1 基因的白桦株系命名 YTO-1~YTO-9，如图 11-16 所示。

图 11-16　转 35S::BpTOPP1 和 35S::anti-BpTOPP1 白桦与对照白桦的移栽（彩图请扫封底二维码）

11.4.1.1　过表达转基因白桦的叶面积分析

对获得的 6 个一年生的 35S::BpTOPP1 转基因株系进行叶面积观察分析，见图 11-17A 和 B。可以观察到转基因株系的叶片变小，调查发现，转基因植株与 WT 株系差异明显（$P<0.05$），叶面积平均值为 21.32，低于 WT 叶面积的 42.2%。对转基因株系进行叶片长度和宽度调查，如图 11-17C 和 D 所示，转基因株系的叶片长度和宽度也显著低于 WT（$P<0.05$），其叶片长度的平均值是 5.74cm，低于 WT 叶片长度的 30.42%，其叶片宽度的平均值是 4.41cm，低于 WT 叶片宽度 32.31%。

11.4.1.2　过表达转基因白桦的苗高和地径分析

对一年生的 6 个 35S::BpTOPP1 转基因白桦进行观察，测定转 35S::BpTOPP1 白桦与对照白桦的苗高和地径并进行分析，结果显示：苗高在株系间的差异均达到了显著水平（$P<0.05$），6 个转基因株系均显著低于 WT 株系，其平均苗高为 WT 的 80.28%，其中转基因株系 TO-2 的苗高最矮，仅为 WT 的 57.41%（图 11-18A）；地径在株系间的差异均达到了显著水平（$P<0.05$），除 TO-1 株系外，其他 5 个转基因株系地径均显著高于 WT 株系，其中 TO-5 株系地径高于 WT 的 12.16%（图 11-18 B）。

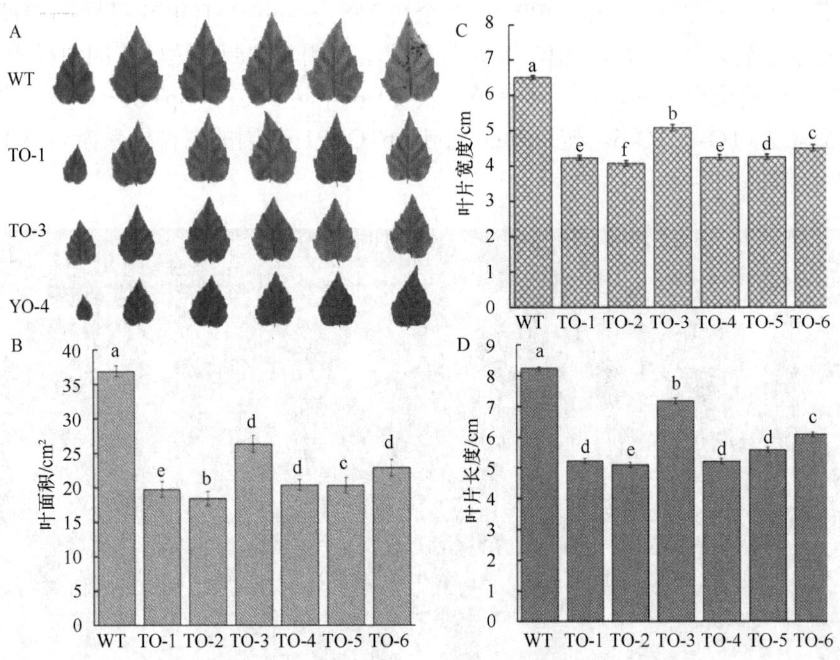

图 11-17　一年生 *BpTOPP1* 转基因白桦及对照白桦的叶面积及叶片长和宽调查

A. 各转基因株系的叶片表型观察；B. 各转基因株系的叶面积调查；C. 各转基因株系的叶片长度调查；D. 各转基因株系的叶片宽度调查。相同字母表示差异不显著，不同字母表示差异显著（$P<0.05$，Duncan 多重比较分析）。误差线表示标准偏差

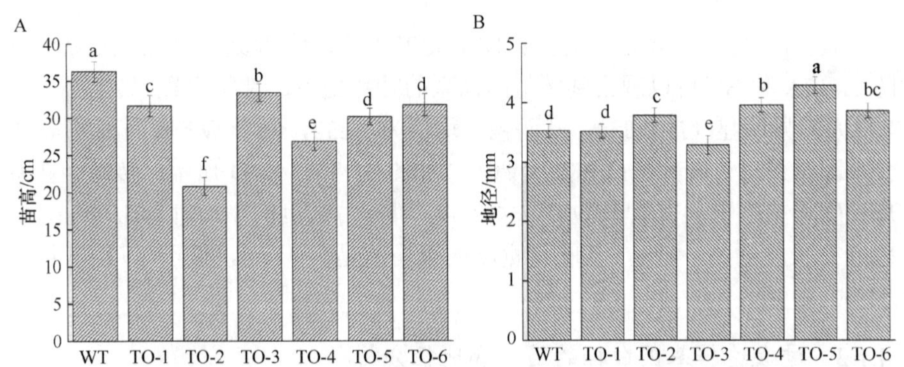

图 11-18　转 35S：：BpTOPP1 白桦与对照白桦的苗高和地径观察

A. 转 35S：：*BpTOPP1* 白桦与对照白桦的苗高观察；B. 转 35S：：*BpTOPP1* 白桦与对照白桦的地径观察。相同字母表示差异不显著，不同字母表示差异显著（$P<0.05$，Duncan 多重比较分析）。误差线表示标准偏差

11.4.1.3 抑制表达转基因白桦的苗高地径分析

对 3 个月生的 9 个 35S：：anti-BpTOPP1 转基因白桦进行观察，测定转 35S：：anti-BpTOPP1 白桦与对照白桦的苗高和地径并进行分析。结果显示：苗高和地径在株系间的差异均达到了显著水平（$P<0.05$），9 个转基因株系的苗高均显著低于 WT 株系，其平均苗高为 WT 的 41%，其中转基因株系 YTO-2 的苗高最矮，仅为 WT 的 14.5%（图 11-19A）；9 个转基因株系的地径均显著低于 WT 株系，其中 YTO-1 株系的地径最小，仅为 WT 的 48%（图 11-19B）。

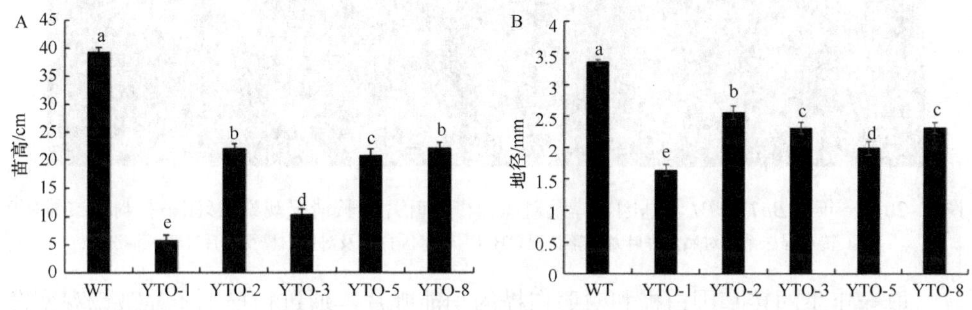

图 11-19 转 35S：：anti-BpTOPP1 白桦与对照白桦的苗高和地径观察

A. 转 35S：：anti-BpTOPP1 白桦与对照白桦的苗高观察；B. 转 35S：：anti-BpTOPP1 白桦与对照白桦的地径观察

11.4.2 转基因白桦的生理特性分析

11.4.2.1 转 35：：BpTOPP1 白桦的叶片延迟脱落现象

对移栽到大棚一年生的 35S：：BpTOPP1 转基因白桦进行表型观察，结果发现，6 个转基因白桦株系出现叶片延迟脱落的现象（图 11-20A）。对相同时期的转基因白桦和对照白桦的第一片叶进行观察（图 11-20B），结果发现，转基因植株的第一片叶正处于生长期，叶片小而嫩（图 11-20D、E），而 WT 植株的第一片叶已经发育为成熟叶片，叶片大小与功能也与成熟叶片相同，叶片表面革质化（图 11-20C）。

11.4.2.2 转 35S：：BpTOPP1 白桦的叶绿素含量测定及电镜观察

对一年生转基因白桦和对照白桦进行叶绿素相对含量调查，结果显示：转基因株系 TO-2、TO-4 和 TO-5 等 3 个转基因株系显著高于 WT 株系（$P<0.05$），其均值高于 WT 的 1.05 倍，其中，TO-1、TO-3 转基因株系与 WT 株系差异不明显，TO-6 转基因株系显著低于 WT，TO-5 转基因株系与 WT 差异最显著，为 WT 的 1.18 倍（图 11-21A）。

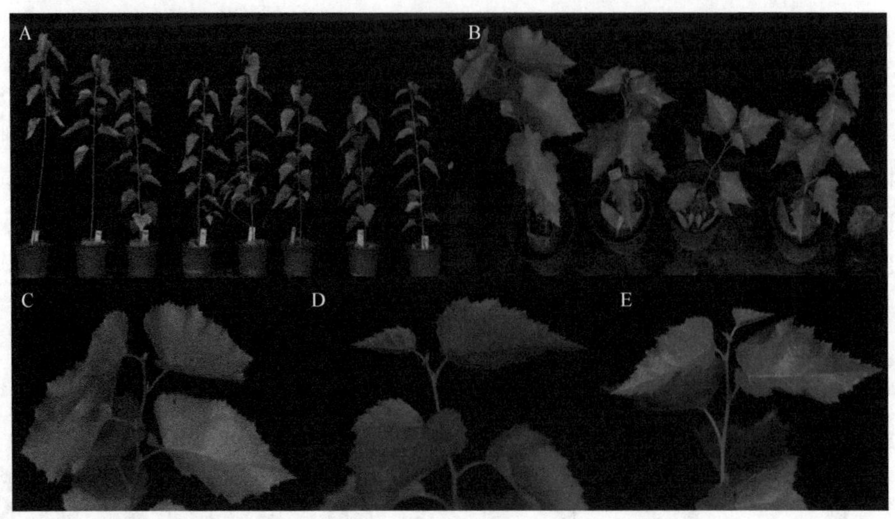

图 11-20　一年生 *BpTOPP1* 转基因白桦及对照白桦的叶片生长情况观察（彩图请扫封底二维码）
A. 转基因株系及对照白桦叶片脱落情况；B~E. 转基因白桦及对照白桦第一片叶生长情况

取一年生的转基因白桦和对照白桦的功能叶片，通过扫描电子显微镜观察发现，转基因白桦和对照白桦的叶片气孔的数量没有明显的变化（图 11-21B~D），但转基因白桦株系的叶脉上分布较多的表皮毛，WT 株系叶脉上则少见表皮毛（图 11-21E~G）。

11.4.2.3　转 35S：：BpTOPP1 白桦 TO-4 株系出现致死现象

对已经停止生长的一年生的转基因白桦和对照白桦观察发现，如图 11-22 所示，WT 为对照白桦，TO-3 和 TO-4 同为转基因株系，WT 株系和转基因 TO-3 株系的植株还有绿色叶片存在，所有植株存活，而转基因株系 TO-4 株系的 50 棵植株的全部叶片和茎已经干枯，植株已经死亡。

11.4.2.4　转 35S：：anti-BpTOPP1 白桦的叶片向内卷曲现象

对移栽到育苗室 3 个月生的 35S：：anti-BpTOPP1 转基因白桦进行表型观察，结果发现，2 个转基因白桦株系出现叶片边缘向内卷曲的现象（图 11-23A）。对转基因植株不同生长时期的叶片观察发现（图 11-23B~D），不同生长阶段叶片的卷曲程度不同，对不同生长阶段的转基因白桦和对照白桦的顶芽进行观察（图 11-23E~G），结果发现转基因植株的顶芽在叶片卷曲严重时，托叶向内卷曲，随着转基因植株生长，顶芽托叶卷曲的现象也随之消失，但是叶片的卷曲现象仍然存在，而 WT 顶芽的托叶一直呈现正常生长的状态。

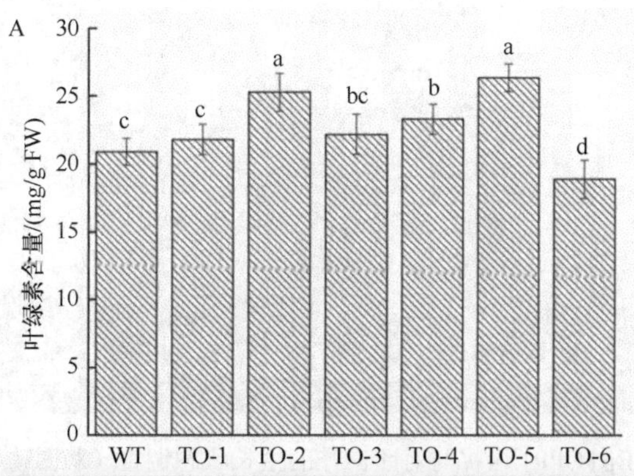

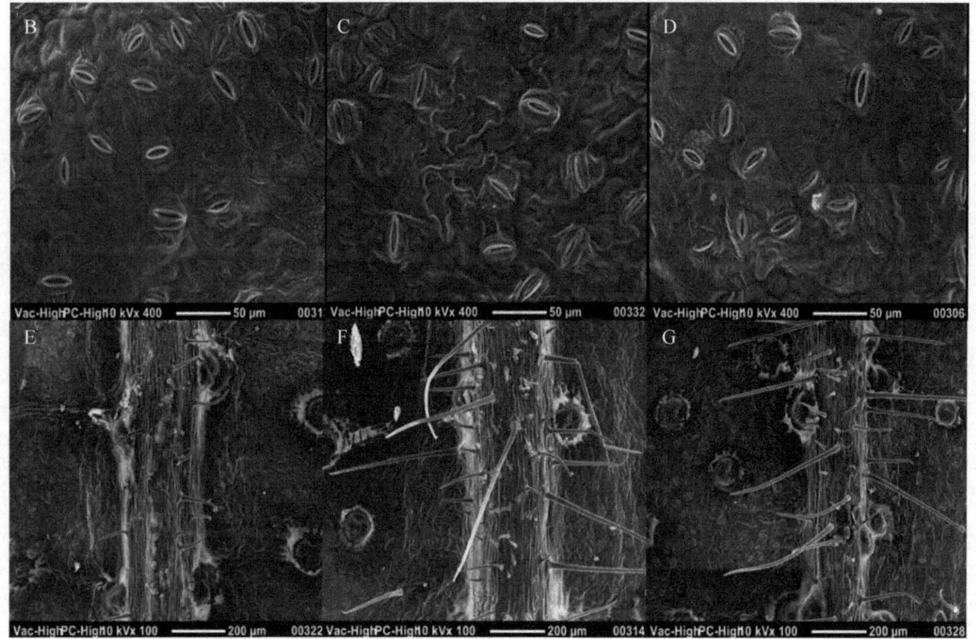

图 11-21　一年生 *BpTOPP1* 转基因白桦及对照白桦的叶绿素含量调查和电镜观察

A. 一年生 *BpTOPP1* 转基因白桦及对照白桦的叶绿素含量调查；B. 扫描电子显微镜观察 WT 株系气孔；C、D. 扫描电子显微镜观察转基因株系气孔；E. 扫描电子显微镜观察 WT 株系叶脉表皮毛；F、G. 扫描电子显微镜观察转基因株系叶脉表皮毛注. 相同字母表示差异不显著，不同字母表示差异显著（$P < 0.05$，Duncan 多重比较分析）。误差线表示标准偏差

11.4.2.5　转 35S：：anti-BpTOPP1 白桦的叶绿素含量调查及电镜观察

对生长 3 个月转基因白桦和对照白桦进行叶绿素相对含量调查，结果显示：转基因株系 YTO-3、YTO-5 和 YTO-8 等 3 个转基因株系显著高于 WT 株系（$P<0.05$），其均值为 WT 的 127%，其中 YTO-2 转基因株系显著低于 WT，为 WT 的 94%（图 11-24A）。

图 11-22　转 35S：：BpTOPP1 白桦与对照白桦的生长状态调查（彩图请扫封底二维码）

图 11-23　3 个月生 *BpTOPP1* 转基因白桦及对照白桦的叶片生长情况观察(彩图请扫封底二维码)
A. 转基因株系及对照白桦叶片卷曲情况观察；B~D. 转基因白桦不同时期叶片的卷曲情况；E~G. 转基因白桦及对照白桦顶芽生长情况观察

取 3 个月生的转基因白桦和对照白桦的功能叶片，通过扫描电子显微镜对叶片相同部位的表皮毛和气孔观察发现，转基因白桦叶脉的表皮毛数量（11-24B~D）和气孔的数量均少于 WT，转基因白桦的气孔数量比 WT 的少（图 11-24E~G）。

11.4.3　转 *BpTOPP1* 基因白桦耐盐分析

11.4.3.1　盐胁迫后转基因白桦的表型观察

对 150mmol/L NaCl 胁迫 0d、6d 和 12d 的转基因株系和 WT 进行表型观察发现，转基因植株和 WT 在 150mmol/L NaCl 胁迫 6d 时变化不大，叶片没有明显的枯萎，在胁迫 12d 时，可以明显得看到转基因株系和 WT 的叶片表现出叶片萎蔫甚至死亡的盐害症状，而且转基因株系盐害性状比 WT 严重（图 11-25）。

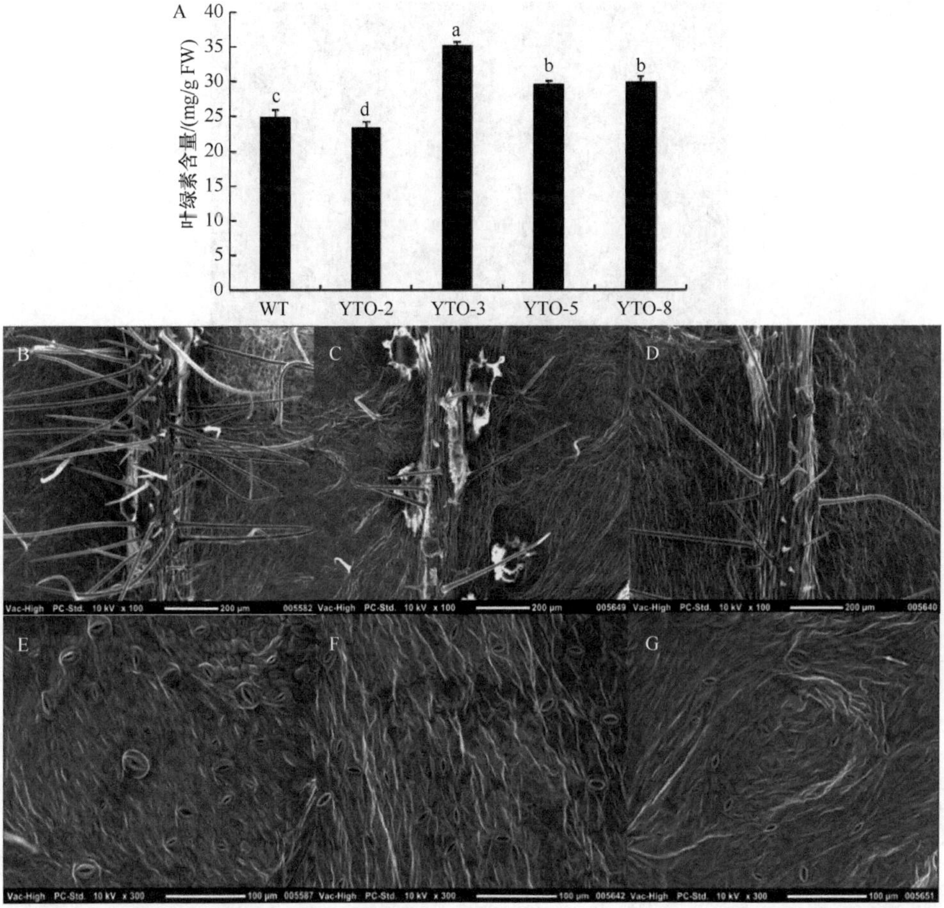

图 11-24　3 个月生 *BpTOPP1* 转基因白桦及对照白桦的叶绿素含量调查及扫描电子显微镜观察

A. 3 个月生 *BpTOPP1* 转基因白桦及对照白桦的叶绿素含量调查；B. 扫描电子显微镜观察 WT 株系叶脉表皮毛；C、D. 扫描电子显微镜观察转基因株系叶脉表皮毛；E. 扫描电子显微镜观察 WT 株系气孔；F、G. 扫描电子显微镜观察转基因株系气孔

11.4.3.2　盐胁迫后转基因白桦高生长比较

测量胁迫前的转基因株系和 WT 株系的苗高，经过 150mmol/L NaCl 胁迫 12d 后，对转基因株系和 WT 的苗高进行测定，结果如表 11-2 所示：150mmol/L NaCl 胁迫前转基因株系与 WT 株系的苗高差异显著（$P<0.05$），经过胁迫后的转基因株系和 WT 的苗高也达到显著差异，均呈现 WT 的苗高显著高于转基因株系。WT 胁迫后与胁迫前的相对高生长显著高于转基因株系（图 11-26）。

11.4.3.3　盐胁迫对转基因白桦的叶绿素含量的影响

对 150mmol/L NaCl 胁迫 12d 后的转基因株系和 WT 进行叶绿素含量测定，

图 11-25 盐胁迫后转基因株系及对照株系的表型观察（彩图请扫封底二维码）
A. 150mmol/L NaCl 胁迫 12d；B. 150mmol/L NaCl 胁迫 6d；C. 150mmol/L NaCl 胁迫 0d

表 11-2 150mmol/L NaCl 胁迫下的转基因白桦和对照白桦的高生长量

株系	平均苗高/cm		高生长/cm
	胁迫前苗高	胁迫后苗高	
WT	28.56±0.94a	36.03±1.02a	7.46±0.08a
TO-3	25.58±0.54b	31.19±0.77b	5.61±0.23b
TO-4	11.13±0.85d	16.53±0.91d	5.40±0.06b
TO-5	14.03±0.79c	20.20±1.01c	6.17±0.21b

结果发现，WT 的叶绿素含量降低，由 0d 的 34.56%降低至 12d 的 31.56%，而转基因株系的 12d 的叶绿素含量显著高于 0d 的叶绿素含量（$P<0.05$），12d 的叶绿素含量的平均值比第 0d 的高出 7.13%。WT、TO-4 和 TO-5 在胁迫 0d 和 6d 的叶绿素含量没有显著差异，TO-3 在胁迫 0d、6d 和 12d 的叶绿素含量均显示出显著差异（表 11-3，图 11-27）。

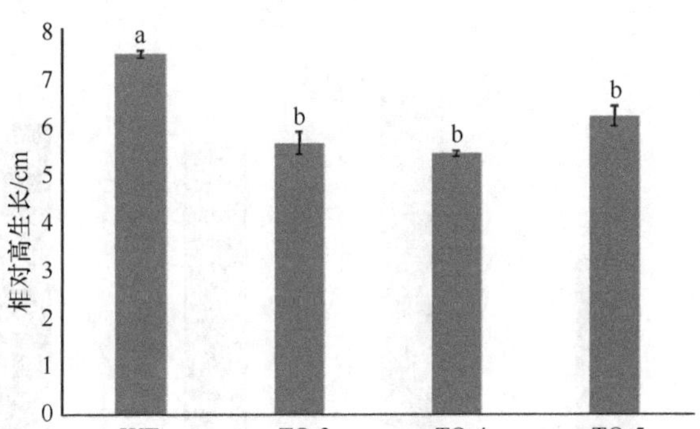

图 11-26　150mmol/L NaCl 胁迫下的转基因白桦和对照白桦的相对高生长量

表 11-3　150mmol/L NaCl 胁迫下转基因株系叶绿素含量变化

胁迫时间	WT	TO-3	TO-4	TO-5
0d	34.56±0.79a	24.06±0.96c	29.33±0.71b	28.75±0.67b
6d	34.59±1.06a	29.04±1.20b	28.39±0.87b	28.51±0.97b
12d	31.56±1.33c	35.61±0.87a	33.71±0.87b	34.20±0.67b

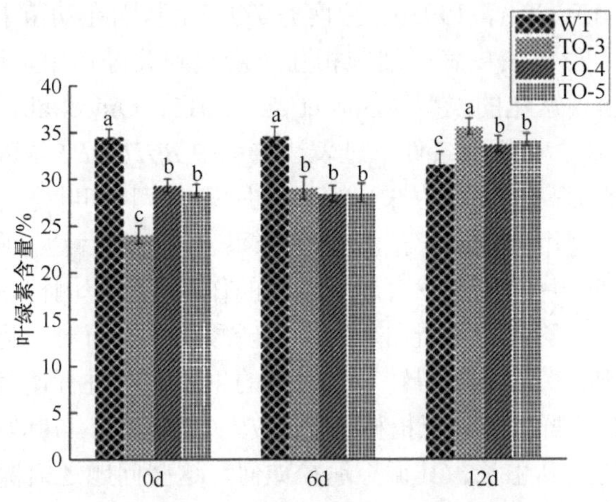

图 11-27　150mmol/L NaCl 胁迫下转基因株系叶绿素含量变化

11.4.3.4　盐胁迫下转基因白桦的盐害指数调查

调查盐胁迫 12d 后的叶片灾害指数，根据盐害指数公式进行计算转基因白桦和 WT 叶片的盐害指数。最终计算结果表明，在经过盐胁迫后，转基因白桦叶片的盐害指数显著高于 WT 的叶片的盐害指数（P<0.05），其平均值高于 WT 的 0.56 倍，转基因株系间的叶片盐害指数无显著差异（图 11-28）。

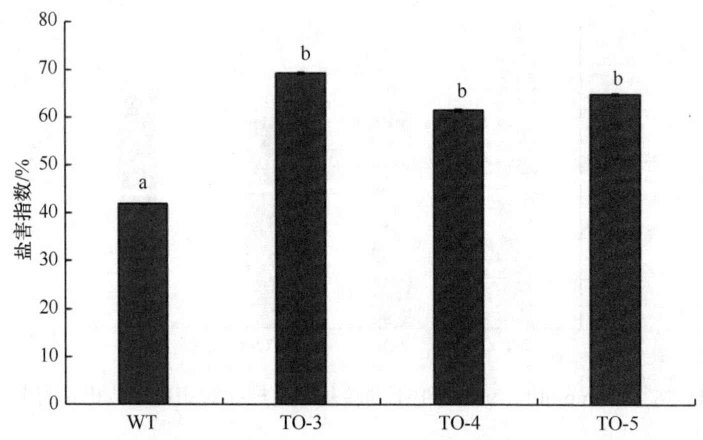

图 11-28 盐胁迫下转基因白桦及对照白桦叶片的盐害指数调查

蛋白磷酸酶是真核生物中普遍存在的一类高度保守的主要 Ser/Thr 型蛋白磷酸酶，在细胞周期、糖代谢、基因转录、基肌肉收缩、蛋白质合成等过程中起着关键作用。*TOPPS* 基因参与植物生长和发育的各个过程，主要在根、莲座叶和花中表达（Smith and Walker，1993）。拟南芥 *TOPP4* 基因在幼苗中是高表达的，而且该基因在叶片中形成表皮扁平细胞相互交错起到关键作用，通过抑制 *TOPP4* 基因的表达量会出现矮化的表型（Guo et al.，2015；Qin et al.，2014；王玮等，2014）。本研究发现，在相同条件下过表达株系中 *BpTOPP1* 基因的表达量较非转基因对照有明显的提高；过表达株系的叶片面积、叶长和叶宽均显著小于野生型对照；转 *BpTOPP1* 基因的抑制表达载体的株系表现出叶片边缘向内卷曲，因此认为该基因对于白桦叶片的生长发育起到重要的作用。转基因株系的叶片形态发生改变，可能与蛋白磷酸酶调节蛋白质的可逆磷酸化，进而对植物细胞的生长、发育及分化造成影响有关。对获得转基因白桦的生长性状进行调查发现，其高生长比较缓慢，显著低于野生型对照植株，*BpTOPP1* 基因在参与叶发育调控的同时是否也参与调控植物的高生长、其调控途径如何，这些问题还需深入研究。

第 12 章　白桦 *BpAP1* 基因的功能研究

APETALA1（*AP1*）是一个 MADS-box 转录因子，参与高等植物的成花过程，是花发育研究的热点基因之一。白桦 *AP1* 基因的克隆始于 2005 年，魏继承等从东北白桦中克隆得到了 *BpAP1* 基因（魏继承，2006），随后采用农杆菌介导法使该基因在烟草中组成型表达，获得了花期提前、花色变异的转基因烟草（刘焕臻，2008；Qu et al.，2013）。本章从 *BpAP1* 基因的纯化、*AP1RNAi* 表达载体的构建着手，开展了 35S∷BpAP1 和 35S∷BpAP1RNAi 转基因白桦的遗传转化研究，分别得到了过表达转基因株系和抑制表达转基因株系，然后以 *BpAP1* 过表达白桦、*BpAP1* 抑制表达白桦和非转基因对照白桦为试材，开展参试株系的生长发育、开花结实和木材材性分析，*BpAP1* 基因的时空表达特异性分析，同时将 RNA-Seq 数据与白桦基因组的测序结果相结合，对 *BpAP1* 的下游靶基因进行预测，探讨 *BpAP1* 与其靶基因的调控关系，为揭示 *BpAP1* 基因在白桦成花转变和生长发育中的作用提供参考。

12.1　*BpAP1* 基因的白桦遗传转化研究

12.1.1　*BpAP1* 基因 ihpRNA 表达载体构建

根据 *BpAP1* 基因的 cDNA 序列选取了该基因特异性区域的一段长度为 159bp 的基因序列及 pCAMIA1301 载体的内含子序列，按照正义片段序列、内含子、反义片段序列的顺序将其构建到 pROKⅡ植物表达载体中。利用 pROKⅡ载体引物对重组质粒进行 PCR 扩增，结果得到 679bp 的单一条带，并且阴性对照没有扩增出条带（图 12-1A）。进一步将扩增出目的条带的单克隆菌液用于提取质粒，进行 *Xba*Ⅰ和 *Kpn*Ⅰ双酶切检测，结果显示在 507bp 处有一特异性的条带（图 12-1B），这与我们的预期结果一致，初步说明重组质粒构建成功。将重组质粒命名为 pROKⅡ-AP1-ihpRNA。

12.1.2　转基因植株的获得

采用农杆菌介导的叶盘转化法对白桦进行遗传转化研究，将侵染后的白桦叶片在含 50mg/L 卡那霉素和 200mg/L 头孢霉素的愈伤组织诱导培养基（WPM+

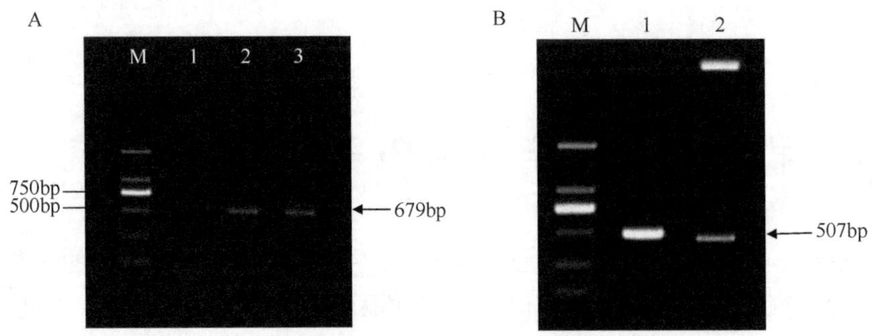

图 12-1 pROKⅡ-AP1-ihpRNA 重组质粒的 PCR 检测

M. Marker DL2000；A 中 1 为水对照；2 和 3 为重组质粒；B 中 1 为阳性对照；2 为重组质粒

2.0mg/L 6-BA + 0.2mg/L NAA）上进行培养（图 12-2A），2~3 周后获得抗性愈伤组织（图 12-2B）。将抗性愈伤组织继续在分化培养基上培养，使其长大后转到分化出芽培养基（WPM +0.8mg/L 6-BA + 0.02mg/L NAA + 0.5mg/L GA）中诱导出芽（图 12-2C）。2~3 个月后开始陆续分化出芽（图 12-2D、E）。当不定芽生长至 3~5 cm 时，转入生根培养基中生根培养，从而获得了白桦转基因生根植株（图 12-2F）。共获得了 6 个 *BpAP1* 过表达转基因株系和 15 个 *BpAP1* 抑制表达转基因株系。

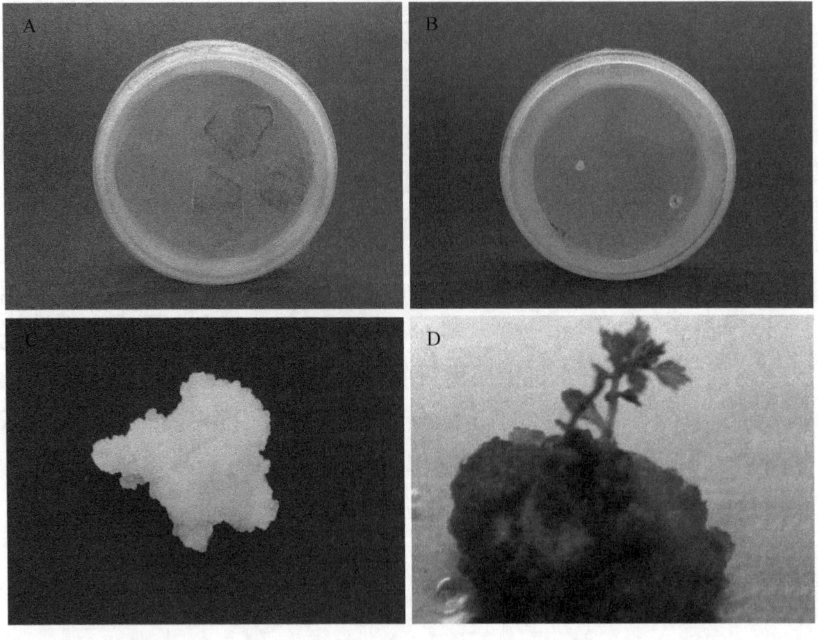

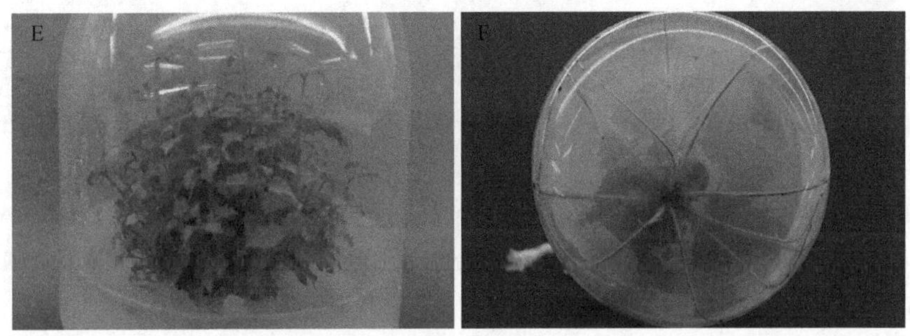

图 12-2　白桦转基因植株的获得（彩图请扫封底二维码）

A. 侵染后的白桦叶片；B. 形成抗性愈伤组织；C. 抗性愈伤长大；D. 愈伤组织分化出芽；E. 抗性芽长成丛生苗；F. 转基因幼苗生根培养

12.1.3　转基因株系的分子检测

2010 年获得的转基因株系，2011 年进行移栽，移栽的当年分别对获得的 5 个 35S∷*BpAP1* 转基因白桦株系、部分 35S∷*BpAP1RNAi* 转基因株系及 WT 进行 PCR 检测。结果显示，5 个 35S∷*BpAP1* 转基因株系在 903bp 处都扩增出了单一的条带，而阴性对照没有扩增出条带（图 12-3A），这初步证明 *BpAP1* 基因已经整合到白桦的基因组中。而 35S∷*BpAP1RNAi* 转基因各个株系都在 679bp 处扩增出特异的条带，WT 没有扩增出条带（图 12-3B），证明 *BpAP1RNAi* 序列整合到了白桦的基因组中，将这些株系分别命名为 FA1、FA2、FA3、FA4、FA5、FA6、FA7、FA8、FA9、FA10 和 FA11。

分别选取 35S∷*BpAP1* 转基因株系 A2、A3 和 A5，以及 35S∷*BpAP1RNAi*

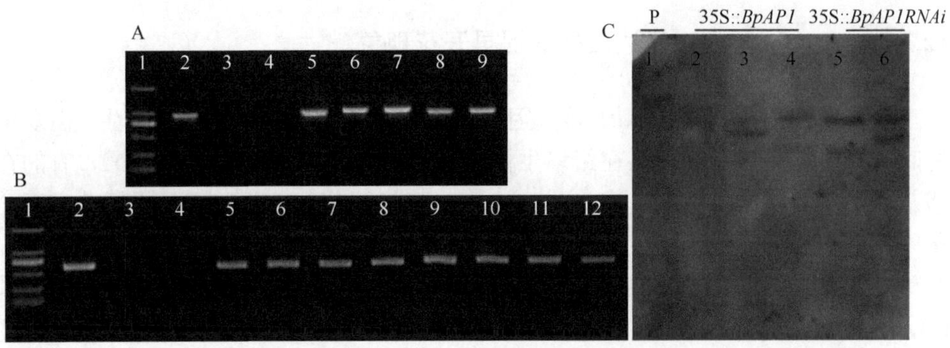

图 12-3　转基因白桦的 PCR 扩增电泳图谱及 Southern 杂交检测

A. 35S∷*BpAP1* 转基因白桦 PCR 扩增电泳图谱。B.35S∷BpAP1RNAi 转基因白桦 PCR 扩增电泳图谱。其中，1 为 Marker DL2000，2 为阳性对照，3 为水对照，4 为 WT。A 中 5~9 为 35S∷*BpAP1* 转基因白桦；B 中 5~12 为 35S∷BpAP1RNAi 转基因白桦。C. Southern 杂交，其中 P 为阳性对照（pROKⅡ-*AP1*），35S∷BpAP1 为 35S∷*BpAP1* 转基因白桦，35S∷*BpAP1RNAi* 为 35S∷*BpAP1RNAi* 转基因白桦

转基因株系 FA10、FA11，以 pROKⅡ-*AP1* 为阳性对照，进行 Southern blotting 检测。结果表明，A2、A3 和 A5 均检测到 2 个条带，说明 *BpAP1* 在白桦的基因组中有 2 个拷贝；FA10、FA11 也检测到 2 个条带，说明 *BpAP1RNAi* 在白桦的基因组中也有 2 个拷贝（图 12-3C）。

Northern blotting 检测结果表明，3 个 35S：：*BpAP1* 转基因株系在 mRNA 水平上 *BpAP1* 均有很明显的表达，而 2 个 35S：：*BpAP1RNAi* 转基因株系及 WT 则没有谱带出现（图 12-4A）。

为进一步确认转基因白桦是否有 BpAP1 蛋白产物，采用 BpAP1 多克隆抗体，分别对 3 个 35S：：*BpAP1* 转基因株系、2 个 35S：：*BpAP1RNAi* 转基因株系及 WT 进行 Western 杂交分析。结果显示，35S：：BpAP1 转基因各个株系在 28kDa 处均出现抗 BpAP1 抗体特异性杂交谱带，而 WT 和 35S：：BpAP1RNAi 转基因株系没有谱带出现（图 12-4B）。

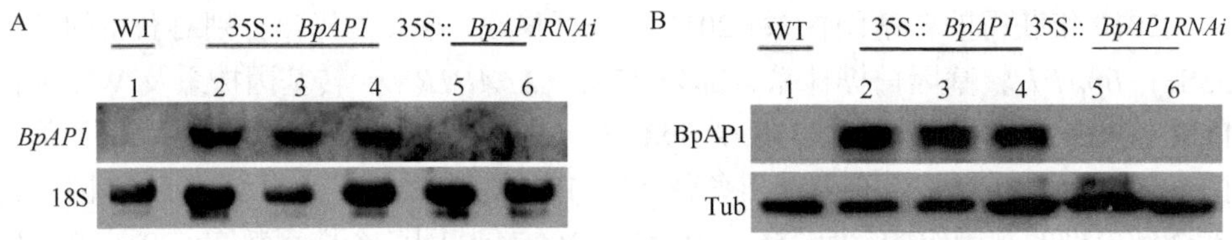

图 12-4 转基因白桦 Northern（A）和 Western（B）杂交检测

WT，非转基因对照白桦；35S：：*BpAP1*，35S：：*BpAP1* 转基因白桦；35S：：*BpAP1RNAi*，35S：：*BpAP1RNAi* 转基因白桦；A 中 18S 为 18S 核糖体 RNA；B 中 Tub 为 α-Tubulin

12.2 转 *BpAP1* 基因白桦的生长发育特性

12.2.1 *BpAP1* 基因过表达白桦的提早开花现象

获得的 5 个 35S：：BpAP1 转基因株系移栽当年即可见雄花序的产生，但发生的时间不尽相同，有的株系在组培生根过程中即可见雄花序（图 12-5D），有的在移栽后 2 个月陆续形成雄花序（图 12-5A），但每株苗木的雄花序数量显著高于雌花序，平均雌、雄花序比值为 1∶13（通常野生型白桦的雌、雄花序比为 2∶1）。在移栽的第 2 年，多数 35S：：BpAP1 株系均有雄花序和雌花序的形成（图 12-5B、C），而对照未见开花，调查发现，5 个株系的开花率为 7.14%~73.33%，A4 开花率最高，为 73.33%，A3 株系的开花率次之，为 68.75%（表 12-1）。

12.2.2 *BpAP1* 基因过表达白桦雌、雄花的形态特征

通常进入生殖生长期的野生型白桦雄花的花序分生组织在 6 月初开始形成，

图 12-5　35S：：BpAP1 转基因白桦的早花现象（彩图请扫封底二维码）

A. 非转基因对照白桦；B. 35S：：BpAP1 转基因白桦的雄花序；C. 35S：：BpAP1 转基因白桦的果序；D. 组织培养过程中的雄花序

表 12-1　二年生 35S：：BpAP1 转基因白桦的开花调查

株系	调查的株数	开花株数	果序数量	雄花序总数	开花率/%
WT	18	0	0	0	0
A1	17	4	4	85	23.53
A2	14	1	0	40	7.14
A3	16	11	18	157	68.75
A4	15	11	23	368	73.33
A5	18	7	13	104	38.89

注：WT 为非转基因对照白桦；A1~A5 为 *BpAP1* 过表达转基因株系。

到了 6 月中旬，当年生枝上就可看到长出的雄花序（姜静等，2001）。对 35S：：BpAP1 转基因白桦观察发现，其雄花序在 5 月底就可见形成（图 12-6A），较进入生殖生长期的野生型白桦雄花序发育提前 15d 左右，并且大小参差不齐(图 12-6B)。在 7 月中旬对 35S：：BpAP1 转基因白桦雄花序的大小进行比较，结果显示，参试株系间的雄花序长径比差异显著（$P<0.05$）（图 12-6B，表 12-2），5 个转基因株系的长径比显著低于野生型白桦，5 个株系的均值低于 WT 的 22.76%，多数 35S：：BpAP1 白桦的雄花序呈现粗短的形态。

进一步对雄花进行解剖观察，35S：：BpAP1 转基因白桦及野生型白桦的雄花每一苞鳞内均有 2 枚小苞片和 3 朵雄花，每朵雄花内有 2 枚雄蕊，每个雄蕊着生 2 个花药（图 12-6C，C′，D，D′）。用扫描电镜观察花药，发现野生型白桦的花药壁光滑，花药饱满，构成花药壁的细胞排列规则，细胞间分界清晰（图 12-6E0，E1）；而 35S：：BpAP1 转基因白桦的花药壁粗糙，花药空瘪，内含花粉极少，构成其花药壁的细胞间分界不清晰（图 12-6F0，F1），分别对 35S：：BpAP1 转基因白桦及 WT 冬季的花粉粒进行 DAPI 染色，结果显示，此时期二者的花粉粒均为单核，直径大小差异不显著（$P=0.791$）（图 12-6E2，F2）。

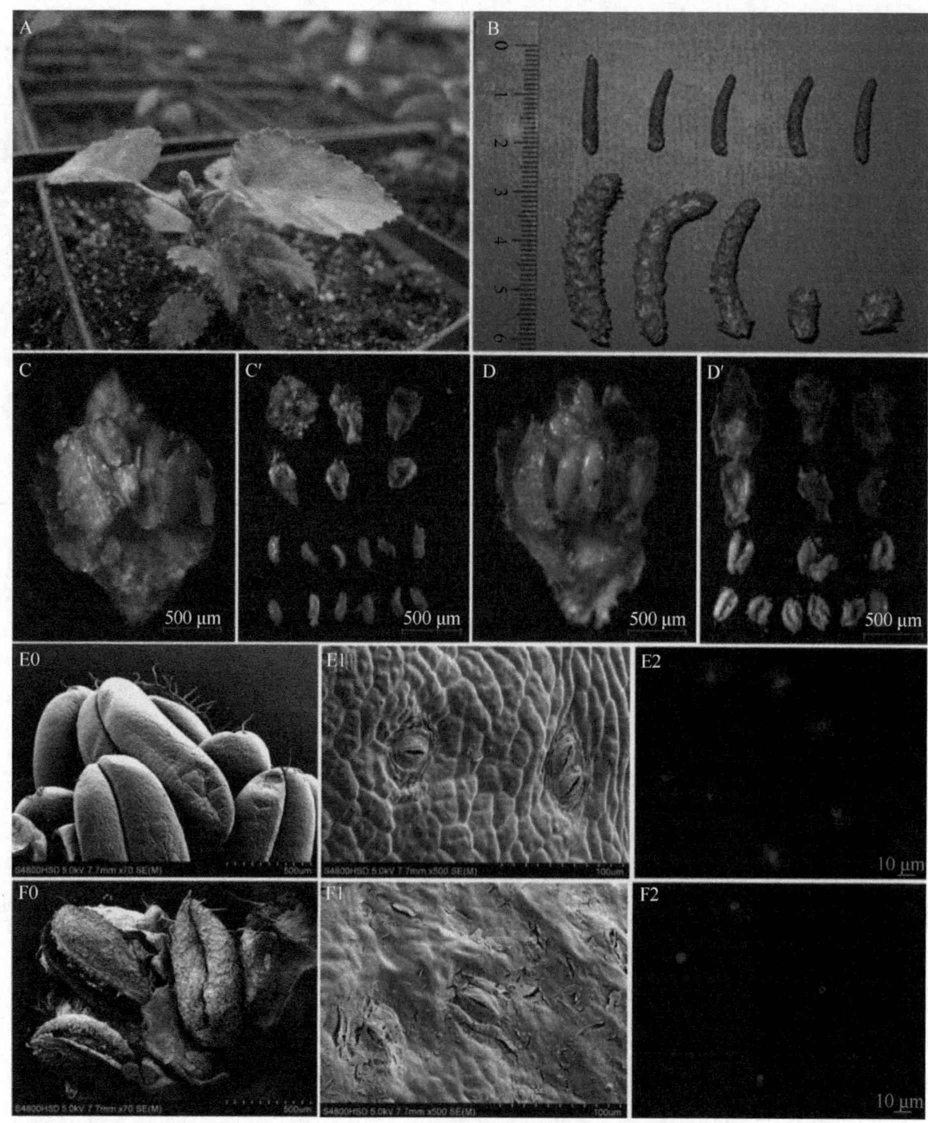

图 12-6　35S∷BpAP1 转基因白桦和 WT 雄花的比较（彩图请扫封底二维码）

A. 35S∷BpAP1 转基因白桦移栽 2 个月后形成的雄花序；B.35S∷BpAP1 转基因白桦与 WT 雄花序的比较，上排为 WT，下排为 35S∷BpAP1 转基因白桦；C、C′. WT 雄小花；D、D′.35S∷BpAP1 转基因白桦雄小花；E0. WT 花药；E1. WT 花药外表皮；E2. WT 花粉；F0. 35S∷BpAP1 转基因白桦花药；F1. 35S∷BpAP1 转基因白桦花药外表皮；F2. 35S∷BpAP1 转基因白桦花粉

雌小花解剖观察显示，35S∷BpAP1 白桦与 WT 雌小花均有 1 枚大苞片、2 枚小苞片，无花被，子房扁平，比较发现二者仅在大苞片形态上略有不同，即 WT 的大苞片呈三角形，而转基因株系的大苞片呈近圆形（图 12-7B，C）。

以 35S∷BpAP1 转基因白桦为母本与 WT 杂交，除 A2 株系外，其他 4 个株系均获得果序，获得的果序多数较短，部分果序呈圆球状（图 12-7D），35S::BpAP1 转基因白桦的果序长径比均显著小于 WT（$P<0.05$）（表 12-2），小于 WT（自由授粉的果序）长径比的 57.1%。

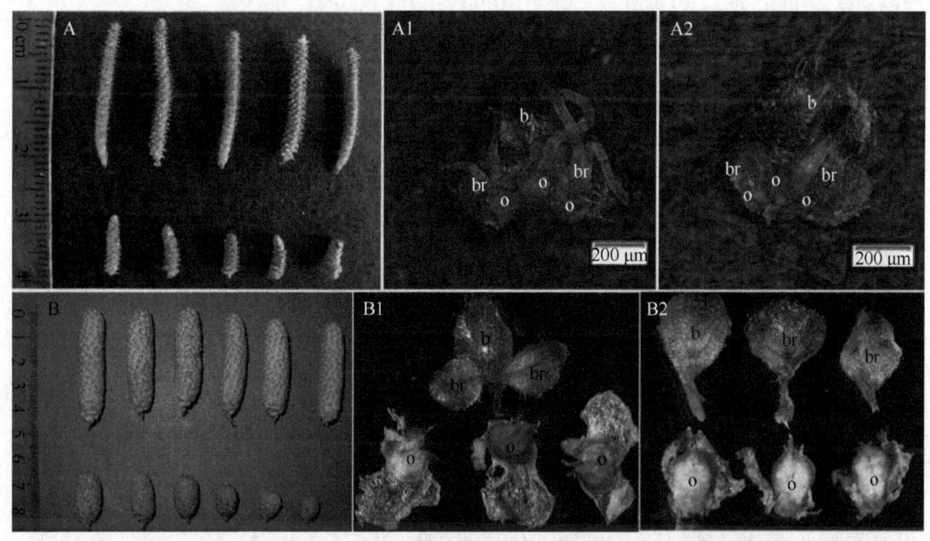

图 12-7　35S::BpAP1 转基因白桦和 WT 雌花的比较

A. 35S::BpAP1 转基因白桦与 WT 雌花序的对比图，上排为 WT，下排为 35S::BpAP1 转基因白桦。B.35S::BpAP1 转基因白桦与 WT 果序的对比图，上排为 WT，下排为 35S::BpAP1 转基因白桦。A1、B1. 野生型白桦的雌小花；A2、B2.35S::BpAP1 转基因白桦的雌小花。其中，b 表示苞片，br 分别代表两个小苞片，o 代表子房

表 12-2　35S::BpAP1 转基因白桦和野生型白桦雄花序与果序的比较

株系	雄花序				株系	果序			
	个数[1]	长度[2]	直径[3]	长径比[4]		个数[1]	长度[2]	直径[3]	长径比[4]
WT	30	17.92±1.90a	2.31±0.14c	7.75a	WT	30	39.83±4.74a	8.78±0.51a	4.55a
A1	49	15.87±1.65ab	3.04±0.02a	5.21d	A1	4	15.09±6.65b	8.16±1.51a	1.83b
A2	24	18.19±4.00a	2.62±0.29b	6.94b	A3	18	17.55±4.25b	7.95±1.44a	2.15b
A3	92	16.40±5.45ab	2.74±0.55b	5.99cd	A4	23	14.92±4.26b	8.01±0.89a	1.85b
A4	228	17.02±6.03ab	3.05±0.85a	5.57d	A5	13	16.91±2.46b	8.57±0.56a	1.97b
A5	68	15.27±4.93b	2.45±0.77bc	6.94b	—	—	—	—	—

注：WT，野生型白桦；A1~A5，*BpAP1* 过表达转基因白桦。1 每个株系的单株数；2 雄花序/果序的平均长度（mm）；3 雄花序/果序的平均直径（mm）；4 雄花序/果序长度与直径的平均比值。不同字母表示差异显著（n=6，$P<0.05$，Duncan 多重比较）。

12.2.3　*BpAP1* 基因过表达白桦 T0 代的高生长

对 5 个 35S::BpAP1 白桦的高生长进行调查，结果显示，一年生和二年生转基因白桦的平均苗高均显著低于 WT（$P<0.05$），一年生的 5 个 35S::BpAP1 株系的平均苗高仅为 11.88cm，低于对照株系的 69.70%；二年生时低于 WT 的 41.17%（图 12-8）。

为了研究苗高与开花情况之间的关系，分别对 35S:：BpAP1 转基因白桦的苗高和开花率、开花数量进行了相关性分析。结果表明，二年生 35S:：BpAP1 转基因白桦的苗高和开花数量之间呈极显著的负相关（$r = -0.988$；$P = 0.002$；$n=5$），与开花率之间呈显著的负相关（$r = -0.937$；$P = 0.019$；$n=5$）。

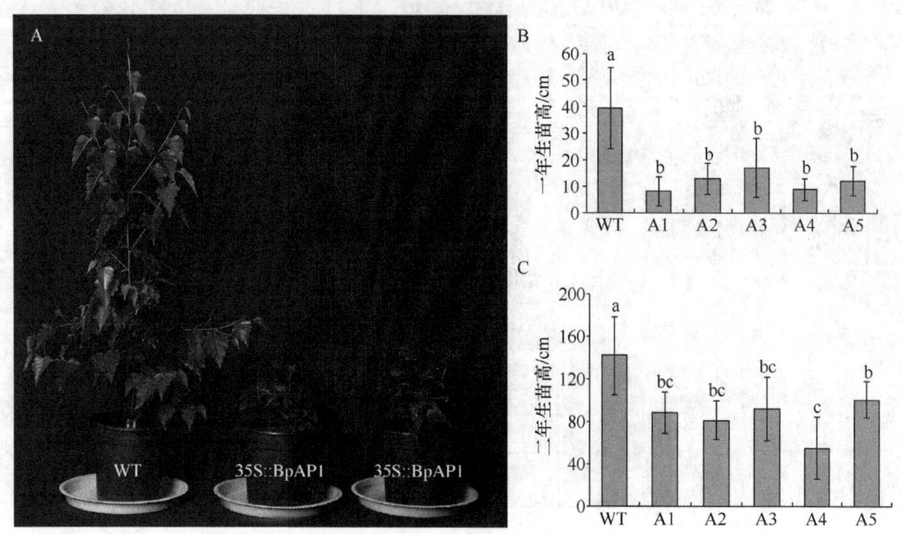

图 12-8　35S:：BpAP1 转基因白桦与非转基因对照白桦的苗高对比（彩图请扫封底二维码）

A. WT 为非转基因对照白桦，35S:：BpAP1 为 35S:：BpAP1 转基因白桦，箭头表示花序；B. 一年生 35S:：BpAP1 转基因白桦的苗高；C. 二年生 35S:：BpAP1 转基因白桦的苗高。相同字母表示差异不显著，不同字母表示差异显著（$n=6$，$P<0.05$；Duncan 多重比较分析）；误差线表示标准偏差

12.2.4　转基因白桦 T1 代中 *BpAP1* 基因的遗传规律

将 4 个 35S:：BpAP1 转基因株系与 WT 杂交得到的种子于 2012 年 7 月底进行播种育苗，共获得 447 株 T1 代苗木，进而 PCR 扩增检测 *BpAP1* 基因，结果发现，A5 株系的子代中有 70%的个体扩增检测到 *BpAP1* 基因，而 A4 最少，仅有 20%的个体扩增检测到 *BpAP1* 基因，表明外源 *BpAP1* 基因能够通过有性生殖遗传给子代（图 12-9A）。

2013 年 4 月下旬可见 4 个 35S:：BpAP1 转基因株系的 T1 代均有雌花序出现（图 12-9B），5 月 4 日起，又陆续出现雄花序（图 12-9D），目前，T1 代的雄花序正处于发育中。与 WT 和 35S:：BpAP1 转基因当代株系相比，T1 代植株雄花序的开放时间明显提前 1 个月。

12.2.5　*BpAP1* 基因抑制表达白桦的高生长

对获得的 11 个 35S:：BpAP1RNAi 转基因株系进行高生长比较，结果发现，一年生时 35S::BpAP1RNAi 白桦中只有 FA3 和 FA9 株系显著高于非转基因对照；到了二年生时，FA3、FA4、FA7、FA8 和 FA9 等 5 个株系显著高于对照，其平均苗高高于对照的 26.55%。同时还发现部分 35S::BpAP1RNAi 白桦树干弯曲（图 12-10），明显不同于对照。

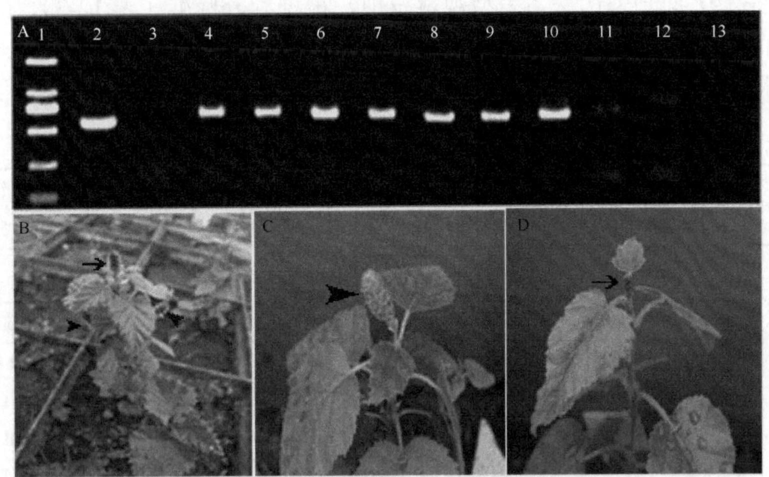

图 12-9　35S::BpAP1 转基因白桦子代的 PCR 检测及表型（彩图请扫封底二维码）

A. 35S::BpAP1 转基因白桦子代的 PCR 扩增电泳图谱，其中，1 为 Marker DL2000，2 为阳性对照，3 为水对照，4~13 为 35S::BpAP1 转基因白桦子代；B.35S::BpAP1 转基因白桦子代出现雌花序；C.T1 代的果序；D.35S::BpAP1 转基因白桦子代出现雄花序

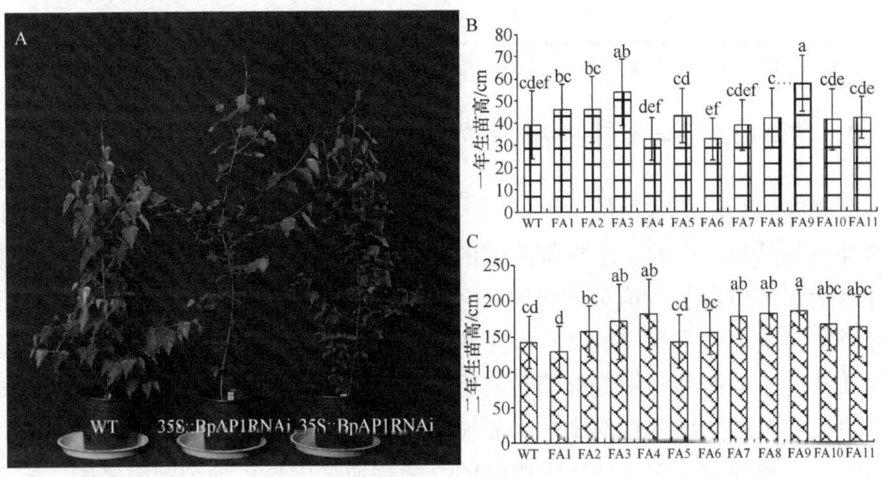

图 12-10　35S::BpAP1RNAi 转基因白桦与非转基因对照白桦的苗高对比（彩图请扫封底二维码）

A. WT 为非转基因对照白桦，35S::BpAP1RNAi 为 35S::BpAP1RNAi 转基因白桦；B. 一年生 35S::BpAP1 RNAi 转基因白桦的苗高；C. 二年生 35S::BpAP1RNAi 转基因白桦的苗高。相同字母表示差异不显著，不同字母表示差异显著（n=12，P<0.05；Duncan 多重比较分析）；误差线表示标准偏差

12.3 转 *BpAP1* 基因白桦的木材特性

12.3.1 转基因株系与非转基因株系的干性观测

对 *BpAP1* 抑制表达株系表型观察发现，根据划分标准（表 12-3），67.95%的株系树干通直度均在 III 级（表 12-4），即呈现弯曲现象。接下来对决定木材机械强度的木质素成分进行分析，探明 *BpAP1* 基因是否参与白桦木材形成。

表 12-3　划分通直度等级的标准

等级	I 级	II 级	III 级	IV 级
标准	无弯曲	有 1 个明显弯曲	有 2~3 个明显弯曲	有 3 个以上明显弯曲

表 12-4　树干通直度调查

株系	调查株数	通直度	株系	调查株数	通直度
WT	5	II 级	WT	5	II 级
A1	8	II 级	FA4	5	III 级
A2	8	I 级	FA5	4	III 级
A3	12	I 级	FA6	6	III 级
A4	7	I 级	FA7	4	III 级
A5	10	I 级	FA8	8	III 级
FA1	8	II 级	FA9	9	II 级
FA2	8	III 级	FA10	7	III 级
FA3	11	III 级	FA11	8	II 级

注：WT 为非转基因对照白桦；A1~A5 为 35S：：*BpAP1* 白桦；FA1~FA11 为 35S：：*BpAP1RNAi* 白桦。

12.3.2 转基因株系与非转基因株系木质素含量的比较

厚壁细胞是组成木材的主要细胞，木材细胞壁的结构往往决定了木材及其制品的性质与品质，因此，木材细胞壁的研究尤为重要。木材细胞壁是由纤维素、半纤维素和木质素 3 种成分构成的，它们对细胞壁的物理作用有所不同。纤维素以分子链聚集成排列有序的微纤丝束状态存在细胞壁中，赋予木材抗拉强度，起着骨架作用，故被称为细胞壁的骨架物质；半纤维素以无定形状态渗透在骨架物质之中，借以增加细胞壁的刚性，故被称为基体物质；而木质素是在细胞分化的最后阶段才形成的，它渗透在细胞壁的骨架物质之中，可使细胞壁坚硬，所以被称为结壳物质或硬固物质。因此，根据木材细胞壁这三种成分的物理作用特征，人们形象地将木材的细胞壁称为钢筋-混凝土建筑。

木质素是构成细胞壁的主要成分之一，具有使细胞相连的作用。从植物学观点出发，木质素就是包围于管胞、导管、木纤维等纤维束细胞及厚壁细胞外的物质，并使这些细胞具有特定显色反应；从化学观点来看，木质素是由高度取代的苯基丙烷单元随机聚合而成的高分子，它与纤维素、半纤维素一起形成植物骨架的主要成分，在数量上仅次于纤维素。木质素填充于纤维素构架中增强植物体的机械强度，用于输导组织的水分运输和抵抗不良外界环境的侵袭（赵华燕等，2002）。

试验以 4 株转基因白桦及 WT 为试材，采用“GB/T 2677.8—94”方法测定总木质素含量，结果表明，*BpAP1* 过表达株系和抑制表达株系的木质素含量均显著低于对照（$P<0.01$），分别低于对照的 12.65%和 13.68%（图 12-11A）。因单体不同，可将木质素分为 3 种类型，即愈创木基木质素（guaiacyl lignin，G-木质素）、紫丁香基木质素（syringyl lignin，S-木质素）和对-羟基苯基木质素（hydroxy-phenyl lignin，H-木质素）。对木质素单体进行测定发现，*BpAP1* 基因抑制表达株系的 G-木质素含量与对照差异显著，低于对照的 12.29%（P=0.03）（图 12-11B）；*BpAP1* 基因过表达株系和抑制表达株系与对照的 S-木质素含量差异均达到了极显著水平（$P<0.01$），分别低于对照的 14.85%和 13.96%（图 12-11C）。

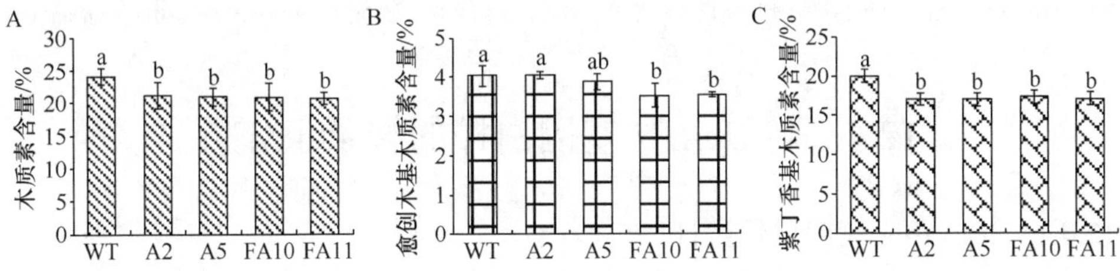

图 12-11　转基因白桦与非转基因白桦木质素含量的比较

A. 木质素含量；B. 愈创木基木质素含量；C. 紫丁香基木质素含量。其中 WT 为非转基因白桦；A2、A5 为 35S：：BpAP1 转基因白桦；FA10、FA11 为 35S：：BpAP1RNAi 转基因白桦。相同字母表示差异不显著，不同字母表示差异显著（n=5，$P<0.01$；Duncan 多重比较）；误差线表示标准差

12.3.3　木材细胞壁的超微结构观察

利用扫描电镜对转基因白桦主茎基部的次生木质部进行观察，并获取静态数字图像，镜下清晰可见次生壁与细胞间的胞间层。通过基于二值形态学的木材横切面显微构造特征的方法测量了细胞壁厚度，测量结果显示，*BpAP1* 过表达株系的平均细胞壁厚度为 0.85μm，抑制表达株系平均细胞壁厚度为 0.98μm，与非转基因对照相比，细胞壁明显变薄（$P<0.01$），分别低于对照的 36.40%和 27.32%（图 12-12）。

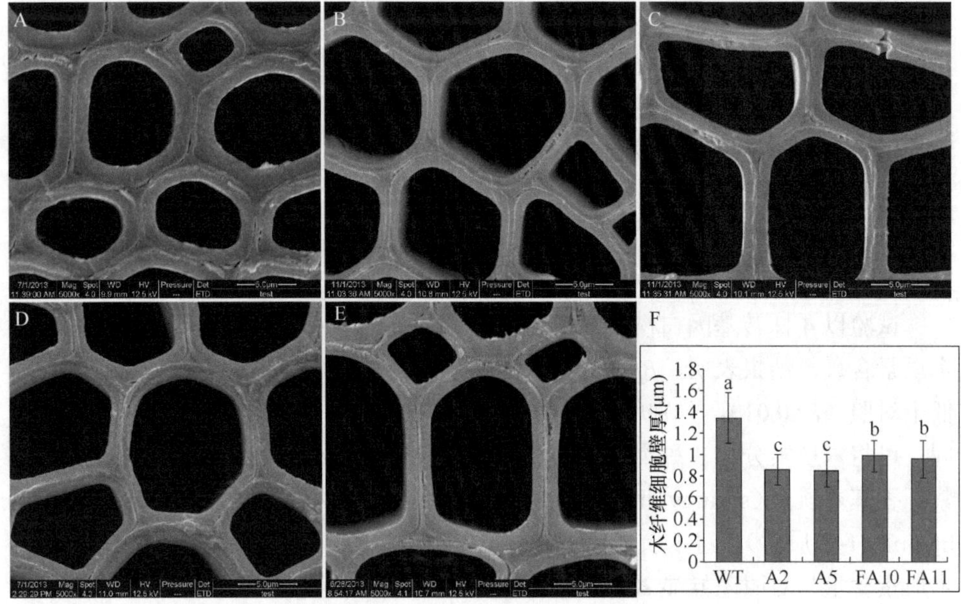

图 12-12 转基因白桦与非转基因白桦木纤维细胞壁厚

A~E. 转基因白桦与非转基因白桦木纤维细胞壁的电镜观察，放大倍数 5000×；F. 转基因白桦与非转基因白桦木纤维细胞壁厚的比较；其中，WT 为非转基因对照白桦，A2、A5 为 35S∷BpAP1 转基因白桦；FA10、FA11 为 35S∷BpAP1RNAi 转基因白桦。相同字母表示差异不显著，不同字母表示差异显著（n=5；P<0.01；Duncan 多重比较）；误差线表示标准差

12.4 转 *BpAP1* 基因白桦的转录组分析

12.4.1 Illumina 测序质量统计

提取 35S∷BpAP1 转基因白桦 A2 和 A5、35S∷BpAP1RNAi 转基因白桦 FA10 和 FA11，以及非转基因对照白桦的 RNA 用来构建转录组文库，分别得到了 53 862 930、54 548 464、54 449 892、51 440 772 和 55 367 288 个 reads（表 12-5）。过滤 5 个数据库的原始数据以去除不确定的及含接头的低质量序列，最后分别得到 52 607 924（97.67%）、53 228 391（97.58%）、53 654 924（98.54%）、50 710 313（98.58%）和 54 055 083（97.63%）clean reads。进而对这些 reads 进行拼接、组装，其中 A2 得到 79 753 个 Unigene，平均长度为 647bp；A5 得到 76 593 个 Unigene，平均长度为 665bp；FA10 得到 74 339 个 Unigene，平均长度为 680bp；FA11 得到 81 611 个 Unigene，平均长度为 641bp；对照得到 99 671 个 Unigene，平均长度为 830bp（表 12-5，图 12-13）。这 5 个数据库拼接的 Unigene 长度从 200~3000bp 不等，其中长度为 100~500bp 的 Unigene 所占的比例最大，占总数的 55.76%；501~1000bp 的 Unigene 有 15 999 个，占总数的 17.95%；1001~2000bp 的 Unigene 有 14 837 个，

占总数的 16.64%；长度大于 2000bp 的有 8604 个，占总数的 9.65%（图 12-13A）。

为了得到最完全的注释信息，基于序列的同源性搜索和比对，将这些 Unigene 进行了注释。图 12-13C 显示了 Unigene 在 NR、WT、SwissProt、KEGG、COG 和 GO 等数据库中注释的数量和相对百分比。

我们发现 Illumina 测序能够检测到很多低表达量的转录本，不同表达丰度 Unigene 的分布情况见图 12-13C。A2、A5、FA10、FA11 及 WT 这 5 个库中 Unigene 的分布很相似，其中表达量高于 0.1%（>1000RPKM）的 Unigene 分别有 49、41、50、49 和 46 个，随着表达量的降低，相应 Unigene 的数量增多，在表达丰度低于 0.0001%的情况下，WT、A2、A5、FA10 和 FA11 的 Unigene 分别占总数的 59.76%、56.12%、57.85%、58.14%和 53.23%，另外，WT、A2、A5、FA10 和 FA11 中表达量低于 0.001%（< 100PRKM）的 Unigene 分别占总数的 88.86%、89.24%、89.08%、89.04%和 89.12%，分析证明了第二代测序技术对低转录水平 Unigene 的敏感性。

表 12-5　转基因白桦和非转基因对照白桦测序质量统计

	WT	A2	A5	FA10	FA11
Reads 总数	55 367 288	53 862 930	54 548 464	54 449 892	51 440 772
核苷酸总数/nt	4 983 055 920	4 847 663 700	4 909 361 760	4 900 490 280	4 629 669 480
高质量 reads 数	54 055 083	52 607 924	53 228 391	53 654 924	50 710 313
高质量 reads /%	97.63	97.67	97.58	98.54	98.58
低质量 reads 数	1 312 205	1 255 006	1 320 073	794 968	730 459
低质量 reads/%	2.37	2.33	2.42	1.46	1.42
GC 百分比/%	48.13	48.17	48.12	48.24	48.12
Contig 数目	641 725	651 217	189 624	191 330	209 000
Unigene 数目	99 671	79 753	76 593	74 339	81 611
总长/nt	82 683 373	51 591 428	50 910 299	50 547 412	52 272 270
平均长度/nt	830	647	665	680	641
N50/nt	1 566	1 206	1 259	1 283	1 176

注：WT，非转基因对照白桦；A2、A5，35S：：BpAP1 白桦；FA10、FA11，35S：：BpAP1RNAi 白桦。

12.4.2　转基因白桦和非转基因对照白桦 Unigene 的差异表达

测序时检测到 Unigene 的频率作为 A2、A5、FA10、FA11 和 WT 这 5 个数据库中该转录本的表达水平。转基因植株 A2、A5、FA10 和 FA11 与 WT 相比，表达水平在 2 倍差异以上（>2 或<0.5）的分别占各自总数的 59.25%、56.54%、56.38%和 55.20%（图 12-14）。

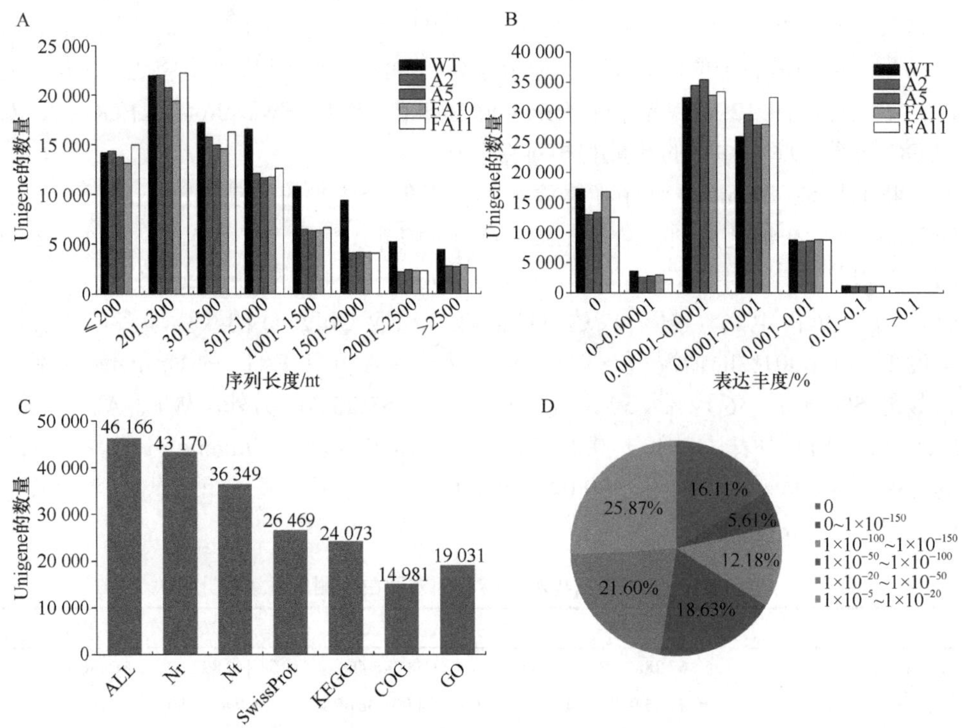

图 12-13 Unigene 的测序质量统计（彩图请扫封底二维码）

A. Unigene 的长度分布；B. Unigene 不同表达丰度的分布情况，每个 Unigene 的分布都以其占转基因白桦和非转基因对照白桦总 Unigene 的百分比来计算的，其中，WT 为非转基因对照白桦；A2、A5 为 35S：：BpAP1 白桦；FA10、FA11 为 35S：：BpAP1RNAi 白桦；C. Blastx 和 Blastn 在各数据库中的注释上的 Unigene 的数量；D. Nr 数据库中通过 Blastx 比对上的每个 Unigene 的 *E* 值分布

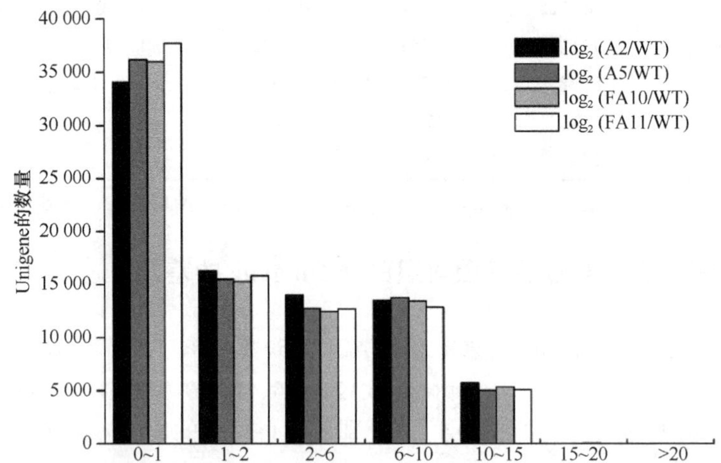

图 12-14 转基因白桦和非转基因白桦之间 Unigene 表达的比较

WT，非转基因对照白桦；A2、A5，35S：：BpAP1 白桦；FA10、FA11，35S：：BpAP1RNAi 白桦

将 FDR≤0.001 且倍数差异在 2 倍以上的 Unigene 定义为差异 Unigene，结果显示：与 WT 相比，35S：：BpAP1 转基因白桦有 8302 个差异的 Unigene，其中 4637 个 Unigene 上调表达、3665 个 Unigene 下调表达、而 35S：：BpAP1RNAi 转基因白桦有 7813 个差异的 Unigene，其中 4688 个上调表达、3125 个下调表达。在 35S：：BpAP1 和 35S：：BpAP1RNAi 这两个库同时表达的差异 Unigene 有 2044 个，其中 1321 个上调表达、723 个下调表达（图 12-15）。

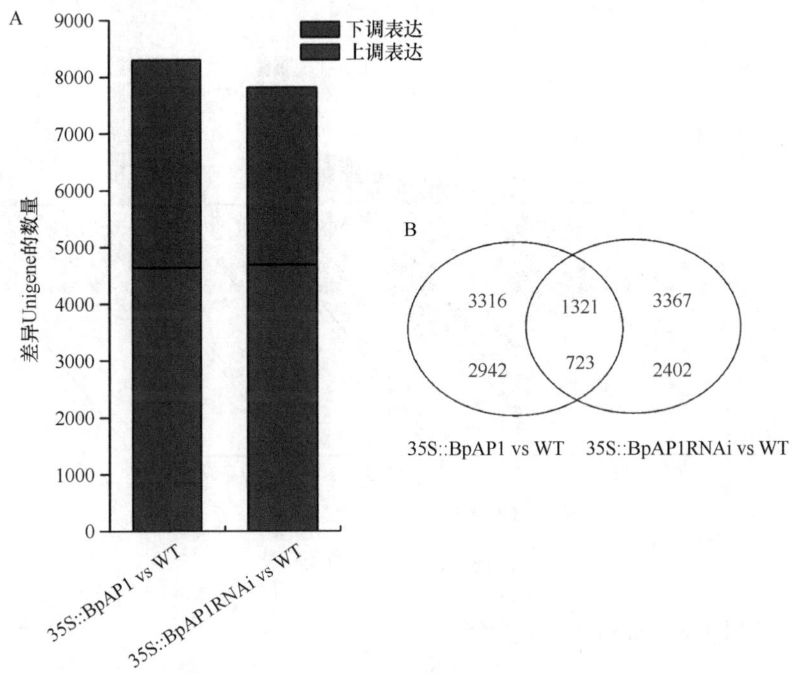

图 12-15 转基因白桦和非转基因白桦之间差异表达 Unigene 的比较

A. 差异表达 Unigene 的数量；B. 差异表达 Unigene 的比较，其中 WT 表示非转基因对照白桦

12.4.3 差异基因的功能分类

为了研究差异 Unigene 的功能，进而对其进行了 GO 分类，结果发现有 6183 个差异的 Unigene 得到了注释。根据生物过程（biological process）、细胞组分（cellular component）和分子功能（molecular function）对差异表达的 Unigene 进行分类（图 12-16）：在细胞组分中，参与细胞（cell）、细胞部分（cell part）和细胞器（organelle）的 Unigene 较多，分别占 GO 注释 Unigene 总数的 56.67%、51.11% 和 37.60 %；在分子功能中，Unigene 被分成了 9 类，其中参与催化活性（catalytic activity）和结合（binding）的 Unigene 最多，分别占 GO 注释 Unigene 总数的 49.30% 和 43.73%；另外，差异表达的 Unigene 与 26 个生物过程相关，包括代谢过程

（metabolic process）、细胞过程（cellular process）、刺激响应（response to stimulus）、定位（localization）、定位的确立（establishment of localization）、发育过程（developmental process）和其他（图 12-16）。

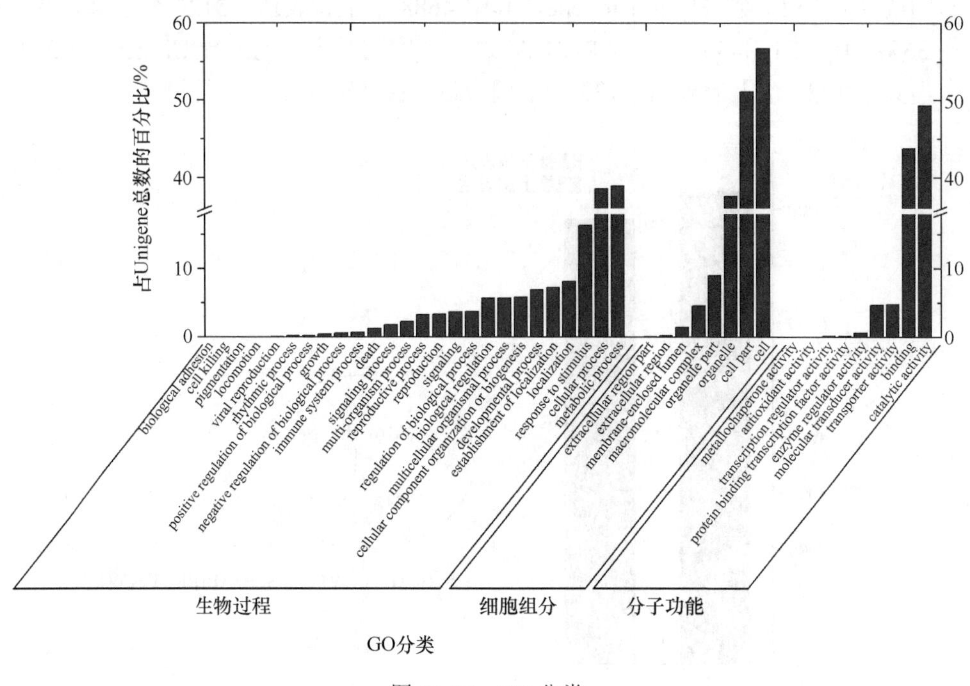

图 12-16　GO 分类

12.4.4　差异 Unigene 的代谢途径

采用 KEGG 进行 Pathway 富集分析，进一步了解基因的生物学功能，共 7802 个差异表达的 Unigene 被富集到 124 个代谢途径上，其中有 31 个 Pathway 显著富集（Q 值<0.05），包括次生代谢产物生物合成（biosynthesis of secondary metabolites）、苯丙烷生物合成（phenylpropanoid biosynthesis）、植物与病原体相互作用（plant-pathogen interaction）、芪类化合物、二芳基庚酸类化合物和姜辣素的生物合成（stilbenoid，diarylheptanoid and gingerol biosynthesis）和代谢途径（metabolic pathway），等。

12.4.4.1　赤霉素生物合成途径

前期研究发现 35S∷BpAP1 转基因白桦不仅显著缩短白桦的童期，而且一年生的苗木显著矮化，故此，对赤霉素生物合成途径进行分析，深入挖掘转基因白桦中与生长代谢相关的基因变化。结果显示，此代谢途径中共找到 11 条差异基因，它们编码的蛋白质分别为内根-贝壳杉烯氧化酶（ent-kaurene oxidase）、内根-贝壳杉烯酸氧化酶(ent-kaurenoic acid oxidase)、GA20 氧化酶(gibberellin 20-oxidase)、GA3β-氧化酶（gibberellin 3-beta-dioxygenase）、GA2 氧化酶（gibberellin 2-oxidase）等，这些都是赤霉素合成过程中的关键酶（图 12-17A）（Kaufmann et al.，2010），其中内根-贝壳杉烯氧化酶、内根-贝壳杉烯酸氧化酶、GA2 氧化酶在 35S：：BpAP1 白桦中均明显上调表达（表 12-6）。采用实时定量 PCR 技术对 GA2 氧化酶（Unigene59335_All）和 GA3 氧化酶（Unigene47464_All）进行验证，发现 GA2 氧化酶在 35S：：BpAP1 白桦中上调表达；而 GA3 氧化酶在 35S：：BpAP1RNAi 白桦中上调表达(图 12-17B)。

12.4.4.2　木质素合成途径

对转基因白桦和对照的生长及表型观察显示，35S：：BpAP1 株系植株矮小而 35S：：BpAP1RNAi 株系树干明显弯曲，并且二者的木质素含量均降低，木纤维

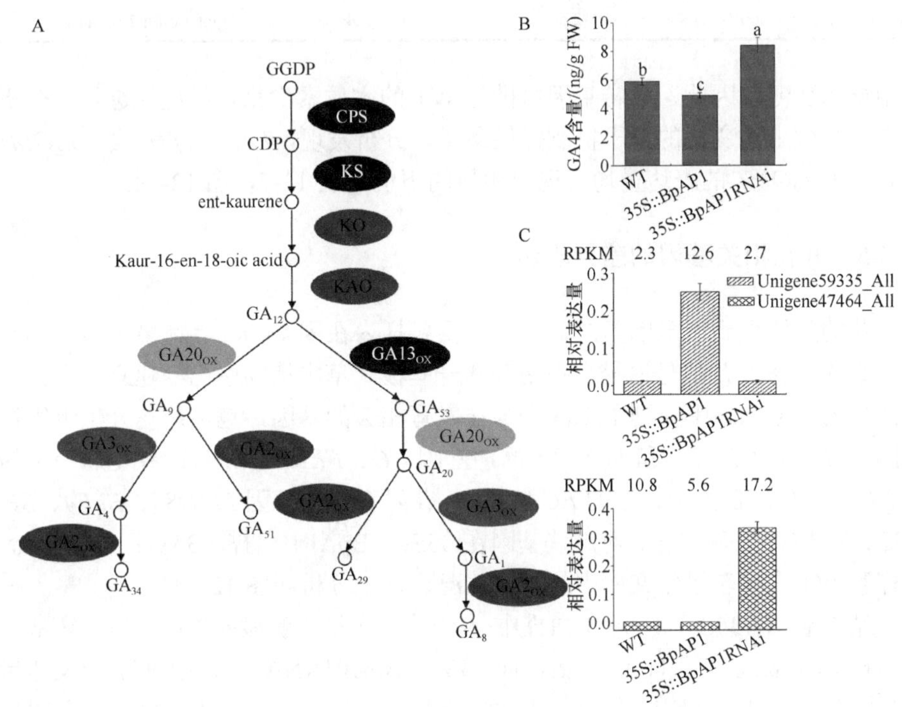

图 12-17　赤霉素的生物合成途径

A. 赤霉素的生物合成，其中，GGDP 为牻牛儿基焦磷酸；CPS 为古巴焦磷酸合成酶；CDP 为古巴焦磷酸；KS 为内根-贝壳杉烯合成酶；KO 为内根-贝壳杉烯氧化酶；KAO 为内根-贝壳杉烯酸氧化酶；GA20ox 为 GA20 氧化酶；GA13ox 为 GA13 氧化酶；GA3ox 为 GA3 氧化酶；GA2ox 为 GA2 氧化酶；B. GA4 的含量。C. Unigene59335_All（GA2ox）和 Unigene47464_All（GA3ox）在非转基因白桦 WT、转基因白桦 35S：：BpAP1 和 35S：：BpAP1RNAi 之间的表达差异。Illumina 测序结果在每个基因的最上部表示出来；相对表达水平由实时定量 PCR 以 18S 和 Tubulin 为内参计算而来，每个 Unigene 有 3 次重复

表 12-6 转基因白桦和 WT 赤霉素合成途径的差异基因

GI 登录号	E 值	表达量 log_2（35S:: BpAP1 /WT RPKM）	表达量 log_2（35S:: BpAP1RNAi /WT RPKM）	注释信息
293792354	0	1.1	0.2	ent-kaurene oxidase
197209780	1.00E-140	1.3	0.3	ent-kaurenoic acid oxidase 1/cytochrome P450 88D6
197209774	3.00E-36	1.2	0.3	ent-kaurenoic acid oxidase 2/cytochrome P450 88D3
18496057	0	2.0	0.7	gibberellin 20-oxidase 1
224123248	1.00E-159	1.2	0.3	gibberellin 20 oxidase 1
68509984	1.00E-155	−2.4	1.1	gibberellin 20 oxidase 2
224096043	1.00E-107	−3.2	−0.3	gibberellin 20 oxidase 2
61651585	1.00E-169	−2.6	0.4	gibberellin 3-beta-dioxygenase
224114543	1.00E-156	1.2	1.0	gibberellin 2-oxidase
254935149	1.00E-151	2.5	0.3	gibberellin 2-oxidase
224064641	1.00E-127	2.5	1.4	gibberellin 2-oxidase

细胞壁均变薄。因此，对转基因白桦与 WT 的木质素生物合成途径进行了分析，为揭示产生上述变化的分子机制提供参考。分析发现，*PAL*、*C4H*、*CCoAOMT*、*SCPL8* 及 *COMT* 的表达量均表现出明显的下调（表 12-7，图 12-18）。

12.4.5 开花相关基因的差异表达

花的起始受到诸多因素的影响，主要包括内在因素和外界环境因素，响应这些因素的 4 条开花信号途径在拟南芥和一些模式草本植物中已经建立。我们在得到注释的 Unigene 中找到了 256 个与花发育相关的基因，包括：花分生组织特异基因 *AP1*、*SOC1*、*FT* 和 *LFY*；光周期基因 *CO*、*FKF1*、*GI* 等；春化途径中的基因 *FLC*、*PIE*；自主途径中的 *FCA* 基因；花发育相关基因 *MADS5*、*ELF4*、*SPL*、*AGL*、*TFL1*；等等，进而对这些基因在 35S:: BpAP1 白桦、35S:: BpAP1RNAi 白桦和 WT 白桦转录组文库中的表达情况进行了分析（图 12-19）。

结果显示：35S:: BpAP1 白桦中 *AP1* 的表达量有明显的提高，是非转基因对照白桦 *AP1* 表达量的 1160.07 倍，而 35S:: BpAP1RNAi 白桦中 *AP1* 的表达量则明显下降；另外，*SOC1*、*FT* 和 *LFY* 的表达量在 35S:: BpAP1 白桦中也有明显的上调（图 12-19）。本研究找到了 2 条 *FT* 的同源基因，且这两条基因的表达量在 35S:: BpAP1 转基因白桦中均明显上调，这说明 *AP1* 在白桦中的过量表达引起了 *FT* 的上调表达；而在 35S:: BpAP1RNAi 转基因白桦中仅检测到一条 *FT* 基因的表达，并且该基因的表达量与 WT 相比明显降低，这说明转基因白桦中的 *AP1* 在受到抑制的同时也影响了 *FT* 的表达。*SOC1* 编码一个 MADS-box 转录因子，本研

表 12-7　转基因白桦和 WT 木质素生物合成途径的差异基因

GI 登录号	E 值	表达量 log₂（35S:: BpAP1 /WT RPKM）	表达量 log₂（35S:: BpAP1RNAi /WT RPKM）	注释信息
113722135	0	−1.1	−2.2	PAL [*Rhizophora mangle*]
113722135	0	−1.7	−2.7	PAL [*Rhizophora mangle*]
113722135	1E-104	2.0	−2.2	PAL [*Rhizophora mangle*]
224118624	0	−2.7	−3.5	C4H/CYP73A[*Populus trichocarpa*]
15228652	1E-102	−2.0	−0.9	CCoAOMT[*Arabidopsis thaliana*]
30580368	1E-84	−1.9	−0.8	CCoAOMT
125987774	9E-72	−2.6	−1.4	SCPL8 [*Arabidopsis thaliana*]
4101703	1E-105	−1.4	0.7	SCPL8 [*Arabidopsis thaliana*]
146148667	9E-95	−3.7	−5.3	COMT [*Vitis vinifera*]
284437809	1E-139	−0.9	−1.0	COMT [*Populus tremuloides*]

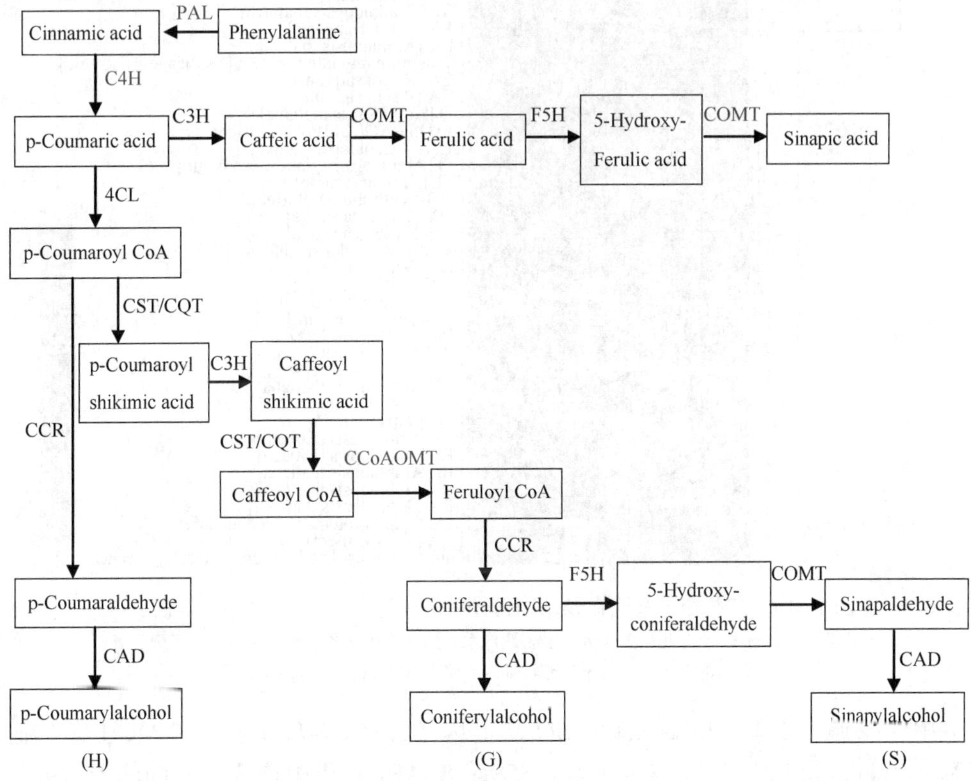

图 12-18　木质素生物合成途径

PAL，苯丙氨酸解氨酶；C4H，肉桂酸－4－羟基化酶；C3H，香豆酸 3－氢化酶；COMT，5－羟基松柏醛 *O*-甲基转移酶；F5H，黄烷酮 5－羟化酶；4CL，4－香豆酸辅酶 A 连接酶；CCR，肉桂酰辅酶 A 还原酶；CCoAOMT，咖啡酰辅酶 A3－*O*－甲基转移酶；CAD，肉桂酰乙醇脱氢酶

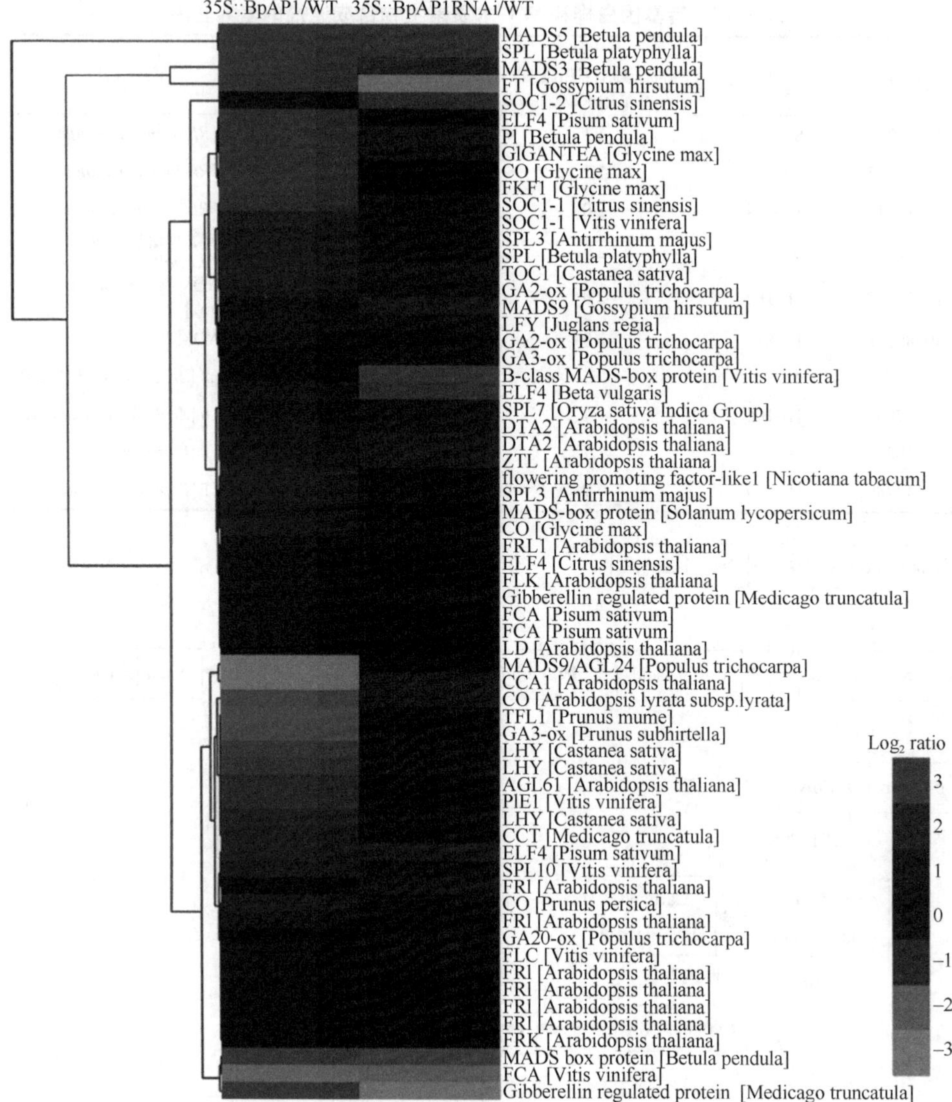

图 12-19 开花相关基因在转基因白桦中的表达（彩图请扫封底二维码）

对转录组中选取的 63 个开花相关基因在过表达株系和抑制表达株系中的表达量进行了聚类分析，表达量以转基因株系与非转基因对照株系的 Log_2 ratio 进行计算

究中共找到了 2 条与柑橘同源的 *SOC1* 基因（*CsSOC1-1*、*CsSOC1-2*）、1 条与葡萄同源的 *SOC1* 基因（*VvSOC1-1*），35S:：BpAP1 白桦中这 3 条基因的表达量分别是 WT 中的 8.83 倍、1.62 倍和 7.6 倍，而 35S:：BpAP1RNAi 转基因白桦中这 3 条基因的表达量也表现出不同程度的上调，分别是 WT 中这 3 条基因表达量的 2.14 倍、2.14 倍和 21.86 倍。

光周期途径中，找到了很多与昼夜节律相关的同源基因，包括 *CO*、*ZTL*、*FKF1*、*CRY*、*LHY*、*CCA1* 和 *TOC1* 等。拟南芥中，*CO* 编码一个锌指蛋白转录因子，它是开花的激活因子，也是光周期响应的主要调控因子（Hsu et al.，2006），本研究中共找到了 9 条与苹果（*Malus pumila*）同源的 *CO* 基因、3 条与拟南芥（*Arabidopsis thaliana*）同源的 *CO* 基因、3 条与大豆（*Glycine max*）同源的 *CO* 基因、1 条与碧桃（*Prunus persica*）同源的 *CO* 基因。这些 *CO* 的同源基因都是差异表达基因，这么多条 *CO* 的同源基因中，有的表达上调，有的表达下调，暗示着白桦中存在不止一条 *CO* 基因，并且这些基因是互相协调着起作用的。35S::BpAP1 白桦中，*ZTL*、*FKF1*、*GI* 和 *TOC1* 的表达都发生了明显的上调，*LHY*、*CCA1* 发生了明显的下调，而这些基因在 35S::BpAP1RNAi 白桦中表达情况相反或者变化不明显。

春化途径中的 *FLC* 和 *PIE1* 基因在 35S::BpAP1 株系中表达量降低，分别是 WT 中这两条基因表达量的 0.83 倍和 0.23 倍；而 *FLC* 在 35S::BpAP1RNAi 株系中表达量提高，是 WT 中该基因表达量的 1.27 倍；自主途径中的 *FCA* 和 *LD* 的表达没有发生明显的改变（图 12-19）。这些基因是开花的抑制子，因此它们表达量的降低能促进花的形成。

另外，本研究还找到了一些未定位在开花途径上的相关基因，如早花基因 *ELF*、MADS-box 家族基因、*SBP* 家族基因、*TFL1* 基因等。其中有 2 条与豌豆（*Pisum sativum*）同源的 *ELF4* 基因，它们在 35S::BpAP1 白桦中的表达量分别是 WT 的 56.60 倍和 2.76 倍，在 35S::BpAP1RNAi 白桦中的表达量分别是 WT 的 1.92 和 0.61 倍；*TFL1* 是开花的抑制基因，它在 35S::*BpAP1* 白桦中的表达量是 WT 的 0.19 倍，在 35S::*BpAP1RNA* 白桦中的表达量是 WT 的 1.39 倍。

总之，转基因白桦和非转基因白桦之间大部分开花基因都是差异表达基因。与 WT 相比，35S::BpAP1 白桦中 *BpAP1* 基因的表达量显著上调，*SOC1*、*FT*、*MADS5*、*ELF4*、*SVP* 及 *FKF1* 等基因的表达量都有明显的升高；另外，许多开花抑制因子的表达量有不同程度的下降。35S::BpAP1RNA 白桦中这些基因的表达量则相反，或者是差异不明显（图 12-19）。

12.4.6　qRT-PCR 验证

为了验证转录组测序结果的可靠性，我们随机选择 35S::BpAP1 转基因白桦、35S::BpAP1RNAi 转基因白桦和对照白桦中的 20 条 Unigene 进行 qRT-PCR 分析。这些 Unigene 包括了 16 条差异表达基因和 4 条非差异表达基因。qRT-PCR 的结果与 Illumina 测序结果相比，绝大部分有着相同的表达趋势，图 12-20 向我们展示了 18 条 Unigene 的差异表达水平，与对照相比，35S::BpAP1 转基因白桦中有 13 条 Unigene 表现出上调表达、5 条 Unigene 表现出下调表达，35S::BpAP1RNAi

转基因白桦中有 3 条 Unigene 表现出上调表达、4 条 Unigene 表现出下调表达，其余 11 条与对照相比差异不大。

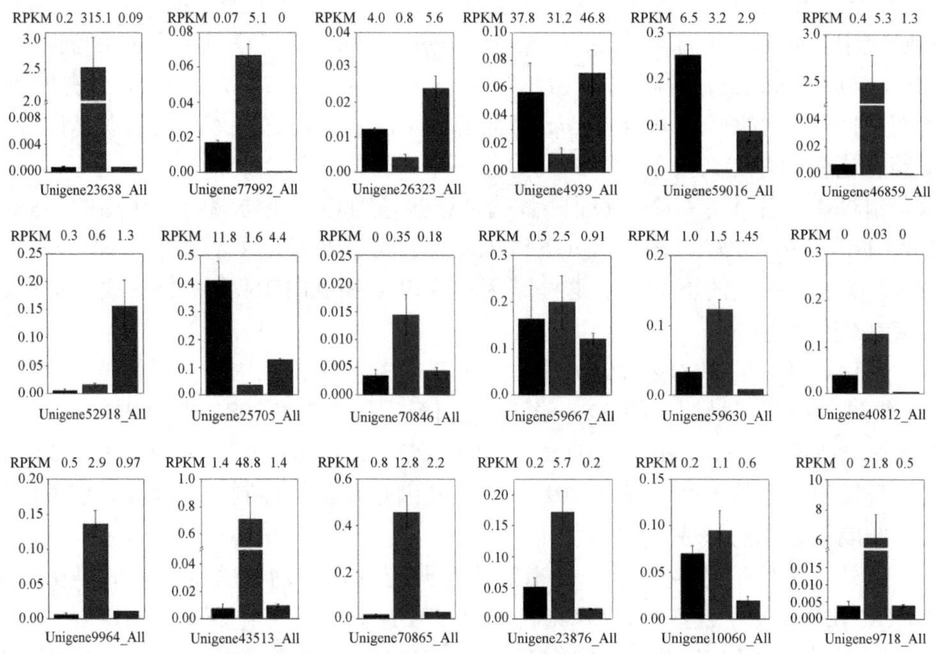

图 12-20 实时定量 PCR 验证（彩图请扫封底二维码）

非转基因对照白桦（左侧）、35S：：BpAP1 转基因白桦（中间）和 35S：：BpAP1RNAi 转基因白桦（右侧）之间的表达差异。Illumina 测序结果在每个基因的最上部表示出来；相对表达水平由实时定量 PCR 以 18S 和 Tubulin 为内参计算而来，每个 Unigene 有 3 次重复

12.5 白桦开花相关基因的表达特性分析

12.5.1 *BpAP1* 基因的组织部位表达特性

采用实时定量 PCR 技术首先对 *BpAP1* 基因在野生型白桦（WT）的根、茎、叶、雌花序、雄花序和顶芽这 6 个不同组织部位中的表达模式进行分析，结果显示，*BpAP1* 基因在白桦雌、雄花序中表达丰度显著高于其他组织部位，分别为其他组织部位均值的 237.50 倍和 314.14 倍，充分证明 *BpAP1* 基因在花器官中特异表达，是白桦的花器官特征基因（图 12-21）。

进而对转基因白桦中的 *BpAP1* 分析发现，35S：：BpAP1 白桦（A2、A5）中 *BpAP1* 基因的表达模式不同于 WT，雌、雄花序中 *BpAP1* 基因的表达量与 WT 差异不显著，其他 4 个组织部位均显著高于 WT 对应的组织部位（P<0.01），在 A2、

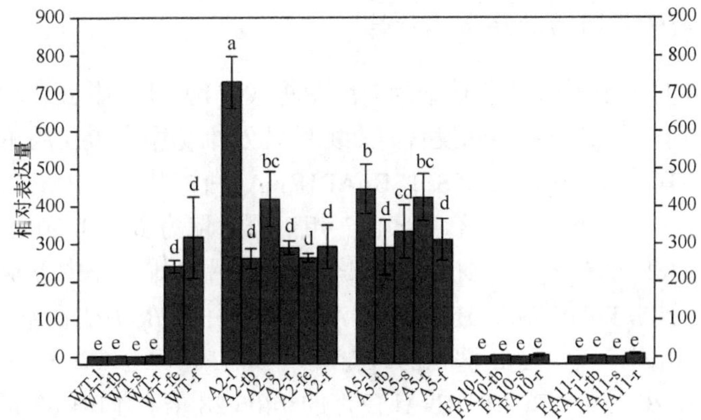

图 12-21　转基因白桦与野生型白桦不同组织部位中 *BpAP1* 基因的表达

WT 为野生型白桦；A2、A5 为 35S：：*BpAP1* 转基因白桦；FA10、FA11 为 35S：：BpAP1RNAi 转基因白桦；l 为叶片；tb 为顶芽；s 为茎；r 为根；fe 为雌花序；f 为雄花序。相同字母表示差异不显著，不同字母表示差异显著（$n=25$，$P<0.01$；Duncan 多重比较）；误差线表示标准差

A5 株系中叶片的 *BpAP1* 基因表达丰度最高，其表达量分别是 WT 叶片中 *BpAP1* 基因表达量的 728.73 倍和 444.90 倍。35S：：BpAP1RNAi 转基因白桦（FA10、FA11）各部位中 *BpAP1* 基因的表达量均显著低于 WT 雌、雄花序以及 35S：：BpAP1 转基因白桦（A2、A5）各部位中 *BpAP1* 基因的表达量（$P<0.01$）（图 12-21）。

12.5.2　开花相关基因的时序表达特性

根据以往研究者们在拟南芥中建立的开花调控网络和转基因白桦的转录组测序结果，选取了 *BpMADS4*、*BpMADS5*、*FT*、*TFL1*、*BpPI*、*LFY* 这 6 个开花相关基因及 *BpAP1* 进行了 8 个不同发育时期的表达分析（表 12-8）。

表 12-8　成花相关基因时序表达的取材时间及组织部位

取材时间	代码部位	WT		A2		A5		FA10		FA11	
		L	F	L	F	L	F	L	F	L	F
6.01	ds1	√	—	√	√	√	√	√	—	√	—
6.15	ds2	√	—	√	√	√	√	√	—	√	—
7.01	ds3	√	—	√	√	√	√	√	—	√	—
7.15	ds4	√	—	√	√	√	√	√	—	√	—
8.01	ds5	√	—	√	√	√	√	√	—	√	—
8.15	ds6	√	—	√	√	√	√	√	—	√	—
9.01	ds7	√	—	√	√	√	√	√	—	√	—
9.15	ds8	√	—	√	√	√	√	√	—	√	—

WT，非转基因对照白桦；A2、A5，*BpAP1* 过表达转基因白桦；FA10、FA11，*BpAP1* 抑制表达转基因白桦；L，叶片；F，雄花序。

12.5.2.1 *BpAP1* 基因的时序表达特性

以 ds1（6 月 1 日）时期非转基因对照白桦（WT）叶片中 *BpAP1* 基因的表达量为对照，分别对参试株系不同发育时期的叶片及雄花序中 *BpAP1* 的相对表达量进行比较，结果表明：WT 与 35S∷BpAP1RNAi 白桦叶片中 *BpAP1* 的相对表达量在不同发育时期的变化不显著，*BpAP1* 相对表达量为 0.048~20.46，而 35S∷BpAP1 白桦（A2、A5 株系）则不同，2 个株系叶片及雄花序中 *BpAP1* 表达量各时期均显著高于 WT 和 35S∷BpAP1RNAi 白桦，并且 *BpAP1* 在不同发育时期的表达规律基本相同，其中 A2 株系的雄花序中 *BpAP1* 表达量在 6 月 15 日显著上调，分别是 WT 和 35S∷BpAP1RNAi 白桦的 1406.28 倍和 1491.88 倍（图 12-22）。

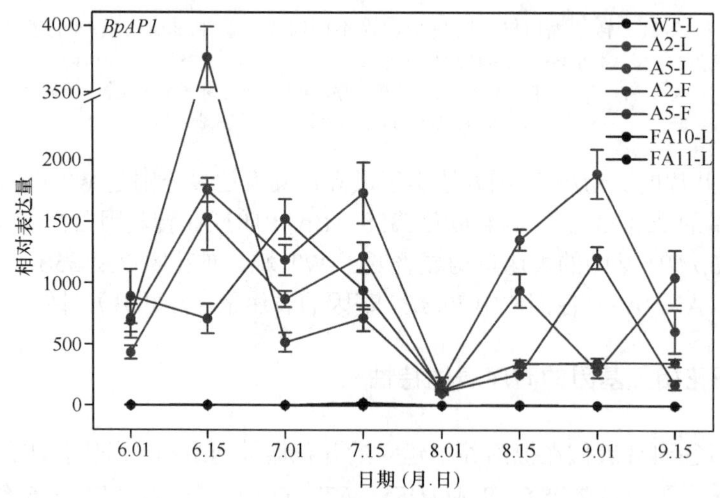

图 12-22 *BpAP1* 基因在不同发育时期表达量的比较（彩图请扫封底二维码）

WT，非转基因对照白桦；A2、A5，35S∷*BpAP1* 转基因白桦；FA10、FA11，35S∷BpAP1RNAi 转基因白桦；L，叶片，F，雄花序

12.5.2.2 *BpMADS4* 和 *BpMADS5* 基因的时序表达特性

BpMADS4 和 *BpMADS5* 与 *BpAP1* 同属于 MADS-box 基因家族中的成员，分别以 6 月 1 日 WT 叶片中 *BpMADS4* 和 *BpMADS5* 基因的表达量为对照，对参试株系中这 2 个基因在不同发育时期的相对表达量进行分析，结果发现，这 2 个基因的表达模式趋于一致：8 个发育时期中，WT 与 35S∷BpAP1RNAi 白桦叶片中 *BpMADS4* 和 *BpMADS5* 的相对表达量变化不显著，而 35S∷BpAP1 白桦雄花序中 *BpMADS4* 和 *BpMADS5* 的相对表达量均显著高于 WT 和 35S∷BpAP1RNAi 白桦中这 2 个基因的表达量（8 月 1 日和 9 月 15 日除外），且在 6 月 15 日 A2 株系的雄花序中这 2 个基因的相对表达量均达到最高，*BpMADS4* 的表达量是 WT 的 139.44 倍，*BpMADS5* 的表达量是 WT 的 414.91 倍，另外，*BpMADS5* 在 7 月

35S::BpAP1 白桦雄花序中的相对表达量要高于 *BpMADS4* 的表达量，是 *BpMADS4* 的 4.72 倍（图 12-23A、B）。

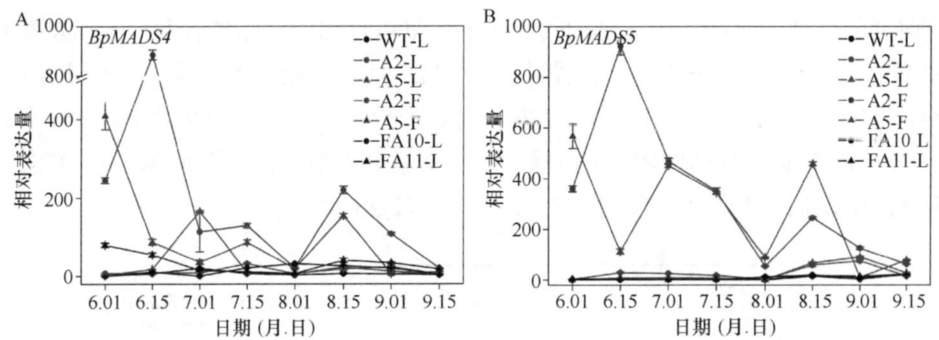

图 12-23　*BpMADS4* 基因和 *BpMADS5* 基因在不同发育时期表达量的比较（彩图请扫封底二维码）

12.5.2.3　*FT* 基因的时序表达特性

FT 基因是开花整合途径中的基因之一，在植物的花发育过程中起着重要的作用。以 6 月 1 日 WT 叶片中 *FT* 基因的表达量为对照，分别对参试株系不同发育时期的叶片和雄花序中 *FT* 的相对表达量进行分析，结果表明：WT 与 35S::BpAP1RNAi 白桦叶片中 *FT* 的相对表达量在不同发育时期的变化不显著，为 0.69~69.79；而 35S::BpAP1 白桦叶片和雄花序中 *FT* 的相对表达量均显著高于 WT 和 35S::BpAP1RNAi 白桦（8 月 1 日除外），并且在生长发育最旺盛的 6 月 15 日和 7 月 15 日出现表达高峰，在 6 月 15 日 A2 株系雄花序中 *FT* 的相对表达量最高，分别是 WT 和 35S::BpAP1RNAi 白桦中该基因表达量的 630.51 倍和 617.71 倍（图 12-24）。

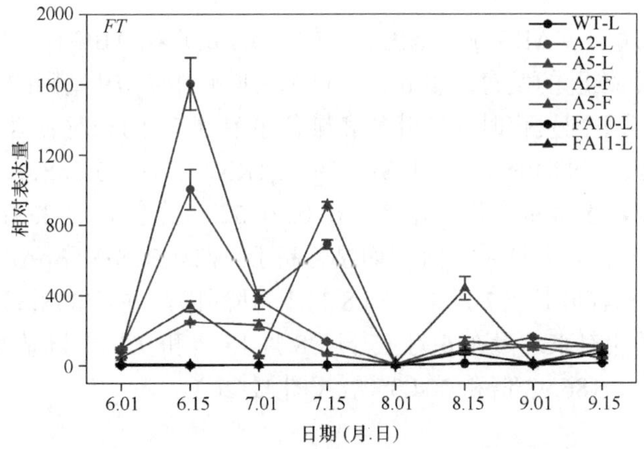

图 12-24　*FT* 基因在不同发育时期表达量的比较（彩图请扫封底二维码）

12.5.2.4 *TFL1* 基因的时序表达特性

以 6 月 1 日 WT 叶片中 *TFL1* 基因的表达量为对照，分别对参试株系不同发育时期的叶片及雄花序中该基因的相对表达量进行比较，结果表明：不同发育时期 WT 与 35S∷BpAP1RNAi 白桦叶片中 *TFL1* 基因的相对表达量变化不显著（为 0.46~9.7），而 A2 株系叶片中 *TFL1* 的相对表达量在 6 月中旬和 9 月 1 日均显著高于 WT 和 35S∷BpAP1RNAi 白桦，9 月 1 日最为明显，分别是 WT 和 35S∷BpAP1RNAi 白桦的 39.67 倍和 13.78 倍（图 12-25）。

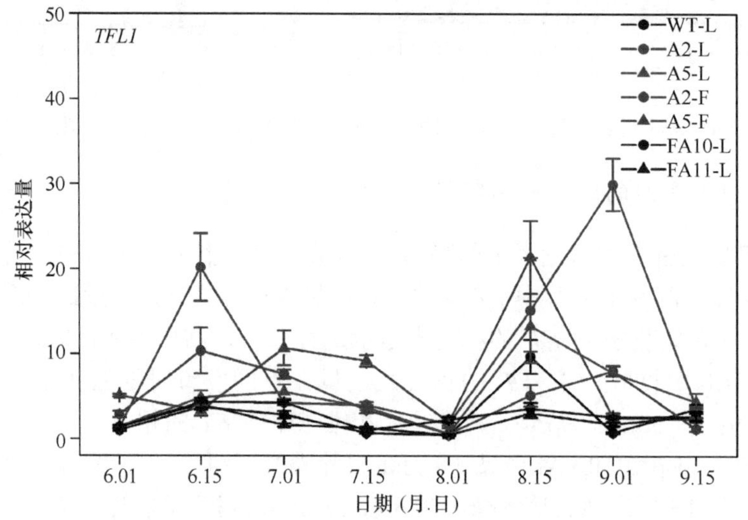

图 12-25 *TFL1* 基因在不同发育时期表达量的比较（彩图请扫封底二维码）

12.5.2.5 *BpPI* 基因的时序表达特性

PI 基因也属于 MADS-box 基因家族的一员，是开花 ABC 模型中的 B 类基因，主要控制花瓣和雄蕊的发育。以 6 月 1 日 WT 叶片中 *BpPI* 基因的表达量为对照，分别对参试株系不同发育时期的叶片和雄花序中 *BpPI* 的相对表达量进行分析，结果表明：不同发育时期的 WT、35S∷BpAP1RNAi 白桦与 35S∷BpAP1 白桦叶片中 *BpPI* 的相对表达量变化不显著，在 0.36~52.30 之间，而 35S∷BpAP1 白桦雄花序中 *BpPI* 相对表达量各时期均显著高于 WT、35S∷BpAP1RNAi 白桦和 35S∷BpAP1 白桦叶片（7 月 1 日和 8 月 1 日除外），并且 35S∷BpAP1 白桦雄花序中 *BpPI* 的相对表达量在 6 月 15 日、8 月 15 日和 9 月 1 日显著上调，分别是 WT 的 79.05 倍、186.98 倍和 204.35 倍（图 12-26）。

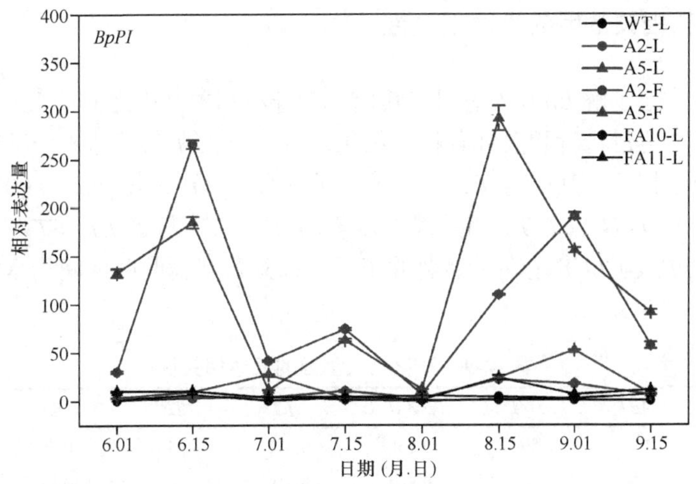

图 12-26　*BpPI* 基因在不同发育时期表达量的比较（彩图请扫封底二维码）

12.5.2.6　*LFY* 基因的时序表达特性

LFY 基因也是开花整合途径中的基因之一，以 6 月 1 日 WT 叶片中 *LFY* 基因的表达量为对照，对参试株系不同发育时期的叶片和雄花序中该基因的相对表达量进行分析，结果表明：不同发育时期的 WT 与 35S：：BpAP1RNAi 白桦叶片中 *LFY* 的相对表达量变化不显著，相对表达量为 0.33~15.51；而 35S：：BpAP1 白桦雄花序中 *LFY* 基因的相对表达量要高于 WT 和 35S：：BpAP1RNAi 白桦（8 月 1 日和 9 月 15 日除外），其中 A2 株系雄花序中 *LFY* 基因的表达量在 6 月 1 日和 9 月 1 日显著上调，分别是 WT 的 32.53 倍和 10.71 倍（图 12-27）。

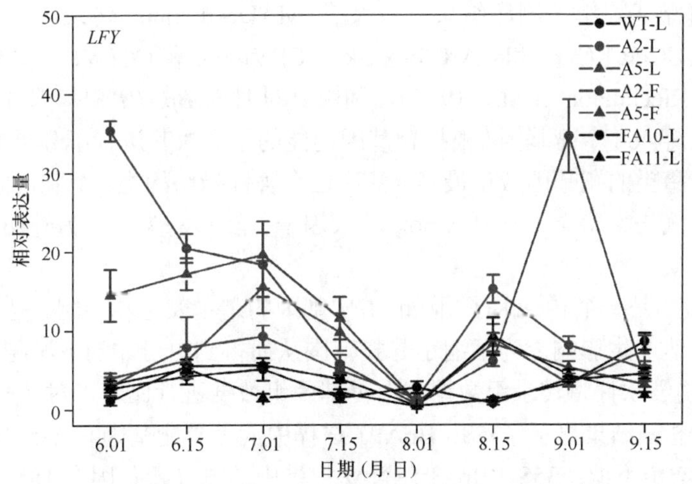

图 12-27　*LFY* 基因在不同发育时期表达量的比较（彩图请扫封底二维码）

12.5.3 开花相关基因的表达相关性

为了更好地了解 *BpAP1* 基因与其他 6 个开花相关基因之间的关系，对这 7 个基因的相对表达量进行相关性分析，结果发现：*BpAP1* 与其他 6 个基因之间的均呈极显著的正相关，其中与 *FT* 基因的相关性最高（r=0.611；P=0.000；n=56）；另外，除 *BpMADS4* 与 *TFL1* 相关性不显著，*BpMADS5* 与 *TFL1*、*FT* 与 *LFY*、*TFL1* 与 *BpPI*、*BpPI* 与 *LFY* 之间呈显著的正相关以外，其他两两之间均呈极显著的正相关性（表 12-9）。

表 12-9 开花相关基因的表达相关性

相关性	*BpAP1*	*BpMADS4*	*BpMADS5*	*FT*	*TFL1*	*BpPI*	*LFY*
BpAP1	1	0.594**	0.565**	0.611**	0.431**	0.399**	0.601**
BpMADS4	—	1	0.844**	0.419**	0.141	0.653**	0.448**
BpMADS5	—	—	1	0.484**	0.264*	0.673**	0.547**
FT	—	—	—	1	0.404**	0.378**	0.284*
TFL1	—	—	—	—	1	0.271*	0.518**
PI	—	—	—	—	—	1	0.292*
LFY	—	—	—	—	—	—	1

**表示 0.01 水平上极显著相关；*表示 0.05 水平上显著相关。

12.6 *BpAP1* 靶基因的预测

12.6.1 *BpAP1* 靶基因的预测

参考白桦基因组的测序结果，以及含 MADS-domain 转录因子的结合位点 CArG box（CC[W]$_6$GG）和 CArG box-like（C[W]$_7$GG 和 CC[W]$_7$G）（Kaufmann et al.，2010；Riechmann et al.，1996），利用 R 软件对 *BpAP1* 靶基因进行了预测，总共预测获得 468 个靶基因，根据靶基因功能的不同对其进行了分类（表 12-10），其中蛋白激酶类的靶基因数量最多，其次还有含锌指结构类、细胞色素 P450、周期蛋白类、氧化物酶类、MADS-box 转录因子、转移酶类等，另外还有一些未知功能的蛋白质。

由于 *AP1* 是一个转录因子，因此 *AP1* 基因的过量表达和抑制表达会对其下游靶基因的表达产生影响。为了缩小寻找范围从而得到更可靠的下游靶基因，利用 BioEdit 生物学软件将转录组数据与白桦基因组数据进行比对，对 *BpAP1* 靶基因进行表达分析，结果显示，35S：BpAP1 白桦中的差异靶基因有 275 个，其中 133 个上调、142 个下调；35S：BpAP1RNAi 白桦中的差异靶基因有 181 个，其中 84 个上调、97 个下调；35S：BpAP1 和 35S：BpAP1RNAi 共有的差异靶基因有 166

个，进而对共有的靶基因进行聚类分析发现，35S：BpAP1 白桦有 91 个上调、75 个下调；35S：BpAP1RNAi 白桦有 86 个上调、80 个下调（图 12-28）。

进一步对 *BpAP1* 的差异靶基因进行表达水平的分析发现，35S：BpAP1 白桦和 35S：BpAP1RNAi 白桦中分别有 82.76%和 72.41%的蛋白激酶类呈下调表达；而周期蛋白类、MADS box 转录因子、磷酸转移酶、抗病类蛋白在 35S：BpAP1 白桦中表现为上调表达（图 12-28）。

表 12-10　*BpAP1* 靶基因的预测

靶基因的分类	靶基因的数量
Protein kinase	37
Protein of unknown function	13
Zinc finger-containing	12
Cytochrome P450	10
F-box domain，cyclin-like	7
Glycoside hydrolase	7
Ubiquitin	6
pathogenesis-related	6
Disease resistance protein	5
Plant peroxidase	5
No apical meristem（NAM）protein	5
Auxin related	5
Peptidase	5
Ankyrin repeat	4
Glutaredoxin	3
Heavy metal transport/detoxification protein	3
ATPase	3
MADS-box transcription factor	2
Thioredoxin	2
Cellulose synthase	2
Nuclear transport factor	2
others	…

12.6.2　*BpAP1* 及 2 个 MADS-box 下游靶基因的进化分析

在 NCBI 核酸数据库和 EST 数据库搜索已知的 MADS-box 蛋白序列，采用 ClustalX1.83 及其默认参数对预测得到的 2 个 MADS-box 转录因子及其他 14 条 MADS-box 基因生成多序列比对，进而使用 MEGA 5.0 绘制系统发育进化树，结

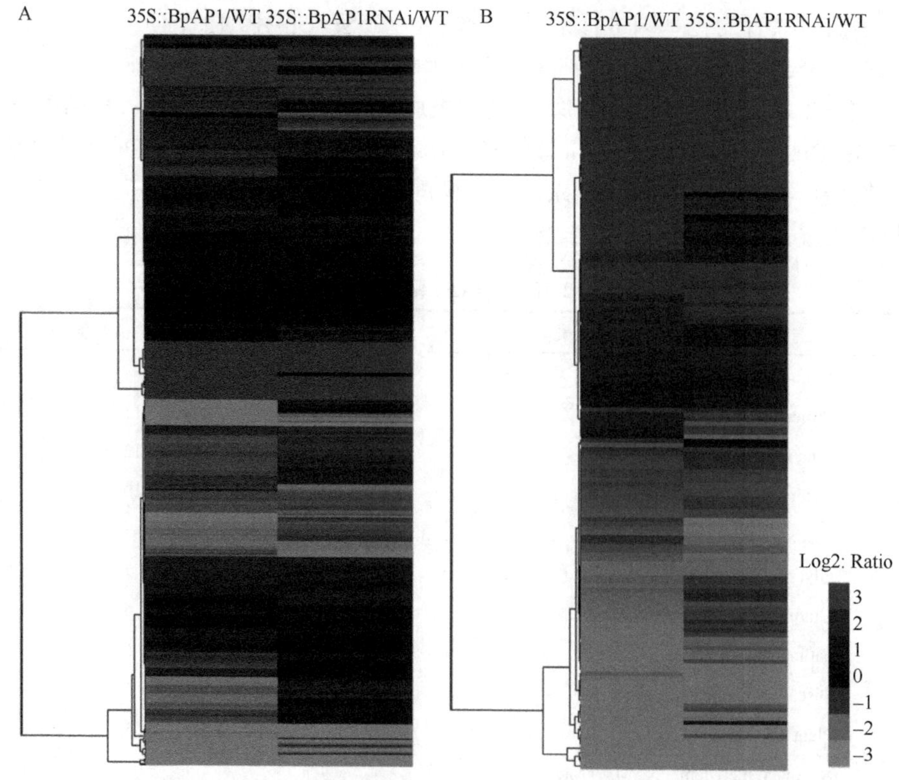

图 12-28 *BpAP1* 靶基因的表达分析（彩图请扫封底二维码）

A. 424 个 *BpAP1* 靶基因在 35S：BpAP1 和 35S：BpAP1RNAi 株系中的表达分析；B. *BpAP1* 差异靶基因在 35S：BpAP1 和 35S：BpAP1RNAi 株系中的表达分析

果发现：白桦 *PI* 基因编码的氨基酸序列与欧洲白桦 *MADS2* 基因（GI：28874430）的相似性为 98%，拟南芥 *PI* 基因（GI：15241299）相似性为 57%；白桦 *AP3* 基因编码的氨基酸序列与葡萄的 *TM6* 基因（GI：526118095）相似性为 68%，与拟南芥 *AP3* 基因（GI：5805232）相似性为 53%（图 12-29）。根据进化分析结果将这 2 个 *MADS-box* 转录因子分别命名为 *BpPI* 和 *BpAP3*。

12.6.3 *BpAP1* 与 *BpPI*、*BpAP3* 的表达相关性

通过对转基因白桦转录组数据的挖掘及白桦基因组数据的分析，预测得到的 468 条靶基因中仅有 2 条是 MADS-box 转录因子，即 *BpPI* 和 *BpAP3*，故此，对转录组数据中的这 2 条基因做进一步的分析，转录组测序结果显示：与 WT 比较，*BpPI* 和 *BpAP3* 在 35S：BpAP1 白桦与 35S：BpAP1RNAi 白桦中的相对表达量均呈上调表达，*BpPI* 在 35S：BpAP1 白桦显著上调表达，是 WT 的 16.49 倍，而在 35S：BpAP1RNAi 白桦中的 *BpPI* 相对表达量是 WT 的 3.27 倍；*BpAP3* 在 35S：：

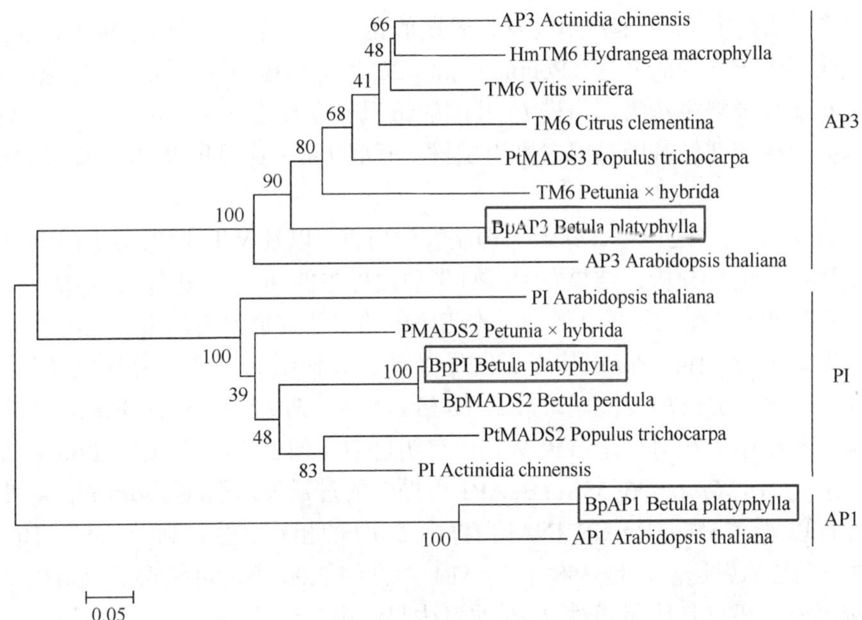

图 12-29　不同物种中 *PI* 和 *AP3* 相关基因的系统进化分析

该进化树使用 MEGA5 软件中的邻接法绘制，节点上的数字表示 bootstrap values

BpAP1 与 35S:：BpAP1RNAi 白桦中的表达量虽然上调，但是上调量并不高，分别是 WT 的 2.22 倍和 0.36 倍（表 12-11）。为了解释 *BpAP1* 与预测的 *BpPI*、*BpAP3* 靶基因间的关系，进一步对 *BpAP1* 和 *BpPI*、*BpAP1* 和 *BpAP3* 的表达量进行相关性分析，结果发现，*BpAP1* 与 *BpPI* 之间呈极显著的正相关（r=0.939；P<0.01；n=10），*BpAP1* 与 *BpAP3* 之间呈正相关（r=0.700；P=0.188；n=5）。

表 12-11　转基因株系与非转基因株系中 *BpAP1* 与 *BpPI*、*BpAP3* 表达量的比较

基因 ID	GI 登录号	表达量 $\log_2$（35S：BpAP1/WT RPKM）	表达量 $\log_2$（35S：BpAP1RNAi/WT RPKM）	Nr 注释
Unigene23638_All	1483228	10.1752	−1.0402	*MADS3*[*Betula pendula*]
Unigene46859_All	28874430	4.043 91	1.711 08	*PISTILLATA* homologue [*Betulapendula*]
Unigene31233_All	115492982	1.1482	−1.489	flowering-related B-class *MADS-box* protein [*Vitisvinifera*]

12.6.4　*BpAP1* 和 *BpPI* 的组织表达特性分析

AP1 与 *PI* 均是 MADS-box 基因家族成员，编码转录因子，研究证明二者不仅是植物成花计时相关基因，同时也参与花器官的发育，控制双子叶植物花瓣和雄蕊的发育。在拟南芥中，*PI* 主要在花的第二轮和第三轮中表达，调控花瓣和雄

蕊的发育；葡萄中 *PI* 基因在不同发育时期的花序中均有表达，而果实中、根及叶片中检测不到该基因的表达（Poupin et al.，2007）。白桦为雌雄同株、异花，柔荑花序，花器官中缺少花瓣，白桦 *PI* 基因的组织部位表达特性尚未见报道，因此，以转基因白桦和非转基因对照白桦为试材，开展 *BpPI* 基因和 *BpAP1* 基因的表达分析。

对 *BpAP1* 过表达白桦、*BpAP1* 抑制表达白桦，以及 WT 中 *BpAP1* 和 *BpPI* 基因的表达情况进行分析，结果发现：野生型白桦中的 *BpPI* 基因、*BpAP1* 基因表达模式极其相似（图 12-30），都是在雄花序中的表达丰度显著高于其他组织部位；不同点是雄花序中的 *BpPI* 基因不仅显著高于其他组织部位；而且也显著高于 *BpAP1* 基因，是 *BpAP1* 表达量的 222.90 倍。另外，*BpPI* 在 35S::BpAP1 白桦叶片、顶芽和根中的相对表达量较 WT 均有明显的上调表达，是 WT 的 60.48 倍，推测可能是由于 *BpAP1* 在 35S::BpAP1 白桦中的过量表达引起了 *BpPI* 的高表达；但除叶片以外，35S::BpAP1RNAi 白桦中 *BpPI* 的相对表达量高于 35S::BpAP1 白桦中 *BpPI* 的表达量，是 35S::BpAP1 白桦的 2.06 倍，可能除了 *BpAP1* 基因的影响以外，还有其他因素对 *BpPI* 的表达起作用。

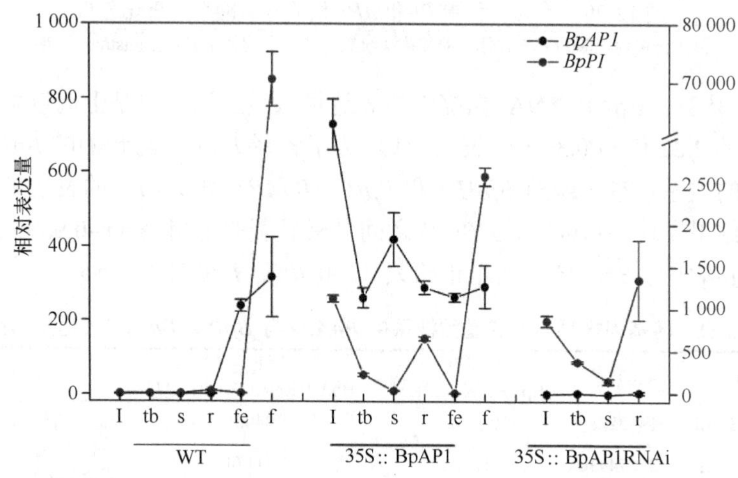

图 12-30 *BpAP1* 和 *BpPI* 在不同组织部位中表达量的比较

WT，野生型白桦；35S::BpAP1，35S::BpAP1 转基因白桦；35S::BpAP1RNAi，35S::BpAP1RNAi 转基因白桦；I，叶片；tb，顶芽；s，茎；r，根；fe，雌花序；f，雄花序

12.6.5 *BpAP1* 和 *BpPI* 在雌雄花序中的表达特性分析

对野生型白桦和 35S::BpAP1 白桦 3 个不同发育时期雌、雄花序中 *BpAP1*、*BpPI* 的相对表达量进行分析，结果发现：*BpAP1* 基因在野生型白桦雌、雄花序发育的过程中均有明显的表达，在雌花序发育的 ds9 时期（4 月 17 日）和 ds11 时期

（4 月 27 日）中 *BpAP1* 基因的表达量明显上调；随着雄花序的发育，*BpAP1* 基因的表达量逐渐增强；*BpPI* 基因在不同发育时期的雄花序中均有明显的表达，而在雌花序中的表达很弱，认为 *BpPI* 是白桦的花器官特征基因（图 12-31）。在 35S∷BpAP1 白桦中，*BpAP1* 和 *BpPI* 在雌、雄花序发育的 3 个时期中的相对表达量均高于相应时期 WT 中这 2 个基因的表达量（图 12-31），推测可能是由于 35S∷BpAP1 白桦中 *BpAP1* 基因的高表达引起了 *BpPI* 的高表达，从而使 *BpPI* 在各个时期 35S∷BpAP1 白桦雄花序中的表达量高于 WT。

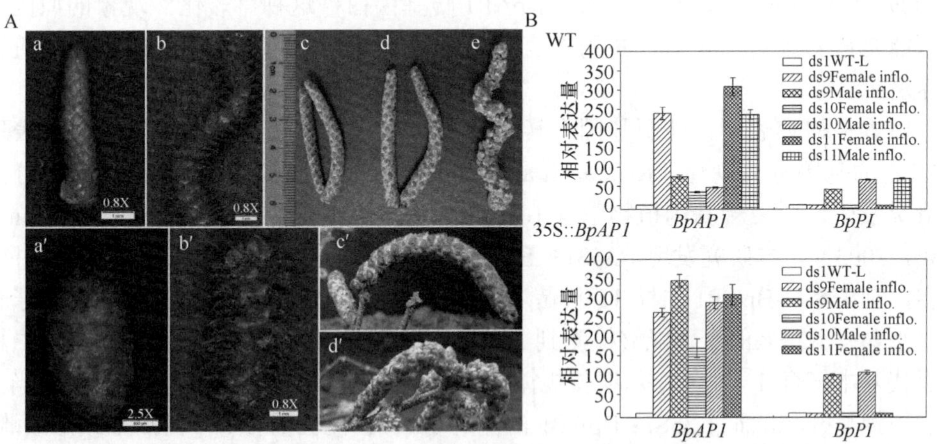

图 12-31　*BpAP1* 和 *BpPI* 在不同发育时期雌雄花序中的比较（彩图请扫封底二维码）

A. RNA 提取所用材料。其中，a. WTds9 雌花序；a′. 35S∷BpAP1 白桦 ds9 雌花序；b. WT ds11 雌花序；b′. 35S∷BpAP1 白桦 ds11 雌花序；c. WT ds9 雄花序；c′. 35S∷BpAP1 白桦 ds9 雄花序；d. WT ds10 雄花序；d′. 35S∷BpAP1 白桦 ds10 雄花序；e. WT ds11 雄花序。B. WT 和 35S∷BpAP1 白桦中 BpAP1 和 *BpPI* 相对于 ds1 时期非转基因对照白桦叶片（ds1WT-L）的表达量

对不同组织部位中 *BpAP1* 与 *BpPI* 的表达量进行相关性分析结果表明，*BpAP1* 与 *BpPI* 之间呈正相关（r=0.152；P=0.450；n=27）；对 *BpAP1* 与 *BpPI* 进行总体的相关性分析，结果发现 *BpAP1* 与 *BpPI* 之间呈极显著的正相关（r=0.464；P<0.01；n=93）。

本研究克隆的 *BpAP1* 基因属于 MADS-box 家族的 AP1/SQUA 亚家族，研究表明，将 *BpAP1* 遗传转化到烟草中，能够使其提早开花（Qu et al.，2013）；另外，Elo 等将 *BpMADS3* 遗传转化到烟草中也得到了提早开花的植株（Elo et al.，2001）。此外，以往的研究结果表明 *AP1* 基因能够使拟南芥、柑橘、苹果等多种植物提早开花（Peña et al.，2001；Fernando and Zhang，2006；Flachowsky et al.，2007），野生型白桦的时空表达研究表明，*BpAP1* 基因在雌、雄花序中的表达显著高于其他组织，认为该基因在花器官发育中起作用，是白桦花器官特征基因。

为了探讨 *BpAP1* 基因在白桦中的功能，本研究采用转基因技术获得了 35S∷

BpAP1 白桦及 35S：：BpAP1RNAi 白桦，其中，*BpAP1* 过表达转基因白桦在组培过程中即可形成雄花序（图 12-5D），移栽 2 个月后陆续可见雌、雄花序的形成，而自然条件下的白桦需要 10~15 年才能开花结实，表明 35S：：BpAP1 株系明显缩短白桦童期，认为 *BpAP1* 基因是促进白桦提早开花结实的关键基因之一。对获得转基因白桦的生长进行调查发现，35S：：BpAP1 白桦一旦开花结实，其高生长就极其缓慢，显著低于 WT 及 35S：：BpAP1RNAi 白桦。这种生殖生长与营养生长互为矛盾现象在其他物种如烟草、拟南芥也有发现（Berbel et al.，2001；Lin et al.，2009；Chi et al.，2011）。35S：：BpAP1 转基因白桦这种“矮化”现象的原因，可能是进入生殖生长后，生殖器官与植物营养体竞争同化作用的产物和无机营养所致。

以往研究表明，外源基因在转基因植株后代中的分离呈多样性，既有表现 1∶1 的基因分离规律（Kotoda et al.，2002；Peña et al.，2001），又有异常分离情况发生，通常转基因植物中有 10%~50%的频率不符合孟德尔遗传规律（Yin et al.，2003），本研究发现，35S：：BpAP1 白桦的雌花序能够接受正常的花粉并结实，对 35S：：BpAP1 白桦 T1 代苗木分子检测显示，4 个 35S：：BpAP1 株系子代中平均有 52.5%的个体能够检测到 *BpAP1* 基因，试验获得的 35S：：BpAP1 白桦后代基本符合 1∶1 孟德尔遗传规律。研究证明，35S：：BpAP1 白桦不仅在当代表现提早开花，而且 35S：：BpAP1 白桦的 T1 代也能在播种 8 个月后陆续形成雌、雄花序（图 12-9），并且雌花授粉后可见发育的果穗（图 12-9C），当年的 7 月末可获得 35S：：BpAP1 白桦的 T1 代种子。对于育种世代较长的白桦来说，35S：：BpAP1 白桦子代能够在 12 个月内完成从播种到开花结实，这在木本植物中是很罕见的，因此，若与一个交配亲本连续回交，通过轮回群体的选择，使得在短期内获得基因型纯合的个体成为可能，也为白桦的遗传学研究提供了珍贵的材料。

参 考 文 献

冯志娟, 徐盛春, 刘娜, 等. 2018. 植物 TCP 转录因子的作用机理及其应用研究进展. 植物遗传资源学报, 19(1): 112-121.

胡佳, 曾文婕, 刘春林. 2017. 叶片中 Gus 染色观测油体含量技术体系的建立. 植物生理学报, (02): 185-190.

胡晓, 侯旭, 袁雪, 等. 2017. *Arf* 和 *Aux/Iaa* 调控果实发育成熟机制研究进展. 生物技术通报. 33(12): 37-44.

姜晶. 2017. 白桦 BpCHS 基因的功能研究. 哈尔滨: 东北林业大学硕士论文.

姜静, 杨传平, 刘桂丰, 等. 2001. 白桦雌雄花发育的解剖学观察. 东北林业大学学报, 29(6): 11-14.

乐丽娜, 黄敏仁, 陈英. 2016. 植物叶形态建成的分子机理研究进展. 分子植物育种, 14(11): 3205-3213.

李洁, 范术丽, 宋美珍, 等. 2012. 陆地棉 *GhSPL3* 基因的克隆、亚细胞定位及表达分析. 棉花学报, 24(5): 414-419.

李明, 李长生, 赵传志, 等. 2013. 植物 SPL 转录因子研究进展. 植物学报, 48(1): 107 -116.

李巧娟. 2015. 荷叶铁线蕨 PIN 基因的克隆和表达分析. 武汉: 华中农业大学硕士论文.

李玉岭, 周厚君, 林二培, 等. 2013. 光皮桦 BpSPL1 转录因子基因的克隆, 表达及单核苷酸多态性分析. 林业科学, 49(9): 2-61.

刘焕臻. 2008. BpMADS3 基因的功能验证. 哈尔滨: 东北林业大学硕士论文.

渠畅, 边秀艳, 姜静, 等. 2017. 裂叶桦和欧洲白桦叶片形态特征及相关基因表达特性比较. 北京林业大学学报, 39(8): 9-16.

任杨柳. 2017. 玉米侧生器官分化基因 *ZmLBD16* 转化拟南芥的功能分析. 郑州: 河南农业大学硕士论文.

商业绯, 李明, 丁博, 等. 2017. 生长素调控植物气孔发育的研究进展. 植物学报, 52(2): 235-240.

宋长年, 钱剑林, 房经贵, 等. 2010. 枳 SPL9 和 SPL13 全长 cDNA 克隆、亚细胞定位和表达分析. 中国农业科学, 43(10): 2105-2114.

宋松泉, 王彦荣. 2002. 植物对干旱胁迫的分子反应. 应用生态学报, 13(8): 1037-1044.

孙贝贝, 刘杰, 葛亚超, 等. 2016. 植物再生的研究进展. 科学通报, (36): 3887-3902.

干家利, 刘冬成, 郭小丽, 等. 2012. 生长素合成途径的研究进展. 植物学报, 47(3): 292-301.

王君丹, 胡鸾雷, 魏晓, 等. 2004. 脱水素基因转化的矮牵牛对干旱胁迫的反应. 分子植物育种, 2(3): 369-374.

王玮, 管利萍, 张静, 等. 2014. 拟南芥蛋白磷酸酶 TOPP4 的原核表达和多克隆抗体纯化. 西北植物学报, 34(10): 1937-1943.

魏继承. 2006. 白桦花期抑制性消减文库的构建及花发育相关基因的克隆. 哈尔滨: 东北林业大学博士论文.

徐焕文. 2016. 白桦 *BpCUC2* 基因的表达特性及遗传转化. 哈尔滨: 东北林业大学硕士论文.

杨洋, 马三梅, 王永飞. 2011. 植物气孔的类型、分布特点和发育. 生命科学研究, 15(6): 550-555.

杨洋. 2016. 白桦 BpTCP7 基因的功能研究. 哈尔滨: 东北林业大学硕士论文.

余华顺, 张林生. 2002. 小麦种子萌发过程中类 PvLEA-18 的表达. 西北植物学报, 22(1): 63-68.

赵华燕, 魏建华, 张景昱, 等. 2002. 抑制 COMT 与 CCOAOMT 调控植物木质素的生物合成. 科学通报, 47(8): 604-607.

朱宇斌, 孔莹莹, 王君晖. 2014. 植物生长素响应基因 *Saur* 的研究进展. 生命科学, 26(4): 407-413.

朱占伟, 彭彦, 赵燕, 等. 2013. 生长素极性运输 *Pin* 基因在拟南芥和荠菜不同组织表达的定量分析. 湖南农业大学学报(自然科学版), 39(5): 495-499.

Aida M, Ishida T, Fukaki H, et al. 1997. Genes involved in organ separation in *Arabidopsis*: an analysis of the cup-shaped cotyledon mutant. The Plant Cell, 9(6): 841-857.

Arnold K, Bordoli L, Kopp J, et al. 2006. The Swiss-model workspace: A web-based environment for protein structure homology modelling. Bioinformatics, 22(2): 195-201.

Arshad M, Feyissa BA, Amyot L, et al. 2017. MicroRNA156 improves drought stress tolerance in alfalfa(*Medicago sativa*)by silencing SPL13. Plant Sci, 258: 122-136.

Bassa C, Mila I, Bouzayen M, et al. 2012. Phenotypes associated with down-regulation of Sl-IAA27 support functional diversity among Aux/IAA family members in tomato, Plant Cell Physiol, 53(9): 1583-1595.

Berbel A, Navarro C, Ferrándiz C, et al. 2001. Analysis of PEAM4, the pea AP1 functional homologue, supports a model for *AP1-like* genes controlling both floral meristem and floral organ identity in different plant species. The Plant Journal, 25(4): 441-451.

Bilsborough G D, Runions A, Barkoulas M, et al. 2011. Model for the regulation of *Arabidopsis thaliana* leaf margin development. Proceedings of the National Academy of Sciences, 108(8): 3424-3429.

Blom N, Sicheritz-Ponten T, Gupta R, et al. 2004. Prediction of post-translational glycosylation and phosphorylation of proteins from the amino acid sequence. Proteomics, 4(6): 1633-1649.

Bowman J L, Eshed Y. 2000. Formation and maintenance of the shoot apical meristem. Trends Plant Sci, 5(3): 110-115.

Breuil-broyer S, Morel P, de Almeida-engler J, et al. 2004. High-resolution boundary analysis during *Arabidopsis thaliana* flower development. Plant J, 38: 182-192.

Buchel A S, Brederode F T, Bol J F, et al. 1999. Mutation of GT-1 binding sites in the Pr-1A promoter influences the level of inducible gene expression *in vivo*. Plant Molecular Biology, 40(3): 387-396.

Buer C S, Muday G K. 2004. The transparent testa4 mutation prevents flavonoid synthesis and alters auxin transport and the response of Arabidopsis roots to gravity and light. Plant Cell, 16: 1191-1205.

Chabannes M, Barakate A, Lapierre C, et al. 2001a. Strong decrease in lignin content without significant alteration of plant development is induced by simultaneous down - regulation of cinnamoyl CoA reductase(CCR)and cinnamyl alcohol dehydrogenase(CAD)in tobacco plants. The Plant Journal, 28: 257-270.

Chabannes M, Ruel K, Yoshinaga A, et al. 2001b. *In situ* analysis of lignins in transgenic tobacco reveals a differential impact of individual transformations on the spatial patterns of lignin deposition at the cellular and subcellular levels. The Plant Journal, 28: 271-282.

Chandrasekharan M B, Bishop K J, Hall T C. Module-specific regulation of the beta-phaseolin promoter during embryogenesis. The Plant journal: for cell and molecular biology 2003, 33: 853-66.

Chi Y, Huang F, Liu H, et al. 2011. An *APETALA1-like* gene of soybean regulates flowering time and specifies floral organs. Journal of plant physiology, 168(18): 2251-2259.

Després C, Chubak C, Rochon A, et al. 2003. The *Arabidopsis* NPR1 disease resistance protein is a novel cofactor that confers redox regulation of DNA binding activity to the basic domain/leucine zipper transcription factor TGA1. The Plant Cell Online, 15(9): 2181-2191.

Dhanaraj A, Slovin J, Rowland L. 2005. Isolation of a cDNA clone and characterization of expression of the highly abundant, cold acclimation-associated 14kDa dehydrin of blueberry. Plant Science, 168: 949-957.

Eisenhaber B, Eisenhaber F. 2010. Prediction of posttranslational modification of proteins from their amino acid sequence. Methods Mol Biol, 609: 365-384.

Elo A, Lemmetyinen J, Turunen M L, et al. 2001. Three MADS - box genes similar to *APETALA1* and *FRUITFULL* from silver birch(*Betula pendula*). Physiologia Plantarum, 112(1): 95-103.

Fernando D D, Zhang S. 2006. Constitutive expression of the *SAP1* gene from willow(*Salix discolor*)causes early flowering in *Arabidopsis thaliana*. Development Genes and Evolution, 216(1): 19-28.

Flachowsky H, Peil A, Sopanen T, et al. 2007. Overexpression of *BpMADS4* from silver birch(*Betula pendula* Roth.)induces early-flowering in apple(*Malus*× *domestica* Borkh.). Plant Breeding, 126(2): 137-145.

Fukaki H, Taniguchi N, Tasaka M. 2006. PICKLE is required for SOLITARY-ROOT/IAA14-mediated repression of ARF7 and ARF19 activity during *Arabidopsis* lateral root initiation, Plant J, 48(3): 380-389.

Gandikota M, Birkenbihl R P, Hhmann S, et al. 2007. The miRNA156 /157 recognition element in the 3' UTR of the Arabidopsis SBP box gene *SPL3* prevents early flowering by translational inhibition in seedlings. The Plant Journal, 49(4): 683-693.

Goujon T, Ferret V, Mila I, et al. 2003. Down-regulation of the *AtCCR1* gene in *Arabidopsis thaliana*: effects on phenotype, lignins and cell wall degradability. Planta, 217: 218-228.

Guan P, Ripoll J J, Wang R, et al. 2017. Interacting TCP and NLP transcription factors control plant responses to nitrate availability. Proc Natl Acad Sci USA, 114(9): 2419-2424.

Guo A Y, Zhu Q H, Gu X C, et al. 2008. Genome-wide identification and evolutionary analysis of the plant specific SBP-box transcription factor family. Gene, 418: 1-8.

Guo X, Qin Q, Yan J, et al. 2015. Type-one protein phosphatase4 regulates pavement cell Interdigitation by modulating PIN-FORMED1 polarity and trafficking in *Arabidopsis*. Plant Physiology, 167(3): 1058-1075.

Hepworth D, Vincent J. 1998. The mechanical properties of xylem tissue from tobacco plants(*Nicotiana tabacum* 'Samsun'). Annals of Botany, 81: 751-759.

Hsieh H L, Okamoto H, Wang M, et al. 2000. FIN219, an auxin-regulated gene, defines a link between phytochrome A and the downstream regulator COP1 in light control of *Arabidopsis* development. Genes & Development, 14(15): 1958-1970.

Hsu C Y, Liu Y, Luthe D S, et al. 2006. Poplar *FT2* shortens the juvenile phase and promotes seasonal flowering. The Plant Cell Online, 18(8): 1846-1861.

Ivanchenko M G, den Os D, Monshausen G B, et al. 2013. Auxin increases the hydrogen peroxide(H_2O_2)concentration in *tomato*(*Solanum lycopersicum*)root tips while inhibiting root growth. Annals of Botany, 112(6): 1107-1116.

Jones L, Ennos A R, Turner S R. 2001. Cloning and characterization of irregular xylem4(irx4): a severely lignin-deficient mutant of *Arabidopsis*. The Plant Journal: for Cell and Molecular Biology, 26: 205-216.

Kasprzewska A, Carter R, Swarup R, et al. 2015. Auxin influx importers modulate serration along the leaf margin. The Plant Journal, 83(4): 705-718.

Kaufmann K, Wellmer F, Muiño J M, et al. 2010. Orchestration of floral initiation by *APETALA1*. Science, 328(5974): 85-89.

Khan S, Stone J M. 2007. *Arabidopsis thaliana* GH3. 9 influences primary root growth. Planta, 226(1): 21-34.

Kim J I, Baek D, Park H C, et al. 2013. Overexpression of *Arabidopsis YUCCA6* in potato results in high-auxin developmental phenotypes and enhanced resistance to water deficit, Mol Plant, 6(6): 337-349.

Knekt P, Kumpulainen J, Jarvinen R, et al. 2002. Flavonoid intake and risk of chronic diseases. Am J Clin Nutr, 76(3): 560-568.

Kotoda N, Wada M, Kusaba S, et al. 2002. Overexpression of *MdMADS5*, an *APETALA1 -like* gene of apple, causes early flowering in transgenic *Arabidopsis*. Plant Science, 162(5): 679-687.

Kovacs D, Kalmar E, Torok Z, et al. 2008. Chaperone activity of ERD10 and ERD14, two disordered stress-related plant proteins. Plant Physiol, 147(1): 381-390.

Koyama T, Sato F, Ohme-Takagi M. 2010. A role of *TCP1* in the longitudinal elongation of leaves in *Arabidopsis*. Biosci Biotechnol Biochem, 74(10): 2145-2147.

Kumar R, Agarwal P, Tyagi A K, et al. 2012. Genome-wide investigation and expression analysis suggest diverse roles of auxin-responsive *GH3* genes during development and response to different stimuli in tomato(*Solanum lycopersicum*). Molecular Genetics & Genomics Mgg, 287(3): 221-235.

Laufs P, Peaucelle A, Morin H, et al. 2004. MicroRNA regulation of the *CUC* genes is required for boundary size control in *Arabidopsis* meristems. Development, 131: 4311-4322.

Lin E P, Peng H Z, Jin Q Y, et al. 2009. Identification and characterization of two *Bamboo*(*Phyllostachys praecox*)*AP1 / SQUA- like* MADS-box genes during floral transition. Planta, 231(1)109-120.

Liu C, Xu H, Jiang J, et al. 2018. Analysis of the promoter features of *BpCUC2* in *Betula platyphylla* × *Betula pendula*. Plant Cell Tissue & Organ Culture, 132(8): 191-199.

Liu Y, Zhang H L, Guo H R, et al. 2017. Transcriptomic and hormonal analyses reveal that *YUC*-mediated auxin biogenesis is involved in shoot regeneration from rhizome in cymbidium. Frontiers in Plant Science, 8: 1866.

Mallory A C, Dugas D V, Bartel D P, et al. 2004. MicroRNA regulation of NAC-domain targets is required for proper formation and separation of adjacent embryonic, vegetative, and floral organs. Current Biology, 14(12): 1035-1046.

Mano Y, Nemoto K. 2012. The pathway of auxin biosynthesis in plants. Journal of Experimental Botany, 63(8): 2853-2872.

Mouillon J M, Gustafsson P, Harryson P. 2006. Structural investigation of disordered stress proteins. comparison of full-length dehydrins with isolated peptides of their conserved segments. Plant Physiol, 141(2): 638-650 .

Nakazawa M, Yabe N, Ichikawa T, et al. 2001. *DFL1*, an auxin-responsive GH3 gene homologue, negatively regulates shoot cell elongation and lateral root formation, and positively regulates the light response of hypocotyl length. Plant Journal, 25(2): 213-221.

Napoli C, Lemieux C, Jorgensen R. 1990. Introduction of a chimeric chalcone synthase gene into petunia results in reversible Co-suppression of homologous genes in trans. Plant Cell, 2(4):

279-289.

Nikovics K, Blein T, Peaucelle A, et al. 2006. The balance between the *MIR164A* and *CUC2* genes controls leaf margin serration in *Arabidopsis*. The Plant Cell, 18(11): 2929-2945.

Nylander M, Svensson J, Palva E T, et al. 2001. Stress-induced accumulation and tissue-specific localization of dehydrins in *Arabidopsis thaliana*. Plant Mol Biol, 45(3): 263-279.

Okada K, Ueda J, Komaki M K, et al. 1991. Requirement of the auxin polar transport system in early stages of *Arabidopsis* floral bud formation. Plant Cell, 3(7): 677-684.

Palatnik J F, Allen E, Wu X, et al. 2003. Control of leaf morphogenesis by microRNAs. Nature, 425(6955): 257-263.

Pasternak T, Potters G, Caubergs R, et al. 2005. Complementary interactions between oxidative stress and auxins control plant growth responses at plant, organ, and cellular level. Journal of Experimental Botany, 56(418): 1991-2001.

Peaucelle A, Morin H, Traas J, et al. 2007. Plants expressing a miR164-resistant *CUC2* gene reveal *the* importance of post-meristematic maintenance of phyllotaxy in *Arabidopsis*. Development, 134(6): 1045-1050.

Peer W A, Bandyopadhyay A, Blakeslee J J, et al. 2004. Variation in expression and protein localization of the PIN family of auxin efflux facilitator proteins in flavonoid mutants with altered auxin transport in *Arabidopsis thaliana*. The Plant Cell, 16(7): 1898-1911.

Peña L, Martín-Trillo M, Juárez J, et al. 2001. Constitutive expression of *Arabidopsis LEAFY* or *APETALA1* genes in *citrus* reduces their generation time. Nature Biotechnology, 19(3): 263-267.

Peng Y, Reyes J L, Wei H, et al. 2008. RcDhn5, a cold acclimation-responsive dehydrin from Rhododendron catawbiense rescues enzyme activity from dehydration effects in vitro and enhances freezing tolerance in RcDhn5-overexpressing *Arabidopsis* plants. Physiol Plant, 134(4): 583-597.

Piquemal J, Lapierre C, Myton K, et al. 1998. Down - regulation of *cinnamoyl - coA* reductase induces significant changes of lignin profiles in transgenic tobacco plants. The Plant Journal, 13: 71-83.

Poupin M J, Federici F, Medina C, et al. 2007. Isolation of the three grape sub-lineages of B-class MADS-box *TM6*, *PISTILLATA* and *APETALA3* genes which are differentially expressed during flower and fruit development. Gene, 404(1): 10-24.

Puhakainen T, Hess M W, Mäkelä P, et al. 2004. Overexpression of multiple dehydrin genes enhances tolerance to freezing stress in *Arabidopsis*. Plant Mol Biol, 54(5): 743-753.

Qin Q, Wang W, Guo X, et al. 2014. *Arabidopsis* DELLA protein degradation is controlled by a type-one protein phosphatase, *TOPP4*. PLoS Genetics, 10, 7(2014-7-10), 10(7): e1004464.

Qu G Z, Zheng T, Liu G, et al. 2013. Overexpression of a MADS-box gene from birch(*Betula platyphylla*)promotes flowering and enhances chloroplast development in transgenic tobacco. PLoS One, 8(5): e63398.

Ralph J, Kim H, Lu F, et al. 2008. Identification of the structure and origin of a thioacidolysis marker compound for ferulic acid incorporation into angiosperm lignins(and an indicator for cinnamoyl CoA reductase deficiency). The Plant Journal: for Cell and Molecular Biology, 53: 368-379.

Rast-somssich M I, Broholm S, Jenkins H, et al. 2015. Alternate wiring of a KNOXI genetic network underlies differences in leaf development of *A. thaliana* and *C. hirsuta*. Genes Dev, 29(22): 2391-2404.

Riechmann J L, Wang M, Meyerowitz E M. 1996. DNA-binding properties of *Arabidopsis* MADS domain homeotic proteins APETALA1, APETALA3, PISTILLATA and AGAMOUS. Nucleic Acids Research, 24(16): 3134.

Robert H S, Friml J. 2009. Auxin and other signals on the move in plants. Nature Chemical Biology, 5(5): 325-332.

Rodriguez E M, Svenson J T, Malatrasi M, et al. 2005. Barley Dhn13 encodes a KS-type dehydrin with constitutive and stress responsive expression. Theor Appl Genet, 110: 852-858.

Ross E J, Stone J M, Elowsky C G, et al. 2004. Activation of the *Oryza sativa* non-symbiotic haemoglobin-2 promoter by the cytokinin-regulated transcription factor, ARR1. Journal of Experimental Botany, 55(403): 1721-1731.

Ruzicka K, Simaskova M, Duclercq J, et al. 2009. Cytokinin regulates root meristem activity via modulation of the polar auxin transport. Proceedings of the National Academy of Sciences of the United States of America, 106(11): 4284-4289.

Sassi M, Lu Y, Zhang Y, et al. 2012. COP1 mediates the coordination of root and shoot growth by light through modulation of PIN1- and PIN2-dependent auxin transport in *Arabidopsis*. Development, 139(18): 3402-3412.

Smith R D, Walker J C. 1993. Expression of multiple type 1 phosphoprotein phosphatases in *Arabidopsis thaliana*. Plant Molecular Biology, 21(2): 307-316.

Spartz A K, Lee S H, Wenger J P, et al. 2012. The SAUR19 subfamily of SMALL AUXIN UP RNA genes promote cell expansion. Plant Journal, 70(6): 978-990.

Tabaei-Aghdaei S R, Harrison P, Pearce R S. 2000. Expression of dehydration-stress-related genes in the crowns of wheatgrasses species [*Lophopyrum elongatum*(*host*)A. Love and *Agropyron desertorum*(*Fisch. Ex Link.*)Schult] having contrasting acclimation to salt, cold and drought. Plant Cell Environ, 23: 561-571.

Tadeusz R, Bartosz M S, Woiciech J G, et al. 2006. Expression of SK3-type dehydrin in transporting organ is associated with cold acclimation in Solanum species. Planta, 224: 205-221.

Takase T, Nakazawa M, Ishikawa A, et al. 2004. *ydk1-D*, an auxin-responsive GH3 mutant that is involved in hypocotyl and root elongation. The Plant Journal, 37: 471-483.

Takeda T, Amano K, Ohto M, et al. 2006. RNA interference of the *Arabidopsis* putative transcription factor TCP16 gene results in abortion of early pollen development. Plant Mol Biol, 61: 165e177.

Teixeira S, Siquet C, Alves C, et al. 2005. Structure-Property Studies on the Antioxidant Activity of Flavonoids Present in Diet. Free Radic Biol Med, 39(8): 1099-1108.

Terzaghi WB, Cashmore AR. Photomorphenesis: Seeing the light in plant development. Current Biology 1995; 5: 466-468.

Tsukagoshi H, Busch W, Benfey PN. 2011. Transcriptional regulation of ROS controls transition from proliferationto differentiation in the root. Journal of Agricultural Biotechnology, 143(4): 606-616.

Uberti-manassero N G, Coscueta E R, Gonzalez D H, et al. 2016. Expression of a repressor form of the *Arabidopsis thaliana* transcription factor TCP16 induces the formation of ectopic meristems. Plant Physiol Biochem, 108: 57-62.

Ulmasov T, Hagen G, Guilfoyle T J. 1999. Dimerization and DNA binding of auxin response factors. The Plant Journal: for cell and molecular biology, 19: 309-319.

Viola I L, Manassero N G, Ripoll R, et al. 2011. The *Arabidopsis* class I TCP transcription factor AtTCP11 is a developmental regulator with distinct DNA-binding properties due to the presence of a threonine residue at position 15 of the TCP domain. Biochem J, 435: 143-155.

Wang M, Wang Q, Zhang B. 2013. Response of miRNAs and their targets to salt and drought stresses in cotton(*Gossypium hirsutum* L.). Gene, 530(1): 26-32.

Wang S T, Sun X L, Hoshino Y, et al. 2014. MicroRNA319 positively regulates cold tolerance by targeting OsPCF6 and OsTCP21 in *rice*(*Oryza sativa* L.). PLoS One, 9: e91357.

Westfall C S, Sherp A M, Zubieta C, et al. 2016. Jez, *Arabidopsis thaliana* GH3. 5 acyl acid amido synthetase mediates metabolic crosstalk in auxin and salicylic acid homeostasis. Proceedings of the National Academy of Sciences of the United States of America, 113(48): 13917-13922.

Wilmoth J C, Wang S, Tiwari S B, et al. 2005. NPH4/ARF7 and ARF19 promote leaf expansion and auxin-induced lateral root formation, Plant J, 43: 118-130.

Won C, Shen X, Mashiguchi K, et al. 2011. Conversion of tryptophan to indole-3-acetic acid by tryptophan aminotransferases of *Arabidopsis* and *Yuccas* in *Arabidopsis*. Proceedings of the National Academy of Science, 108(45): 18518-18523.

Woodward A W, Bartel B. 2005. Auxin: regulation, action, and interaction. Ann Bot, 95(5): 707-735.

Xing S, Salinas M, Hhmann S, et al. 2010. miR156-targeted and nontargeted SBP-box transcription factors act in concert to secure male fertility *in Arabidopsis*. The Plant Cell Online, 22(12): 3935-3950.

Xu N, Hagen G, Guilfoyle T. 1997. Multiple auxin response modules in the soybean SAUR 15A promoter. Plant Science, 126(2): 193-201.

Yin Z, Plader W, Malepszy S. 2003. Transgene inheritance in plants. Journal of Applied Genetics, 45(2): 127-144.

Yu D, Chen C, Chen Z. 2001. Evidence for an important role of WRKY DNA binding proteins in the regulation of NPR1 gene expression. The Plant cell, 13(7): 1527-1540.